普通高等教育“十三五”规划教材

计算机文化

主　编　许成刚　阮晓龙

副主编　高志宇　王　哲　耿方方

中国水利水电出版社
www.waterpub.com.cn

内 容 提 要

本书以计算机文化为切入点，以信息技术素养和互联网思维为培养目标，努力探索一条信息技术通识教育之路，提升读者利用信息技术拓展学习、生活、工作空间的能力。全书共分9章，系统讲述了信息技术各领域的基础知识，包括数字化技术基础知识、计算机发展历史、PC机硬件系统、软件家族、操作系统、计算机网络、Web技术、数据库系统、多媒体技术等内容。

本书在编写过程中，既注重专业知识的系统性和准确性，又考虑到初学者的认知特点，努力保持语言的通俗易懂和案例的学以致用。

本书适合作为高校各专业计算机公共基础课程教材和教学参考书，也可供信息技术爱好者参考使用。

图书在版编目（CIP）数据

计算机文化 / 许成刚，阮晓龙主编. -- 北京 : 中国水利水电出版社，2015.8（2021.1重印）
普通高等教育“十三五”规划教材
ISBN 978-7-5170-3388-2

Ⅰ. ①计… Ⅱ. ①许… ②阮… Ⅲ. ①电子计算机－高等学校－教材 Ⅳ. ①TP3

中国版本图书馆CIP数据核字(2015)第163060号

策划编辑：雷顺加/向辉　　责任编辑：张玉玲　　封面设计：李　佳

书　　名	普通高等教育“十三五”规划教材 计算机文化
作　　者	主　编　许成刚　阮晓龙 副主编　高志宇　王　哲　耿方方
出版发行	中国水利水电出版社 （北京市海淀区玉渊潭南路1号D座　100038） 网址：www.waterpub.com.cn E-mail：mchannel@263.net（万水） sales@waterpub.com.cn 电话：（010）68367658（营销中心）、82562819（万水）
经　　售	全国各地新华书店和相关出版物销售网点
排　　版	北京万水电子信息有限公司
印　　刷	三河市铭浩彩色印装有限公司
规　　格	184mm×260mm　16开本　21.75印张　550千字
版　　次	2015年8月第1版　2021年1月第5次印刷
印　　数	8001—9000册
定　　价	42.00元

前　　言

信息技术的快速发展，使之成为人们日常生活、工作、学习中必不可少的组成部分，而互联网+时代的到来，使得人们对互联网络和信息技术的依赖程度越来越高。在这样的社会背景和技术背景下，高校的计算机基础教育该何去何从？

经过多年的探索和积累，结合长期教学过程中的实践经验，针对高校的计算机基础教学工作，我们提出了自己的教育理念，即改变传统的以办公软件应用为主体的工具技能型教育模式，将高校计算机基础教育延伸为以计算机文化为切入点，以信息技术素养和互联网思维为培养目标的通识型素质教育，提升学生利用信息技术拓展学习、生活、工作空间的能力。

正是在这种教育理念的指导下我们编写了本书。本书有以下主要特点：

（1）内容丰富：包括数字化基础、计算机软硬件、计算机网络、Web 技术、数据库技术、多媒体技术等内容，覆盖了信息技术的主体领域。

（2）注重计算机文化的注入：包括计算机的历史文化、软件的商业文化、互联网文化等多个方面，以文化作为切入点，奠定通识教育的基础。

（3）突出信息技术素质教育：不是单纯地讲解操作技能，更注重让学生理解技术本身的特点和内涵，把握解决问题的思路和方法。

（4）紧跟技术发展：除了对基础技术进行讲述外，还注意对新技术的拓展和讨论。

（5）加强互联网思维的渗透：注重对互联网时代下生活、学习、工作方式的讲解，将互联网思维渗透入学生的学习过程。

本书共 9 章，分别是数字化世界、计算机的前世今生、PC 探秘、软件家族、操作系统、无网络不世界、Web 技术、数据库系统、多媒体技术。

本书由许成刚、阮晓龙任主编（负责策划组织结构和全书统稿工作），高志宇、王哲、耿方方任副主编，具体编写分工如下：第 2、3、6 章由许成刚编写，第 1、4、5 章由阮晓龙编写，第 7 章由耿方方编写，第 8 章由王哲编写，第 9 章由高志宇编写。

此外，在本书编写过程中，陈昌爱、许玉龙、王晓鹏等老师给予了积极的帮助和指导，河南中医学院信息技术开放科研创新平台的葛宵航、孟晔、吴明菊、张亚东、姚伟、周旭阳、冯顺磊、刘海舟、张天宝、彭斌、杜娇阳、许彦辉、薛英豪、韩克乐、丁雪等同学参与了本书资料的收集、整理及讨论工作，他们为本书的出版付出了辛勤劳动，在此一并表示深深的谢意。

由于时间仓促及编者水平有限，书中疏漏和不足之处在所难免，敬请广大读者批评指正。

编　者
2015 年 6 月

目　录

1

数字化世界

随着信息技术的快速发展，数字化已经不再是一个新鲜的名词，它逐渐融入到社会的各个方面，甚至成为人类生活必不可少的一部分。本章重点在于了解数字化的基本概念、基本技术，掌握二进制的基本概念及其与其他常见进制之间的转换，了解数字、文字、图像、音频、视频等数据的数字化表示方法。

1.1 数字化基础

1.1.1 把数据数字化

数据就是表示人、事件、事物和思想的一组符号，它可以是名称、数字、文章中的一个文字、照片中的色彩、音乐作品中的音符等。当数据用人能够理解和使用的形式表现出来时，它就变成了信息。请注意，从技术角度讲，通常数据是供机器（例如计算机）使用的，而信息是供人使用的。

如何把现实生活中的数据存放在计算机（或智能手机）中，又如何利用计算机设备实现数据的处理、展示、传输与交换呢？首先，要把数据数字化。

所谓数据的数字化，是指将现实世界中复杂多变的信息转化为可以度量的数据，再以这些数据为基础建立起适当的数字化模型，把它们转化为一系列数字组合的代码并引入到数字设备（例如计算机）内部，然后通过电子电路来存储、计算、传输、显示数据的一个过程。

与工业革命一样，数字化也是一场革命，它极大地推动了社会政治和经济的发展过程。随着计算机和其他数字设备的流行，随着因特网揭开全球化通信的序幕，数字革命在 20 世纪 80 年代成为人类社会的一个重要组成部分，引领人们步入信息社会。在信息社会中，创造信息、拥有信息、发布信息已经成为人们重要的经济和文化行为。

1.1.2 数字革命带来的变革

1. 人们生活方式的改变

20 世纪 90 年代计算机与互联网的应用改变了人们通信和获取信息的手段。几乎是一夜之间，企业和个人借助个人计算机和互联网享受到即时交换电子邮件、数据乃至思想的便利，而物联网所产生的影响更加深远。个人计算机以及不断发展的智能设备通过更迅速、更低价、更可靠的网络相互结合，使我们享受到诸如图书、电影、商业计费系统等更多的数字化服务。

2．市场经济模式的改变

互联网技术的成熟和推广，使得越来越多的人和企业可以通过互联网来销售自己的产品或服务。随着电子商务平台（如图 1-1 所示）的成熟和发展，电子商务作为一种交易方式，将生产企业、流通企业和消费者带入了一个数字化生存的新天地。互联网金融已经渗透入生活的各个角落，大大改变了市场经济的模式和人们的消费习惯。

图 1-1　基于互联网的消费模式已经成为经济生活的一部分

3．从产品走向服务

数字革命创造出了全新的自助服务理念和前所未有的客户控制程度。伴随着互联网以及“云”概念的普及，厂商提供的产品已经由传统的独立产品模式向全面服务模式转变，IaaS（Infrastructure-as-a-Service，基础设施即服务）、PaaS（Platform-as-a-Service，平台即服务）、SaaS（Software-as-a-Service，软件即服务）的理念正在展现出它们的价值。在网络世界里，产品及服务的开发将更加兼容。随着更多的人有机会使用高性价比的高速线路，互联网已经成为产品销售、升级、维护，甚至是管理的主要途径，如图 1-2 所示。

图 1-2　联想官方网站向用户提供的驱动程序下载等服务

4．言论自由和隐私权的变化

生活在数字化时代的人们似乎获得了更广泛的言论自由权。通过数字设备以及互联网通信技术很容易跨越文化和地理的界限访问到世界各地的新闻、电视节目、音乐和美术作品，并且可以在个人网站、博客、微博等场所发表自己的看法（如图 1-3 所示），这使得人们有了更广泛的言论发表平台。然而，数字技术也使得那些背着他人或不经过他人的同意而收集和散布他人数据的不正当行为成为可能。这无疑是对人们隐私的一种侵犯。

图 1-3　通过微博发表自己的看法

1.1.3　哪些技术推动着数字化

数字电子、计算机、计算机网络、Web 和数字媒体等技术的普及应用都极大地推动了数字化的发展。

1. 数字电子技术

以集成电路和超大规模集成电路（如图 1-4 所示）为核心的数字电子技术使用电子电路来表示数据，从而也成为数字化设备的硬件基础。人们首次接触的数字电子设备是 1972 年出现的电子表和 1973 年出现的手持电子计算器。随着数字电子技术的发展，目前广泛应用的数字电子设备种类越来越多，例如计算机、数码相机、电子阅读器、智能手机、GPS、游戏机、数字电视等。正是有了这些数字电子技术，使人们的生活变得丰富与便捷，也推动着数字革命的进一步发展。

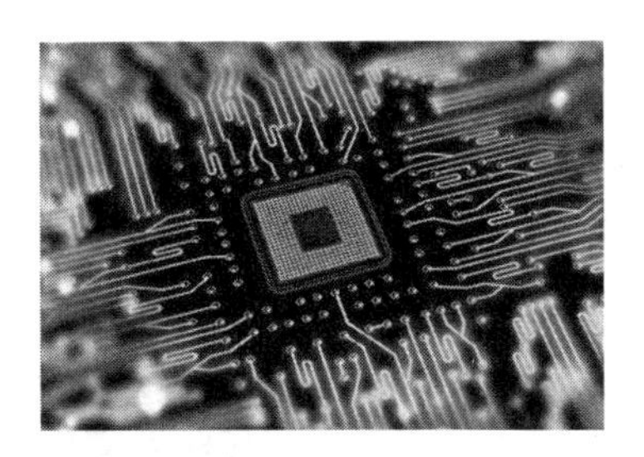

图 1-4　超大规模集成电路是数字设备的硬件基础

2. 计算机技术

计算机的出现推动了社会的变革。第一台数字计算机出现在第二次世界大战时期，主要是为了破解密码和计算一些有关导弹的复杂数据。到了 20 世纪 50 年代，一些商业数据通过计算机来运行。计算机解决了大量的数据计算问题，节约了时间，越来越受到企业人员的欢迎。20 世纪 70 年代，个人计算机的诞生让人们对计算机有了更高的热情。因特网的广泛使用以及商业用途的普及使计算机的使用量迅速增长，很多人加入了购买计算机的浪潮，推动了数字革命的深入。

3．计算机网络

计算机网络使相隔千里的人们可以便捷地进行通信以及把资源进行共享。它还为人们提供休闲娱乐场所，向用户提供多种音视频的节目等。尤其无线网络给人们提供了更大的便利，无线 Wi-Fi 遍布火车站、机场、咖啡厅、酒店等场所，让人们随时随地都能上网与他人进行交流、学习、娱乐等，如图 1-5 所示。中国互联网络信息中心（CNNIC）发布的《第 35 次中国互联网络发展状况统计报告》显示：截至 2014 年 12 月，我国网民规模达 6.49 亿，互联网普及率为 47.9%。

4．Web 技术

Web 是指可以通过因特网访问的连接起来的文档、声音、图形、图像的集合。简单地说，当我们打开一个网站时，看到的一个个网页就是 Web 应用的一种体现。Web 创造了一个虚拟的网络世界，人们在这个世界里感受着数字化技术带来的新理念，而超文本和超媒体则改变了网络信息的组织和传播方式。

5．数字媒体技术

数字媒体技术是指将文本、声音、字符、图形、图像等媒体转化成数字设备能够处理的数据的过程。

数字图像技术的使用与推广彻底改变了传统的照相行业，当今时代的人们几乎已经忘记了胶卷的概念，它被数字化浪潮所淘汰。人们可以利用一些图像处理软件（如 Photoshop）很方便地对数字图像进行修改，使它看起来更加美观或符合用户的构想。

在医学诊疗中，PACS（Picture Archiving and Communication Systems，影像归档和通信系统）集中了各种先进的数字化图像技术，将包括核磁、CT、超声、各种 X 光机等设备产生的医学影像（如图 1-6 所示）以数字化的方式海量保存起来，并借助互联网络实现快捷的调取，简化流程、提高效率。

图 1-5　人们在咖啡馆里享受 Wi-Fi 带来的便利

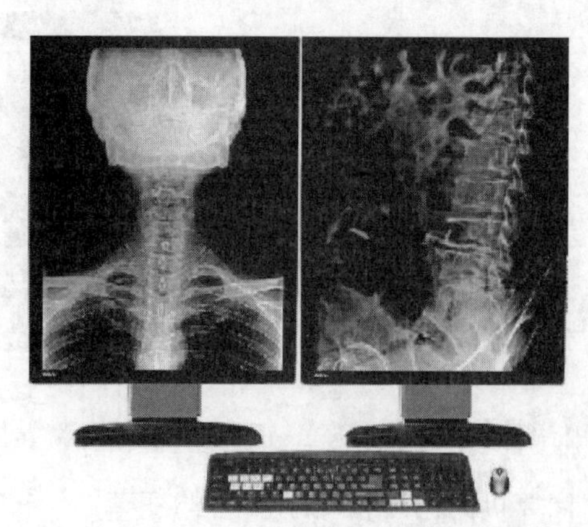

图 1-6　医学诊疗中的 PACS 系统

电影制作中，编辑人员可以结合数字图像、音频等设计出动画、特效以及 3D 电影，使观众能够体验到更多的电影乐趣。另外，数字音乐在一定程度上影响了唱片业，人们可以利用网络搜索自己喜欢的音乐，在线试听或下载（如图 1-7 所示），让音乐通过网络形式传入到人们的耳朵里。

图 1-7　互联网上的数字化音乐

1.2　认识数制

在进一步学习数字化技术之前，先来了解一下数制的概念。

1.2.1　什么是数制

人们在日常生活中创造了多种表示数的方法，这些数的表示规则称为数制，其中按照进位方式计数的数制叫做进位计数制，简称进制。例如人们常用的十进制；钟表计时中使用的 1 小时等于 60 分、1 分钟等于 60 秒的六十进制；早年我国使用过的 1 市斤等于 16 两的十六进制；计算机中使用的二进制等。进位计数制中包含两个要素：基数和位权值。

1. 基数

基数即进位计数制中所用数码的个数。例如十进制中有 0～9 共 10 个数码，因此基数为 10，其规则为“逢 10 进 1”、“借 1 当 10”。二进制的基数为 2，即只有 0 和 1 两个数码，其规则是“逢 2 进 1”、“借 1 当 2”。

2. 位权值

在不同的进位计数制中，数码所处的位置不同代表的数值大小也不同。某一位数码代表的数值大小是该位数码与位权的乘积。

例如，十进制数 123.45 可以展开为下列多项式的和：

$$123.45=1\times10^{2}+2\times10^{1}+3\times10^{0}+4\times10^{-1}+5\times10^{-2}$$

其中，10^2是百位上的权值，10^1是十位上的权值，10^{-1}是十分位上的权值，10^{-2}是百分位上的权值等。

1.2.2　二进制

1. 0和1

二进制只有0和1两个基本数码，因此二进制的运算规则也变得更加简单。

加法：	乘法：
0+0=0	0×0=0
0+1=1	0×1=0
1+1=10	1×1=1

数字设备（如计算机）中采用的就是二进制，也就是说，无论是需要数字设备处理的数据还是运行的指令，都必须转化成二进制形式，才能被数字设备识别。

2. 计算机使用二进制的原因

计算机使用二进制是由它的工作原理决定的。计算机要以极高的速度对数据进行处理和加工，而数据在计算机中是由器件的物理状态来表示的。如果一个电路元件有10个稳定的物理状态，那么就可以用这10个状态分别表示0，1，2，…，9共计10个数据，两个这样的电路元件就可以表示00，01，02，…，99共计100个数据，依此类推。

但是，在实际的电路元件中，要找到具有10种稳定状态的元件非常困难，而具有两种稳定状态的元件则很容易找到，例如晶体管的导通与截止、继电器的接通与断开、电脉冲电平的高低等。因此，就可以使用二进制来对应电路元件中的两种稳定状态。例如，可以用电路元件中的高电平对应二进制的1，用低电平对应二进制的0。多个电路元件就对应多个二进制位，从而表示出各种数据。

1.2.3　八进制与十六进制

当用二进制表示一个数值时，位数比较长，即可读性差，不便于书写、阅读和修改。为了弥补这一缺点，人们又引入了八进制和十六进制两种计数法。

1. 八进制

（1）有8个基本数码：0、1、2、3、4、5、6、7。

（2）运算时逢8进1，借1当8。

2. 十六进制

（1）有16个基本数码：0～9和A、B、C、D、E、F。

（2）运算时逢16进1，借1当16。

二进制、八进制、十进制与十六进制之间都具有一一对应关系，如表1-1所示。

表 1-1　十进制、八进制、十六进制、二进制之间的对应关系

进制	对应关系							
十进制	0	1	2	3	4	5	6	7
八进制	0	1	2	3	4	5	6	7
十六进制	0	1	2	3	4	5	6	7
二进制	0000	0001	0010	0011	0100	0101	0110	0111
进制	**对应关系**							
十进制	8	9	10	11	12	13	14	15
八进制	10	11	12	13	14	15	16	17
十六进制	8	9	A	B	C	D	E	F
二进制	1000	1001	1010	1011	1100	1101	1110	1111

通常是在一个数字的后面加注特定符号来区分该数字的进制。我们一般是用 D（Decimal）表示十进制，B（Binary）表示二进制，O（Octal）表示八进制，H（Hexacecimal）表示十六进制。由于十进制是人们最常用的进制，所以 D 一般可以省略。

1.2.4　进制之间的转换

1.　十进制与二进制之间的转换

由于计算机使用二进制，而人们习惯于十进制，因此计算机在处理信息时需要先把十进制转化成二进制处理，然后再将二进制的结果转换成十进制表示出来。为了保证整数和小数部分的值在两个数值间分别对应相等，这两部分在转换时需要分别进行。

（1）二进制数→十进制数。

整数部分：从最低位起顺序把每位乘以 2^0、2^1、2^2、……

小数部分：从最高位起顺序把每位乘以 2^{-1}、2^{-2}、2^{-3}、……

然后分别相加即可。例如：

$(110.101)_2=1\times2^2+1\times2^1+0\times2^0+1\times2^{-1}+0\times2^{-2}+1\times2^{-3}=(6.625)_{10}$

（2）十进制数→二进制数。

整数部分用除 2 取余法，小数部分用乘 2 取整法。

例：$(105.625)_{10}=(?)_2$

A．整数部分

取余

2 | 105 … 1
2 | 52 … 0
2 | 26 … 0
2 | 13 … 1
2 | 6 … 0
2 | 3 … 1
2 | 1 … 1
0

读出方向（↑）

B．小数部分

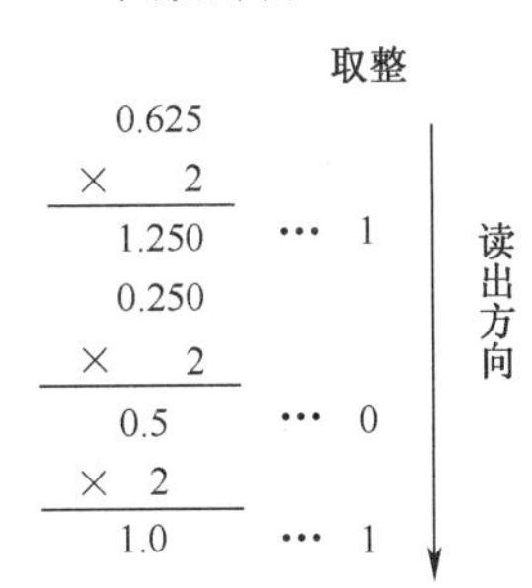

所以$(105.625)_{10}=(1101001.101)_2$。

2．八进制与二进制之间的转换

（1）八进制数→二进制数。

方法：将一个八进制数中的每 1 位写成等值的 3 位二进制数，小数点照抄。

例：$(563.72)_8=(101\ 110\ 011.111\ 010)_2$

（2）二进制数→八进制数。

方法：整数部分从低位到高位，每 3 位分为一组，若不够 3 位时，可在左面添 0，以补足 3 位；小数部分从高位到低位，每 3 位分为一组，若不够 3 位时，可在右面添 0，以补足 3 位。然后将每 3 位二进制数用对应的八进制数替换，即可转换为八进制。

例：$(10101100.01011)_2=(010\ 101\ 100.010\ 110)_2=(254.26)_8$

3．十六进制与二进制之间的转换

（1）十六进制数→二进制数。

方法：将一个十六进制数中的每 1 位写成等值的 4 位二进制数，小数点照抄。

例：$(12B.A)_{16}=(0001\ 0010\ 1011.1010)_2=(100101011.101)_2$

（2）二进制数→十六进制数。

方法：整数部分从低位到高位，每 4 位分为一组，若不够 4 位时，可在左面添 0，以补足 4 位；小数部分从高位到低位，每 4 位分为一组，若不够 4 位时，可在右面添 0，以补足 4 位。然后将每 4 位二进制数用对应的十六进制数替换，即可转换为十六进制。

例：$(1111101010.100111)_2=(0011\ 1110\ 1010.1001\ 1100)_2=(3EA.9C)_{16}$

4．八进制与十进制之间的转换

（1）八进制数→十进制数。

整数部分：从最低位起顺序把每位乘以 8^0、8^1、8^2、……

小数部分：从最高位起顺序把每位乘以 8^{-1}、8^{-2}、8^{-3}、……

然后分别相加。

例：$(315.2)_8=3\times8^2+1\times8^1+5\times8^0+2\times8^{-1}=(205.25)_{10}$

（2）十进制数→八进制数。

方法：与十进制转换为二进制类似，整数部分采用除 8 取余法，小数部分采用乘 8 取整法。

5．十六进制与十进制之间的转换

（1）十六进制数→十进制数。

整数部分：从最低位起顺序把每位乘以 16^0、16^1、16^2、……

小数部分：从最高位起顺序把每位乘以 16^{-1}、16^{-2}、16^{-3}、……

（2）十进制数→十六进制数。

方法：与十进制转换为二进制类似，整数部分采用除 16 取余法，小数部分采用乘 16 取整法。

1.3 谈谈编码

1.3.1 什么是编码

简单地说，编码就是将所要表达的信息用有规律的数字来表示的一种方法。在现实生活中有许多关于编码的例子。例如用邮政编码来表示地域信息、用门牌号码表示房间位置信息、用学号编码表示学生基本入学信息等。

编码是实现数字化表达、处理的前提和基础。

本书中所提到的编码，是指将现实生活中的各种数据信息（包括数字、文本、音乐、图像、语音和视频数据等），经过数字化处理，将其转换成有规律的、用二进制数表示的代码，从而使其能被数字设备（如计算机等）所理解并进行相应处理（包括计算、存储、传输等）的过程。

编码的对象包括多种数据，相应地，就有字符数据的编码、汉字的编码、图像数据的编码、音频数据的编码等。

1.3.2 位和字节

位与字节是和计算机存储有关的两个概念，不仅如此，在关于编码的介绍中，也会经常用到它们。

1. 位

数字设备中所有的数据都是以二进制来表示的，一个二进制的“0”或“1”称为一位，记为 bit（读作比特），简写为 b。位是计算机中最小的数据单位。

2. 字节

在数字设备中，位是按组处理的，一般规定 8 个连续的位（bit）为一个字节（它是衡量存储器大小的基本单位），记为 Byte，简写为 B。

描述计算机中文件的大小或者数字设备的存储空间大小，都需要用字节这个基本存储单位来表示。除了字节（B）外，计算机中还经常用到 KB、MB、GB、TB 等更大的存储单位。它们之间的换算关系为：

1KB=1024B　　　　1MB=1024KB

1GB=1024MB　　　　1TB=1024GB

例如，从互联网上下载的一个电影文件，其大小可能为 800MB（800 兆字节）；一台计算机的硬盘存储空间可能为 500GB 等。图 1-8 所示是一个存储容量为 128GB 的 U 盘。

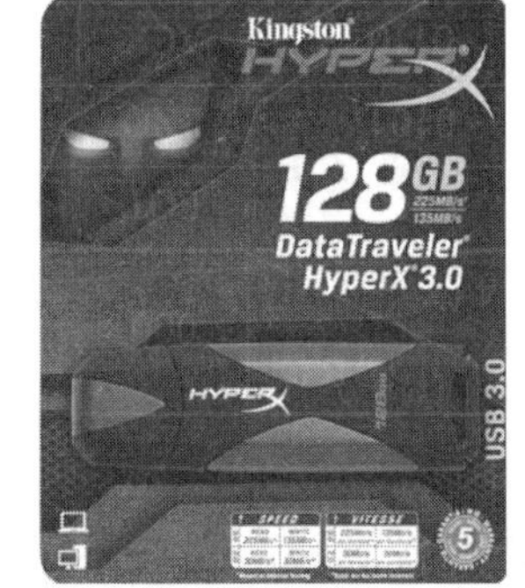

图 1-8　容量为 128GB 的 U 盘

1.3.3 关于编码的三个基本问题

1. 第 1 个问题：阿拉伯数字需要编码吗

在制定数据编码时，也需要给 0～9 的数字编码。可能你会觉得奇怪，在前面不是已经讲过用二进制数来表示十进制数字吗？例如用二进制数 10 和 101 分别表示十进制的 2 和 5，为什么还要为其制定编码呢？原因很简单，因为在现实生活中，有时一个数字可能与它的实际值毫不相干，例如身份证号码中的“2”不表示 20，也不表示 200，它只是被当作一个普通字符数据保存在计算机中，因此我们也需要给 0～9 的数字编码。

2. 第 2 个问题：编码需要多少位二进制数

这要看编码集当中所要表达的数据有多少。一位二进制数码只可以有两种状态（0 或 1），即只可以表示两个字符。例如，如果要对英文字母（区分大小写）进行编码，就至少需要 6 位二进制数。因为 5 位二进制数（00000～11111）只能表示 32 个码值，而 6 位二进制数（000000～111111）可以表示 64 个码值。

3. 第 3 个问题：这些编码都是什么呢?

如果打算自己制造计算机且计算机的每一个硬件都由自己制造，自己编写计算机中的所有软件程序，而且不把自己所造的计算机去与任何其他计算机进行数据交换，那么我们可以随心所欲地自主设计编码规则，例如用 000001 表示 A、用 000010 表示 B 等。所要做的就是给每一个字符设计一个唯一的二进制编码值。

当然，上述的情况很少发生。因此，为了保证兼容和通用性，编码应该是大家共同遵循并统一使用的。这样制造出来的计算机才能够与其他计算机兼容，并且可以相互交换信息。

1.4 最基本的字符编码——ASCII 码

1.4.1 认识 ASCII 码

1. 什么是字符编码

我们通常把字母、数学符号、标点符号等统称为字符（从广义上讲，汉字也属于字符，不过汉字的问题我们在下一节讨论）。为了能够在数字设备（如计算机）中保存和处理这些字符数据，必须将这些字符转换成二进制代码的形式。换句话说，我们必须为每一个字符设定一个（而且是唯一的）二进制形式的代码，这个过程称为对字符进行编码，所形成的编码表称作字符编码集。

对于每一个字符编码，我们可以建立其相对应的显示图形。这样，在每一个文件中，我们保存每一个字符的编码就相当于保存了相应的文字，在需要显示出来的时候，先取得保存起来的编码，然后通过编码表可以查到字符对应的图形，然后将这个图形显示出来，这样我们就可以看到文字了。

2. 什么是 ASCII 编码

为了保证兼容和通用性，计算机中的字符编码系统应该是大家共同遵循并统一使用的。这个标准已经建立，即美国信息交换标准代码（American Standard Code for Information Interchange），简写为 ASCII 码。它于 1967 年正式公布，最初是美国国家标准，供不同计算机在相互通信时用作共同遵守的西文字符编码标准，后来被国际标准化组织（International Organization for Standardization，ISO）定为国际标准，称为 ISO 646 标准，适用于所有拉丁文字字母。

由于 ASCII 编码出现最早，因此后来的各种编码实际上都受到了它的影响，并尽量与其相兼容。

1.4.2 ASCII 码的构成

1. ASCII 编码需要多少二进制位来表示

如果想确定计算机中的编码系统需要多少二进制位来表示，首先需要知道该编码系统中所包含的各种符号数量的总和。ASCII 编码是针对英文字符系统的编码标准，其中包含大小写字母（共 52 个字符）、0～9 的数字（共 10 个字符），这已经有 62 个，再加上一些标点符号，则肯定超过了 64 个字符。这意味着需要多于 6 位的二进制位（因为 6 位二进制数能表示最多 64 个字符编码）来进行编码，但是距离 128 个字符数似乎还有足够的余地。如果超过 128 个字符，则需要 8 位编码。

所以答案应该是 7。在英文字符系统里应该用 7 位二进制数码来表示字符，即 ASCII 编码是 7 位的。

2. ASCII 编码表的内容

ASCII 字符编码集中共包括 128 个字符符号，其中包含了英文的大小写字母、阿拉伯数字、标点符号等常用的字符。ASCII 码使用了 7 位二进制数来表示这些字符，整个编码范围为 0000000～1111111，转换成十进制数就是 0～127。

表 1-2 所示为 ASCII 码字符集以及每一个字符所对应的二进制编码。

表 1-2　美国信息交换标准代码（ASCII 码）

高 3 位 / 低 4 位	000	001	010	011	100	101	110	111
0000	NUL	DLE	SPACE	0	@	P	`	p
0001	SOH	DC1	!	1	A	Q	a	q
0010	STX	DC2	”	2	B	R	b	r
0011	ETX	DC3	#	3	C	S	c	s

续表

高3位 低4位	000	001	010	011	100	101	110	111
0100	EOT	DC4	$	4	D	T	d	t
0101	ENQ	NAK	%	5	E	U	e	u
0110	ACK	SYN	&	6	F	V	f	v
0111	BEL	ETB	,	7	G	W	g	w
1000	BS	CAN	(	8	H	X	h	x
1001	HT	EM	)	9	I	Y	i	y
1010	LF	SUB	*	:	J	Z	j	z
1011	VT	ESC	+	;	K	[	k	{
1100	FF	GS	,	<	L	\	l	|
1101	CR	FS	-	=	M	]	m	}
1110	SO	RS	.	>	N	∧（↑）	n	～
1111	SI	US	/	?	O	_（↓）	o	DEL

表 1-2 中，每一个字符都可由一个唯一的 7 位二进制代码表示。例如，大写字母 A 的 ASCII 码是 1000001（高 3 位+低 4 位），2 的 ASCII 码是 0110010，空格符（SPACE）的 ASCII 码是 0100000，用来分隔单词和句子。

3. 可打印符号与控制符号

在 ASCII 码表的第 3 列至第 8 列，包括标点符号、数学符号、10 个阿拉伯数字、大写英文字母、小写英文字母和其他一些附加的符号。除了最后一个符号 DEL 外，这 6 列中一共有 95 个字符，这 95 个代码也称为图形字符，因为它们可以显示出来，或者说可以通过键盘直接打印出来。

除去 95 个可打印字符以外，ASCII 码中还有 33 个代码，包括 ASCII 码表的前 2 列和最后的 DEL。这 33 个代码被称为控制符号，它们不能显示出来但表示执行某一特定功能。例如，ACK 表示应答，BEL 表示响铃控制，BS 表示退格等。不过，在 ASCII 码公布以后，设计者更多地是想把它们用在电传打字机上，现在许多代码已经很少见到了。

1.4.3 ASCII 码的扩展

尽管 ASCII 码是计算机世界里最重要的标准，但它并不是完美的。ASCII 码的最大问题在于它主要解决了英文系统的问题，可是欧洲的许多非英语国家的字符编码问题还没有解决。比如法语中就有许多英语中没有的字符，因此 ASCII 码不能帮助欧洲人解决编码问题。

为了解决这个问题，人们借鉴 ASCII 编码的设计思想创造了许多使用 8 位二进制数来表示字符的扩充字符集，这样我们就可以使用 256 种数字代号来表示更多的字符。在这些字符集中，0～127 的代码与 ASCII 码保持兼容，128～255 用于其他的字符和符号。由于有多种语言，并且有着各自不同的字符，于是人们为不同的语言制定了不同的编码表。其中，国际标准化组织的 ISO 8859 标准得到了广泛的使用。

在 ISO 8859 的编码表中，编号 0～127 与 ASCII 编码保持兼容，编号 128～159 共 32 个编码保留给扩充定义的 32 个扩充控制码，160 为空格，161～255 的 95 个码值用于新增加的字符代码。由于在一张码表中只能增加 95 个字符的编码，所以 ISO 8859 实际上不是一张码表，而是一系列标准，包括了 14 个字符码表。例如，西欧的常用字符就包含在 ISO 8859-1 字符表中，在 ISO 8859-7 中则包含了现代希腊语字符。

1.5　汉字的编码问题

1.5.1　大字符集的烦恼

欧洲的拼音文字可以用一个字节来保存，一个字节由 8 个二进制位组成，用来表示无符号整数的话，范围正好是 0～255，共可表示 256 个编码值。

但是，问题出现在东方！中国、朝鲜和日本的文字包含了大量的符号。例如，中国的文字不是拼音文字，汉字的个数有数万之多，远远超过区区 256 个字符，因此用 1 个字节来编码的 ISO 8859 标准实际上是不能处理汉字编码的。

通过借鉴 ISO 8859 的编码思想，中国的专家灵巧地解决了中文的编码问题。

既然一个字节的 256 个编码不能表示中文字符，那么我们就使用两个字节来表示一个汉字编码，在每个字节的 256 种可能中，低于 128 的为了与 ASCII 码保持兼容，我们不使用，借鉴 ISO 8859 的设计方案，只使用 160 以后的 96 个码值。两个字节分成高位字节和低位字节。

第一个汉字编码的标准是 GB2312－80。

1.5.2　关于 GB2312－80

汉字是我国使用的主要文字符号，是表示信息的主要手段。汉字字形优美、生动、形象，但汉字实在太多，大约有 6 万多个字，给计算机处理带来了很大的困难。

我国从 20 世纪 60 年代起就开始了对汉字处理技术的探索和研究。70 年代对各类汉字使用的频率曾进行过统计，发现有 3755 个汉字是最常使用的，这些汉字一般都知道读音，所以把它们按拼音进行排序，称为一级汉字。此外，还有 3008 个汉字使用也较多，一级汉字再加上这 3008 个汉字，就能覆盖汉字使用率的 99.75%，这基本上就能满足中国大陆的应用。1980 年我国公布的国家汉字编码标准 GB2312－80，其中所收集的汉字就是这 6763 个常用汉字。

GB2312 标准于 1981 年 5 月 1 日实施，正式统一了中文字符编码的使用，从而也使各种数字电子产品基于 GB2312 来处理中文。

1. 包含内容

GB2312 是中国国家标准的简体中文字符集，共收录 6763 个汉字。其中一级汉字（常用汉字）3755 个，二级汉字（次常用汉字）3008 个，同时收录了包括拉丁字母、希腊字母、日文平假名及片假名字母、俄语西里尔字母在内的682个字符。GB2312所收录的汉字已经覆盖99.75%的使用频率，基本满足了汉字的计算机处理需要，在中国大陆和新加坡获得广泛使用。

2．技术特征

分区表示：GB2312中对所收汉字进行了“分区”处理，一共设计了94个区，每区含有94个汉字/符号。其中，01～09区为特殊符号；16～55区为一级汉字，按拼音排序；56～87区为二级汉字，按部首/笔画排序；10～15区及88～94区则作为保留区，未编码。

双字节表示：两个字节中前面的字节为第一字节，后面的字节为第二字节。习惯上称第一字节为“高字节”，称第二字节为“低字节”。高字节表示区号，低字节表示在该区中的位置号，因此又被称为区位码。

3．编码举例

以GB2312字符集的第一个汉字“啊”字为例，它的区号是16，位号是01，则区位码是1601（十进制表示）。

1.5.3 GBK和GB18030

1．GB2312的问题

GB2312标准的6763个汉字显然不能表示全部的汉字，但是这个标准是在1980年制定的。那时候计算机的处理能力、存储能力都还很有限，所以在制定这个标准的时候，实际上只包含了常用的汉字，这些汉字是通过对日常生活中的报纸、电视、电影等使用的汉字进行统计而得出的。

也正因为如此，很多人在使用基于GB2312的计算机系统的过程中会发现字不够用，即时常会碰到一些人名、古汉语等方面出现的罕用字无法输入到计算机中的问题。其原因就在于这些生僻的汉字不在GB2312的编码字库之中。

对于GB2312字库以外的大量汉字，只能通过一些字库软件拼字或其他造字程序补字。尽管补出的汉字在字形上满足需要，但在字体风格、大小、结构方面难以协调统一，而采用手工贴图的方式补字，更不雅观。

后来，GBK和GB18030等汉字编码标准相继出现，逐步解决了这些问题。

2．GBK

GBK是汉字编码标准之一，全称《汉字内码扩展规范》(GBK即“国标”、“扩展”汉语拼音的第一个字母，英文名称：Chinese Internal Code Specification)，由中华人民共和国全国信息技术标准化技术委员会1995年12月1日制定。

GBK编码是在GB2312－80标准基础上的扩展规范，使用了双字节编码方案，共收录了21003个汉字，完全兼容GB2312－80标准。GBK编码方案于1995年10月制定，1995年12月正式发布，中文版的Windows 95、Windows 98、Windows NT、Windows 2000、Windows XP、Windows 7等都支持GBK编码方案。

3. GB18030

国家标准 GB18030－2000《信息交换用汉字编码字符集基本集的补充》是我国继 GB2312－1980 之后又一重要的汉字编码标准，是我国计算机系统必须遵循的基础性标准之一。

GB18030－2000 编码标准是由信息产业部和国家质量技术监督局在 2000 年 3 月 17 日联合发布的，并且作为一项国家标准在 2001 年的 1 月正式强制执行。

GB18030 标准第 1 条规定："本标准适用于图形字符信息的处理、交换、存储、传输、显现、输入和输出。"简单地说，GB18030 可用于一切处理中文（包括汉字和少数民族文字）信息，特别是汉字信息的数字化产品。

GB18030－2000 规定了常用非汉字符号和 27533 个汉字（包括部首、部件等）的编码。

GB18030－2000 是全文强制性标准，市场上销售的产品必须符合。2005 年发布的 GB18030－2005 在 GB18030－2000 的基础上增加了 42711 个汉字和多种我国少数民族文字的编码，增加的这些内容是推荐性的，故 GB18030－2005 为部分强制性标准，自发布之日起代替 GB18030－2000。

1.5.4　关于汉字编码的几个概念

计算机中汉字的处理包括汉字的输入、存储、显示等过程，根据应用目的的不同，汉字编码分为外码、国标码、机内码和字形码。

1. 外码

外码也叫输入码，是用来将汉字输入到计算机中的一组键盘符号。英文字母只有 26 个，可以把所有的字符都放到键盘上，而使用这种办法把所有的汉字都放到键盘上是不可能的。所以汉字系统需要有自己的输入码体系（即汉字输入法），使汉字与键盘能建立对应关系。汉字输入法有多种，衡量某种输入法好坏的标准应该是易学易记、击键次数少、重码少、可以实现盲打。

目前各种输入法大致可以分为以下 4 类：

（1）数字编码：它是用一个数字串代码来输入一个汉字，如区位码、电报码等。优点是无重码，该输入码与机器内部编码的转换比较方便；缺点是每个汉字都用 4 个数字组成，很难记忆，输入困难，所以很难推广使用。

（2）字音编码：这种编码是根据汉字的读音进行编码。优点是简单易学，但由于汉字的同音字很多，输入重码率较高，输入时一般要对同音字进行选择，从而影响打字速度，而且一旦遇到不知道读音的字就无法输入了。常见的有全拼、智能 ABC、微软拼音、搜狗拼音等输入法。

（3）字形编码：根据汉字的字形进行编码。汉字都是由一笔一画组成，把汉字的笔画用字母或数字进行编码，按笔画的顺序依次输入就能表示一个汉字，典型的有五笔字型码。

（4）音形编码：把汉字的读音和字形相结合进行编码，音形码吸收了字音和字形编码的优点，编码规则化、简单化，且重码少，如自然码等。

2. 区位码与国标码

1980 年，为了使每个汉字有一个全国统一的编码，我国颁布了汉字编码的国家标准：GB2312－80，即《信息交换用汉字编码字符集》基本集，这个字符集是我国中文信息处理技术的发展基础，所包含的汉字编码也被称为国标码。国标码是一个四位十六进制数，每个国标码都对应着一个唯一的汉字或符号。

区位码是国标码的一种表现形式。前面介绍过，GB2312 字符集将汉字和图形符号排列在一个 94 行 94 列的二维编码表中，区号和位号分别用两位十进制数表示，从而形成区位码。因为十六进制数我们很少用到，所以大家常用的是十进制形式表示的区位码，如“保”字在二维编码表中处于第 17 区第 3 位，区位码即为 1703。

国标码并不等于区位码，它是由区位码稍作转换得到的，转换方法为：先将十进制的区码和位码转换为十六进制的区码和位码，这样就得到了一个与国标码有一个相对位置差的代码，再将这个代码的第一个字节和第二个字节分别加上 20H（H 表示其前面是十六进制数），即得到国标码。

例如图 1-9 中，“信”字的区位码是 4837（十进制表示），将其区码（48）和位码（37）分别转换为十六进制，得到 3025H（H 表示其前面是十六进制数），再将高字节和低字节分别加上 20H，则得到“信”的国标码为 5045H。

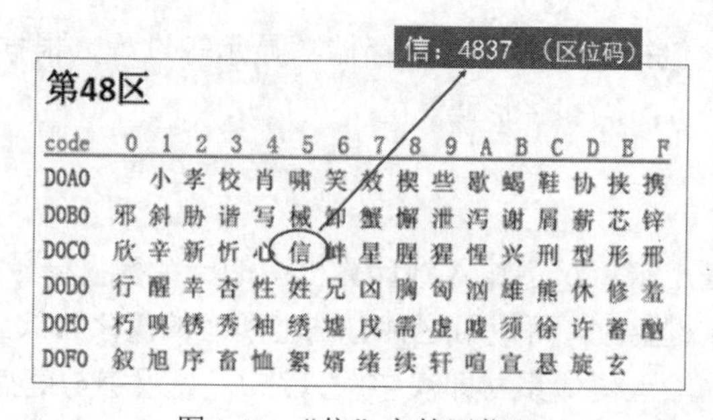

code	0	1	2	3	4	5	6	7	8	9	A	B	C	D	E	F
D0A0		小	孝	校	肖	啸	笑	效	楔	些	歇	蝎	鞋	协	挟	携
D0B0	邪	斜	胁	谐	写	械	卸	蟹	懈	泄	泻	谢	屑	薪	芯	锌
D0C0	欣	辛	新	忻	心	信	衅	星	腥	猩	惺	兴	刑	型	形	邢
D0D0	行	醒	幸	杏	性	姓	兄	凶	胸	匈	汹	雄	熊	休	修	羞
D0E0	朽	嗅	锈	秀	袖	绣	墟	戌	需	虚	嘘	须	徐	许	蓄	酗
D0F0	叙	旭	序	畜	恤	絮	婿	绪	续	轩	喧	宣	悬	旋	玄	

图 1-9 “信”字的区位码

3. 机内码

国标码是汉字信息交换的标准编码，但因其高低字节的最高位为 0，与 ASCII 码发生冲突。如“信”字，国标码为 5045H，而西文字符“P”和“E”的 ASCII 编码为 50H 和 45H，假如内存中有两个字节为 50H 和 45H，这到底是一个汉字“信”，还是两个西文字符“P”和“E”？于是就出现了二义性。显然，国标码是不可能在计算机内部直接采用的。于是，汉字的机内码采用了国标码，变换方法为：将国标码的每个字节都加上 128，即将高低字节的最高位由 0 改为 1，其余 7 位不变。例如“信”字的国标码为 5045H，前字节为 01010000（二进制形式），后字节为 01000101。现将高位改为 1，即为 11010000 和 11000101，转换成十六进制就是 D0C5H，因此“信”字的机内码就是 D0C5H。

显然，汉字机内码的每个字节都大于 128，这就解决了与西文字符的 ASCII 码冲突的问题。如上所述，汉字输入码、区位码、国标码和机内码都是汉字的编码形式，它们之间有着千丝万缕的联系，但其间的区别也是不容忽视的。

4. 汉字输出码

计算机屏幕上显示的字符是由点构成的，英文字符由 8×8=64 个小点即可显示出来（即横向和纵向都有 8 个小点）。汉字是方块字，字形复杂，有的字由一笔组成，有的字由几十笔组成，一般用 16×16 共 256 个小点来显示和打印汉字。把这些构成汉字的小点用二进制数据进行编码，就是汉字字形码。

汉字字形码也称为输出码，用于显示或打印汉字时产生字形。这种编码是通过点阵形式产生的，不论汉字笔画多少，显示在屏幕上时，它们都占同样大的区域，把显示一个汉字的区域分割为许多小方块，每个小方块用黑点（小方块内有汉字笔画经过）或白色（小方块内无汉字笔画经过）表示，就可以显示出一个汉字来，如图 1-10 所示。

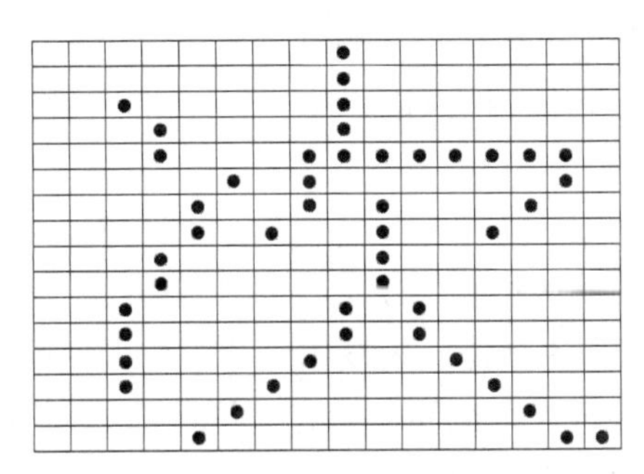

图 1-10 汉字点阵

如果把黑方块表示为“1”，白方块表示为“0”，这样构成一个汉字的所有小方块就被编码成了“0”、“1”组成的二进制编码，这个编码就是一个汉字的点阵字形码。

例如 16×16 点阵，就是把屏幕上显示一个汉字的区域横向和纵向都分为 16 格，一共有 256 个小方块。笔画经过的点为“黑”色，笔画未经过的点为“白”色，这样就形成了显示屏上的白底黑字。

我们很容易用二进制数来表示点阵。如果用二进制“1”表示“黑点”，用“0”表示“白点”，那么一个 16×16 点阵的汉字就可以用 256 位二进制数来表示，存储时占用 32 字节（因为每个字节 8 位）。

5. 汉字库

在一个汉字信息处理系统中，所有字形码的集合就是该系统的汉字库。要显示所有的汉字，就需要事先把每个汉字的点阵设计出来存放在计算机的存储器中。一般的汉字系统只收集了国标码中的 6763 个汉字，它们的汉字库就是这 6763 个汉字字形码的集合。

汉字信息处理系统中必然要包括汉字字库，以便显示和打印时使用。汉字系统除了 16×16 外，还有 24×24、32×32 等点阵字库。点越多，显示出来的字的笔画就越平滑，但其编码也越复杂，占据的内存空间就越多。

字库与汉字的字体、点阵大小有关系，不同的字体、不同大小的点阵有不同的字库。如宋体字库、仿宋体字库、楷体字库、黑体字库、行书字库等。不同点阵的同种字体也有不同的字库。如宋体字，就有 16 点阵（16×16）的宋体字、24 点阵的宋体字、32 点阵的宋体字和 48 点阵的宋体字等。

不同点阵的字库所占的存储空间是不同的，如 16×16 点阵的字库，每个汉字占 32 个字节，而 24 点阵的字库，每个字占用 72 个字节。

1.6 互联网时代的新问题

在 20 世纪 80 年代后期，互联网的出现使世界各地的人们可以直接访问远在天边的服务器。电子文件在全世界传播，在一切都在数字化的今天，文件中的数字到底代表什么字？

由于内码表都是各个国家独自制定的，同一个内码，在不同的国家表示的可能是不同的字符（除了 ASCII 字符，ASCII 字符在所有国家指定的内码表中都有同样的值），不利于国家间的信息交换。实际上，问题的根源在于我们有太多的编码表。

如果整个地球村都使用一张统一的编码表，那么每一个编码就会有一个确定的含义，就不会有乱码的问题出现了。

世界上存在着多种编码方式，同一个二进制数字可以被解释成不同的符号。因此，要想打开一个文本文件，就必须知道它的编码方式，否则用错误的编码方式解读，就会出现乱码。为什么电子邮件有时会出现乱码？就是因为发信人和收信人使用的编码方式不一样。

可以想象，如果有一种编码，将世界上所有的符号都纳入其中，每一个符号都给予一个独一无二的编码，那么乱码问题就会消失。这就是 Unicode。

Unicode（统一码、万国码、单一码）是一种在计算机上使用的字符编码。Unicode 是为了解决传统的字符编码方案的局限而产生的，它为每种语言中的每个字符设定了统一并且唯一的二进制编码，以满足跨语言、跨平台进行文本转换、处理的需要。

Unicode 标准始终使用十六进制数字，而且在书写时在前面加上前缀“U+”，Unicode 是一个很大的集合，现在的规模可以容纳 100 多万个符号。每个符号的编码都不一样，比如 U+0639 表示阿拉伯字母 Ain，U+0041 表示英语的大写字母 A，U+4E25 表示汉字“严”。

互联网的普及，强烈要求出现一种统一的编码方式。UTF-8 就是在互联网上使用最广的一种 Unicode 的实现方式。UTF-8 的全名是 UCS Transformation Format 8，其他实现方式还包括 UTF-16 和 UTF-32，不过在互联网上基本不用。UTF-8 最大的一个特点就是它是一种变长的编码方式，它可以使用 1～4 个字节表示一个符号，根据不同的符号而变化字节长度。

1.7 图像的数字化

要在计算机或其他数字设备（如数码相机）中处理图像，必须先把真实的图像（照片、画报、图书、图纸等）通过数字化转变成计算机或其他数字设备能够接受的显示和存储格式，然后才能进行分析处理。概括来讲，图像的数字化就是指将图像转化成一系列彩色的点，然后将这些点用一定的二进制数在数字设备中表示出来的一个过程。如图 1-11 所示，左图为用数码相机拍摄的一个苹果的图像，右图是该图像经过放大后的局部。

经过观察我们可以发现，图像经放大后变成了一个个网格，这也就是我们所说的被数字化后的图像。

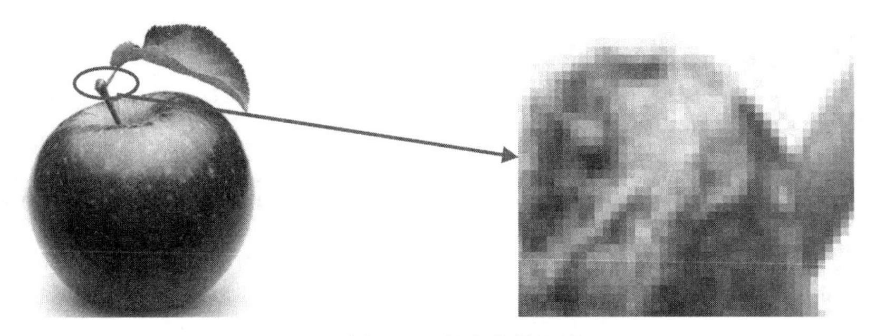

图1-11　数字化的图像

1.8　音频与视频的数字化

音频是声音中人类可听到的一部分。声音按频率大小可以分为音频、超声、次声三类。一般认为 20Hz～20kHz 是人耳听觉频带，称为“音频”，这个频段的声音称为“可闻声”。高于 20kHz 的称为“超声”，低于 20Hz 的称为“次声”。超声和次声信号都是人耳无法感应到的声音。

数字音频系统是通过将声波波形转换成一连串的二进制数据来再现原始声音的，实现这种转换所用的设备是模/数转换器，它以每秒上万次的速率对声音波形进行采样，每一次采样都记录了原始模拟声波某一时刻的状态，称为样本。将一串串的样本连接起来，就可以描述一段声波了。

在多媒体技术中，计算机必须先将采样的声音数字化，然后再进行后期处理。数字音频数据量很大，如果不进行压缩处理，计算机系统几乎无法对它进行存取和转换。因此，必须对数字音频进行压缩。它是数字音频处理技术中一项十分关键的技术。

视频的来源有很多，如来自于摄像机、录像机、影碟机等视频源的信号，包括从家用级到专业级的多种素材，还有计算机软件生成的图形、图像和连续的画面等。

视频是随时间变化连续播放多幅静止图像而产生的带有动感的图像序列，它是通过电子技术手段在相应设备（摄像机、计算机等）上实现的。视频又被称为活动图像或运动图像。

视频数字化处理如采样、量化、压缩编码和模/数转换等与音频数字化基本相同，但由于视频信号自身的特点，其数字化处理也有其特殊性。

在本书第 9 章中有关于音视频的进一步描述。

2

计算机的前世今生

计算，是人类认识世界的一种重要能力。计算需要借助一定的工具来进行。人类最初的计算工具就是自己的双手，掰指头算数就是最早的计算方法。一个人天生有十个指头，因此十进制就成为人们最熟悉的进制计数法。随着人类文明的不断进步，人类突破了双手的局限性，开始学习使用木棍、石子等越来越多的计算工具，计算方法也越来越高级。

计算机不是一个科学发现，而是一个科学和工程结合的系统工程，是无数人共同努力的成果。本章纪念那些在计算机发展历史上做出突出贡献的先驱们。

2.1 伟大的探索

2.1.1 古老东方的计算工具

1. 最古老的计算工具——算筹

我国春秋时期出现的算筹可以说是世界上最古老的计算工具。据《汉书·律历志》的有关记载，算筹是圆形竹棍，长 23.86 cm，横切面直径是 0.23 cm。到公元六七世纪的隋朝，算筹长度缩短，圆棍改成方的或扁的。根据文献记载，算筹除竹筹外，还有木筹、铁筹、玉筹和牙筹等。

中国古代采用十进制计数法，将 1～9 共 9 个数字用 9 种规定的算筹组合形式来表示。同时，将所有数字分为横、纵两种摆放方式，以区别位值，如个位用纵式，十位用横式，百位用纵式，而千位又用横式，依此类推，间隔交替。遇到数字 0 时，就用一个空位表示。后来，就约定俗成以符号“○”代表数字 0，这恰好与今天阿拉伯数字 0 的形态相近。图 2-1 显示了算筹的摆法及简单运算。负数出现后，算筹分红、黑两种，红筹表示正数，黑筹表示负数。这种运算工具和运算方法当时在世界上是独一无二的。

我国古代著名的数学家祖冲之就是借助算筹计算出圆周率的值介于 3.1415926～3.1415927 之间的。

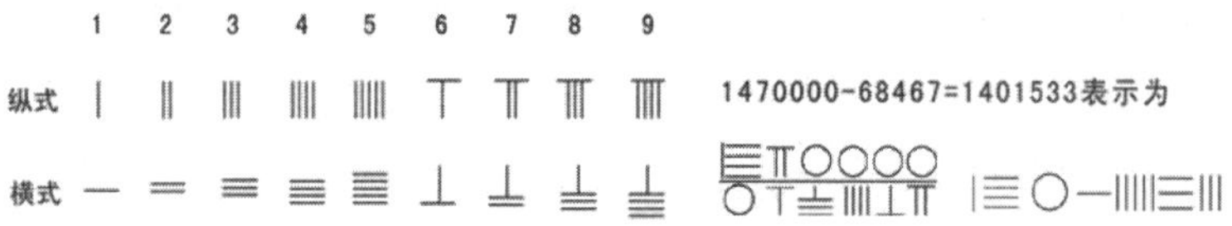

1　2　3　4　5　6　7　8　9

纵式

横式

1470000-68467=1401533表示为

图 2-1　算筹的摆法及简单运算

2. 中国人智慧的结晶——算盘

随着计算技术的发展，在求解一些更复杂的数学问题时，算筹显得越来越不方便了。从唐代起，中国的运算工具就开始由算筹向算盘演变。到元末明初，算盘已经非常普及。它结合了十进制计数法和一整套计算口诀并一直沿用至今，许多人认为算盘是最早的计算机，而珠算口诀则是最早的体系化的算法。

2.1.2　机械式计算机——来自西方的探索

在西欧，由中世纪进入文艺复兴时期的社会大变革大大促进了自然科学技术的发展，人们长期被神权压抑的创造力得到了空前的释放，其中制造一台能帮助人进行计算的机器就是最耀眼的思想火花之一。

从那时起，一个又一个科学家为把这一思想火花变成引导人类进入自由王国的火炬而不懈努力，其中的代表人物有帕斯卡、莱布尼兹和巴贝奇等。这一时期的计算机虽然构造和性能还非常简单，但是其中体现的许多原理和思想已经开始接近现代计算机。

1. 帕斯卡加法机

帕斯卡（Pascal），法国数学家、物理学家、近代概率论的奠基者。1642 年，刚满 19 岁的帕斯卡设计制造了世界上第一架机械式计算装置——使用齿轮进行加减运算的加法机，如图 2-2 所示。“加法机”由一系列齿轮组成，外壳面板上有一列显示数字的小窗口。用铁笔拨动转轮以输入数字，旋紧发条后转动，它运用精妙的“逢十进一”方法能做 6 位加法和减法。

这是人类历史上第一台机械式计算机，其原理对后来的计算机产生了持久的影响。计算机领域没有忘记帕斯卡的贡献，1971 年，瑞士人沃斯把自己发明的计算机高级编程语言命名为 Pascal，以表达对帕斯卡的敬意。

2. 莱布尼兹乘法机

1673 年，德国数学家莱布尼兹发明乘法机（如图 2-3 所示），这是第一台可以运行完整的四则运算的计算装置。莱布尼兹同时还提出了“可以用机械代替人进行烦琐重复的计算工作”的伟大思想，这一思想至今仍鼓舞着人们探求新的计算机。

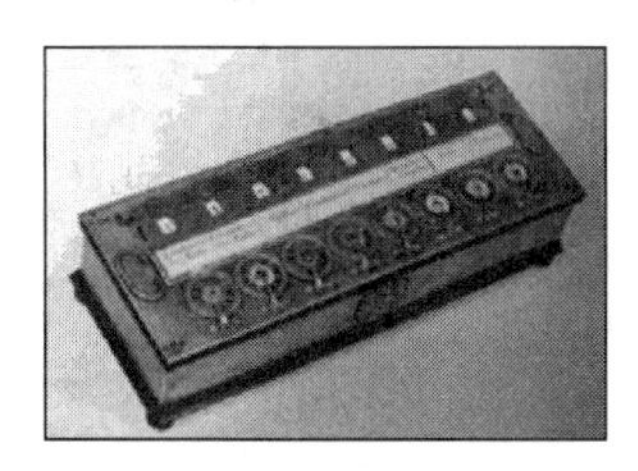

图 2-2　加法机

图 2-3　乘法机

据记载，莱布尼兹认为，中国的八卦是最早的二进制计数法。在八卦图的启迪下，莱布尼兹系统地提出了二进制运算法则。为此，莱布尼兹曾把自己的乘法机复制品送给当时中国的康熙皇帝，以表达他对中国的敬意。

2.1.3 计算机第一人——巴贝奇

真正开始研究并实现计算机的是英国人查尔斯·巴贝奇。

1. 巴贝奇其人

查尔斯·巴贝奇（如图 2-4 所示），1792 年出生在英格兰西南部的托特纳斯，是一位富有的银行家的儿子，后来继承了相当丰厚的遗产，但他把金钱都用于了科学研究。童年时代的巴贝奇显示出极高的数学天赋，考入剑桥大学后，他发现自己掌握的代数知识甚至超过了老师。毕业留校，24 岁的年轻人荣幸地受聘担任剑桥“路卡辛讲座”的数学教授。这是一个很少有人能够获得的殊荣，牛顿的老师巴罗是第一名，牛顿是第二名。假若巴贝奇继续在数学理论领域耕耘，他本来是可以走上鲜花铺就的坦途。然而，这位旷世奇才却选择了一条无人敢于攀登的崎岖险路。

图 2-4 巴贝奇

事情恐怕还得从法国讲起。18 世纪末，法兰西发起了一项宏大的计算工程——人工编制《数学用表》，这在没有先进计算工具的当时，可是件极其艰巨的工作。法国数学界调集大批精兵强将，组成了人工手算的流水线，算了个昏天黑地，才完成了 17 卷大部头书稿。即便如此，计算出的数学用表仍然存在大量错误。

据说有一天，巴贝奇与著名的天文学家赫舍尔凑在一起，对两大部头的天文数表评头论足，翻一页就是一个错，翻两页就有好几处。面对错误百出的数学用表，巴贝奇目瞪口呆，他甚至喊出声来：“天哪，但愿上帝知道，这些计算错误已经充斥弥漫了整个宇宙！”这件事也许就是巴贝奇萌生研制计算机构想的起因。巴贝奇在他的自传《一个哲学家的生命历程》里写到了大约发生在 1812 年的一件事：“有一天晚上，我坐在剑桥大学的分析学会办公室里，神志恍惚地低头看着面前打开的一张对数表。一位会员走进屋来，瞧见我的样子，忙喊道：‘喂！你梦见什么啦？’我指着对数表回答说：‘我正在考虑这些表也许能用机器来计算！’”

2. 制作一台差分机

巴贝奇的第一个目标是制作一台差分机，所谓“差分”的含义，是把函数表的复杂算式转化为差分运算，用简单的加法代替平方运算。

1822 年，巴贝奇终于完成了第一台差分机（如图 2-5 所示）的研制，它可以处理 3 个不同的 5 位数，计算精度达到 6 位小数，这是最早采用寄存器来存储数据的计算机，体现了早期程序设计思想的萌芽，它能够按照设计者的意图自动处理不同函数的计算过程。

图 2-5 巴贝奇的差分机

差分机初战告捷，但是也耗去了巴贝奇整整 10 年的光阴。

这是因为当时的工业技术水平极差，从设计绘图到零件加工，都得自己亲自动手。在他孤军奋战下造出的这台机器，运算精度达到了 6 位小数。以后实际运用证明，这种机器非常适合于编制航海和天文方面的数学用表。

3．第二台差分机的失败

成功的喜悦激励着巴贝奇，他连夜奋笔上书皇家学会，请求政府资助他建造第二台运算精度为 20 位的大型差分机。英国政府同意了巴贝奇的请求，财政部慷慨地为这台大型差分机提供 1.7 万英镑的资助。巴贝奇自己也贴进去 1.3 万英镑巨款，用以弥补研制经费的不足。在当年，这笔款项的数额无异于天文数字，据有关资料介绍说，1831 年约翰·布尔制造一台蒸汽机车的费用才 784 英镑。

然而，第二台差分机的制造工作却出现了重大的问题！第二台差分机大约有 25000 个零件，根据设计，主要零件的误差不得超过每英寸千分之一，即使用现在的加工设备和技术，要想造出这种高精度的机械也绝非易事。巴贝奇把差分机交给了英国最著名的机械工程师约瑟夫·克莱门特所属的工厂制造，但工程进度十分缓慢。设计师心急火燎，从剑桥到工厂，从工厂到剑桥，一天几个来回。他把图纸改了又改，让工人把零件重做一遍又一遍。日复一日，年复一年，直到又一个 10 年过去后，巴贝奇依然望着那些不能运转的机器发愁，全部零件也只完成不足一半数量。参加试验的同事们再也坚持不下去，纷纷离他而去。

巴贝奇独自苦苦支撑了第三个 10 年，终于感到自己再也无力回天。那天清晨，巴贝奇蹒跚走进车间，偌大的作业场空无一人，只剩下满地的滑车和齿轮，四处一片狼藉。在痛苦的煎熬中他无计可施，只得把全部设计图纸和已完成的部分零件送进伦敦皇家学院博物馆供人观赏。

4．进军分析机

差分机失败后，巴贝奇提出了一项新的更大胆的设计。他最后冲刺的目标不是仅仅能够制表的差分机，而是一种通用的数学计算机。巴贝奇把这种新的设计叫做“分析机”，它能够自动解算有 100 个变量的复杂算题，每个数可达 25 位，速度可达每秒钟运算一次。今天我们再回首看看巴贝奇的设计，分析机的思想仍然闪烁着天才的光芒。

巴贝奇首先为分析机构思了一种齿轮式的“存储库”，每一齿轮可储存 10 个数，总共能够储存 1000 个 50 位数。分析机的第二个部件是所谓“运算室”，其基本原理与帕斯卡的转轮相似，但他改进了进位装置，使得 50 位数加 50 位数的运算可完成于一次转轮之中。此外，巴贝奇也构思了送入和取出数据的机构，以及在“存储库”和“运算室”之间运输数据的部件。他甚至还考虑到如何使这台机器处理依条件转移的动作。一个多世纪过去后，现代计算机的结构几乎就是巴贝奇分析机的翻版，只不过它的主要部件被换成了大规模集成电路而已。仅此一说，巴贝奇就当之无愧于计算机系统设计的“开山鼻祖”。

巴贝奇的另一个重要贡献是在计算机控制中加入了分支控制，使得计算机和计算器分道扬镳。条件控制非常重要，软件工程师都非常熟悉程序的流程有 3 类：顺序、分支、循环，分支控制使得计算机可以做很多事，而不像计算器只能做一件事。

5．失败的英雄

然而，上帝对巴贝奇太不公平！分析机终于没能造出来，他失败了。巴贝奇的失败是因为他看得太远，分析机的设想超出了他所处时代至少一个世纪！当时人们对电还没有太深刻的认识，机械水平也不能支撑分析机的实现，因此他终其一生也没法制造出自己所设想的机器。然而，他们留给了计算机界的后辈们一份极其珍贵的精神遗产，包括30种不同的设计方案，近2100张组装图和50000张零件图……，更包括那种在逆境中自强不息、为追求理想奋不顾身的拼搏精神！

2.1.4　伟大的图灵

1. 计算机界的诺贝尔奖——图灵奖

图灵奖（A.M. Turing Award）（如图2-6所示），由美国计算机协会（ACM）于1966年设立，被喻为“计算机界的诺贝尔奖”。它是以英国数学天才阿兰·麦席森·图灵的名字命名的，图灵对早期计算的理论和实践做出了突出的贡献。图灵奖主要授予在计算机技术领域做出突出贡献的个人，而这些贡献必须对计算机业有长远而重要的影响。

图灵奖是计算机界最负盛名和最崇高的一个奖项，图灵为什么能担当大任？因为他是用理论证明计算机可行的第一人。

2. 图灵其人

阿兰·麦席森·图灵（如图2-7所示），1912年生于英国伦敦，1954年死于英国的曼彻斯特。

图灵对计算机界的一大贡献是他对理论计算机的研究。他是第一个提出利用某种机器实现逻辑代码的执行，以模拟人类的各种计算和逻辑思维过程的科学家，而这一点，成为了后人设计实用计算机的思路来源，成为了当今各种计算机设备的理论基石。

图2-6　图灵奖杯

图2-7　阿兰·麦席森·图灵

1936年，24岁的图灵向伦敦权威的数学杂志投了一篇论文，题为《论数字计算在决断难题中的应用》。这篇论文被誉为是阐明计算机原理的开山之作。在这篇开创性的论文中，图灵给“可计算性”下了一个严格的数学定义，并提出著名的“图灵机”的设想，详细描述了一项计算任务是怎么用一种计算机器来完成的。“图灵机”与“冯·诺依曼机”齐名，被永远载入计算机的发展史中。

图灵也是人工智能的先驱。1950年，他提出关于机器思维的问题，他的论文《计算机和智能》（Computing machinery and intelligence）引起了广泛的注意，产生了深远的影响。1950

年10月，图灵又发表了另一篇题为《机器能思考吗》的论文，其中提出了一种用于判定机器是否具有智能的试验方法，即著名的“图灵测试”。图灵测试是让人类考官通过键盘向一个人和一个机器发问，这个考官不知道他问的是人还是机器。如果在经过一定时间的提问以后，这位人类考官不能确定回答问题的谁是人谁是机器，那这个机器就有智力了。

图灵还是一位密码学专家。第二次世界大战爆发后不久，英国对德国宣战，图灵随即入伍，在英国战时情报中心政府编码与密码学院服役。图灵带领200多位密码专家研制出名为“邦比”的密码破译机，后又研制出效率更高、功能更强的密码破译机“巨人”，将政府编码与密码学院每月破译的情报数量从39000条提升到84000条。图灵和同事破译的情报在盟军诺曼底登陆等重大军事行动中发挥了重要作用，图灵因此在1946年获得“不列颠帝国勋章”。

图灵同时还是世界级的长跑运动员。他的马拉松最好成绩是2小时46分3秒，比1948年奥林匹克运动会金牌成绩慢11分钟。

图灵的伟大成就，使其被誉为“计算机科学之父”和“人工智能之父”。

3. 图灵机

“图灵机”不是一种具体的机器，而是一种思想模型。图灵机的基本思想是用机器来模拟人们用纸笔进行数学运算的过程。图灵机被公认为现代计算机的原型，这台机器可以读入一系列的0和1。这些数字代表了解决某一问题所需要的步骤，按这个步骤走下去，就可以解决某一特定的问题。图灵机从理论上来看是通用机。在图灵看来，这台机器只用保留一些最简单的指令，一个复杂的工作只用把它分解为这几个最简单的操作就可以实现了。他相信有一个算法可以解决大部分问题，而困难的部分则是如何确定最简单的指令集，什么样的指令集才是最少的，而且又能顶用，还有一个难点是如何将复杂问题分解为这些指令的问题。

图灵机想象使用一条无限长度的纸带子，带子上划分成许多格子。如果格里画条线，就代表“1”，空白的格子代表“0”。想象这个“计算机”还具有读写功能：既可以从带子上读出信息，也可以往带子上写信息。“0”和“1”代表着在解决某个特定数学问题中的运算步骤。“图灵机”能够识别运算过程中的每一步，并且能够按部就班地执行一系列的运算，直到获得最终答案。

图灵机是一个虚拟的“计算机”，完全忽略硬件状态，考虑的焦点是逻辑结构。图灵在他那篇著名的文章里还进一步设计出被人们称为“万能图灵机”的模型，它可以模拟其他任何一台解决某个特定数学问题的“图灵机”的工作状态。他甚至还想象在带子上存储数据和程序。“万能图灵机”实际上就是现代通用计算机的最原始的模型。

美国的阿坦纳索夫在1939年研究制造了一台名为ABC的电子计算机，其中采用了二进位制，电路的开与合分别代表数字0与1，运用电子管和电路执行逻辑运算等。ABC是“图灵机”的第一个硬件实现，看得见、摸得着。而冯·诺依曼不仅在上个世纪40年代研制成功了功能更好、用途更为广泛的电子计算机，并且为计算机设计了编码程序，还实现了运用纸带存储与输入。

4. 图灵的悲惨世界

图灵的晚年过得十分凄惨，他是一个同性恋，在当时并不能得到人们的认同。因为图灵的同性恋倾向而遭到的迫害使他的职业生涯尽毁。1954年6月7日，图灵被发现死于家中的床上，床头还放着一个被咬了一口的苹果。警方调查后认为是氰化物中毒，调查结论为自杀。

2004年6月7日，为纪念这位计算机科学与密码学的绝顶天才逝世50周年，来自世界各地的学者、学生数千人来到曼彻斯特市，聚集在图灵离世前5年曾经居住的公寓前。曼彻斯特市政府在这所表面极其普通却因图灵而成为永久的历史性建筑的墙上隆重镶嵌上一面纪念铜牌，上写："1912—1954，计算机科学奠基人与密码学家，战争年代破译"谜"码的功臣阿兰·图灵居于斯，逝于斯。"

2.1.5 程序思想的来源

1. 织布机的启示

一个奇特的发明对计算的历史产生了深远的影响，就像它对纺织所产生的深远影响一样，这就是约瑟夫·玛丽·杰奎德（1752－1834）所发明的自动织布机。

杰奎德织布机大约产生于1801年。这本来和计算机没有什么关系，不过这台织布机十分的巧妙，它织出来的花样可以通过一串金属卡片上的孔来决定，人们事先在卡片上打孔来设计织物的花样，机器就可以织出这种花样，这与今天的通过软件来控制计算机的模式有异曲同工之妙。这个发明对后世的计算机影响重大，打孔机控制技术就被应用到早期电子计算机的输入设备上。也有人说，计算机是织布机的后代。从这里可以看出，创新并不是指完全发明新的东西，把一个领域中的东西搬到另一个领域，也是一种非常好的创新。

2. 第一位程序员——爱达

奥古斯塔·爱达·金（Augusta Ada King）（如图2-8所示），1815年生于伦敦，是英国著名诗人拜伦的女儿。爱达自小命运多蹇，来到人世的第二年，父亲拜伦因性格不合与她的母亲离异，从此别离英国。爱达19岁嫁给了威廉·洛甫雷斯伯爵，因此史书也称她为洛甫雷斯伯爵夫人。

图2-8 爱达

爱达的母亲是位业余数学爱好者，可能是从未得到过父爱的缘故，小爱达没有继承到父亲诗一般的浪漫热情，却继承了母亲的数学才能和毅力。爱达比巴贝奇小20多岁，在爱达的少女时代，母亲的一位朋友曾领着她们去参观巴贝奇的差分机。其他女孩子围着差分机叽叽喳喳乱发议论，摸头不是脑。只有爱达看得非常仔细，她十分理解并且深知巴贝奇这项发明的重大意义。

在当时，巴贝奇的机器被认为是没有价值的，是个只会烧钱的废物，巴贝奇拉不到经费，也得不到人们的理解，不过爱达却非常清楚这项工作的意义。就在巴贝奇为了分析机的研究痛苦艰难的时刻，爱达主动与巴贝奇联系，不仅对他表示理解而且还希望与他共同工作。就这样，在爱达27岁时，她成为巴贝奇科学研究上的合作伙伴，迷上这项常人不能理解的"怪诞"研究。

爱达非常准确地评价道："分析机'编织'的代数模式同杰奎德织布机编织的花和叶完全一样"。爱达负责为这台还没有建成的机器写程序，她创造了子程序、循环的概念，为分析机编制一批函数计算程序，其中包括计算三角函数的程序、级数相乘程序、伯努利函数程序等。在1843年发表的一篇论文里，爱达认为机器今后有可能被用来创作复杂的音乐、制图和在科学研究中运用，这在当时的确是十分大胆的预见。以现在的观点看，爱达首先为计算拟定了“算法”，然后写作了一份“程序设计流程图”。这份珍贵的规划，被人们视为“第一件计算机程序”。

后来，美国国防部据说是花了 250 亿美元和 10 年的光阴，把它所需要软件的全部功能混合在一种计算机语言中，希望它能成为军方数千种计算机的标准。1981 年，这种语言被正式命名为 ADA 语言，使爱达的英名流传至今，而爱达也被人们尊称为世界上第一位程序员。

无休无止的脑力劳动，使爱达的健康状况急剧恶化。1852 年，怀着对分析机成功的美好梦想和无言的悲怆，爱达香消魄散，死时年仅 36 岁。

爱达去世后，巴贝奇又默默地独自坚持工作。晚年的他已经不能准确地发音，甚至不能有条理地表达自己的意思，但是他仍然百折不挠地坚持工作。

巴贝奇和爱达是不幸的，他们生前所做的工作得不到认可，他们将种子种在了地下，辛勤耕耘，但收获的却不是他们。他们屡战屡败、屡败屡战，始终不放弃自己对崇高理想的追求。正如巴贝奇所说：“不管今天怎样被认为是无用的知识，到后世将会变成大众的知识，这就是知识的生命力。”

3. 穿孔制表机的应用

1888 年，美国人赫尔曼·霍列瑞斯发明了制表机，如图 2-9 所示。它采用电气控制技术取代纯机械装置，并使用穿孔卡片进行数据处理，这可以说是计算机软件的雏形。

图 2-9　制表机

公元 1880 年，美国举行了一次全国性人口普查，为当时 5000 余万的美国人口登记造册。当时美国经济正处于迅速发展的阶段，人口流动十分频繁，再加上普查的项目繁多，统计手段落后，从当年 1 月开始的这次普查花了 7 年半的时间才把数据处理完毕。也就是说，直到快进行下一次人口普查时，美国政府才能得知上一次人口普查期间全国人口的状况。

霍列瑞斯博士是德国侨民，早年毕业于美国哥伦比亚大学矿业学院，学的是采矿专业。大学毕业后来到人口调查局，从事的第一项工作就是人口普查。他曾与同事们一起深入到许多家庭，填表征集资料，深知每个数据都来之不易；他也曾终日埋在数据堆里，用手摇计算机“摇”得满头大汗，一天下来，也统计不出几张表格的数据。

人口普查需要处理大量的数据，如年龄、性别等，还要统计出每个社区有多少儿童和老人，有多少男性公民和女性公民等。这些数据是否也可以由机器自动进行统计？采矿工程师霍列瑞斯想到了纺织工程师杰奎德 80 年前发明的穿孔纸带。杰奎德提花机用穿孔纸带上的小孔来控制提花操作的步骤，就像给机器自动运行的程序一样，霍列瑞斯则进一步设想要用它来储存和统计数据，发明一种自动制表的机器。

霍列瑞斯首先把穿孔纸带改造成穿孔卡片，以适应人口数据采集的需要。由于每个人的调查数据有若干不同的项目，如性别、籍贯、年龄等。霍列瑞斯把每个人所有的调查项目依次排列于一张卡片上，然后根据调查结果在相应项目的位置上打孔。例如，穿孔卡片“性别”栏目下，有“男”和“女”两个选项；“年龄”栏目下有从“0 岁”到“70 岁以上”等系列选项，如此等等。统计员可以根据每个调查对象的具体情况分别在穿孔卡片各栏目相应位置打出小孔。每张卡片都代表着一位公民的个人档案。

霍列瑞斯博士巧妙的设计在于自动统计。他在机器上安装了一组盛满水银的小杯，穿好孔的卡片就放置在这些水银杯上。卡片上方有几排精心调好的探针，探针连接在电路的一端，水银杯则连接于电路的另一端。与杰奎德提花机穿孔纸带的原理类似：只要某根探针撞到卡片上有孔的位置，便会自动跌落下去，与水银接触接通电流，启动计数装置前进一个刻度。由此可见，霍列瑞斯穿孔卡表达的也是二进制信息：有孔处能接通电路计数，代表该调查项目为“有”（用“1”表示），无孔处不能接通电路计数，表示该调查项目为“无”（用“0”表示）。

直到 1888 年，霍列瑞斯才实际完成自动制表机的设计并申报了专利。他发明的这种机电式计数装置比传统纯机械装置更加灵敏，因而被 1890 年后的历次美国人口普查所选用，获得了巨大的成功。例如，1900 年进行的人口普查全部采用霍列瑞斯制表机，平均每台机器可代替 500 人工作，全国的数据统计仅用了 1 年多时间。

虽然霍列瑞斯发明的并不是通用计算机，除了能统计数据表格外，它几乎没有别的什么用途，然而制表机穿孔卡第一次把现实信息转变成二进制数据。在以后的计算机系统里，用穿孔卡片输入数据的方法一直沿用到 20 世纪 70 年代，数据处理也发展成为计算机的主要功能之一。

1896 年，霍列瑞斯创立了制表机公司，这标志着计算机作为一个产业初具雏形。1911 年该公司并入 CTR（计算制表记录）公司，这就是著名的 IBM 公司的前身。

1924 年，托马斯·沃森一世把 CTR 更名为 IBM。

2.2 第一台电子计算机的诞生

2.2.1 永载史册的 ENIAC

从人脑的计算到计算机的计算是一个漫长的历史过程，在这个过程中人们不断探索、不断创新。20 世纪科学技术在飞速发展，现有的计算工具面对堆积如山的数据处理显得力不从心。因此，对计算工具的改进已迫在眉睫。

1. 弹道研究实验室的需求

研制电子计算机的想法产生于第二次世界大战进行期间。当时激战正酣，各国的武器装备还很差，占主要地位的战略武器就是飞机和大炮，因此研制和开发新型大炮和导弹就显得十分必要和迫切。为此美国陆军军械部在马里兰州的阿伯丁设立了“弹道研究实验室”。

美国军方要求该实验室每天为陆军炮弹部队提供 6 张火力表以便对导弹的研制进行技术鉴定。千万别小瞧了这区区 6 张火力表，它们所需的工作量大得惊人！事实上每张火力表都要计算几百条弹道，而每条弹道的数学模型是一组非常复杂的非线性方程组。这些方程组是没有办法求出准确解的，因此只能用数值方法近似地进行计算。

不过即使用数值方法近似求解也不是一件容易的事！按当时的计算工具，实验室即使雇用200多名计算员加班加点工作也大约需要两个多月的时间才能算完一张火力表。在“时间就是胜利”的战争年代，这么慢的速度怎么能行呢？恐怕还没等先进的武器研制出来，败局已定。

2. 莫克利的想法

美国宾夕法尼亚大学莫尔电机工程学院同阿贝丁弹道研究实验室共同负责这6张火力表的任务。为了改变这种不利的状况，当时任职宾夕法尼亚大学莫尔电机工程学院的莫克利（John Mauchly）于1942年提出了试制第一台电子计算机的初始设想——“高速电子管计算装置的使用”，期望用电子管代替继电器以提高机器的计算速度。

1943年6月5日，莫尔学院与军械部正式签订合同，并命名为“电子数值积分和计算机（Elextronic Numerical Integrator And Computer）”，简称ENIAC。承担研制ENIAC的莫尔小组是一群志同道合、朝气蓬勃的青年科技人员：总设计师是30多岁的物理学教授莫克利，是他提出了ENIAC的总设想；总工程师埃克特只有24岁，是莫尔学院的研究生，在电子学领域中很有研究，他负责解决制造中的一系列困难复杂的工程技术问题。

3. ENIAC的诞生

经过三年紧张的工作，第一台电子计算机ENIAC（如图2-10所示）终于在1946年2月14日问世了。它由17468个电子管、6万个电阻器、1万个电容器和6千个开关组成，重达30吨，占地160多平方米，耗电174千瓦，耗资45万美元。这台计算机每秒能运行5千次加法运算或400次乘法，比机械式的继电器计算机快1000倍。当ENIAC公开展出时，一条炮弹的轨道用20秒钟就算出来了，比炮弹本身的飞行速度还快。它是按照十进制而不是按照二进制来设计的，但其中也用了少量以二进制方式工作的电子管，因此机器在工作中不得不把十进制转换为二进制，而在数据输入、输出时再变回十进制。

图2-10　ENIAC

ENIAC最初是为了进行弹道计算而设计的专用计算机，但后来通过改变插入控制板里的接线方式来解决各种不同的问题，而成为一台通用机。ENIAC的程序采用外部插入式，每当进行一项新的计算时，都要重新连接线路。有时几分钟或几十分钟的计算，要花几小时或两天的时间进行线路连接准备，这是一个致命的弱点。它的另一个弱点是存储量太小。

ENIAC 是当时世界上最大最强也是最有影响力的计算机，现在都将它认为是世界上第一台电子计算机。当年的 ENIAC 和现在的计算机相比，还不如一些高级袖珍计算器，但它的诞生为人类开辟了一个崭新的信息时代，使得人类社会发生了巨大的变化。ENIAC 的诞生掀起了计算机发展的高潮，标志着电子计算机时代的到来，是世界科技发展史上的一个伟大创举，它为以后计算机科学的发展奠定了基础。

2.2.2 冯·诺依曼机

1. 天才冯·诺依曼

事情发生在 1931 年匈牙利首都布达佩斯。一位犹太银行家在报纸上刊登启事，要为他 11 岁的孩子招聘家庭教师，聘金超过常规 10 倍。布达佩斯人才济济，可一个多月过去，居然没有一人前往应聘。因为这个城市里，谁都听说过，银行家的长子冯·诺依曼（如图 2-11 所示）聪慧过人，3 岁就能背诵父亲账本上的所有数字，6 岁能够心算 8 位数除 8 位数的复杂算术题，8 岁学会了微积分，其非凡的学习能力使那些曾经教过他的教师惊诧不已。

图 2-11 冯·诺依曼

父亲无可奈何，只好把冯·诺依曼送进一所正规学校就读。不到一个学期，他班上的数学老师走进家门，告诉银行家自己的数学水平已远不能满足冯·诺依曼的需要。“假如不给这孩子深造的机会，将会耽误他的前途，”老师认真地说道，“我可以将他推荐给一位数学教授，您看如何？”

银行家一听大喜过望，于是冯·诺依曼一面在学校跟班读书，一面由布达佩斯大学教授为他“开小灶”。然而，这种状况也没能维持几年，勤奋好学的中学生很快又超过了大学教授，他居然把学习的触角伸进了当时最新的数学分支——集合论和泛函分析，同时还阅读了大量历史和文学方面的书籍，并且学会了七种外语。毕业前夕，冯·诺依曼与数学教授联名发表了他第一篇数学论文，那一年他还不到 17 岁。

2. 与 ENIAC 的渊源

1944 年仲夏的一个傍晚，第一台电子计算机研制小组成员戈尔斯坦来到阿贝丁车站，等候去费城的火车，就在这里，他遇到了闻名世界的大数学家冯·诺依曼。天赐良机，戈尔斯坦感到绝不能放过这次偶然的邂逅，他把早已埋藏在心中的几个数学难题一古脑儿地倒出来，向数学大师讨教。就在讨论当中，冯·诺依曼不觉流露出吃惊的神色，敏锐地从数学问题里感到眼前这位青年身边正发生着什么不寻常的事情。他开始反过来向戈尔斯坦发问，最后戈尔斯坦毫不隐瞒地告诉他莫尔学院的电子计算机课题和目前的研究进展。

冯·诺依曼真的被震惊了，随即又感到极其兴奋。从 1940 年起，他就是阿贝丁试炮场的顾问，同样的计算问题也曾使数学大师焦虑万分。他急不可耐地向戈尔斯坦表示，希望亲自到莫尔学院看一看那台尚未出世的机器。

莫克利和埃克特高兴地等待着冯·诺依曼的来访，他们也迫切希望得到这位著名学者的指导，同时又有点儿怀疑。埃克特私下对莫克利说道：“你只要听听他提的第一个问题，就能判断出冯·诺依曼是不是真正的天才。”

骄阳似火的 8 月，冯·诺依曼风尘仆仆地赶到了莫尔学院的试验基地，马不停蹄地约见攻关小组成员。莫克利想起了埃克特的话，竖着耳朵聆听数学大师的第一个问题。当他听到冯·诺依曼首先问及的是机器的逻辑结构时，不由得对埃克特心照不宣地一笑，两人同时都被这位大科学家的睿智所折服！从此，冯·诺依曼成为莫尔学院电子计算机攻关小组的实际顾问，与小组成员频繁地交换意见。年轻人机敏地提出各种设想，冯·诺依曼则运用他渊博的学识把讨论引向深入，逐步形成电子计算机的系统设计思想。冯·诺依曼以其厚实的科技功底、极强的综合能力与青年们结合，极大地提高了莫尔小组的整体水平，使莫尔小组成为“人才放大器”，至今依然是科学界敬慕的科研组织典范。

莫克利和埃克特研制的 ENIAC 计算机获得巨大的成功，但它也存在着致命的缺点。在 ENIAC 尚未投入运行前，冯·诺依曼就看出了这台机器的缺陷，主要弊端是：程序与计算两分离。指挥近 2 万个电子管“开关”工作的程序指令被存放在机器的外部电路里。需要计算某个题目前，埃克特必须派人把数百条线路用手接通，像电话接线员那样工作几小时甚至好几天，才能进行几分钟运算。

3. 冯·诺依曼的新设计

冯·诺依曼决定起草一份新的设计报告，对电子计算机进行脱胎换骨的改造。短短 10 个月里，冯·诺依曼迅速把概念变成了方案。新机器方案命名为“离散变量自动电子计算机”，英文缩写为 EDVAC。1945 年 6 月，冯·诺依曼与戈德斯坦等人联名发表了一篇长达 101 页纸的报告，即计算机史上著名的“101 页报告”。这份报告奠定了现代计算机体系结构坚实的根基，直到今天，仍然被认为是现代计算机科学发展里程碑式的文献。

EDVAC 的改进首先在于冯·诺依曼巧妙地想出“存储程序”的办法，程序也被他当作数据存进了机器内部，以便计算机能自动一条接着一条地依次执行指令，再也不必去接通什么线路。其次，他明确提出这种机器必须采用二进制数制，以充分发挥电子器件的工作特点，使结构紧凑且更通用化。在 EDVAC 报告中，冯·诺依曼明确规定出计算机的五大部件：运算器、逻辑控制器、存储器、输入装置和输出装置，并描述了五大部件的功能和相互关系。与 ENIAC 相比，人们后来把按这一方案思想设计的机器统称为“冯·诺依曼机”。

自冯·诺依曼设计的 EDVAC 计算机始，一直到今天，计算机一代又一代的“传人”，不论外形如何，都没能够跳出“冯·诺依曼机”的掌心。冯·诺依曼虽然不是第一台电子计算机的实际研制者，但是他的思想为现代计算机的发展指明了方向，正因为如此，冯·诺依曼被后人尊称为“电子计算机之父”。

2.3 从大型机到小型机

2.3.1 IBM 与大型机

国际商业机器公司（International Business Machines Corporation，IBM）1911 年由托马斯·沃森创立于美国，是全球著名的信息技术和业务解决方案公司，业务遍及 160 多个国家和地区。

IBM 对计算机的发展做出了重要贡献，虽然现在更多地涉及信息服务业，但仍然是计算机领域的重量级选手，服务器、处理器、芯片制造等领域都居于业界前列。

IBM 的历史，最早可以追溯到霍列瑞斯的“制表机器公司”。在美国的人口普查工作中，霍列瑞斯的机械制表机曾发挥出重要的作用，后经多次转手和重组，最终转到了老托马斯·沃森手中，1924 年，托马斯·沃森一世将其更名为国际商用机器公司（IBM）。

1950 年爆发了朝鲜战争，当时 IBM 的老托马斯询问美国政府：公司能为战争做些什么？他马上被告知：给国防部捐一台大型的计算机。

1951 年，IBM 着手开发这台计算机，同时聘请冯·诺伊曼担任科学顾问，1952 年 IBM 完成了这台计算机的制造，将其命名为 701。后来又生产了 18 台，几台送给了政府，几台卖给了公司，这是世界上最早的大规模商用计算机。

在 1964 年，IBM 推出了划时代的 System/360（如图 2-12 所示）大型计算机，从而宣告了大型机时代的来临。自此，世界上几乎所有的计算机研制和开发都以 IBM360 系列系统为基准，成为世界范围的一种重要趋势。

图 2-12　IBM 的 System/360 大型主机

IBM 在大型机的研制方面取得了令人瞩目的成就，不过，随着微型计算机的出现以及其为广大个人用户所接受，IBM 也开始注重对个人计算机的开发，并于 1981 年研发了自己的个人计算机 IBM PC，其创立的个人计算机（PC）标准至今仍被不断地沿用和发展。

2.3.2　DEC 小型机的出现

20 世纪 50 年代初，作为林肯实验室与 IBM 公司一个合作项目的联络人，奥尔森进入了 IBM。但是，IBM 的工作模式却让奥尔森无法忍受，终于 1953 年底的一个寒冷的冬夜，在自己的房间里，奥尔森对看望他的朋友表达了对 IBM 公司的不满，愤愤地说：“我可以在他们的地盘上打败他们。”就在那天晚上，奥尔森有了数字设备公司这一构思，他要生产出比 IBM 价格更便宜、工艺更简单的计算机。

1957 年，DEC 公司创建。功夫不负有心人，经过一年的辛勤经营，公司卖出了价值 94000 美元的存储器测试逻辑软件，还一度垄断市场。

初战告捷，新公司稳住了阵脚，增强了信心，加快了发展的步伐。他们开始把眼光越过逻辑软件和存储测试器，而投向计算机的研制。这个目标不局限在研制计算机本身。当时的发展趋势是：人们需要亲自使用计算机，希望通过键盘和监视器同机器进行对话。当时生产大体积计算机的 IBM 等公司认为这种想法无疑是异端邪说。奥尔森却认同了这一趋势，顺应了这一趋势也抓住了时机。

1959 年 12 月，DEC 公司向市场推出了它的第一台计算机 PDP-1 的样机。这是一种人机对话型计算机，其售价低廉到只是一台大主机的零头，而且体积较小。它成功地把 DEC 带进了计算机行业，开辟了一个崭新天地。从此，DEC 在计算机行业中有了肥沃的土壤，并扎下了根，开始蓬勃生长。

当计算机朝着复杂而昂贵的方向发展时，奥尔森却带着他的公司逆道而行，1965 年秋季，DEC 公司推出了小巧玲珑的 PDP-8 型计算机（如图 2-13 所示），价格便宜，许多计算机经营者被它吸引住了，希望把它纳入自己的系统，按照自己的要求添置硬件、编写软件，作为自己的产品整体出售。奥尔森支持这种改装，因为这样做可以使公司免去高成本、高强度的软件编写工作。计算机行业里一种新的销售方法就应运而生了——销售原始设备（OEMS）。不久，原始设备的销售额占了 DEC 销售总额的 50%，公司财源滚滚而来，甚至连奥尔森和他手下的决策者们也始料不及，PDP-8 型计算机的生产迅速扩大，抢占了 IBM 公司的计算机市场。

图 2-13 DEC 公司的 PDP-8 小型机

PDP-8 型计算机的成功使 DEC 公司发现自己正在进行一场易操作的小型机革命。小型计算机时代诞生了。到了 1970 年，大约有 70 家公司在生产小型计算机，DEC 公司在小型机上已拥有绝对优势。通过向成千上万的用户提供他们买得起的小型机这一方式，DEC 公司一夜间成为引人注目的制造商。

在强手如云的计算机领域，DEC 经过 30 年的奋斗，逐步拓展，终于后来居上，占据了第二强的位置。1998 年 1 月，DEC 公司被康柏以 96 亿美元的价格收购。

2.4 英雄辈出的个人计算机时代

2.4.1 从仙童到 Intel

1. 肖克利半导体实验室

1955 年秋天，成就了“本世纪最伟大发明”的“晶体管之父”威廉·肖克利（William Shockley）离开贝尔实验室回到了自己的故乡加利福尼亚的 Palo Alto，并创立了“肖克利半导体实验室”。Palo Alto 同时也是斯坦福大学和惠普公司的所在地，这里是一个狭长的山谷，空气清新，气候宜人。肖克利把半导体带到了这里，这之后的几十年，这里成为了举世闻名的“硅谷”。HP、Intel、Cisco、Sun、AMD、Apple、Oracle、Google、Facebook 等公司的总部都建在这里。

因仰慕“晶体管之父”的大名，求职信像雪片般飞到肖克利的办公桌上。第二年，八位年轻的科学家从美国东部陆续到达硅谷，加盟肖克利实验室。他们是：罗伯特·诺伊斯（Robert Noyce）、戈登·摩尔（Gordon Moore）、朱利亚斯·布兰克（Julius Blank）、尤金·克莱尔（Eugene Kliner）、金·霍尔尼（Jean Hoerni）、杰·拉斯特（Jay Last）、谢尔顿·罗伯茨（Sheldon Boberts）和维克多·格里尼克（Victor Grinich）。他们的年龄都在 30 岁以下，风华正茂，学有所成，处在创造能力的巅峰。他们之中，有获得过双博士学位者，有来自大公司的工程师，有著名大学的研究员和教授，这是当年美国西部从未有过的英才大集合。

2. 硅谷八叛逆

但是，这些年轻工程师很快就吃惊地发现，他们的老板不但不善管理、脾气暴躁，而且根本不懂工程。最糟糕的是肖克利并不知道自己的缺陷。公司成立一年后，连一只三极管也没造出来。更让这些年轻工程师难以容忍的是，肖克利对他们极不尊重。他不是发挥工程师的主动性，而是直接指挥他们干具体细节工作，结果生产出的都是些不能用的废品。当工程师提出一个实验报告时，肖克利会让他站一边，听他打电话给贝尔实验室的人对报告给予批评。

一群骨干年轻工程师开始策划剥夺肖克利的管理权，只让他当个顾问。但是，肖克利半导体公司的投资者并不知道公司的情况有多糟糕，他们也不明白，为什么这些年轻人不愿意在一个诺贝尔奖得主的手下干活，这些工程师的策划失败了。1957 年 9 月，八个骨干工程师从肖克利半导体公司辞职。肖克利在震惊之余极其愤怒，称他们为“八个叛逆”（如图 2-14 所示）。这八个叛逆后来对硅谷的发展产生了极其重要的影响。

图 2-14 硅谷八叛逆

3. 仙童半导体公司

“八个叛逆”是一个志同道合的集体。他们希望能找到一个公司雇用他们全体。最后，他们找到了有远见的菲尔柴尔德家族。家族的掌门人谢尔曼·菲尔柴尔德（Sherman Fairchild）自己发明过航空照相机和飞机刹车，看到发明赚了很多钱，而且能够体会到半导体的重要性。双方一拍即合。菲尔柴尔德的条件很简单：他出资 150 万美元，“八个叛逆”各出 500 美元占股，创立一个半导体公司。它是菲尔柴尔德家族的子公司，但由“八个叛逆”的领袖罗伯特·诺伊斯（Robert Noyce）管理。

1957 年底，仙童半导体公司（Fairchild Semiconductor）成立。“八个叛逆”有了投资，有了股份，有了管理权，有了技术方向，有了一个团结精悍的集体。半导体工作成了他们的生活和乐趣。他们的生产力得到了极大的解放。没有大公司那种冗长耗时的管理会议，没有层层报批的等级制度，更没有闲言碎语和夸夸其谈。他们都是公司的主人，而不是打工者。大家的精力都集中到深度创新中，发明技术，开发产品，开拓市场。

4. 平面工艺和集成电路的发明

仙童半导体公司在诺伊斯的精心运筹下，取得了令人惊异的发展。1958 年，公司成立仅一年，销售收入超过 50 万美元，公司开始盈利。远比这些市场成果重要的是，在研究开发方面，公司发明了两项新技术，即平面工艺和集成电路，后来成了世界电子器件的基本方法。这两项技术也为仙童公司以及后来的英特尔公司赚回了数以千亿美元计的财富。

八个叛逆之一的约翰·霍尔尼（Jean Hoerni）发明的平面工艺是制造半导体电路的一种工艺方法。要制造这样一个三极管，人们从一块纯净的硅片开始，先在硅片上生长一层氧化绝缘层，涂上特殊的感光材料，再在上面按照所需要的几何模式进行光刻。然后，将硅片的表面腐蚀，氧化绝缘层就会按照所需要的几何模式腐蚀掉，暴露出下面的硅层。这时，将杂质材料渗透到硅片上，杂质材料就渗入暴露的硅层，按照所需要的几何模式构成发射极、集电极和基极。这个平面工艺过程可以反复使用，构造出很复杂的半导体器件，同时极大地降低了半导体器件的价格，为集成电路的成功创造了前提。

仙童公司的业务开展起来后遇到了一个大问题。由于霍尔尼的平面工艺，晶体管可以做得很小了。但是，要将一个个的晶体管、电阻、电容等器件用导线联起来做成一个电路却是很考究手艺的一项工作。由于精度要求在千分之一英寸的数量级，仙童专门招了一些妇女用放大镜、小摄子、小烙铁来制造这些“分离器件电路”。尽管妇女们心细手巧，但虚焊、漏焊、短路仍然常常发生，生产效率很低。诺伊斯的创新思路是，为什么不能将晶体管、电阻、电容等器件和导线都用平面工艺做在一块硅片上呢？这样，生产一个电路就与生产一个晶体管一样容易了。诺伊斯将他的发明称为集成电路，如图 2-15 所示。他最初的集成电路芯片只包含一个电路，今天在一个硅片上已经可以集成上千万个电路。

图 2-15　集成电路

5. 创立 Intel

20 世纪 60 年代的仙童半导体公司进入了它的黄金时期。到 1967 年，公司营业额已接近 2 亿美元，这在当时可以说是天文数字。然而，也就是在这一时期，仙童公司也开始孕育着危机。母公司总经理不断把利润转移到东海岸，去支持菲尔柴尔德摄影器材公司的盈利水平。目睹母公司的不公平，“八叛逆”中的霍尔尼、罗伯茨和克莱尔首先负气出走，成立了阿内尔科公司。随后，“八叛逆”另一成员也带着几个人脱离仙童创办自己的新公司。从此，纷纷涌进仙童的大批人才精英又纷纷出走自行创业。正如苹果公司乔布斯形象比喻的那样：“仙童半导体公司就像个成熟了的蒲公英，你一吹它，这种创业精神的种子就随风四处飘扬了。”

1968 年，“八叛逆”中的最后两位诺伊斯和摩尔也脱离仙童公司自立门户，他们创办的公司就是大名鼎鼎的 Intel，如图 2-16 所示。

安迪·葛洛夫（A.Grove）是 Intel 的第 3 个员工，他在业界享有盛名，一方面是因为他领导 Intel 时是 Intel 的鼎盛时期，还有一个原因是因为葛洛夫曾写过一本畅销书《Only the Paranoid Survive》，这本书在中国被翻译为《只有偏执狂才能生存》。

1971 年，Intel 公司成功地把传统的运算器和控制器集成在一块大规模集成电路芯片上，发布了第一款微处理器芯片 4004，如图 2-17 所示。它是为日本计算器厂商设计的用于计算器的 4 位微处理器，包括寄存器、累加器、算术逻辑部件、控制部件、时钟发生器及内部总线等。简言之，就是把传统的运算器和控制器集成在一块大规模集成电路芯片上，这种芯片单元称为微处理器。1972 年 Intel 公司推出微处理器 8008，1974 年又推出了划时代的处理器 8080。

图 2-16 Intel 的产品标志

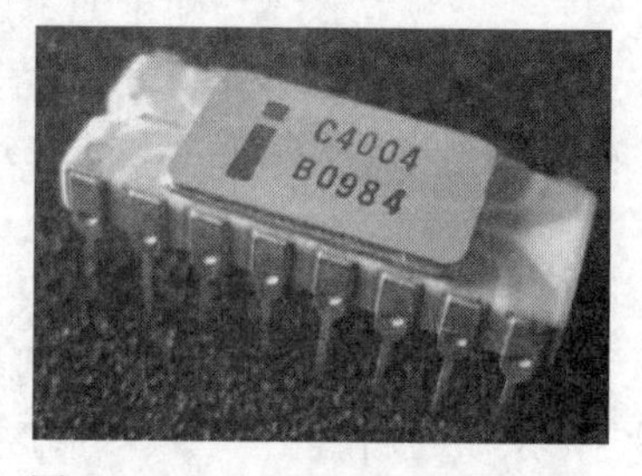

图 2-17 Intel 4004 微处理器芯片

今天 Intel 已经成为全球最著名的处理器（CPU）生产厂商。从微米到纳米工艺，从 4 位到 64 位，从 80286、奔腾到酷睿，Intel 不间断地为行业注入新鲜活力。经过 40 多年的发展，Intel 公司在芯片创新、技术开发、产品与平台等领域奠定了全球领先的地位，并始终引领着相关行业的技术产品创新及产业与市场的发展。

2.4.2 牛郎星带来的灵感

1971 年，Intel 公司推出第一款微处理器时，正规的计算机制造公司对这种功能很小的微处理器不感兴趣。1974 年，一位名叫爱德华·罗伯茨（Edward Roberts）的计算机爱好者用 Intel 公司的 8080 微处理器装配了一种专供业余爱好者试验用的计算机，起名为 Altair（牛郎星），以挽救自己濒临倒闭的公司。牛郎星计算机（如图 2-18 所示）中装进两块集成电路，一块是 Intel 8080 微处理器芯片，另一块是存储器芯片，最初仅有 256B（字节）容量，后来才增加为 4KB。既没有用于输入数据的键盘，也没有显示计算结果的显示器，使用者需要用手按下面板上的 8 个开关，把二进制数 0 或 1 输进机器，计算完成后，用面板上的几排小灯泡表示输出的结果。严格来说，这样的计算机只能算是个玩具，完全无法与 IBM 360 等大中小型计算机相比，以至于当时的计算机企业对它都不屑一顾，因为这种简易的机器无法处理公司业务，许多业内人士依然将其注意力放在小型计算机领域。“牛郎星”的购买者大都是些初出校门的青年学生。

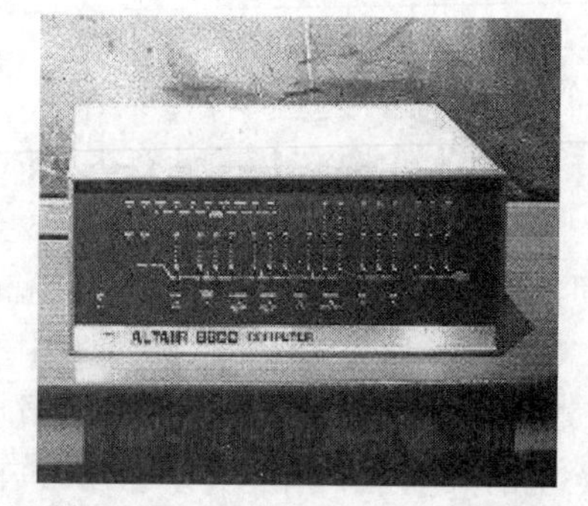

图 2-18 牛郎星（Altair）计算机

罗伯茨的创业之路并不平坦，1977 年他将自己的公司出售。80 年代早期，罗伯茨办起了另一家计算机公司，但失败了。35 岁的时候，罗伯茨最终选择了他自己喜欢的职业，上了医学院，修完学位，成了一名救死扶伤的医生，与热闹喧天的计算机业永远分离了。罗伯茨本人在自己新的职业中获得了前所未有的安宁和满足。

牛郎星的成功虽然短暂，而且几乎没有太大的名气，但是罗伯茨创造了一个全新的工业，他鼓励全国各地的计算机爱好者组建俱乐部，还自己组织了一个 Altair 用户俱乐部，并出版《计算机通讯》期刊。虽然罗伯茨不是一位富有远见的战略家，但他最早为个人计算机业创造了发展的生态环境，而最重要的是，它激发了未来计算机业四位风云人物——比尔 • 盖茨、保罗 • 艾伦、斯蒂芬 • 乔布斯和沃兹的灵感。

2.4.3　比尔 · 盖茨的微软帝国

Altair（牛郎星）上市之后，没有屏幕和键盘，也没有软件。用户只能用复杂的 Z80 语言自己编制程序，通过拨动面板上的开关来完成输入，拨动一次相当于输入一个字节。计算完成后面板上的几排小灯泡忽明忽灭，就像军舰用灯光发信号那样表示输出的结果。即使是这样，已经使当时哈佛大学二年级法律系的学生比尔 • 盖茨兴奋不已。盖茨和他的同学保罗 • 艾伦意识到个人计算机将有无限前景，于是自告奋勇地为 Altair 开发软件。奋战 8 周后，他们终于成功开发出了在 Altair 上的 BASIC 编译器。

3 个月后，盖茨敏锐地觉察到：计算机的发展太快了，等大学毕业，他可能就失去了一个千载难逢的机会。于是，1975 年，19 岁的比尔 • 盖茨从美国哈佛大学退学，和他的高中校友保罗 • 艾伦一起卖 BASIC（Beginners'All-purpose Symbolic Instruction Code），意思就是“初学者的全方位符式指令代码”，是一种设计给初学者使用的程序设计语言。后来，盖茨和艾伦搬到阿尔伯克基，并在当地一家旅馆房间里创建了微软（Microsoft）公司。

1980 年，IBM 公司选中微软公司为其新研制的个人计算机（PC 机）编写关键的操作系统软件，这是微软公司发展中的一个重大转折点。由于时间紧迫、程序复杂，微软公司以 5 万美元的价格从西雅图的一位程序编制者 Tim Paterson（帕特森）手中买下了一个操作系统 QDOS 的使用权。微软对该操作系统进行部分修改，并将其授权给 IBM 使用。

微软和 IBM 之间的这一协议并不具有排他性。即除了 IBM 以外，微软还可以将 DOS（Disk Operating System，磁盘操作系统）授权给其他公司。授权给 IBM PC 机的操作系统被 IBM 命名为 PC-DOS，而由微软授权给其他计算机厂商的则叫做 MS-DOS。正是通过这种非排他性许可证方式，MS-DOS 及其后续产品 Windows 操作系统走进了全球千家万户的 PC 机之中。

IBM-PC 机的普及使 MS-DOS 取得了巨大的成功，因为其他 PC 制造者都希望与 IBM 兼容。MS-DOS 在很多家公司被特许使用。因此 80 年代，它成了个人计算机的标准操作系统。

今天的微软，已经是一家总部位于美国的跨国计算机科技公司（如图 2-19 所示），以研发、制造、授权和提供广泛的计算机软件服务业务为主。最为著名和畅销的产品为 Microsoft Windows 操作系统和 Microsoft Office 系列软件，目前是全球最大的计算机软件提供商。

图 2-19　美国的微软公司

从 MS-DOS 到 Windows，微软不断续写着计算机软件的神话。

2.4.4 乔布斯的 Apple 神话

1975 年，25 岁的斯蒂芬·沃兹尼克（Steven Wozniak）在惠普公司担任工程师。下班后，沃兹尼克经常逗留在自己的好朋友——20 岁的斯蒂芬·乔布斯（Steven Jobs）的车库里钻研计算机，如图 2-20 所示。看到伙伴们炫耀自己的“牛郎星”计算机，沃兹尼克心中羡慕不已，乔布斯就鼓励他自己动手做台更好的机器。他们选中的微处理器是莫斯技术（MOS Technology）公司的 8 位 6502 芯片，因为每块 Intel 8080 芯片要卖 270 美元，而 6502 芯片只用 20 美元，且功能一样。1976 年，乔布斯和沃兹尼克设计成功了他们的第一台微型计算机（如图 2-21 所示），装在一个木盒子里，它有一块较大的电路板，8KB 的存储器，能发声，且可以显示高分辨率图形。1976 年 4 月 1 日，沃兹尼克和乔布斯共同成立了苹果（Apple）计算机公司。

图 2-20 乔布斯和沃兹尼克

图 2-21 Apple I

1977 年，苹果公司推出了另一种新型微机，是世界上第一台真正的个人计算机。它的主机安装在淡米色的塑料机箱里，前部是键盘，角上镶嵌着一个由 6 种颜色组成的苹果图案。它的重量总共只有 5 kg，主电路板只用了 62 块集成电路芯片。这种计算机达到了当时个人计算机技术的最高水准，乔布斯命名它为 Apple II（如图 2-22 所示），并“追认”他们的第一台计算机为 Apple I。Apple II 第一次公开露面，就造成了意想不到的轰动。从此，Apple II 型微机走向学校、机关、企业、商店，走进办公室和家庭，它已不再是简单的计算工具，它为 20 世纪后期领导时代潮流的个人计算机铺平了道路。1978 年初，他们又为 Apple II 增加了磁盘驱动器。

苹果计算机很快占据了整个个人计算机市场，随着苹果计算机带来的巨大收益，苹果公司在短短 5 年的时间内创造了神话般的奇迹。1982 年，它的销售额已超过 5 亿美元，跨进美国最大 500 家公司的行列。

1997 年，乔布斯重返苹果公司，与 IBM、摩托罗拉公司结成战略联盟。2000 年，苹果公司的利润、市场占有率和股价都在迅速增长。苹果公司新推出的 iMac 机型以其可自由旋转的平板显示器和独具匠心的设计打动了消费者的心，而且苹果公司还推出新款数码产品，比如便携式数字音乐播放器 iPod 和 iPad 等，而苹果手机已经成了时尚手机的代名词而受到广大消费者，尤其是年轻消费者的追捧。直至今天，苹果计算机仍是最具特色、最有创意的个人计算机。

苹果公司迅速成功的传奇历史给美国青年留下了极深刻的印象，乔布斯本人也成了许多美国青年人心中的偶像。2005 年，在斯坦福大学的毕业典礼上，乔布斯应邀作了演讲，如图

2-23 所示。他对毕业生们说到："你们的时间有限，所以不要浪费时间活在别人的生活里。不要被信条所惑，盲从信条就是活在别人的思考里。不要让别人的意见淹没了你内在的心声。最重要的是，拥有跟随内心与直觉的勇气，你的内心与直觉决定你真正想要成为什么样的人。任何其他事物都是次要的。"

图 2-22　Apple II

图 2-23　乔布斯在斯坦福大学演讲

2.4.5　奋起直追的 IBM-PC

苹果计算机的成功使得所有人都知道个人计算机市场是个巨大的金矿，计算机传统巨头 IBM 当然也不例外。IBM 知道，如果不能在个人计算机市场有所斩获，自己这个老大哥就要在新时代丢人现眼了。

1980 年，IBM 正式开始向个人计算机市场发展。为了要在一年内开发出自己的微机，就在 Apple 书写着微型机神话的时候，1980 年 7 月，IBM 公司的一个 13 人小组秘密来到佛罗里达州波克罗顿镇的 IBM 研究发展中心，他们肩负着开发 IBM 自己的个人计算机的神圣使命。项目负责人是唐 • 埃斯特利奇（Estridge），这个计划被命名为"象棋"（Project Chess）。

埃斯特利奇知道 12 个月是不可能从头到尾完成开发的，唯一的出路就是打破传统的什么都做的策略，尽可能地引入已经存在的通用部件。为了达到这个目的他们决定使用现成的、不同原始设备制造商的元件。这个做法与 IBM 过去始终研制自己的元件的做法相反。于是，IBM 采用了 Intel 的处理器、微软的操作系统，开发出了自己的个人计算机：IBM-PC。IBM 的这个决定直接导致了微软和 Intel 后来的成功。

一年后的 8 月 12 日，IBM 公司在纽约宣布第一台 IBM 微型计算机（如图 2-24 所示）诞生，它采用了主频为 4.77MHz 的 Intel 8088 处理器，操作系统是 Microsoft（微软）公司提供的 MS-DOS。IBM 将这个新生命命名为"Personal Computer（个人计算机）"，不久"个人计算机"的缩写"PC"就成为所有个人计算机的代名词。整个 1982 年都成为 IBM PC 展示其巨大魅力的演出时间，这一年 IBM PC 共生产了 25 万台，以每月 2 万台的速度迅速接近 Apple II 的产量。

图 2-24　早期的 IBM PC

IBM PC 最革命的意义在于它使用开放结构，IBM 出售了其《IBM PC 技术参考资料》，公开了其 PC 除 BIOS 之外的全部技术资料，这样其他生产商可以生产和出售兼容的元件和软件。它选用微软设计的操作系统和 Intel 的 CPU，并且允许微软、Intel 将产品再卖给别的企业，热诚欢迎同行加入个人计算机的发展行列。

1983 年 3 月 8 日，IBM 发布了 PC 的改进型 IBM PC/XT，它带有一个容量为 10MB 的硬盘，预装了 DOS 2.0 系统，支持“文件”的概念并以“目录树”存储文件。凭借 PC/XT，IBM 在个人计算机市场的占有率超过 76%，一举把 Apple 挤下个人计算机霸主的宝座。

由于 IBM 公司在计算机领域占有很高的地位，它的 PC 一经推出，世界上许多公司都向其靠拢。又由于 IBM 公司生产的 PC 采用了“开放式体系结构”，并且公开了其技术资料，因此其他公司先后为 IBM 系列 PC 推出了不同版本的系统软件和丰富多样的应用软件，以及种类繁多的硬件配套产品。有些公司还竞相推出与 IBM 系列 PC 相兼容的各种兼容机，从而促使 IBM 系列 PC 得以迅速发展。直到今天，PC 系列微机仍保持着最初 IBM PC 的外形。所不同的是，从 286 微机以后，市场发生了一些变化。IBM 公司不再独占鳌头，而是多家公司各领风骚，比较有名的有 COMPAQ、HP、DELL 等。同时，世界各地许多不知名的公司推出了各种兼容机。由于 PC 采用模块化的标准插卡结构，用户可以方便地从市场上买到所有配件，自己组装一台任意档次的微机，这就导致了微机市场竞争激烈、品种繁多、价格迅速下降，在一定程度上为微机的大量普及和应用起到了促进作用。

2.4.6 图形用户界面

80 年代初，IBM PC 引发了个人计算机的革命，重新向世界宣告：我才是计算机世界的老大。苹果公司面临空前的生存危机。

1979 年 12 月，乔布斯和几位苹果的工程师参观了施乐公司（Xerox）的 PARC 研究所，在参观了施乐的概念机 Alto 之后，乔布斯他们被 Alto 的图形用户界面（GUI）深深地吸引了，回来后，他们就把这个想法做到了自己的机器上。就在 IBM PC 及其兼容机席卷个人计算机市场的时候，苹果内部的各工作组正在日以继夜地完成两个下一代计算机项目：Lisa 和 Macintosh。

Lisa 在 1983 年 1 月以 9995 美元的身价初次露面。苹果再次推出了一款超越它所处时代的产品，但过于昂贵的价格和缺少软件开发商的支持，使苹果公司再次失去获得市场份额的机会。Lisa 在 1986 年被终止。

1984 年，Macintosh 计算机诞生了。伴随着苹果狂风暴雨般的宣传攻势，以及 Macintosh 绚丽的用户界面，苹果又一次打败了 IBM，和当时的 Macintosh 相比，IBM PC 只能用土得掉渣来形容。

Macintosh 的兴起使得图形用户界面的概念深入人心。由于苹果坚持不与 IBM PC 机兼容，因此微软决定在 IBM PC 上开发出自己的图形用户界面。1985 年，微软终于完成了第一版 Windows 的开发，不过没有获得成功。直到 1990 年，Windows 3.0 才为微软带来巨大的收益。1995 年，Windows 95（如图 2-25 所示）取得了空前的成功，成为操作系统和个人计算机发展史上一个重要的里程碑。

微软腾飞的时期正是苹果衰落的几年。苹果计算机在价格、应用程序数量上远不如 IBM PC 兼容机，其市场份额一直在下滑，最终逐渐衰落，只能守住专业市场。期间，当年被乔布斯请来管理苹果的斯卡利在董事会的支持下将乔布斯赶出了苹果，后来几经换帅，还是无法挽回败局。

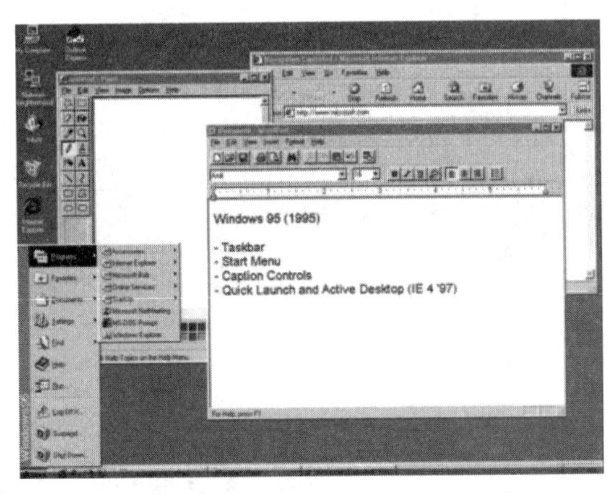

图 2-25　Windows 95 的图形用户界面

期间，苹果也采用知识产权的方式来抵制微软。苹果将微软告上法庭，指责 Windows 侵犯自己的操作系统。在法庭上，微软指出苹果的窗口式图形界面也是抄施乐公司的。最后，法庭还是以 Windows 和苹果操作系统虽然长得像，但不是一个东西为由，驳回了苹果的要求。

2.5　现代的计算机

2.5.1　给计算机下个定义

我们很难总结出计算机的普遍特点而给其下一个全面的定义。不过，虽然现代计算机的形态、性能和功能已经发生了天翻地覆的变化，但是它们仍然属于冯·诺依曼式计算机，包含运算器、控制器、存储器、输入设备和输出设备。因此，最核心的是：计算机是一种在存储程序的控制下，接受输入、处理数据、存储数据并产生相应输出的多用途设备，如图 2-26 所示。

图 2-26　计算机的基本工作过程

1. 什么是输入

计算机的输入是指送入计算机系统的一切数据，比如文档里的单词和符号、用于计算的数字、图片、温度计的温度、来自麦克风的音频信号、计算机程序的指令等。当然，输入不仅可以由人提供，也可以由环境或其他的计算机提供。常见的输入设备如键盘、鼠标，它们用以收集输入信息，并把这些信息转化成一系列电子信号以便计算机进行存储和处理。

2. 什么是处理

计算机对输入数据进行的操作称为处理。人们根据不同的需要可以对输入数据进行不同的处理，比如执行计算、修改文档或图片、记录快速动作游戏中的得分、绘图等。

在计算机中，大部分数据处理是在一个称为“中央处理器”（Central Processing Unit，CPU）的部件中进行的。多数现代计算机所使用的 CPU 是微处理器，它是一个能经过编程来完成任务的电子元件。在后面的章节中我们能了解到更多关于 CPU 的知识。

3. 什么是存储

所谓存储，是指计算机将数据存起来以备使用的一个过程。计算机将一些正在等待处理、存储或者输出的数据临时存放在内存里；将另外一些暂时不需要立即处理的数据长期存储在外存（如硬盘）里。数据通常以文件的形式进行组织存放，每个文件有自己的名字。文件可以是一张照片、一篇论文、一封电子邮件、一首音乐等。文件还可以包含控制计算机工作的程序。

4. 什么是输出

所谓输出，是指数据被输入到计算机中经过处理后的结果反馈。计算机对数据的输出形式有很多种，如文档、音乐、图片、图表、音频、视频等。使用输出设备（如显示器、打印机、投影仪）可以显示、播放或打印这些结果。

5. 什么是存储程序

存储程序是指控制一系列计算机任务的指令都能加载到计算机内存当中。当计算机执行其他任务时，这些指令可以很容易地被另一组指令替换。这种能力使计算机成为多用途机器。存储程序可以让用户使用计算机完成一项任务，如听音乐，然后很容易转换到另一项不同的任务，如编辑照片。这是计算机区别于其他简单的数字设备（如计算器）的最重要特征。

2.5.2 形态各异的计算机

20 世纪 40 年代第一台电子计算设备问世时，计算机以一个庞然大物的形状出现在人们面前。几十年过去了，计算机已经成了一件必需品而走进了千家万户。而且，随着技术的不断更新，计算机不论是外观还是性能都有了巨大的变化，可以说是五花八门、形态各异。

1. 中规中矩——台式机

台式机（如图 2-27 所示）也被称为桌面计算机，是普通家庭中最常见的计算机。它包括一个立式的主机箱，里面有主板、电源、硬盘、内存、CPU、光驱、声卡、网卡、显卡等各种部件，而显示器、鼠标、键盘等外部设备都通过专门的数据线与主机箱相连。为了便于日常办公和多媒体的播放，许多台式机还外接有打印机、扫描仪、音箱等设备。

2. 便携办公——笔记本

笔记本电脑（如图 2-28 所示）的重量通常在两公斤左右，可以放在电脑包中，因此携带方便，非常适合商务办公需要。笔记本电脑配备有电池，因此即使在停电的情况下也可以通过电池来给计算机供电，延长使用时间。笔记本电脑的发展趋势是体积越来越小，重量越来越轻，而功能却越发强大。

图 2-27　台式机

图 2-28　笔记本电脑

3. 家庭新宠——体机

从外观上看，一体机好像就是一个大屏幕的液晶显示器，如图 2-29 所示。一体机将计算机主机、显示器以及音响部分整合到一起，键盘、鼠标相对独立并与主机实现无线连接，整个机器只有一根电源线。相对于一般的台式机来说，一体机更节省空间，并且还具有外观时尚、轻薄精巧等特点。

4. 专业应用——工作站

工作站是一种高端的通用微型计算机。它通常由单用户使用并提供比个人计算机更强大的性能，尤其是在图形处理能力、任务并行方面更具优势。通常配有高分辨率的大屏、多屏显示器及容量很大的内存储器和外存储器。

以图形工作站（如图 2-30 所示）为例，它是一种专业从事图形、图像与视频工作的高档次专用计算机的总称，具有很强的图形处理能力。从其用途来看，主要用于专业平面设计，如广告、媒体设计等；建筑/装潢设计，如建筑效果图的设计；CAD/CAM/CAE，如机械、模具设计与制造；视频编辑，如非线性编辑；影视动画，如三维影视特效；虚拟现实，如船舶、飞行器的模拟驾驶等。

图 2-29　一体机

图 2-30　图形工作站

5. 轻薄时尚——平板电脑

平板电脑（如图 2-31 所示）也是一种小型、方便携带的个人电脑，以触摸屏作为基本的输入设备。利用平板电脑可以很容易地接入因特网，并可以在指定的网站上下载软件（APP）进行安装。

从微软提出的平板电脑概念产品上看，平板电脑就是一款无须翻盖、没有键盘、小到可以放入女士手袋，但功能却完整的PC。

2010年，苹果公司推出了iPad。iPad的成功让各IT厂商将目光重新聚焦在了“平板电脑”上，iPad被很自然地归为“平板电脑”一族。但是，平板电脑是由比尔·盖茨提出来的，必须能够安装x86版本的Windows系统、Linux系统或Mac OS系统，即平板电脑最少应该是x86架构。而iPad系统是基于ARM架构的，根本都不能做PC。乔布斯也声称iPad不是平板电脑。严格意义上讲，苹果iPad既不是一台电脑也不是电脑的替代产品，而是作为电脑的辅助设备增强了用户的使用体验，属于资讯类家电产品。不过，从冯·诺依曼式计算机的概念来看，iPad、平板电脑和普通计算机之间的界限已经越来越模糊了。

6．放入口袋——智能手机

随着集成电路的发展，计算机核心硬件已经被集成在一块芯片上，这块芯片就是处理器。基本上来说，只要是含有处理器的设备，通过编程实现各种功能的，我们都可以看成是计算机。

智能手机（如图2-32所示），是指像个人电脑一样，具有独立的操作系统，可以由用户自行安装软件、游戏、导航等第三方服务商提供的程序（APP），通过此类程序来不断对手机的功能进行扩充，并可以通过移动通讯网络来实现无线网络接入的这样一类手机的总称。

图2-31　平板电脑

图2-32　智能手机

7．网络共享——服务器

服务器是网络环境中的高性能计算机，它接收网络上其他计算机（客户机）提交的服务请求，并提供相应的服务，为此服务器必须具有承担服务并且保障服务的能力。相对于普通PC来说，服务器在稳定性、安全性等方面都要求更高。

需要指出的是，几乎所有的个人计算机、工作站、大型机都可以配置成服务器。服务器对于硬件并没有专门的要求。不过，专业的服务器从其外观上来看，通常与普通的计算机有很大区别，图2-33所示是一种被称为“刀片服务器”的专业服务器。

服务器在使用后，出于服务安全的需要，一般放置在专业网络机房的机柜中（如图2-34所示），并由专人管理。

图 2-33　刀片服务器

图 2-34　网络机房中的机柜

8．功能强大——超级计算机

超级计算机的基本组成与个人计算机无本质差异，但规格与性能则强大许多，是计算机中功能最强、运算速度最快的一类高性能计算机。超级计算机多用于国家高科技领域和尖端技术研究，是一个国家科研实力的体现。它对国家安全、经济和社会发展具有举足轻重的意义，是国家科技发展水平和综合国力的重要标志。中国超级计算机“天河”如图 2-35 所示。

图 2-35　中国超级计算机“天河”

3

PC 探秘

PC 一词刚出现的时候，专指 IBM 公司生产的个人计算机。伴随着 IBM 公司的“开放式”策略，IBM PC 及其兼容计算机很快占据了个人计算机市场。现在，PC 已经成为个人计算机的代名词，是指为满足个人办公或家庭应用需要而设计的一种使用微处理器的计算机设备。PC 通常能运行多种类型的应用软件，例如文字处理、照片编辑、电子游戏、视频播放等。

3.1 再谈“冯·诺依曼式计算机”

3.1.1 计算机的五大组成部分

冯·诺依曼（John Von Neumann）是美籍匈牙利人，数学家、计算机科学家、发明家。在 20 世纪 40 年代中期，一个偶然的机会，冯·诺依曼加入了第一台电子计算机（ENIAC）研制组。在这期间，冯·诺依曼注意到第一台计算机本身没有真正的存储器，只有一些暂存器，而且计算机的程序是外插型的，指令存储在计算机的其他电路中。这样在运算之前，必须先准备好所需的全部指令，通过人工把相应的电路连通。由于计算机很大，人工连接电路的速度相对于计算机运算的速度是很慢的。针对这些问题，冯·诺依曼提出了一系列改进意见。他认为计算机应该由五部分组成：

- 运算器：主要功能是进行算术运算和逻辑运算。
- 控制器：能够根据预定的程序控制计算机各个部件协调一致地工作。
- 存储器：存放程序和数据。
- 输入装置：是将数据和指令输入到计算机中的设备。
- 输出装置：是将计算机内部的处理结果反馈给用户的设备。

3.1.2 “存储程序”的概念

在 ENIAC 尚未投入运行前，冯·诺依曼就看出这台机器的缺陷，主要弊端是：程序与计算两分离。指挥近 2 万只电子管“开关”工作的程序指令被存放在机器的外部电路里。需要计算某个题目前，必须人工把数百条线路用手接通，像电话接线员那样工作几小时甚至好几天，才能进行几分钟运算。

冯·诺依曼巧妙地想出“存储程序”的办法，程序也被他当作数据存进了机器内部。按照冯·诺依曼的设计，计算机在执行程序时的步骤是这样的：

（1）将要执行的相关程序和数据放入存储器中。

（2）执行程序时，就在控制器的控制下自动地从存储器中取出指令、分析指令、执行指令。

（3）再取出下一条指令并执行。

（4）如此循环下去直到程序结束指令时才停止执行，从而使得计算机能自动一条接着一条地依次执行指令，再也不必去接通什么线路。

20 世纪 40 年代第一台电子计算机问世时，计算机以一个庞然大物的形象出现在人们面前。后来，随着技术的不断更新，计算机的体积逐渐变小，并以个人计算机的形式走进千家万户。不论是外观还是性能，组成计算机的五大部件都有了巨大的变化，接下来的学习中，我们会接触到组成硬件系统的各个具体部件，熟悉它们的外观，了解它们的结构与性能，明白它们是如何工作的。

3.2　奔腾不息的处理器

3.2.1　从电路和芯片说起

计算机是一种数字电子设备，电路和芯片是它最基本的组成部分。

就像电灯开关打开后电在电线中流动一样，“位”以电脉冲的形式在电路中传输。数字设备中所有的电路、芯片和机械元件都能处理“位”。

简单来说，可以将“位”想象成电子电路的两个状态：“1”位表示的是“开”状态，“0”位表示的是“关”状态。在实际应用中，“1”位可能用高电压（如+5V）表示，“0”位可能用低电压（如 0V）表示。

集成电路技术带来了数字设备的小型化。集成电路是指由半导体材料组成的极薄的薄片，它上面有诸如电线、晶体管、电容器、逻辑门和电阻等微型电路元件。集成电路被封装在具有保护作用的载体中，这就是计算机芯片，简称芯片。这些芯片具有不同的形状和大小。例如小巧的矩形形状的双列直插式封装芯片，有很多引脚从黑色的矩形主体伸出来，使得芯片像蜈蚣一样，如图 3-1 所示。还有正方形的芯片封装，所有引脚都是排列在同心的正方形中，通常用来封装微处理器。

图 3-1　Intel 双列直插式微处理器 8086

3.2.2 关于指令

1. 复杂=简单+简单

要想做一个运算，其实不一定非要用处理器，用普通的数字电路也可以实现。但问题是，当我们完成一个计算任务后做另一个运算时，以前搭建的电路已经没用了，我们必须要重新搭建另一个电路。用这种方式来实现运算，每一种新的运算都要搭建一种新的电路，这样的工作太劳民伤财了，那么有没有一种通用的计算设备，一套硬件就能实现所有的功能呢？

任何一个复杂的运算，都是由一些简单的运算而组成的。一个简单的运算可以用图 3-2 所示的模型表示。

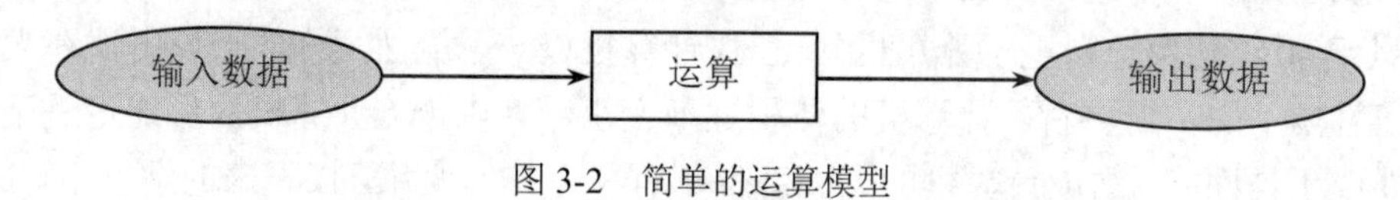

图 3-2　简单的运算模型

例如 C=A+B，输入数据是 A 和 B，输出数据是 C，运算符是加法。

处理器的主要任务就是计算，但问题是处理器中的集成电路只能识别 0 和 1，不认识这句话。因此，我们要定义一套规则让计算机（具体地说是处理器）能够理解人类的意图。

我们把一个基本的 C=A+B 操作分解为下面这些小的步骤来完成：

```
load   R3,#0;          注释：从内存地址 0 处取 A 这个值，放在 R3 寄存器中
load   R2,#1;          注释：从内存地址 1 处取 B 这个值，放在 R2 寄存器中
add    R0,R3,R2;       注释：把 R3 和 R2 相加，结果存放到 R0 寄存器中
store  R0,#2;          注释：把 R0 中的值存放在内存地址 2 中
```

上面的步骤中，每一行语句就是一条指令，其中 load、add、store 被称为操作码（表示操作的类型），后面跟着的是操作数（表示操作的内容）。R0、R2、R3 是用来临时存放中间计算结果的特殊存储器，在计算机中它们被称为寄存器。这种指令的写法叫做汇编语言格式。

可是计算机只能识别“0”和“1”，仍然不认识 load、add 这些操作码，没关系，用二进制数对上面的指令进行编码即可。例如，假设计算机处理器只有 4 条指令操作码，那么每条指令操作码用 2 位（bit）二进制数即可表示，例如 00 表示 load，01 表示 add，10 表示 store，11 表示第 4 条指令操作码。同样，寄存器 R0 等也可以用二进制编码表示。

这样，上述每一行指令语句就变成了二进制代码的形式，例如用 01001110 表示 add R0,R3,R2。当处理器在读到指令 01001110 时，就能够识别这条指令，解读出操作码和操作数，然后执行。

2. 指令集

每一条指令可以看成是一个最基本的运算，并且它可以由数字电路直接实现。因此，我们可以把需要计算机处理的所有运算进行分解，最终形成一套有限的基础指令集合，这些指令既包含算术运算，如加法、减法、计数，也包含逻辑运算，如对两个数字进行大小比较等，这些预先编好的基础运算集合叫做指令集。指令集不是用来执行特定任务的（如文字处理或播放音乐），它是通用的。

每一条指令都拥有与之对应的 0 和 1 的序列，例如 00000100 可能对应“加”指令。指令

集的二进制编码列表被称为机器语言。

3．通用的计算机模型

图 3-3 所示是一个通用的计算机硬件模型。运算过程中会出现大量的输入数据和输出数据，因此首先要有一个存储器将输入数据和输出数据存起来；然后我们将一些常用的基本运算，如加法器、乘法器等堆在一起，给它取个名字，叫算术逻辑单元（Arithmetic Logic Unit，ALU），这就是运算器；接下来还要有一个控制器，去控制将数据从存储器中取出送到 ALU 中做运算，然后将结果存回到存储器中来。数据放在哪、做什么运算，这些都由指令（二进制形式）来告诉控制器，每一个简单的运算都对应一条指令，这些指令序列就组成了完成这个复杂功能的程序。

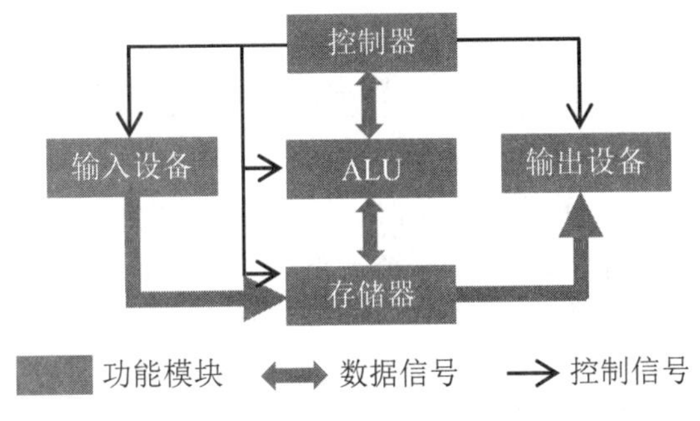

图 3-3　计算机的通用模型

3.2.3　这就是处理器

1．处理器是什么

计算机完成任务是靠完成一条一条指令来实现的，指令集就在处理器当中。处理器（也称微处理器）是用来处理指令的集成电路芯片，是最重要的、通常也是最昂贵的计算机部件。它还有一个人人熟知的名字：中央处理单元（Central Processing Unit，CPU）。

打开台式机的机箱，观察计算机内部，可以很容易辨认出 CPU，尽管它通常藏在散热风扇（如图 3-4 所示）的下面。CPU 是计算机主板上最大的芯片，当今大多数 CPU 都位于图 3-5 所示的 PGA（引脚网格阵列）芯片封包中，CPU 的背面是排列整齐的金属针式引脚（如图 3-6 所示），以便于 CPU 插入主板上的相应插槽中，如图 3-7 所示。

图 3-4　CPU 藏在散热风扇的下面

图 3-5　CPU

图 3-6　CPU 背面的金属引脚

图 3-7　计算机主板上的 CPU 插槽

2. CPU 的基本组成

CPU 中包括大量的精密电路以及数百万计的微型元件，这些元件分为不同的操作单元，主要包括运算器（ALU）和控制器（CU）两大部件。此外，还包括若干个寄存器和高速缓冲存储器以及实现它们之间联系的用以传输数据信号、控制信号、地址信号的总线（BUS）。因此，CPU 是一台计算机的运算核心和控制核心。

ALU 的含义是运算逻辑单元，它是 CPU 能够用来进行算术运算（如加法和减法）和逻辑运算（如比较）的部分。

控制单元，主要是负责对指令进行译码（即进行“翻译”），并且发出为完成每条指令所要执行的各个操作的控制信号。

寄存器，实际是 CPU 暂时存放数据的地方，里面保存着那些等待处理的数据或已经处理过的数据，CPU 访问寄存器所用的时间要比访问内存的时间短，采用寄存器可以减少 CPU 访问内存的次数，从而提高 CPU 的工作速度。但由于芯片面积和集成度的限制，寄存器数量不可能很多。

3. CPU 的工作过程

图 3-8 显示了 CPU 的工作过程。在 CPU 工作时，CPU 中的控制单元获取指令并对指令进行解释，数据被加载到寄存器中。最终，控制单元对 ALU 发送“开始”的信号，ALU 接收后就开始处理数据，数据处理后会放入到内存或用于进一步的处理，指令完成后，计算机控制单元的指令会指向下一条指令地址，然后指令周期又一次开始。

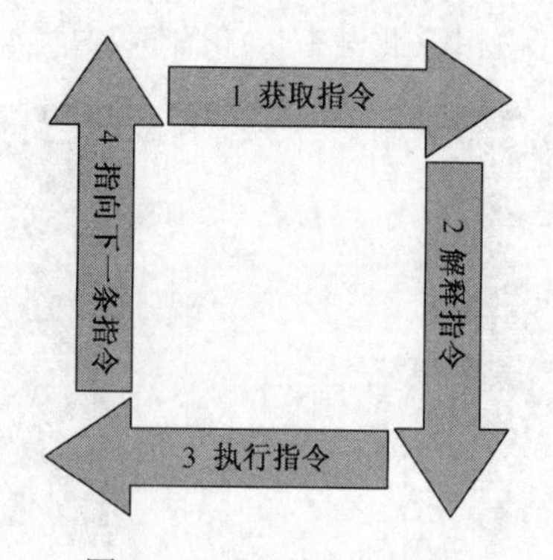

图 3-8　CPU 的工作过程

3.2.4 处理器的几个重要指标

计算机的广告中通常包括对 CPU 的描述，例如 Intel 酷睿双核处理器、3.33GHz 主频、1333MHz 前端总线、6MB 缓存等，这些都是影响处理器性能的因素。

1. GHz

CPU 时钟频率，通常也叫 CPU 主频或 CPU 时钟速度，是 CPU 的重要性能指标，它与 CPU 的工作速度有着密切的关系。目前的 CPU 时钟频率通常用千兆赫（GHz）来表示，例如广告中的 3.33GHz。

为什么说“时钟频率”和 CPU 的工作速度有关呢？所谓的 GHz，可以简单理解为 1 秒内可执行 10 亿个时钟周期。周期是处理器最小的时间单位。处理器进行的每一项活动都以周期来度量。但需要注意的是，时钟的速度并不等于处理器在 1 秒内能执行的指令数目。在很多计算机中，一些指令的执行往往需要多个周期才能完成。

因此，规定 3.33GHz 的意思是指处理器时钟能在 1 秒内运行 33.3 亿个周期。因此，在其他因素相同的情况下，时钟频率的值越大，其处理器的运算速度越快。

但是，也有一些处理器不用时钟速度来区分芯片，而是采用“处理器数字”来区分，例如 Intel Core i5-3317。处理器数字与特定的时钟速度无关，但同系列的处理器可以通过处理器数字进行速度比较。例如 Intel 酷睿 i7-940 处理器比酷睿 i7-920 处理器具有更快的速度。

2. 前端总线

前端总线（Front Side Bus，FSB)是指用来与处理器交换数据的电路。快速的前端总线能快速传输数据并允许处理器全力工作。在目前的计算机中，前端总线速度（又叫前端总线频率）是以 MHz 来度量的，数字越大代表前端总线速度越快。

3. 字长

字长就是指处理器能同时处理的二进制数据位数。字长取决于 ALU 中寄存器的大小以及与这些寄存器相连的线路容量。例如，字长为 32 位的处理器，它的寄存器是 32 位的，可以同时处理 32 位的数据，称为“32 位处理器”。字长较长的处理器在每个处理器周期内可以处理更多的数据，这也是导致计算机性能提高的一个因素。目前的计算机通常使用 32 位或 64 位处理器。

4. 缓存

缓存（Cache）是指临时的文件交换区。计算机把最常用的文件从存储器里提出来临时放在缓存里，就像把工具和材料搬上工作台一样，这样会比用时再去仓库取更方便。因为缓存往往使用的是 RAM（断电即丢失的非永久储存），所以在忙完后还需要把文件送到硬盘等存储器里永久存储。计算机里最大的缓存就是内存条，最快的是 CPU 上的缓存。

CPU 缓存是指专用的高速内存。处理器访问它的速度要比访问主板上的内存快得多。大容量的缓存可以提高计算机的性能。一级缓存一般固化在处理器芯片内部，而二级缓存（L2）则位于单独的芯片中，因此它需要更多的时间将数据传送到处理器中。目前缓存的容量通常以兆字节（MB）度量。

5. 指令集

当芯片设计人员为处理器设计各种指令集时，它们往往会增加一些需要几个时钟周期才能执行完的较复杂的指令。拥有这样指令集的处理器被称为使用了CISC（Complex Instruction Set Computer，复杂指令集计算机）技术，而拥有数量有限且较简单指令集的处理器被称为使用了RISC（Reduced Instruction Set Computer，精简指令集计算机）技术。虽然RISC的处理器执行大部分指令的速度比CISC处理器要快，但是在完成同样一个任务时它需要更多的简单指令。当今大多数个人计算机的处理器都使用CISC技术。

通过将专门的图形和多媒体指令添加到处理器的指令集中，会使处理器处理图形的性能有所提高。3DNow!、MMX、AVX和SSe-5就是指令集增强的例子。虽然增强可以提高游戏、图形软件和视频编辑的速度，但是它们只对使用这些特定指令的软件起作用。

6. 制作工艺

CPU的"制作工艺"是指在生产CPU的过程中对各种电路和电子元件的加工精度。精度越高，在同样的材料中可以制造更多的电子元件，提高CPU的集成度，降低CPU的功耗。

制造工艺的趋势是向密集度愈高的方向发展。这意味着在同样大小面积的集成电路中可以拥有密度更高、功能更复杂的电路设计，芯片制造工艺从早期的以微米为单位达到了目前的以纳米为单位。

3.2.5 太热了

CPU在工作的时候会产生大量的热量，如果不将这些热量及时散发出去，轻则导致死机，重则可能将CPU电路烧毁，因此CPU在工作的时候必须要进行散热。

风冷散热是最常见的散热方式，其做法是在CPU上加装风冷散热器，如图3-9所示。散热器下部是一块导热性能比较好的散热片（一般是铝或铜），散热片包含很多皱褶（如图3-10所示），以增大其散热面积。散热片的上部固定着一个风扇，计算机启动时该风扇也自动启动。散热片的底面是光滑的平面，紧紧贴在CPU芯片的光滑金属表面上。这样，CPU产生的热量传导入散热片，然后再通过风扇转动，把散热片上的热量带走，从而达到对CPU芯片散热的目的。

图3-9　CPU上的风冷式散热器

图3-10　散热片上的皱褶

3.2.6 多路与多核

早期的CPU都是单核的，但是随着经济和技术的发展，用户对CPU的要求也提高了。为了满足应用需求，多路和多核的 CPU 就出现了。

1. 多核

多核 CPU 是指在一枚处理器中集成两个或多个完整的计算引擎（内核）。

CPU 的时钟频率（即主频）是 CPU 性能的重要指标，因此 CPU 制造商想尽办法提升 CPU 的主频。但是，随着速度的不断提升，制造商发现，单纯提升速度是会遇到极限的。例如，速度的提升通常带来功率的增大，而随着功率增大，散热问题越来越成为一个无法逾越的障碍。据测算，CPU 主频每增加 1GHz，功耗将上升 25 瓦，而在芯片功耗超过 150 瓦后，现有的风冷散热系统将无法满足散热的需要。工程师们认识到，仅仅提高单核芯片的速度会产生过多热量且无法带来相应的性能改善。

正因为如此，CPU 厂商得出结论：单纯的主频提升已经无法明显提升系统的整体性能。

多核心 CPU 解决方案的出现有效地改进了这一问题。例如，与上一代台式机处理器相比，Intel 公司的酷睿 2 双核处理器在性能方面提高 40%，功耗反而降低 40%。

2. 多路

对称多路处理（Symmetrical Multi-Processing，SMP）技术，是指在一个计算机上汇集了一组处理器（即多个 CPU），各 CPU 之间共享内存子系统和总线结构。利用这种技术制成的 CPU 我们称为多路 CPU。

在这种架构中，同时由多个处理器运行操作系统的单一复本并共享内存和一台计算机的其他资源，系统将任务队列对称地分布于多个 CPU 之上，从而极大地提高了整个系统的数据处理能力。所有的处理器都可以平等地访问内存、I/O 设备。我们平时所说的双路 CPU 系统，实际上是对称多处理系统中最常见的一种形式。由于价格等因素，多路 CPU 通常用于主流的服务器和图形工作站领域，而很少在普通的个人计算机中出现。

最简单的说法，双核=1 颗 CPU 两个核心，双路=两个对称的 CPU（这颗 CPU 也可以是双核的 CPU）。

3.2.7 我需要什么样的处理器

1. Intel 和 AMD

美国的 Intel（英特尔）公司是世界上最大的处理器制造商，PC 机中相当一部分微处理器是由它制造的。

自 1971 年推出全球第一颗通用型微处理器 4004 开始，Intel 公司一直引导着微处理器的发展。从早期的 Intel 8086、80286、80386、80486，到后来的 Pentium（奔腾）、Pentium 2、Pentium 3、Pentium 4 系列，再到目前的 Core（酷睿）系列（如图 3-11 所示），Intel 的 CPU 一直在微处理器市场占据着重要的地位。

美国 AMD 公司是 Intel 公司在 PC 机处理器市场上最大的对手。AMD 处理器（如图 3-12 所示）通常要比同性能的 Intel 处理器便宜，而且甚至在部分基准中会有一些性能优势。正是有了 AMD 这个竞争对手，使得 PC 机用户在选购 CPU 时有了更多的选择。

图 3-11　Intel 公司的酷睿 2 双核处理器

图 3-12　AMD 公司的 Athlon 处理器

2. 能否用更快的处理器替换原来的处理器

选择哪种处理器取决于用户的预算和所要做的工作。市场上与当前计算机配套的处理器能够满足用户基本的商务、教育、娱乐需求。当然，如果用户在三维动画、视频处理、图像处理等领域有专业需求的话，则可以考虑购买 Intel 或 AMD 公司提供的更快、更新的处理器。

虽然升级计算机中的 CPU 从技术层面上可行，但是实际上很少有人去这样做。因为只有 CPU 和计算机内部的各个部件都能以高速工作时，CPU 的性能才能得以体现，在一台旧计算机中只更新一下处理器是起不到升级的作用的。

3. 查看自己计算机的处理器信息

如果想查看自己计算机中处理器的信息，除了打开机箱进行查看以外，还可以在操作系统中查看。以 Windows 7 操作系统为例，右击桌面上的“计算机”图标并选择“属性”命令，在打开的窗口中即可看到自己计算机的处理器的信息，如图 3-13 所示。

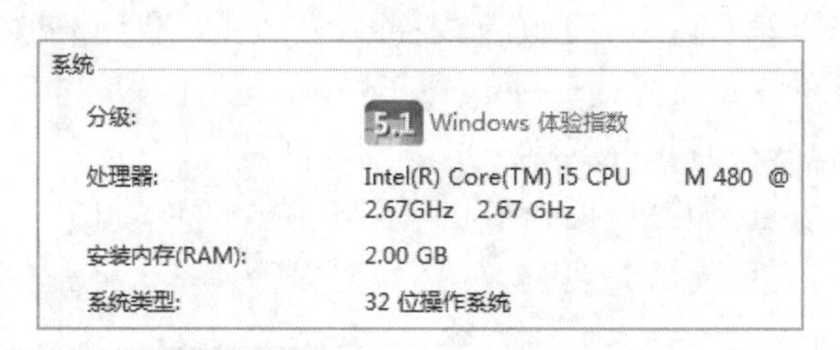

图 3-13　查看计算机中处理器的信息

3.3 随机访问存储器——RAM

存储器是用来存储程序和数据的部件，对于计算机来说，有了存储器，才有了记忆功能，才能保证正常工作。

计算机通常可以把数据存储在多个不同的位置，因而存储器也有多种不同类型。总体来讲，计算机存储器有内存和外存之分。内存又叫主存储器，包括随机访问存储器（RAM）和只读存储器（ROM）。外存又叫辅助存储器，通常包括磁存储设备（如硬盘）、光存储设备（如光盘）等。

对存储器的操作又叫做对存储器的访问，分为“读”和“写”。在存储器中检索数据或打开文件等操作通常称为“读”，在存储器中存储数据或保存文件等操作通常称为“写”。

3.3.1　什么是 RAM

随机访问存储器（Random Access Memory）简称 RAM。随机访问又叫随机存取（也称为直接存取），是指对存储器进行访问时可以直接“跳”到所要访问的存储单元的位置，一般访问时间基本固定，而与存储单元地址无关。例如计算机工作时，当需要访问 RAM 存储器中地址为 1000 的存储单元时，不需要先从 1 号地址单元顺序“走”到 1000 号单元，而是直接访问 1000 号存储单元，包括向其写入数据或从该存储单元中读出数据，从而提高访问速度。

用户购买的 RAM 存储器通常又被称为内存条，因为它把 RAM 芯片集成在一个条状的电路板上，如图 3-14 所示。用户在购买计算机的广告语中所看到的类似于“内存：2GB”这样的描述，其实指的就是计算机中 RAM 的容量。因此，如无特别说明，本书所提到的内存特指 RAM。

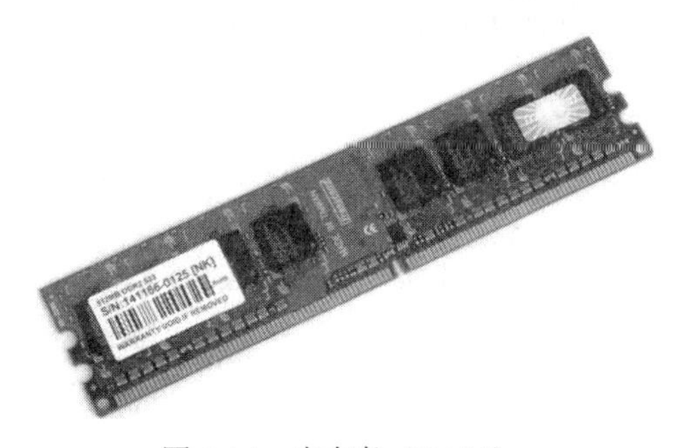

图 3-14　内存条（RAM）

在计算机主板上的 CPU 插槽旁边就是内存条的插槽（如图 3-15 所示），内存条要插入内存插槽中进行工作。内存插槽不止一个，有利于用户进行内存容量扩展。

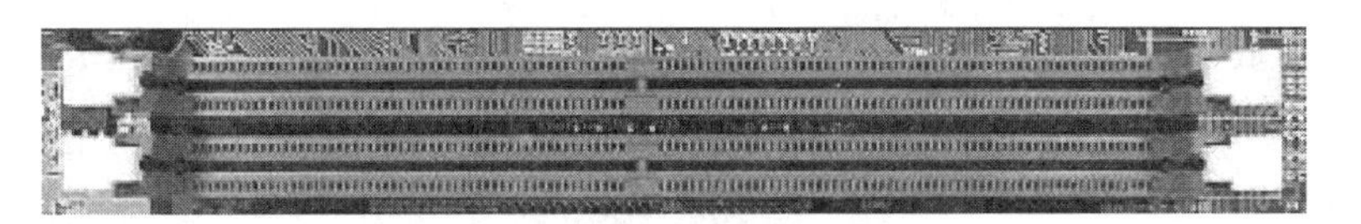

图 3-15　主板上的内存条（RAM）插槽

3.3.2　为什么 RAM 很重要

和 CPU 的高速处理速度相比，从硬盘等外部存储器中“读取”或“写入”数据是相对缓慢的，因此如果每次处理的数据都要直接从外存（如硬盘）中调入 CPU，将会大大降低 CPU 的工作效率（因为 CPU 大量的时间都在等待中）。但是，内存（RAM）的访问速度要远快于外存。

因此，当需要运行某一程序时，操作系统会先将此程序从外存（如硬盘、U 盘等）调入到内存（RAM）中，并为该程序分配一定的内存空间。然后 CPU 再从 RAM 中读取数据，处理完毕后再通过 RAM 将结果传送至显示器显示或送交打印机打印。如果处理结果需要长期保存，则需要通过内存将结果送回外存（如硬盘）保存。也就是说，当运行计算机程序时，内存会和 CPU 之间频繁地交换数据。

除了以上所讲的，RAM 还存放了操作系统的指令，这些指令控制着计算机系统的基本功能。每次启动计算机时，这些指令就被装进 RAM 中，直到关机才消失。

由此可见，内存（RAM）和 CPU 一样，也是个“大忙人”。它要和四面八方的部件打交道（如图 3-16 所示），完成数据和指令的调入调出。没有内存（RAM），计算机是无法开展工作的。

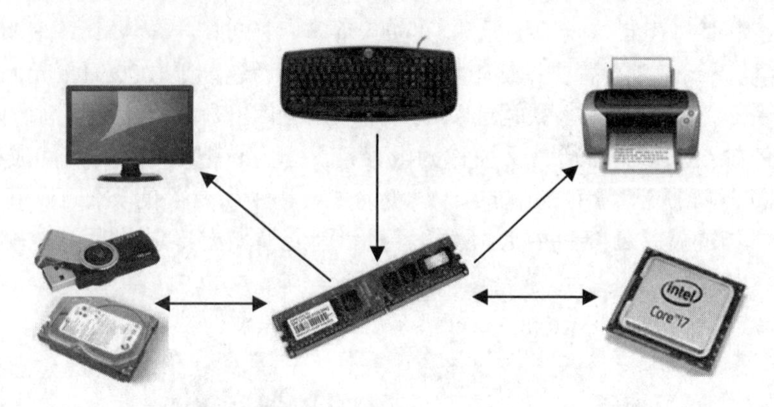

图 3-16　内存和四面八方的部件打交道

3.3.3　别忘了“保存”

在利用计算机工作的时候（如进行文字处理），经常要做的一件事就是“保存”。为什么要“保存”呢？

“保存”又叫“存盘”，就是把内存（RAM）中的数据写入（即保存）到外存（如硬盘、U 盘等）中的过程。之所以要这样做，是因为 RAM 有一个很重要的特点，就是其保存数据是需要电力支持的，这和 RAM 的工作原理有关。在 RAM 中，称为电容的微型电子部件存放了表示数据的电信号。我们可以把电容当作一个可以打开和关闭的微型灯泡。电容“打开”时表示“1”位，“关闭”时表示“0”位。每组电容都可以存放 8 位，即一个字节的数据。因此，一旦丢失供电就会造成内存（RAM）中的数据消失，不仅如此，当计算机重新启动时，内存中的数据也会被清空，所以 RAM 又叫易失性存储器。

在利用计算机打字时，我们通过键盘输入的内容是直接存入内存（RAM）的。如果在进行文字录入和编辑过程中突然断电或出现计算机死机而被迫重新启动时，根据 RAM 的工作特点，前期放入内存中的数据就会丢失，从而给用户的工作造成不利影响（例如还需要重新输入文本）。因此，为了避免这种情况的出现，在利用计算机进行文字处理这样的工作时，要及时地“保存”，把内存中的数据保存到例如硬盘这样的外存中，因为即使断电，硬盘中的数据也不会丢失。

3.3.4　计算机中的 RAM 会被用尽吗

计算机中的内存（RAM）容量变得越来越大，从早期的以 KB 为单位到后来的以 MB 为单位，再到现在的以 GB 为单位（目前的个人计算机的内存多为 2GB～8GB）。但即使如此，可能有人仍然会担心：既然每运行一个程序或打开一个文件，操作系统都要给这个程序或文件在内存中分配相应的空间，那么假定你要处理多个大的文件和程序，内存（RAM）会被用尽吗？

答案是“不会”。控制计算机运行的是一个称为“操作系统”的软件，就是由它来为多个程序或文件分配内存（RAM）空间，而且当一个程序运行完毕后，操作系统会收回该程序所占用的内存（RAM）空间，并再次将此内存（RAM）空间分配给其他程序使用。不仅如此，如果一个程序的大小超过了分配给它的内存空间，这时操作系统就会使用硬盘的一部分来存储所需要的程序和数据文件，所使用的硬盘空间我们称之为虚拟内存。通过这样的方式，RAM 就会获取几乎无限的内存容量。

当然，这并不是说我们在使用计算机时可以同时运行无限多的程序或打开无限多的文件。在实际应用中，当用户同时运行的程序或文件过多时，计算机的运行速度会明显变慢，甚至无法正常操作。这不仅和内存的占用有关，也和 CPU 的处理能力有关。

我们可以通过 Windows 任务管理器程序来查看计算机中内存的使用情况。在屏幕下方的任务栏中右击，在弹出的快捷菜单中选择“启动任务管理器”命令（如图 3-17 所示），打开“Windows 任务管理器”窗口（如图 3-18 所示），单击“进程”标签，即可看到计算机中正在运行的进程及其占用内存的情况。当一个程序被关闭时，其进程所占用的内存会被自动释放。

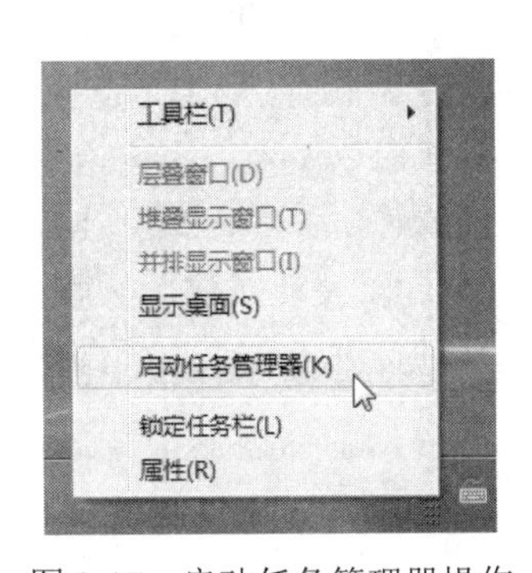

图 3-17　启动任务管理器操作

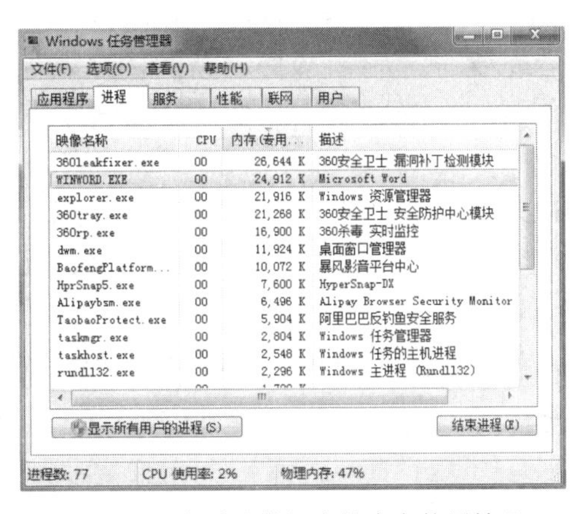

图 3-18　查看计算机中的内存使用情况

3.4　只读存储器——ROM

3.4.1　ROM 与 RAM 有什么不同

ROM 是只读内存（Read-Only Memory）的简称。由于存储原理的不同，ROM 的特点是“只能读、不能写”。ROM 中的程序指令是在出厂时就已经保存好的，这些程序指令直接固化在电路里，永久地成为电路的一部分，即使计算机掉电后也不会消失。因此，可以把 ROM 看成是一种只能读出事先所存数据的内部存储器。

另外，ROM 电路通常被封装在一个小芯片中，而且这个芯片是固定在计算机的主板上的（如图 3-19 所示），除非专业维修人员，否则无法把它从主板上取下来。这与插在主板内存插槽中的内存条（RAM）不同，因为内存条可以轻易地拔插，如图 3-20 所示。

图 3-19 固定在主板上的 ROM 芯片

图 3-20 插在内存插槽中的可拔插的内存条

3.4.2 为什么需要 ROM

RAM 和 ROM 都属于内部存储器，而且都有存储的功能，为什么计算机中有了 RAM 还需要 ROM？

ROM 中的程序指令是固化在电路中的，而且可以被处理器直接读取执行。这些程序指令是非常重要的，因为它们和计算机的启动有关。

在我们打开计算机时，处理器加电并开始准备执行指令。由于电源关闭时 RAM 中的数据被清空了，所以刚开机时 RAM 里面没有处理器要执行的指令。此时的 ROM 就可以发挥作用了。ROM 中包含一个称为基本输入输出系统（BIOS）的小型指令集合。这些指令能指示计算机如何访问硬盘、搜索操作系统并把它加载到 RAM 中。当操作系统被加载到 RAM 后，计算机便可以在操作系统的控制下理解输入的信息、显示输出、运行软件以及访问硬盘里的数据了。当然，此时计算机就不需要 ROM 中的程序了，它们会安静地待在 ROM 中，直到下一次计算机启动。

3.4.3 可以被修改的 ROM

BIOS 是英文 Basic Input Output System 的缩略语，直译过来后中文名称就是“基本输入输出系统”。其实，它是一组固化到计算机主板上 ROM 芯片里的程序，包括控制基本输入输出的程序、系统参数设置程序、开机后的自检程序和系统自启动程序。其主要功能是为计算机提供最底层的、最直接的硬件设置和控制。

在 PC 的发展初期，BIOS 都存放在 ROM（只读存储器）中。但由于 ROM 内部的程序是在 ROM 的制造工序中，在工厂里用特殊的方法存入进去的，其中的内容只能读不能改，因此就给 BIOS 程序的升级带来困难。

EPROM（Erasable Programmable ROM，可擦除可编程 ROM）芯片可重复擦除和写入，弥补了传统 ROM 芯片只能写入一次的不足。在 EPROM 芯片正面的陶瓷封装上开有一个玻璃窗口（如图 3-21 所示），使用紫外线透过该窗口照射内部芯片就可以擦除 EPROM 内的原有程序。再通过特殊的设备可以实现新程序的输入，从而达到更新其程序的目的。需要注意的是，EPROM 芯片在写入数据后还要以不透光的贴纸或胶布把窗口封住，以免受到周围的紫外线照射而使资料受损。

由于 EPROM 操作的不便，奔腾以后主板上的 BIOS ROM 芯片大部分都采用 EEPROM（Electrically Erasable Programmable ROM，电可擦除可编程 ROM）（如图 3-22 所示）。通过跳线开关和系统配带的驱动程序盘可以对 EEPROM 进行重写，方便地实现 BIOS 升级。

图 3-21　EPROM 芯片

图 3-22　EEPROM 芯片

随着技术的发展，闪存（Flash Memory）出现了。闪存可以说是电可擦除只读存储器的直系亲属，但它具备一个非常关键的优势，即不需要高于计算机中常见的电压（通常情况下为 3V 或 5V）。

闪存已经成为计算机 BIOS 芯片的主要原料，它使用户可以更加轻松地升级这些设备。用户只需要从制造商的 Web 站点下载一个文件，然后运行专门的程序删掉存储器中的内容并将新的数据写入进去，一切便大功告成了。

3.4.4　深入阅读——BIOS 与 CMOS 的区别和联系

一些读者可能听说过 BIOS 设置或 CMOS 设置的说法，这又是怎么回事呢？计算机硬件的基本配置信息以及一些重要的系统参数被放置在一块被称为 CMOS（Complementary Metal Oxide Semiconductor，互补金属氧化物半导体）的芯片中，计算机启动时需要从这个芯片中读取相应的信息以完成启动以及计算机的初始化工作。

CMOS 是一个可读写的 RAM 芯片，属于硬件。它固定在计算机主板上，并保存有 CPU、硬盘、光驱、显示器、键盘等部件的配置信息，以及用户对计算机参数的设定信息。CMOS 中的数据是非常重要的，每次开机都要用到它。但是 CMOS 是 RAM 芯片（断电后数据会丢失），因此，在关机断电后，系统通过一块固定在主板上的纽扣电池（如图 3-23 所示）向 CMOS 供电以保持其中的信息。

图 3-23　主板上的纽扣电池

BIOS（基本输入输出系统）是一组固化到计算机内主板上 ROM 芯片里的程序，属于软件。它包含基本的输入输出控制程序、系统参数设置程序、开机后自检程序和系统自启动程序。

BIOS 中的“系统参数设置程序”就是用来设置 CMOS RAM 中的有关参数的，例如设置计算机启动时从外存中调入操作系统的顺序等。这个程序一般在开机时按下键盘上的一个键（如 Del 键或 F12 键）即可进入，它提供了良好的界面供用户使用。这个设置 CMOS 参数的过程习惯上也称为“BIOS 设置”。

由于 CMOS 与 BIOS 都跟计算机系统设置密切相关，所以才有 CMOS 设置和 BIOS 设置的说法。也正因为如此，初学者常将二者混淆。CMOS 是计算机主板上一块特殊的 RAM 芯片，是存放系统基本参数的地方，而 BIOS 中的系统设置程序是完成参数设置的手段。因此，准确的说法应是通过 BIOS 设置程序对 CMOS 中的参数进行设置。而我们平常所说的 CMOS 设置和 BIOS 设置是其简化说法，也就在一定程度上造成了两个概念的混淆。

3.5 海量存储器——硬盘

尽管 CPU 在处理数据和执行指令方面极为出色，但它几乎没有存储数据的能力。内存（RAM）虽然能存储数据，但是它的容量比较小，而且当系统断电或重启时，内存（RAM）中的数据会丢失，只能临时存放数据。因此，计算机中还需要一个能长期存储数据（断电不丢失数据）、容量巨大、可读可写的存储设备，这就是硬盘。

3.5.1 硬盘的结构

硬盘从外观上看是一个密封的金属盒子。在硬盘的面板上最显眼的莫过于产品标签（如图 3-24 所示），上面印着硬盘的品牌、容量大小、生产日期等硬盘参数信息。将硬盘面板揭开后，内部结构即可一目了然，如图 3-25 所示。硬盘内部结构复杂精密，主要包括盘片、读写磁头和主轴。

图 3-24 硬盘正面的标签

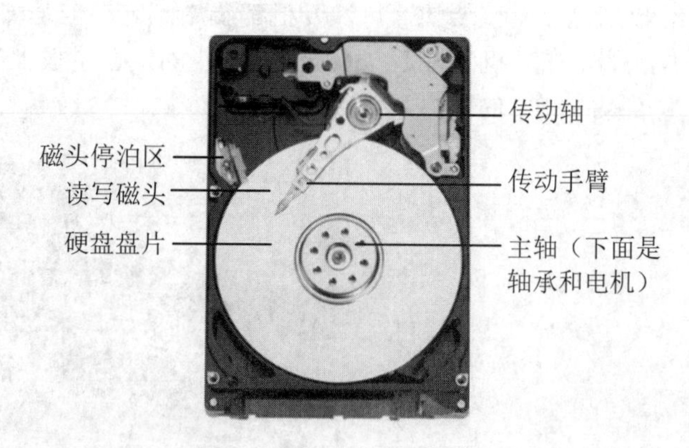

图 3-25 硬盘的内部结构

1. 硬盘盘片

盘片是硬盘存储数据的载体。硬盘中的盘片有一个或者多个叠加在一起，互相之间由垫圈隔开。硬盘盘片是以坚固耐用的材料为盘基，其上附着磁性物质，因此硬盘通常又被称为“磁盘”。盘片表面被加工得相当平滑，盘片在硬盘内部高速旋转，因此制作盘片的材料硬度和耐磨性要求很高，一般采用合金材料。

2．主轴组件

硬盘在工作时，主轴组件用来驱动盘片做高速旋转。随着硬盘容量的扩大和速度的提高，主轴电机的速度也在不断提升，于是有厂商开始采用精密机械工业的液态轴承电机技术，现在已经被所有主流硬盘厂商所普遍采用，它有利于降低硬盘的工作噪音。

3．读写磁头

这个部件是硬盘中最精密的部位之一，它由读写磁头、传动手臂、传动轴三部分组成。磁头是硬盘技术中最重要和关键的一环，它采用了非接触式头、盘结构。加电后磁头悬浮在高速旋转的磁盘表面，与盘片之间的间隙只有 0.1～0.3μm。

3.5.2 如何在硬盘上存取数据

硬盘存储技术属于磁存储，它靠磁化盘片表面的磁性微粒来存储数据。

硬盘的磁头是硬盘驱动器中通过使微粒受磁来写数据或使微粒的磁极受检测来读取数据的机械装置。硬盘盘片布满了磁性物质，这些磁性物质可以被磁头改变磁极，利用磁性的正反两极来代表 0 和 1，从而起到数据写入（即存储）的作用。这些磁性微粒能够稳定地保留其磁化结果直到再次被磁头改变。因此，使用磁盘可以相当长久地保存数据，即使断电也不会丢失。读取数据时便把磁头移动到确定的位置读取此处的磁性微粒的磁化状态（0 或 1）即可。

通过改变硬盘表面部分微粒的磁化方向可以轻易地更改或删除磁存储的数据。磁存储的这个特性为编辑数据和再利用无用数据所占用的空间提供了很大的灵活性。

存储在磁介质上的数据会因为磁场、灰尘、热度和存储设备存在的机械问题而被改变，例如放块磁铁在硬盘上有可能会引起磁盘数据的损坏。此外，磁介质会随着时间的推移而逐渐丧失磁性以至于丢失数据。一般数据存储在磁介质上的可靠寿命大约为 2～3 年。

3.5.3 硬盘中的数据是如何组织放置的

硬盘的盘片上存放了海量的数据，但从表面上看却光滑如镜。那么，硬盘中的数据是如何存放的呢？

1．硬盘的“面”

先从面说起，硬盘一般是由一片或几片圆形薄盘片叠加而成。每个盘片都有正反（或上下）两个“面”（Side）。这两个面都是用来存储数据的。按照盘片的多少，从上到下依次称为 0 面、1 面、2 面……。

为了读取每个面的数据，每个面都专有一个读写磁头（如图 3-26 所示），也常用 0 头（head）、1 头……称之。按照硬盘容量和规格的不同，硬盘面数（或头数）也不一定相同，少的只有 2 面（即单盘片），也有多盘片的。

2．磁道

读写硬盘时，磁头依靠盘片高速旋转引起的空气动力效应悬浮在盘面上，与盘面的距离不到 1μm（约为头发直径的百分之一）。硬盘在工作时，盘片作高速旋转，而磁头并不作旋转，而是沿半径方向作运动。因此，在磁盘旋转时，若磁头保持不动，则连续写入的数据是排列在一个圆周上的。我们称这样的圆周为一个磁道，如图 3-27 所示。

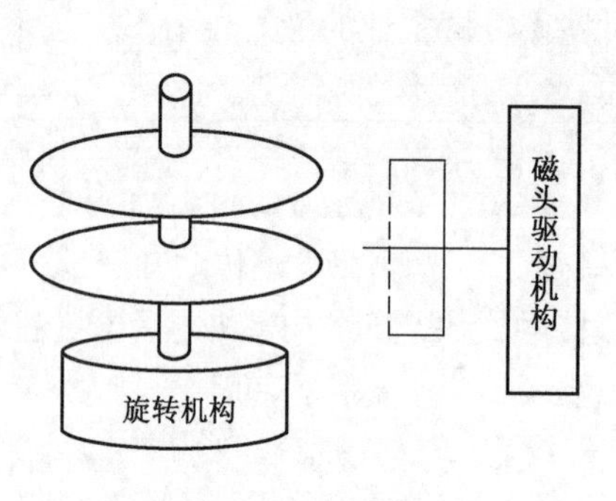

图 3-26　盘片和磁头

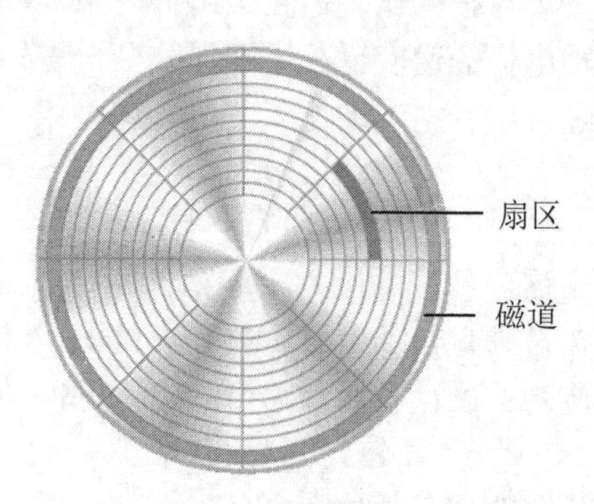

图 3-27　磁道和扇区

如果读写磁头沿着半径方向移动一段距离，则以后写入的数据会排列在另外一个磁道上。根据硬盘规格的不同，磁道数可以从几百到数千不等，磁道也有编号，最外面的是 0 磁道，向里面依次是 1 磁道、2 磁道……。

3．扇区

一个磁道上可以容纳很多数据，而主机读写时往往并不需要一次读写那么多。于是，磁道又被划分成若干个弧形的段，每段称为一个扇区（如图 3-27 所示）。一个扇区一般存放几百至几千字节的数据。扇区也需要编号，同一磁道中的扇区分别称为 1 扇区、2 扇区……。

计算机对硬盘的读写，出于效率的考虑，是以扇区为基本单位的。例如，即使计算机只需要读取硬盘上存储的某个字节，也必须一次把这个字节所在扇区中的全部字节读入内存，再使用所需要的那个字节。

当需要访问硬盘上的某个数据时，就需要知道该数据所在的面、磁道、扇区的编号，这一点和内存不一样，内存寻址靠的是字节地址。

3.5.4　硬盘的性能指标

1．容量

用户通常最关心的是硬盘的容量。硬盘的容量以兆字节（MB）、千兆字节（GB）或百万兆字节（TB）为单位，目前常见的硬盘容量有 500GB、1TB，甚至更高。

2．转速

转速，是硬盘内主轴电机的旋转速度，单位是转/分钟，也就是硬盘盘片在一分钟内所能完成的最大转数。硬盘的转速越快，硬盘寻找文件的速度也就越快，相对地硬盘的传输速度也就得到了提高。

目前，台式机硬盘转速已达到 7200 转/分钟，而笔记本的硬盘大部分为 5400 转，但是也有 7200 转的。还有一些硬盘具有更高的转速，比如服务器上使用的硬盘基本上已经采用 10000 转/分钟。但随着硬盘转速的不断提高也带来了温度升高、电机主轴磨损加大、工作噪音增大等负面影响。

3. 平均寻道时间、平均潜伏时间和平均访问时间

硬盘的平均寻道时间（Average Seek Time）是指硬盘的磁头移动到盘面指定磁道所需要的平均时间。这个时间当然越小越好。

平均潜伏时间（Average Latency Time）是指磁头已处于要访问的磁道，等待所要访问的扇区旋转至磁头下方的平均时间。

平均访问时间（Average Access Time）是指磁头从起始位置到达目标磁道位置，并且从目标磁道上找到要读写的数据扇区所需要的平均时间。平均访问时间体现了硬盘的读写速度。

4. 缓存

硬盘缓存（Cache Memory）是硬盘控制器上的一块存储芯片（如图 3-28 所示），具有非常快的访问速度。缓存的大小与速度是直接关系到硬盘传输速度的重要因素，能够大幅度地提高硬盘整体性能。

图 3-28 硬盘上的缓存芯片

当硬盘受到 CPU 指令控制开始读取数据时，硬盘上的控制芯片会控制磁头把正在读取的数据块（这里的“块”有个专业名字，被称为“簇”）的下一个或者几个块中的数据读到硬盘缓存中，当需要读取下一个块中的数据时，硬盘就不需要再次读取盘片，而是直接把缓存中的数据传输到内存中即可（由于硬盘上数据存储时是比较连续的，所以读取命中率较高）。由于缓存的访问速度远远高于磁头读写的速度，所以能够达到明显改善性能的目的。

当硬盘接到写入数据的指令之后，并不会马上将数据写入到盘片上，而是先暂时存储在缓存里，然后发送一个“数据已写入”的信号给系统，这时系统就会认为数据已经写入，并继续执行下面的工作，而硬盘则在空闲时再将缓存中的数据写入到盘片上。

3.5.5 硬盘的数据接口

硬盘并不像内存条（RAM）那样直接插在计算机主板上，而是通过专用的数据接口以及相应的数据线缆与主板相连。不管硬盘内部多么复杂，它必须要给使用者一个标准的接口，用来对其读写数据。

1. IDE 接口

IDE 的英文全称为 Integrated Drive Electronics，即电子集成驱动器，它的本意是指把硬盘控制器与盘体集成在一起的硬盘驱动器。把盘体与控制器集成在一起的做法减少了硬盘接口的电缆数目与长度，数据传输的可靠性得到了提高，硬盘制造起来变得更容易，因为硬盘生产厂商不需要再担心自己的硬盘是否与其他厂商生产的控制器兼容。对用户而言，硬盘安装起来也更为方便。最初 IDE 接口是用来连接硬盘设备的，而后发展成为一种通用接口，以至于光盘驱动器的接口也采用了 IDE 接口。

IDE 接口具有并排两列 40 根金属针脚，如图 3-29 所示。为了使 IDE 接口硬盘（或 IDE 接口光驱）与主板相连，在使用 IDE 接口设备的计算机主板上也具有 IDE 接口。IDE 接口间是使用扁平带状数据线来相互连接，如图 3-30 所示。

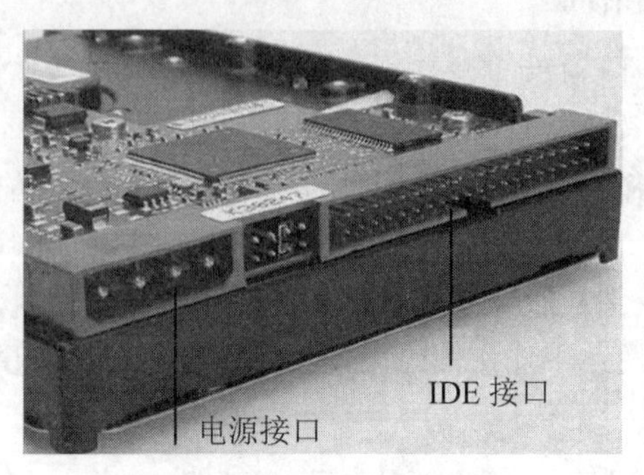

图 3-29 硬盘的 IDE 接口

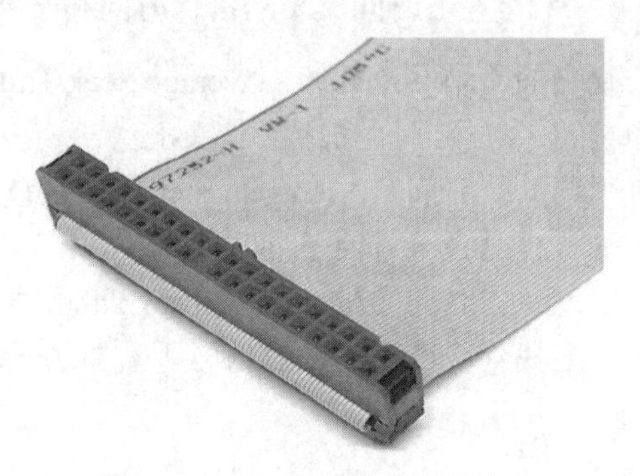
图 3-30 IDE 数据线一端的接头

沿着线缆的一边有一条不同于数据线颜色的条纹，这是为了方便告诉用户在这一边是第一引脚，以便正确地将数据线接头插入到设备的 IDE 接口中去，并且设备厂商还在连接器上下功夫，采取了“防倒插”设计思想，设置了一个卡扣，若线路接反是无法插进去的。

IDE 作为一种通用接口，在计算机发展史上留下了不可磨灭的印迹，但是由于线缆信号间的干扰越来越严重，IDE 接口并行传输的瓶颈暴露出来。目前 IDE 接口已经被串行 ATA（即 SATA）接口所取代。

2. SATA 接口

SATA 的全称是 Serial Advanced Technology Attachment（串行高级技术附件，一种基于行业标准的串行硬件驱动器接口），是目前 PC 机中硬盘、光驱等设备的标准接口，如图 3-31 所示，是由 Intel、IBM、Dell、APT、Maxtor 和 Seagate 公司共同提出的一种硬盘接口规范。

硬盘 SATA 接口（如图 3-31 所示）以连续串行的方式传送数据，一次只会传送 1 位数据。尽管是串行传输，但由于减少了线缆信号间的干扰，因此其传输速率反而超过了 IDE 的并行传输。SATA 1.0 定义的数据传输率可达 150MB/s，这比最快的 IDE 接口所能达到的 133MB/s 数据传输率还高，而 SATA 2.0 的数据传输率可达到 300MB/s。

SATA 硬盘通过专用的数据线（如图 3-32 所示）与计算机主板上的 SATA 接口（如图 3-33 所示）连接。

图 3-31 SATA 硬盘的数据接口

图 3-32 SATA 数据线

3. SCSI 接口

还有一种硬盘接口也是比较常见的，即 SCSI 接口，如图 3-34 所示。SCSI 是 Small Computer System Interface（小型计算机系统接口）的缩写。SCSI 接口的硬盘主要应用于服务器和高档工作站中。

图 3-33　主板上的 SATA 接口

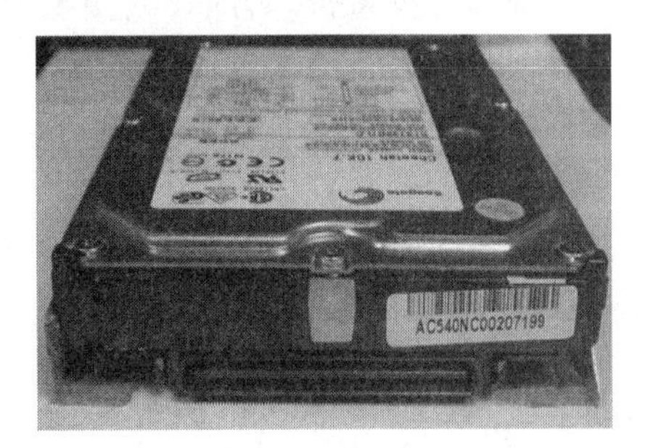

图 3-34　SCSI 硬盘的数据接口

3.5.6　硬盘使用过程中应注意的问题

1. 注意保持环境卫生

在灰尘、粉粒严重超标的环境中使用计算机时，会有更多的污染物吸附至印制电路板的表面、主轴电机内部以及通风口中，从而对计算机的散热甚至正常运行产生影响。

2. 注意防震

硬盘是一种高精设备，工作时磁头在盘片表面的浮动高度只有几微米。当硬盘处于读写状态时，一旦发生较大的震动，就可能造成磁头与盘片的撞击，导致损坏。所以不要搬动运行中的硬盘。在硬盘的安装、拆卸过程中应多加小心。硬盘移动、运输时严禁磕碰，最好用泡沫或海绵包装保护一下，尽量减少震动。

3. 注意防高温

使用硬盘时应注意防高温。硬盘工作时会产生一定热量，使用中存在散热问题。温度以 20℃～25℃为宜，温度过高或过低都会使晶体振荡器的时钟主频发生改变。温度还会造成硬盘电路元件失灵，磁介质也会因热胀效应而造成记录错误。

4. 不要私自拆开硬盘

由于盘片上的记录密度巨大，而且盘片工作时高速旋转，为保证其工作的稳定和数据保存的长久，硬盘内部通常要求是无尘环境的。因此，千万不要自行拆开硬盘，在普通环境下空气中的灰尘有可能会对硬盘造成伤害。

3.6　光存储——光盘

光盘存储技术是 20 世纪 70 年代初发展起来的一种技术。在那个时候，相对于其他的存储设备，它具有存储容量大、保存寿命长、工作性能稳定，特别是轻便易携等优点。光盘在工作时需要将其放入光盘驱动器中，并通过光驱来访问光盘上的数据。

光盘曾经是用户获取影视作品以及计算机软件程序的主要载体，但是随着互联网的普及以及容量更大、更小巧便携的 U 盘的出现，光盘的应用越来越少。不过，在一些商业领域，以及用户计算机数据备份等方面，还可以经常看到光盘的应用。

3.6.1 如何在光盘上存储数据

光盘与硬盘一样，光盘也能以二进制数据（由“0”和“1”组成的数据模式）的形式存储数据。要在光盘上存储数据，首先必须借助计算机将数据转换成二进制，然后使用特殊的激光将数据模式灼刻在扁平、光滑、具有反射能力的盘片上。激光在盘片上刻出的小坑代表“1”，空白处代表“0”。

在从光盘上读取数据的时候，定向光束（激光）在光盘的表面上迅速移动。从光盘上读取数据的计算机观察激光经过的每一个点，以确定它是否反射激光。如果它不反射激光（即代表那里有一个小坑），那么计算机就知道它代表一个“1”，如果激光被反射回来，计算机就知道这个点是一个“0”，然后这些“1”和“0”组成的数据又被计算机恢复成音乐、文件或程序。

3.6.2 只读光盘与光盘驱动器

只读光盘就是通过只读技术把数据永久性地存储在光盘上，这种光盘不能再进行添加或更改。只读光盘通常是在大规模的生产中事先完成数据写入的。商业发行中的光盘（如影视作品、计算机软件等）通常是只读光盘，如图 3-35 所示。

1. 只读光盘的分类

目前，市场上常见的只读光盘有 CD 光盘、DVD 光盘、蓝光光盘。

CD（Compact Disc）光盘技术起初是为存放 74 分钟的唱片而设计的。这样的容量能为计算机数据提供 650MB 的存储空间。改进后的 CD 标准将容量增加到 80 分钟的音乐或 700MB 的数据。

DVD（Digital Video Disc）光盘技术是 CD 技术的变体。起初 DVD 是作为录像机的一种替代品而设计的，但是很快被计算机行业用来存储数据。DVD 的标准容量大约是 4.7GB，这是 CD 容量的 7 倍。

蓝光光盘（Blu-ray Disc）是指一种高容量存储技术，它的每个记录层都有 25GB 的容量。蓝光技术的名称来源于用来读取蓝光光盘上数据的蓝紫色激光。

2. 光盘驱动器

从光盘中读取数据需要用到光盘驱动器（简称光驱），如图 3-36 所示。根据所能使用的光盘不同，相应的光盘驱动器有 CD 光驱、DVD 光驱和蓝光光驱。

最初的 CD 光盘驱动器能以 1.2Mb/s 的速度访问光盘数据，这时的光驱被称为“1×”（1 倍速，×表示倍数）光驱。它的下一代驱动器使数据传输速率加倍，因而称为“2×”光驱。虽然传输速率一直在增长，例如 52×CD 驱动器的传输速率是 63.8976Mb/s，但是和 DVD 光驱相比，CD 光驱的数据传输速率仍显得太慢，再加上 CD 光盘由于存储容量小，已经很少被使用，因此 CD 光驱逐步被后来出现的 DVD 光驱（如图 3-37 所示）所取代。

图 3-35　商业发行的光盘是只读光盘

图 3-36　光驱可以从光盘中读取数据

虽然从外观上看，DVD 光驱与 CD 光驱几乎一样，但是它们的速度是用不同的等级来度量的。“1×” DVD 光驱的速度大约和 “9×” CD 光驱一样。现在的 DVD 光驱一般都有“22×”的速度，其数据传输速率大约为 297Mb/s。而衡量蓝光光驱（如图 3-38 所示）速度的量级与 DVD 光驱也不同，“1×” 蓝光光驱的传输速率是 36Mb/s，而 12×的蓝光光驱的传输速率是 432Mb/s。

图 3-37　DVD 光驱

图 3-38　蓝光光驱

笔记本电脑的光驱比较薄比较小，如图 3-39 所示。很多笔记本电脑为了减轻重量，甚至不再配置光驱，而在需要使用光驱的时候临时采用具有 USB 接口的外置光驱（如图 3-40 所示）来完成工作。

图 3-39　笔记本电脑中的光驱

图 3-40　具有 USB 接口的外置光驱

光盘驱动器是一个独立的装置，它需要通过与主板连接才能正常地被计算机使用。PC 机中使用的光驱接口通常有 IDE、SATA 和 USB 等。

光盘驱动器具有向下兼容性，例如 DVD 驱动器能读 CD 光盘而 CD 驱动器却不能读取 DVD 光盘。蓝光驱动器也是可以读取 CD 或 DVD 盘，但却不能反过来用。

3.6.3 可刻录光盘与刻录机

1. R 和 RW

R 表示可记录技术（Recordable，R），是用激光改变夹在明亮塑料盘面下染色层的颜色来记录数据。激光在染色层制造的暗点就是读取时的凹点。染色层中的改变是永久的，所以数据一旦被记录就不能再改变。

市场上常见的可刻录光盘包括 CD-R、DVD-R 和 BD-R 光盘（如图 3-41 所示）等。这些光盘在被用户购买时是空白的，用户可以根据自己的需要，通过专用的刻录设备把计算机中的数据刻录在这些光盘中。但是，一旦刻录完成，光盘中的数据就不能再更改了。通过这种方式，用户可以把自己计算机中的重要数据保存或备份在光盘中，以防止误删除或被病毒破坏。

图 3-41 CD-R、DVD-R、BD-R 可刻录光盘

RW 表示可擦写技术（Rewritable，RW），是使用“相位改变”技术来改变光盘表面的晶体结构，从而记录数据。改变晶体结构来创建亮点和暗点的模式与 CD 上的凹点和平面相似。晶体结构可以从亮变到暗再从暗变到亮，并且可反复多次，这使得它可以像硬盘一样记录和修改数据。有时术语“重复记录”也用来指“可擦写”。例如 CD-RW、DVD-RW 光盘（如图 3-42 所示）等。

图 3-42 CD-RW、DVD-RW 可擦写光盘

和早期的软盘（容量为 1.44MB）以及硬盘相比，RW 光盘具备了可移动、便携带、可读写、容量大的优点，但是由于使用更方便、容量更大的 U 盘的出现，RW 光盘的这些优势不复存在，因此现在 RW 光盘已经很少被使用。

2. 光盘刻录机

从外观上看，光盘刻录机与前面介绍到的普通光盘驱动器非常相似，不同之处在于，刻录机的前面板上通常有“RW”字样，如图 3-43 所示。与普通光盘驱动器不同的是，光盘刻录机不仅可以从光盘上读取数据，而且可以在光盘上刻录（写入）数据。

图 3-43　12×蓝光刻录机

根据所能刻录的光盘的不同，光盘刻录机可分为 CD 光盘刻录机、DVD 光盘刻录机和蓝光刻录机。从兼容性来看，蓝光刻录机可兼容此前出现的各种光盘产品。

3. 各种光驱和刻录机的功能对比

各种光驱和刻录机的功能对比如表 3-1 所示。

表 3-1　各种光驱和刻录机的功能对比

光驱类型	读 CD 盘	写 CD 盘	读 DVD 盘	写 DVD 盘	读蓝光盘	写蓝光盘
CD 光驱	√					
CD 刻录机	√	√				
DVD 光驱	√		√			
DVD 刻录机	√	√	√	√		
蓝光光驱	√		√		√	
蓝光刻录机	√	√	√	√	√	√

3.6.4　如何把硬盘中的资料刻录在光盘上

计算机病毒、机器故障、误操作等原因都可能会对存放在硬盘上的文件数据造成影响（如文件丢失、损坏等）。对硬盘上的文件进行备份是保护重要文件的一种有效方法，而把硬盘上的文件刻录在光盘上就是备份文件的一种常用方式。

把计算机硬盘上的资料存储在光盘上需要有 3 个条件：光盘刻录机、可刻录光盘、刻录软件。目前常用的是刻录机和 DVD 刻录机或蓝光刻录机，所用的刻录光盘是 DVD-R 刻录光盘或蓝光刻录盘，至于刻录软件，常用的有 Nero（如图 3-44 所示）等，可以从这些软件的官网上下载这些软件。

图 3-44　Nero 刻录软件

3.7 固态存储器

3.7.1 什么是固态存储器

固态存储器通常也被称为“闪存”，是一种可读可写的存储器。相对于磁盘、光盘一类的存储器而言，固态存储器不需要读写头、不需要存储介质移动（转动）就可以读写数据。不仅如此，固态存储器是非易失性的，一旦数据被存储，即使没有电源供电，芯片也能保留数据。

固态存储器是通过存储芯片内部晶体管的开关状态来存储数据的。在数字电路中，晶体管的开关状态可用“门”来表示，门打开，电流可流通，表示此处存放的是“0”位；门关闭，表示此处存放的是“1”位。在高速数据交换设备中，由于固态存储器使用晶体管来存储数据，所以在高频率下，固态存储器可以进行非常快速的数据存取，其速率高于普通的磁存储器（如硬盘）和光存储器。

由于固态存储器没有读写头、不需要转动，所以固态存储器拥有耗电少、噪音小、抗震性强的优点。但是，由于目前固态存储器每 1MB 的存储容量的价格高于传统硬盘，所以从存储容量和成本的共同角度考虑，目前大容量存储中仍然以机械式硬盘为主，但在小容量、超高速、小体积的电子设备中，固态存储器拥有非常大的优势。

目前消费者可以选择多种固态存储器，包括存储卡、固态硬盘和 U 盘等。

3.7.2 小巧平整的固态存储卡

存储卡是一块平整的固态存储介质，常用于数码相机、手机和媒体播放器中的数据存储。

存储卡的格式包括 CF（CompactFlash，快闪内存）卡、MM（MultiMedia，多媒体）卡、SD（SecureDigital，安全数字）卡（见图 3-45）、xD（xD-Picture Card，极限数字图片）卡和 SM（SmartMedia，智能介质）卡等。

专用的读卡器能从这些固态存储卡中读取数据并向它们写入数据。多数个人计算机都装备了读卡器，图 3-46 所示为笔记本电脑中内置的读卡器，可通过它和固态存储卡交换数据，方便用户把数码相机等数字设备上的文件传输到自己的计算机上。

图 3-45　SD 存储卡

图 3-46　笔记本电脑上的读卡器接口

3.7.3　固态硬盘

固态硬盘（Solid State Disk，SSD）也称为电子硬盘或固态电子盘。和传统机械硬盘采用的磁盘体、磁头、马达等机械零件不同，固态硬盘是由控制芯片和存储芯片（Flash 芯片或 DRAM 芯片）组成，简单地说就是用固态电子存储芯片阵列而制成的硬盘。

与传统的机械硬盘相比，固态硬盘有以下优点：

（1）存取速度快。这也是固态硬盘最大的优点。固态硬盘没有磁头，采用快速随机读取，访问延迟极小，无论是启动系统还是运行大型软件，固态硬盘的速度相比主流的机械硬盘有了质的飞跃。

（2）防震抗摔性好。固态硬盘内部不存在任何机械活动部件，不会发生机械故障，因此抗碰撞性好。例如在笔记本电脑发生意外掉落或与硬物碰撞时能够将数据丢失的可能性降到最小。

（3）发热低、零噪音。由于没有机械马达，存储芯片发热量小，工作时噪音值也非常小。

（4）体积小、重量轻。相比传统的机械硬盘，固态硬盘体积更小，重量更轻，方便携带。

但是，和传统机械硬盘相比，固态硬盘的成本较高。因此，固态硬盘的容量较低，这也是“鱼和熊掌不可兼得”吧。

目前一些主流的笔记本电脑，尤其是追求轻、薄目标的笔记本电脑，通常采用固态硬盘，如图 3-47 所示。这些固态硬盘通过 SATA 接口（如图 3-48 所示）连接计算机主板。

图 3-47　笔记本电脑中的 SSD 硬盘

图 3-48　SSD 硬盘通过 SATA 接口连接主板

3.7.4　U 盘

U 盘是一种便携式存储设备。U 盘的存储介质是闪存，可在不加电的情况下长期存储信息，具有非易失性，又能进行快速擦除与重写，就像存储在磁盘介质上的文件那样。

U 盘由 3 个部分组成：USB 插头、储存设备控制器和闪存芯片。简单地说，U 盘将存储芯片和一些外围控制电路焊接在电路板上（如图 3-49 所示），并封装在外壳内，通过内置的 USB 接口直接与计算机相连。

随着技术的发展，U 盘的成本越来越低，而容量越来越大。不仅如此，由于 U 盘小巧灵活，因此也被做成了五花八门的形状，甚至被做成精美的工艺品，如图 3-50 所示。

当用户把 U 盘插入计算机时，操作系统会自动检测并识别出 U 盘，在“计算机”窗口中会显示出U盘的图标。用户可以像使用硬盘那样去存、取或修改U盘上的文件。当需要拔掉U盘时，应先单击屏幕右下方的USB设备图标，然后选择弹出USB设备（如图3-51所示），当屏幕显示“安全地移除硬件”提示时（如图3-52所示），就可以拔掉U盘了。

图3-49 U盘的内部结构

图3-50 被做成工艺品的U盘

图3-51 拔掉U盘前应先执行弹出操作

图3-52 出现此提示时就可以拔掉U盘了

在通过U盘与计算机交换数据的时候，其所花费的时间除了与要传输的文件大小和数量有关外，还与U盘和计算机之间的USB接口速度有关。USB接口就是英文Universal Serial Bus的缩写，中文含义是“通用串行总线”。它是一种广泛应用在PC领域的接口技术。

到目前为止，USB接口的速度有1.0、1.1、2.0、3.0几个标准。USB 1.0是在1996年出现的，速度只有1.5Mb/s（兆位/每秒），1998年升级为USB 1.1，速度也提升到12Mb/s。USB 2.0的传输速率达到了480Mb/s，足以满足大多数外设的速率要求。新一代USB 3.0标准的理论速度为5.0Gb/s，虽然其实际速度并没有那么高，但也远高于USB 2.0的速度了。

3.8 输入设备

3.8.1 键盘与鼠标

键盘是最常用也是最基本的输入设备，通过键盘可以将英文字母、数字、标点符号等输入到计算机中，从而向计算机发出命令、输入数据等。随着图形化操作系统，特别是Windows操作系统的普及，鼠标也成了主要的计算机输入设备。

1. 键盘的结构及按键的分布

一般键盘的按键基本相同，所有按键被分为如图3-53所示的4个区域。

（1）功能键区：包括Esc、F1～F12，位于键盘的最上边，功能一般由正在运行的软件决定。对于不同的软件，某些功能键的作用可能不同。例如，在文字处理软件Word中，F5键的作用是查找和替换；在网页浏览器 IE 中，F5 键的作用是刷新页面。

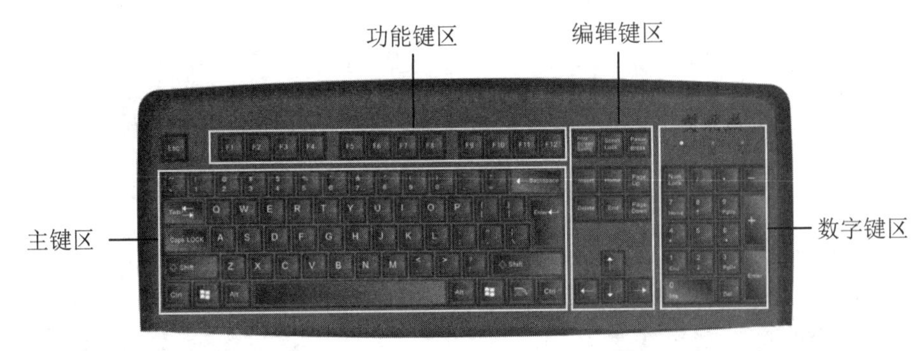

图 3-53　键盘的布局

（2）主键区：位于功能键区的下方。通过主键区，可以输入 26 个英文字母和 0～9 十个数字，还有部分标点符号以及退格键、空格键等。除了这些键之外还有一些特殊功能键，如 Caps Lock、Enter、Shift、Ctrl 键等。

（3）数字键区：是键盘最右边的一块区域，又称小键盘，大小如成年人的手掌，而且与普通的计算器键盘的排序一样，便于快速输入数字。

（4）编辑键区：在主键区和数字键区之间，主要用于调整光标在窗口中的位置和进行移动编辑，包括 Insert、Delete、Home、End、Page Up、Page Down 键。该区下部的 4 个箭头分别表示将光标向上、下、左、右移动。

2. 键盘上部分特殊功能键的作用

Shift 键：上挡键，键盘上有一些按键具有两个含义，例如主键区中的“8”键，既表示“数字 8”，又表示“*”。按下 Shift 键不松手，然后按一下“8”键，即可输入该键上部显示的“*”。

Caps Lock 键：Caps Lock 是大小写切换键，按一次 Caps Lock 键，可改变字母键当前的大小写状态（例如从小写变为大写），再按一次 Caps Lock 键将恢复原样。

Tab 键：按 Tab 键会使光标向前移动几个空格，还可以按 Tab 键移动到表单上的下一个文本框。

Backspace 键：退格键，作用是使光标左移一格，同时删除光标左边位置上的字符，或删除选中的内容。

Delete 键：删除键，可删除光标右边位置上的字符。同时 Delete 键还可以用于删除选中的文件夹。

Num Lock 键：按一次 Num Lock 键，就可以使用数字键区中的数字，没有按时数字键区中的数字键也是可以使用的，但功能不同，例如这时数字键区上的 2、4、6、8 就变成了上、下、左、右的移动键。

3. 键盘与鼠标的接口

键盘与鼠标的接口是指键盘或鼠标与计算机主机之间连接的接口。目前，市场上常见的键盘或鼠标接口有两种：PS/2 接口和 USB 接口。

图 3-54 所示为 PS/2 接口。用户要将鼠标和键盘的 PS/2 接口连接在 PC 主机上相应的接口上（如图 3-55 所示），然后才能使用。虽然从外形来看，鼠标和键盘的 PS/2 接口完全一样，

但是并不能通用。也就是说，如果用户把鼠标的PS/2接口插在主机上的PS/2键盘接口上，鼠标将无法使用，反之亦然。遇到这种情况，用户可以断掉计算机电源，然后重新将鼠标或键盘插在主机上正确的接口中。

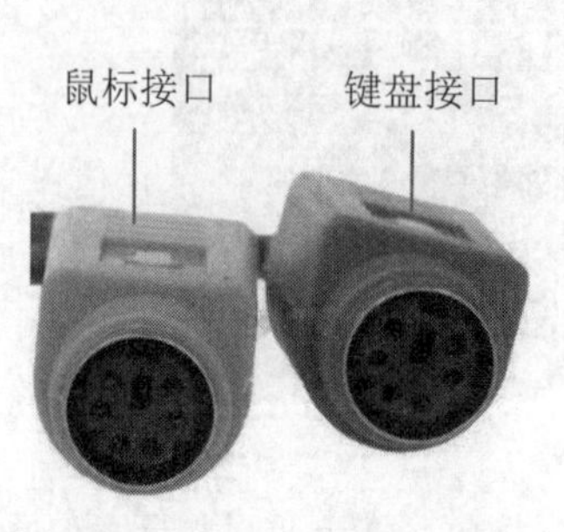

图3-54 鼠标和键盘的PS/2接口

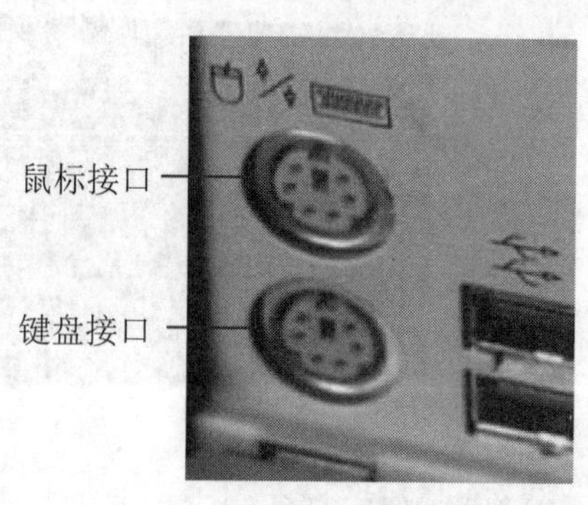

图3-55 主机上的鼠标和键盘PS/2接口

USB接口属于通用型接口，不论是USB接口的鼠标还是键盘，只需要将其插在主机上的USB接口上即可使用。

4．无线键盘、鼠标套装

鼠标和键盘后面长长的连线常常让使用者觉得不方便。而无线键盘和无线鼠标使用起来就方便了许多。市场上的无线键盘、鼠标套装中包含了一个无线键盘、一个无线鼠标和一个无线接收器，如图3-56所示。使用时将无线接收器插在主机上的USB接口上，然后给无线键盘、鼠标装上电池，并建立键盘、鼠标和接收器之间的连接，就可以正常使用了。

图3-56 无线键盘、鼠标套装

3.8.2 其他输入设备

1．触控板

触控板是笔记本电脑上的一种常见输入装置，如图3-57所示。触控板是一块可触摸的表面，使用者可以在它上面滑动手指，从而控制屏幕上鼠标指针的移动。触控板还包含了与鼠标按键有着相同功能的按键，协助完成输入操作。

2．触摸屏

触摸屏是一种简单、方便的人机交互方式，生活中随处可见触摸屏的应用，例如平板电脑、智能手机（如图3-58所示）、图书大厦里的图书检索系统等。最常用的触摸屏技术是在透明的面板上涂上一层薄的导电材料，这种导电材料能感知手指触摸屏幕时电流的变化。这种技术相当耐用，它不会被尘土或水所损坏，不过锋利的物体能毁坏它。

图3-57 笔记本电脑上的触控板

图3-58 通过触摸屏实现对手机的操作

处理触摸事件坐标的方式实质上与处理鼠标点击的方式相同。例如，如果触击手机屏幕上的一块标记为“日历”的按钮区域，触击的区域就会生成坐标并将其传向处理器。处理器会对该坐标与屏幕上的图像加以比较，并作出回应（即打开“日历”程序）。触摸屏的另一常见用途是将虚拟键盘显示在手持设备的屏幕上，这样手持设备就可以通过虚拟键盘进行输入了。

3．条形码阅读器

条形码阅读器也称为条形码扫描枪、条形码扫描器，是用于读取条形码所包含信息的一种设备，如图3-59所示。

4．游戏手柄

游戏手柄是一种常见的电子游戏机的部件，通过操纵其按钮等实现对计算机上模拟角色等的控制，如图3-60所示。

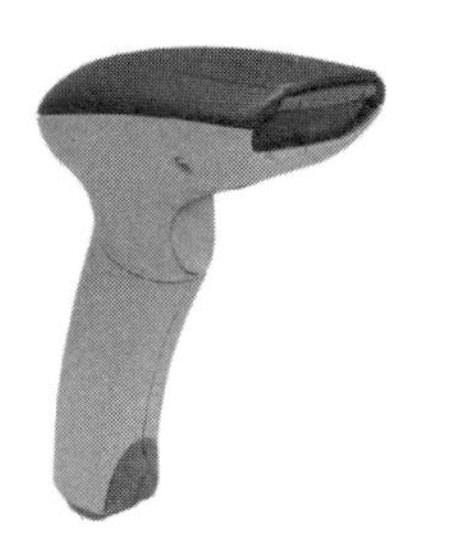

图3-59 条形码阅读器

图3-60 游戏手柄

3.9 输出设备

3.9.1 显示器

显示器是一种典型的输出设备。顾名思义，它是将一定的电子文件通过特定的传输设备显示到屏幕上再反射到人眼的一种显示工具。

1. LCD 与 CRT

液晶显示器（Liquid Crystal Display，LCD）是目前流行的显示设备（见图 3-61）。在显示器内部有很多液晶粒子，它们有规律的排列成一定的形状，并且它们每一面的颜色都不同，分为红色、绿色和蓝色，这三原色能组合成任意的其他颜色。当显示器收到电脑的显示数据时，会控制每个液晶粒子转动到不同颜色的面，来组合成不同的颜色和图像。

LCD 是笔记本电脑的标准设备。独立的 LCD 称为“LCD 显示器”或“平板显示器”，常用作桌面计算机的显示设备。LCD 显示器的优点是显示清晰、辐射低、便于移动且结构紧凑。

早期计算机配备的是阴极射线管显示器，又叫 CRT 显示器（见图 3-62）。其工作原理是在真空显像管中，由电子枪发出射线，以一定的规则去轰击显示屏上的荧光粉使之呈现出彩色的亮点，这些彩色的亮点最后组成人们肉眼所能看到的亮丽画面。不过，这种显示器过于笨重，目前已经基本淡出市场。

图 3-61　轻便的液晶显示器

图 3-62　笨重的 CRT 显示器

2. 哪些因素可影响图像质量

显示器的图像质量取决于屏幕尺寸、点距、视角宽度、响应速率、分辨率和色深等。

（1）屏幕尺寸：是从屏幕的一个角到其对角的长度，用英寸度量。显示器的屏幕尺寸各异，小至上网本的 11 英寸，大到家庭娱乐系统的 60 英寸及以上（1 英寸为 2.54 厘米）。

（2）点距：是度量图像清晰度的一种方式。点距越小意味着图像越清晰。从技术角度来讲，点距是带有颜色的像素点之间的距离，点距以毫米为单位，而像素是形成图像的小光点。

（3）视角宽度：指出了观察者在距离显示器侧面多远的地方仍能够清晰地看到屏幕上的图像。有了 170 度或更大的视角宽度就可以在不妨碍图像质量的情况下从多种位置观看屏幕。

（4）响应速率：是指一个像素点从黑色变为白色再变回黑色所需要的时间。有着较快响应速率的显示设备在显示运动物体时图像也很清晰，基本不会出现模糊或“拖影”现象。响应速率是按毫秒（ms）度量的。对游戏系统而言，响应速率要在 5ms 以下。

（5）色深：显示器可以显示的颜色数量称为色深或位深。大多数 PC 机的显示设备能显示数百万种颜色。色深为 24 位或 32 位（有时称为“真彩色”）时（如图 3-63 所示），PC 机可以显示 1600 多万种颜色，并且可以产生被视为照片级质量的图像。

（6）分辨率：屏幕分辨率是指显示设备屏幕上水平像素和垂直像素的总数目。

那么，是否应该把计算机设置到它支持的最高分辨率呢？分辨率越高，文本和其他对象就显得越小，而计算机就可以显示更大的工作区，如整页文档。分辨率越低，文本就显得越大，不过工作区就会更小。放大的文本有时候看起来会很模糊，因为需要一排像素点显示的字母现在可能需要更多像素点来填充了。不过，大多数显示器都有推荐分辨率（如图 3-64 所示），在该分辨率下图像和文本是最清晰的。

图 3-63　颜色达到 32 位真彩色

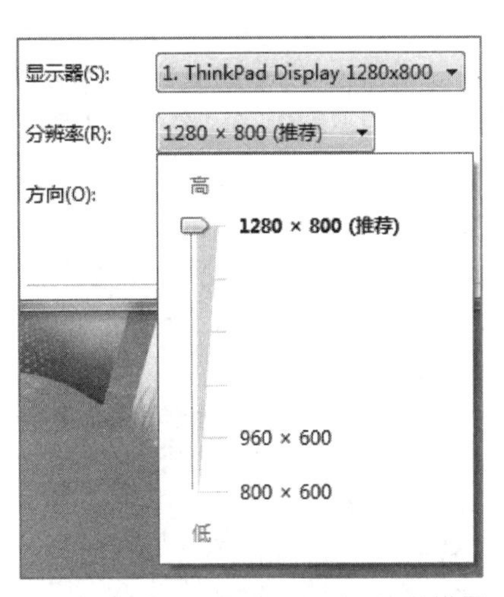

图 3-64　显示器分辨率应采用推荐设置

3. 显示器的接口

显示器接口是指显示器和主机之间的接口，通常有 D-Sub、DVI 和 HDMI 接口，目前许多显示器上都包含了这 3 种接口。

（1）D-Sub 接口（如图 3-65 所示）：也叫 VGA 接口，是早期 CRT 显示器上的标准接口，为了保持兼容性，在目前的大多数显示器上仍然保留了此接口。

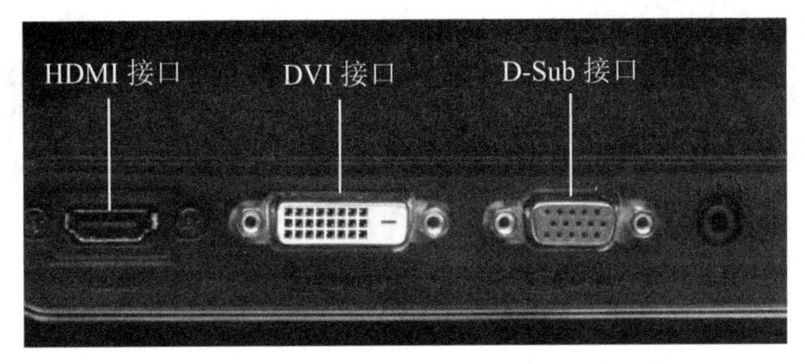

图 3-65　显示器上面的接口

（2）DVI 接口（如图 3-65 所示）：DVI（Digital Visual Interface，数字视频接口）是近年来随着数字化显示设备的发展而发展起来的一种显示接口。从理论上讲，采用 DVI 接口的显示设备的图像质量要好于传统的 VGA 接口设备。另外 DVI 接口实现了真正的即插即用和热插拔，免除了在连接过程中需要关闭计算机和显示设备的麻烦。现在很多液晶显示器都采用该接口。

（3）HDMI 数字输入接口（如图 3-65 所示）：HDMI 的英文全称是 High Definition Multimedia，中文意思是高清晰度多媒体接口。HDMI 接口可以提供高达 5Gb/s 的数据传输带宽，可以传送无压缩的音频信号和高分辨率视频信号。同时无需在信号传送前进行信号转换，可以保证最高质量的影音信号传送。应用 HDMI 的好处是：只需要一条 HDMI 线便可以同时传送影音信号，而不像现在需要多条线来连接。对消费者而言，HDMI 技术不仅能提供清晰的画质，而且由于音频和视频采用同一电缆，大大简化了家庭影院系统的安装。

4. 显卡的应用

除了显示器外，计算机显示系统还需要用图形电路生成在屏幕上显示的图像信号。这种图形电路通常会被制作在一个小型电路板上，这块电路板就是显卡，如图 3-66 所示。

显卡除了对图像进行处理之外，还是连接主机与显示器的接口卡。它一端通过金手指插在计算机主板上的显卡插槽（如图 3-67 所示）中，另一端的接口（如图 3-68 所示）则通过专用的数据线（如图 3-69 所示）与显示器上的相应接口相连，从而实现将主机的输出信息转换成字符、图像和颜色等信息传送到显示器上显示。

图 3-66 显卡

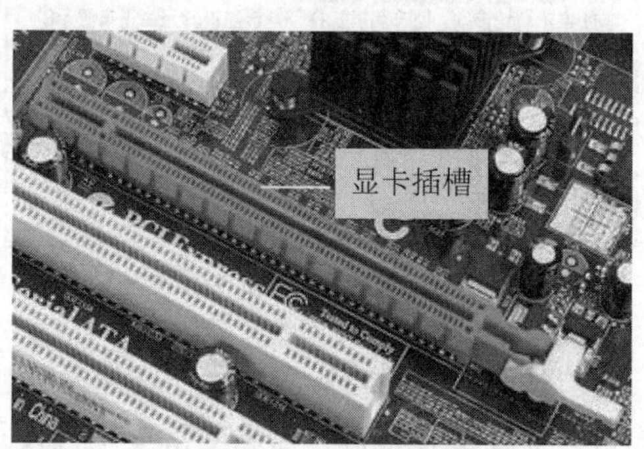

图 3-67 主板上的显卡插槽

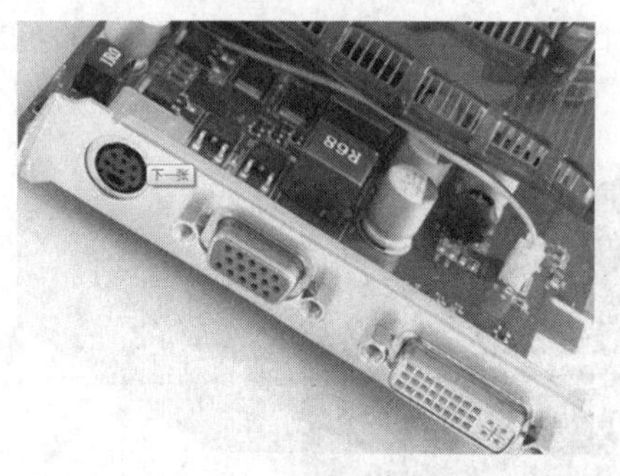

图 3-68 显卡上与显示器相连的接口

图 3-69 显卡与显示器之间的接口连线（VGA 接口线）

显卡通常分为独立显卡和集成显卡。

独立显卡是指将显示芯片、显存及其相关电路单独做在一块电路板上，自成一体，工作时需要占用主板上的显卡插槽。独立显卡单独安装有显存及处理器，一般不占用计算机的处理器和内存，因此独立显卡能够得到更好的显示效果和性能，容易进行显卡的硬件升级，但其系统功耗有所加大，发热量也较大，并且需要额外花费购买显卡的资金。

集成显卡是将显示芯片及相关电路都集成在主板上，并在主板上设置显示芯片与显示器的接口，如图 3-70 所示。集成显卡的显示效果与处理性能相对较弱，但其优点是功耗低、发热量小，而且随着技术的发展，集成显卡的性能已经有了很大提高，可以满足大多数日常办公需要，而且不用花费额外的购买资金，因此也得到了大量的应用。

除了前面提到的独立显卡和集成显卡之外，还有一种处理器内置显卡也正在越来越多地被应用到计算机中。这种显卡和以往的设计不同，利用处理器制作上的先进工艺以及新的架构设计，将图形核心与处理核心整合在同一块基板上，构成一颗完整的处理器，如图 3-71 所示。这种设计上的整合大大缩减了处理核心、图形核心、内存及内存控制器间的数据周转时间，有效提升处理效能并大幅降低芯片组的整体功耗，有助于缩小核心组件的尺寸。

图 3-70　主板上集成显卡的接口

图 3-71　处理器内置显卡

3.9.2　打印机

打印机是计算机系统的重要输出设备，能将计算机的输出信息以单色或多色的字符、汉字、图像、表格等形式打印在纸上，以便于修改和保存。目前市场上常见的打印机有针式打印机、喷墨打印机和激光打印机。

1. 针式打印机

针式打印机又叫点阵式打印机，由打印头、打印头定位机构、走纸装置、色带（如图 3-72 所示）和打印控制器等组成。其中，打印头由若干金属细针组成，打印时打印头中的一部分打印针敲击色带，色带接触打印纸着色，从而打印出一个个的字符。

针式打印机的打印速度较慢，而且由于打印针敲击色带和走纸机构都会发出声音，因而噪音较大，而且由于打印出来的字符由一个个的点组成，因而印字的质量不高。因此，在普通的办公环境中，针式打印机大多被性能更好的喷墨打印机和激光打印机所替代。尽管如此，在一些特殊场合，针式打印机仍然发挥着重要的作用，例如商务办公中的票据打印（如图 3-73 所示），通常需要一式多联同时打印，由于针式打印机会实际击打纸张，因而能在复写纸上打印，因此在票据打印工作中通常使用针式打印机。

图 3-72　针式打印机的色带

图 3-73　针式打印机通常用于票据打印中

2．喷墨打印机

喷墨打印机（如图 3-74 所示）采用非击打的工作方式，使用喷嘴状的打印头将墨水装置（如图 3-75 所示）中的墨滴喷射到纸上，从而形成字符和图形。彩色喷墨打印机的打印头由一系列的喷嘴组成，每个喷嘴都有自己的墨盒。大多数喷墨打印机使用了 CMYK 色彩。CMYK 色彩只使用靛青色（蓝）、洋红色（粉红）、黄色和黑色墨水来产生数千种颜色的输出。有些打印机选择使用 6 色或 8 色的墨水来打印，这样便可产生中间色调的阴影，从而产生更加逼真的照片级图像。

图 3-74 彩色喷墨打印机

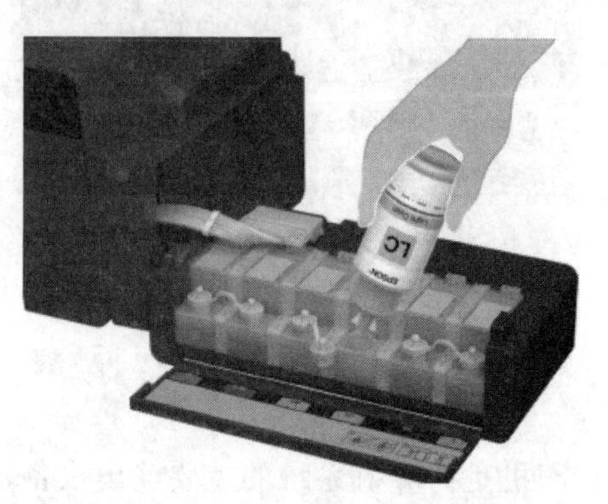

图 3-75 喷墨打印机的墨水装置（6 色）

喷墨打印机比其他类型的打印机更畅销，因为它们价格便宜，而且能产生彩色和黑白的打印输出。它们多用在家庭和小型企业中。

3．激光打印机

激光打印机（如图 3-76 所示）的核心技术是电子成像技术，核心部件是一个可以感光的、圆筒状的硒鼓（如图 3-77 所示）。激光发射器所发射的激光从硒鼓的一端到另一端依次扫过，而硒鼓匀速转动，扫描又在接下来的一行进行。硒鼓表面涂覆了有机材料，预先带有电荷，当有光线照射时，受到照射的部位会发生电阻的变化。计算机所发送的数据信号控制着激光的发射，扫描在硒鼓表面的光线不断变化，有的地方受到照射，电阻变小，电荷消失，也有的地方没有光线射到，仍保留有电荷，最终硒鼓表面就形成了由电荷组成的图像潜影。

图 3-76 激光打印机

图 3-77 激光打印机的硒鼓

墨粉是一种带电荷的细微颗粒，其电荷与硒鼓表面的电荷极性相反，当带有电荷的硒鼓表面经过显影辊时，有电荷的部位就吸附了墨粉颗粒，潜影就变成了真正的影像。硒鼓转动的同时，另一组转动系统将打印纸送进来，经过一组电极，打印纸带上了与硒鼓表面极性相同但强很多的电荷，随后纸张经过带有墨粉的硒鼓，硒鼓表面的墨粉被吸到打印纸上，图像就在纸张表面形成了。此时，墨粉与打印纸仅仅靠电荷的引力结合在一起，在打印纸被送出打印机之前，经过高温加热，墨粉被熔化，在冷却过程中固着在纸张表面，即定影。

普通的激光打印机只能产生黑白打印输出，当然也有彩色的激光打印机，但它们比普通的黑白激光打印机要贵很多。激光打印机通常作为商务办公使用。

4．多功能一体机

多功能一体机（如图 3-78 所示）是集打印、复印、扫描、传真功能于一体的办公设备。虽然有多种功能，但是打印是多功能一体机的基础功能。因为无论是复印还是接收传真，都需要打印功能支持才能够完成。

图 3-78　多功能一体机

3.9.3　3D 打印

3D 打印技术又称三维打印技术，通过打印机可以“打印”出真实物体。它是采用分层加工、叠加成形的方式逐层增加材料来生成 3D 实体。3D 打印机内装有粉末状金属或塑料等可粘合材料，与计算机连接后，通过多层打印方式最终把计算机上的蓝图变成实物，如图 3-79 所示。

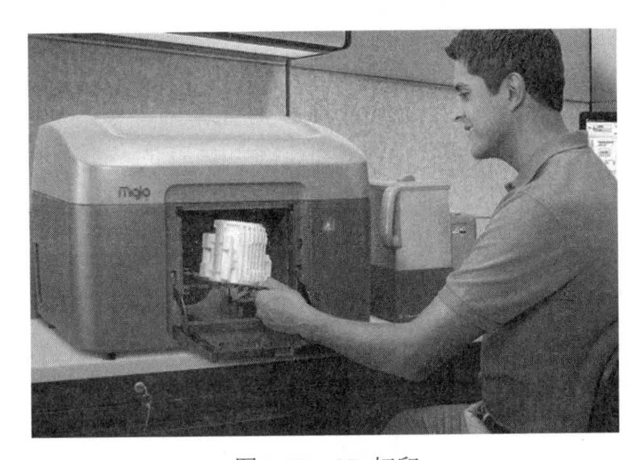

图 3-79　3D 打印

3D 打印机既不需要用纸，也不需要用墨，而是通过电子制图、远程数据传输、激光扫描、材料熔化等一系列技术，使特定金属粉或者记忆材料熔化，并按照电子模型图的指示一层层重新叠加起来，最终把电子模型图变成实物，可大大节省工业样品的制作时间，且可以打印造型复杂的产品。

3.10 主板

3.10.1 主板简介

主板安装在机箱内，通常为矩形电路板，上面部署了组成计算机的主要电路系统，不仅如此，主板上有各种接口（如图 3-80 所示），用以连接 CPU、内存条、硬盘、显卡等部件，以及鼠标、键盘、显示器、打印机等各种外部设备，从而将它们形成一个整体，协调一致地工作。

图 3-80　主板上的插槽

芯片组（Chipset）是主板的核心组成部分，几乎决定了这块主板的功能，进而影响到整个计算机系统性能的发挥。按照在主板上的排列位置的不同，通常分为北桥芯片和南桥芯片，如图 3-80 所示。北桥芯片提供对 CPU 的类型和主频、内存的类型和最大容量、ISA/PCI/AGP 插槽、ECC 纠错等的支持。南桥芯片则提供对 KBC（键盘控制器）、RTC（实时时钟控制器）、USB（通用串行总线）、外部存储设备和 ACPI（高级能源管理）等的支持。其中北桥芯片起着主导性的作用，也称为主桥（Host Bridge）。

3.10.2 主板上连接外设的接口

通过图 3-81 的图解可以了解到主板上连接外部设备的各种接口的名称和作用。

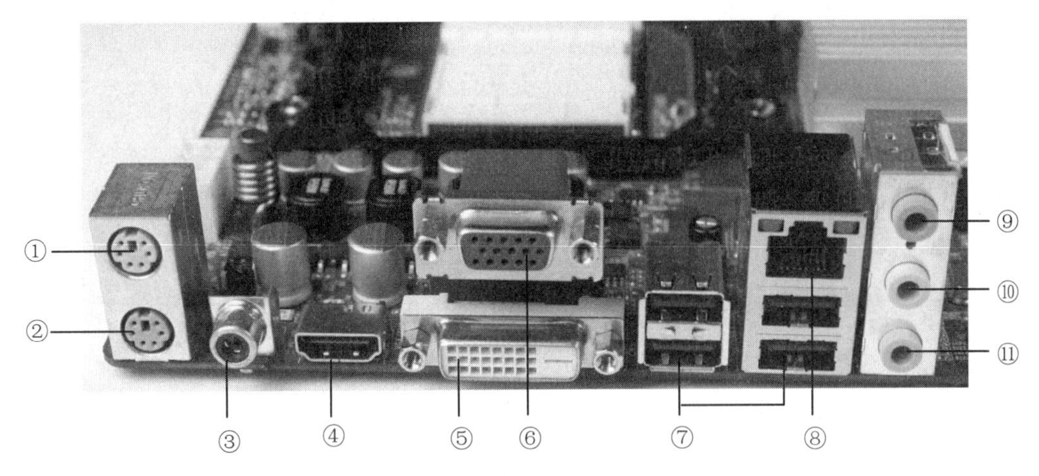

图 3-81　主板上的外设接口

①PS/2 鼠标接口。

②PS/2 键盘接口。

③数字音频输入接口。

④HDMI（高清晰度多媒体接口）接口：用于连接显示设备。

⑤DVI（数字视频接口）接口：用于连接显示设备。

⑥D-Sub（VGA 接口）：用于连接显示设备。

⑦USB 2.0 接口：用于连接 U 盘等设备。

⑧RJ-45 网络接口：用于连接网线（双绞线）。

⑨音频输入（浅蓝色）接口：连接至磁带播放器或其他音频来源。

⑩音频输出（浅绿色）接口：用来连接耳机或音箱。

⑪麦克风（粉色）接口。

4

软件家族

正是安装在计算机中的软件决定了计算机能够帮助我们完成的各种任务。例如，如果想利用计算机进行文档的创建与编辑，就需要在计算机中安装文字处理软件；如果想利用计算机对数码相机所拍摄的照片进行处理，就需要在计算机中安装相应的图像处理软件。本章就来了解一下计算机中的软件系统。

4.1 软件的基础知识

4.1.1 什么是计算机软件

计算机系统有两个基本组成部分，即硬件系统和软件系统。硬件是组成计算机的各种物理设备的总称。计算机软件是用户与计算机硬件的接口，是我们和计算机沟通的桥梁。它自始至终指挥和控制着硬件的工作。只有硬件的计算机是不能完成任何工作的，在硬件的基础上配置合适的软件，才能发挥计算机的整体功能，可以这样说：硬件是计算机的躯体，软件是计算机的灵魂。

计算机软件同其他的工业产品不同，有很多自己的特性。首先它有着独特的抽象性，人们可以把它记录在内存、磁盘及光盘上，但是无法看到软件本身的形态，必须通过观察和分析软件的运行结果才能判断、了解它的功能、性能等特征。从软件的制造过程来看，软件不像其他产品具有具体的生产车间或厂房，我们看不到非常明显的制造过程，它的制造只在计算机中进行。软件在使用过程中，不会像硬件一样因为磨损而老化，但会为了适应硬件、环境及需求的变化进行修改，因此软件的维护工作远比硬件维护复杂。

4.1.2 组成计算机软件的要素

1. 程序

软件一词源于程序。在计算机发展初期，只有程序这个概念。程序是计算机程序员利用专门的计算机语言来编写的。编程语言使用有限的、规范的词汇（如 If、Write、Print 等）来编写程序语句，这些语句指挥着处理器芯片按部就班地执行指令，从而实现用户需要的功能。

2. 文档

20 世纪 60 年代初，随着计算机的发展，需要计算机解决的问题越来越复杂，编写的程序规模也越来越大。为保证大规模程序的质量，人们开始重视程序编写过程的管理，在编写程序的同时，把编写过程中的需求分析、系统设计、系统测试等文档资料也规范化并保存下来，所以软件也就变成了程序加文档。

软件文档是指与软件开发过程相关联的文本实体，是计算机软件的重要组成部分。文档的类型包括软件需求文档、设计文档、测试文档、用户手册等。传统的文档基本上就是书面文字或图表，随着时代的发展，为了方便读者阅读和自身传播，出现了电子手册、在线帮助系统、多媒体操作导航系统和网页等形式。

文档不仅能帮助软件工程师相互交流，使其更好地完成软件开发，还能对软件系统进行书面描述，使软件维护不再繁琐，更方便用户使用软件。当然，不同的人群需要的文档内容也不一样，如表 4-1 所示。可以说，文档在软件开发人员、项目管理人员、软件维护人员、用户以及计算机之间起着重要的桥梁作用。

表 4-1　不同人群及其所需文档

人员类型 / 文档类型	软件开发人员	软件维护人员	项目管理人员	营销人员	用户
可行性研究报告	√		√		√
项目开发计划	√		√		√
软件需求说明书	√				√
数据要求说明书	√				
测试计划	√	√			
概要设计说明书	√	√			
详细设计说明书	√	√			
数据库设计说明书	√	√			
测试分析报告	√	√			
用户手册				√	√
操作手册		√		√	√
项目总结报告			√		
维护和测试建议		√			
产品市场宣传资料			√	√	√

4.1.3　计算机软件的发展历程

软件的发展与计算机硬件的发展存在着密切的关系，计算机功能的实现需要硬件和软件的相互协调和融合。纵观计算机的发展历史，我们会发现这样一种趋势：一是在计算机发展的初期，计算机进行工作主要依靠硬件，但是随着计算机处理的任务越来越复杂，软件所起的作用越来越显著，并且也替代硬件完成日益复杂的工作；二是软件的操作变得简单而且实用，越来越贴近生活，并为人们的生活提供更好的服务。

1．早期软件

早期计算机的功能主要靠硬件来实现。这个时期的软件只是处于简单的程序设计阶段，而这个程序又是为一个特定的目的而编制的。大多数程序是由使用该程序的个人或机构研制的，往往带有强烈的个人色彩。软件开发也没有什么系统的方法可以遵循，软件设计只是在某个人的头脑中完成的一个隐秘的过程，所以开发出来的程序通常没有说明书等文档。

2．软件工程的成型

随着计算机硬件技术的不断提升，计算机的发展在软件方面遇到了瓶颈。这个时期出现了专门从事软件开发的行业，而软件开发基本上仍然沿用早期的个体化软件的开发方法。随着软件数量的急剧膨胀，软件需求日趋复杂，维护的难度越来越大，开发成本令人吃惊的高，而失败的软件开发项目却屡见不鲜。因此，20 世纪六七十年代出现了“软件危机”，这使得人们开始对软件及其特性进行更深一步的研究。

人们改变了早期对软件的不正确看法。早期那些被认为是优秀的程序常常很难被别人看懂，通篇充满了程序技巧。现在人们普遍认为优秀的程序除了功能正确、性能优良之外，还应该容易看懂、容易使用、容易修改和扩充。这种认识上的改变也在软件的发展上得到体现，首先是在程序语言上，汇编语言代替了机器语言，紧接着又出现了高级语言，高级语言的出现使程序编写工作变得简单、方便，而且容易修改；其次是在技术层面的体现，系统软件与应用软件开始出现并发展，其功能也逐渐变得强大，在企业应用和科学计算领域起到了很大作用。

3．个人软件

自 20 世纪 80 年代以来，随着大规模集成电路和微处理器的出现，个人计算机时代到来了。计算机的应用领域也在不断扩展，如商业办公、工程计算和个人娱乐。微软公司推出了 Windows 操作系统，因为它人性化的界面和简便的操作迅速受到了人们的喜爱。而在应用软件方面，也如雨后春笋般地出现了一些例如文字处理、图像处理、PC 游戏等的个人计算机软件（如图 4-1 所示）来满足人们的各种需求。

因为网络尚未普及，所以这个时期的软件基本上都是单机版。计算机与外界的交流不像今天那么频繁。软件的发行及传播还是通过光盘或软盘，因此软件的获取、安装、升级都是很麻烦的事情。

4．互联网时代下的软件

随着互联网技术的不断提高，软件开始进入互联网时代和云计算时代。软件通过互联网发挥了自己更大的价值，已经深深地影响着我们的生活。我们可以网上购物、网络交流、收听在线音乐（如图 4-2 所示）、通过网络平台安排自己的出行。软件所带给我们的不仅仅是一张光盘或是一个个具体的功能，软件已经变成了一种服务，或者说软件与硬件的相互融合已经形成了人们生活中一种数字化的生态环境。

图 4-1　经典的单机版游戏《极品飞车》

图 4-2　在线音乐

4.1.4　计算机软件的版本

1. 从软件的成熟度理解软件的版本

当软件在开发完成后，会有一个测试的过程，来发现软件中存在的问题，并进行修复。测试一般分为两步，根据其成熟度的不同分为 α 版和 β 版。

α（Alpha）版本：此版本表示该软件仅仅是一个初步完成品，通常不对外公开，只在软件开发者内部交流或者是发布给专业测试人员，发现新问题后会再对软件进行完善。一般而言，该版本软件的错误较多，不会在市场上进行发行。

β（Beta）版本：经过 α 测试后，软件已有了很大的改进，消除了严重的错误，其功能基本趋于稳定，但还是存在着一些潜在的缺陷，需要经过大规模的发布测试来进一步发现和消除错误。这一版本通常由软件公司免费发布到互联网上（如图 4-3 所示），用户可以从相关的站点下载。

2. 从商业发行的角度理解软件的版本

当软件准备在市场上发行时，软件厂商通常会发行好几个版本。版本不同，其功能也有一定的差异，价格当然也不相同，从而满足不同人群的需求，如图 4-4 所示。以 Windows 7 操作系统软件为例来了解一下下面 4 种版本。

图 4-3　360 公司免费发布的 360 安全卫士 Beta 版

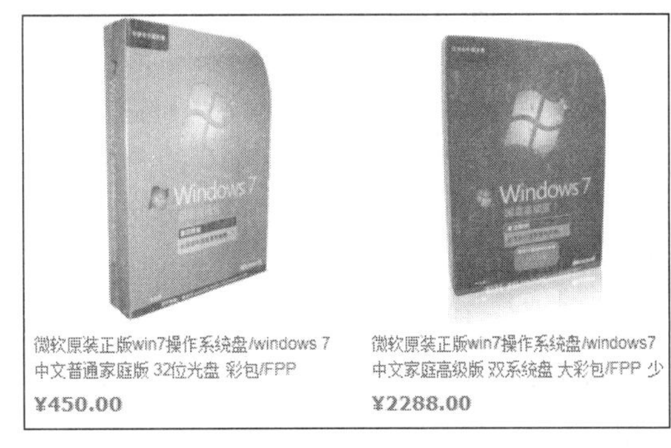

图 4-4　微软发行的不同版本的 Windows 7 操作系统

（1）家庭普通版：适用于经济型计算机用户。它对运行的应用程序数量没有限制，支持无线网络热点和互联网连接共享，但没有观看电视、创建家庭网络域、自动备份、多语言随时切换等功能。不过，基本上 Windows 7 家庭普通版已经可以完全满足个人家庭使用。

（2）家庭高级版：适用于主流个人计算机用户，主要是满足家庭娱乐需求，包含所有桌面增强和多媒体功能，如多点触控功能、媒体中心、建立家庭网络组、手写识别等。Windows 7 家庭高级版还比普通版多了使用媒体中心收看电视功能和创建家庭网络功能。

（3）Windows 7 专业版：适用于技术爱好者和小企业用户。满足办公开发需求，包含加强的网络功能，如活动目录和域支持、远程桌面等。另外还有网络备份、位置感知打印、加密文件系统、演示模式、Windows XP 模式等功能。但是没有多语言切换功能。

（4）Windows 7 旗舰版：功能齐全，所有其他版本所具有的高级功能它都有。

3．软件版本号

即使是在正式发行以后，软件开发商仍会不断地对软件进行改进。这种改进通常包括修订新发现的错误以及提升软件的功能。软件开发商会将改进后的软件再次发布给用户（通常通过互联网提供下载），为了表示与前期软件的区别，使用了软件版本号。

完整的版本号定义分 4 项：<主版本号>.<次版本号>.<修订版本号>.<编译版本号>。图 4-5 所示为谷歌拼音输入法软件的某个版本号。

版本号升级原则如下：

（1）主版本号：当项目在进行了重大修改或局部修正累积较多而导致项目整体发生全局变化时，主版本号加 1。

（2）次版本号：当项目在原有的基础上增加了部分功能或者发生局部的变动时，次版本号加 1。

（3）修订版本号：当项目只是进行了局部修改、bug 修正或者功能的扩充搜索时，主版本号和次版本号都不变，修订版本号加 1。

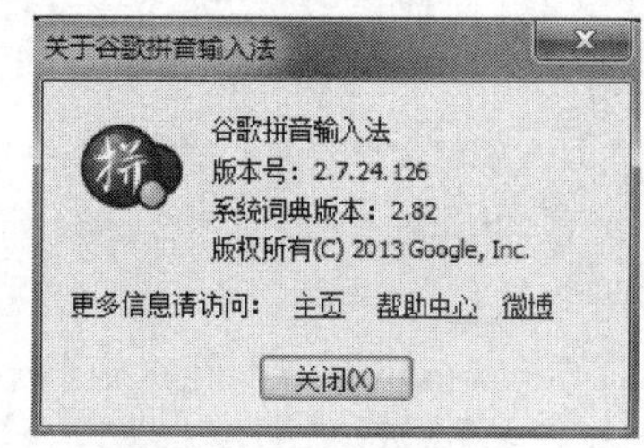

图 4-5 软件的版本号

（4）编译版本号：编译版本号一般是编译器在编译过程中自动生成的，开发人员只定义其格式，并不进行人为控制。

原则上，自第一个稳定版本发布后，修订版本号会经常性地改动，而次版本号则依情况作改动，主版本号改动的频率很低，除非有大的重构或功能改进

4.1.5 软件的分类

计算机软件通常分为系统软件和应用软件。系统软件主要处理以计算机为中心的任务，如检测计算机硬盘的状态、对内存的分配进行管理等；应用软件帮助用户完成实际的工作和任务，例如文档处理软件可以创建文档并进行编辑，财务软件可对公司的财务数据进行统计和管理。

4.2 系统软件

计算机中的系统软件主要包括操作系统、编程语言、数据库管理系统、设备驱动程序等。

4.2.1　操作系统

我们将一台没有安装任何软件的计算机买回来以后，要安装的第一个软件就是操作系统。操作系统（Operating System，OS）是管理和控制计算机硬件与软件资源的计算机程序，是直接运行在“裸机”上的最基本的系统软件，任何其他软件都必须在操作系统的支持下才能运行。

操作系统的种类很多，从简单到复杂，从手机的操作系统到超级计算机的操作系统。以 PC 机为例，目前流行的操作系统主要有 Windows、Linux、Mac OS X（用于苹果计算机）等，如图 4-6 所示。

图 4-6　Windows、Linux、Mac OS X 操作系统

4.2.2　程序设计语言

程序设计语言又叫编程语言，它有自己的语法结构和编写规范。程序员正是利用程序设计语言来编写出各种各样的软件。

1. 机器语言

早期的程序员们是使用机器语言来进行编程运算的，机器语言是唯一不需要翻译就能被计算机直接识别和执行的一种程序设计语言。

机器语言的所有命令和数据都是由二进制形式来表示的。例如用 1011011000000000 作为一条加法指令，计算机在接收此指令后就执行一次加法；用 1011010100000000 作为减法指令，使计算机执行一次减法。这种由 0 和 1 组成的指令称为“机器指令”。计算机系统的全部指令的集合就被称为该计算机的“机器语言”。

在计算机诞生初期，为了使计算机能按照人们的意志工作，人们必须用机器语言编写程序。但是机器语言难学、难记、难写，只有极少数计算机专业人士才会使用它。

2. 汇编语言

为了便于使用，人们开始研究将机器语言代码用英文字符串来表示，于是出现了汇编语言。

汇编语言是一种用英文助记符表示机器指令的程序设计语言，例如用“ADD 1,2”代表一次加法，用“SUB 1,2”代表一次减法。由于汇编语言用英文字符串代替 0、1 代码，因此比机器语言容易记忆、修改，可以说是计算机语言发展史上的一次进步。

用汇编语言编写的程序还必须用汇编程序再翻译成二进制形式的目标程序（机器语言程

序），然后才能被计算机识别和执行。这个翻译过程称为汇编。

从结构上看，汇编语言只是将英文字符串控制指令与机器语言的 0、1 代码控制指令做了个一一对应。由于机器语言是直接控制计算机硬件的，因此汇编语言也具有该特点，正因为汇编语言具有面向机器底层硬件的特性，因此现在仍被广泛地应用于编写实时控制程序和系统程序中。

3．高级语言

每一种类型的计算机都有自己的机器语言和汇编语言，不同机器之间互不相通。由于它们依赖于具体的计算机，因此被称为“低级语言”。

1956 年，美国计算机科学家巴科斯设计的 FORTRAN 语言首次在 IBM 公司的计算机上得以实现，由此标志着高级语言的诞生。

高级语言不依赖于具体的计算机，而是在各种计算机上都通用的一种计算机语言。高级语言接近人们习惯使用的自然语言和数学语言，使人们易于学习和使用。高级语言的出现是计算机发展史上一次惊人的成就，它使得成千上万的非专业人士也能方便地编写程序，操纵计算机进行工作。

计算机本身是不能直接识别高级语言的，必须先将高级语言编写的程序（又叫做“源程序”）翻译成计算机能识别的机器指令，然后才能被执行。这个翻译的工作是由“编译系统”来完成的。

Pascal、C、C++、Visual Basic（VB）、Java（如图 4-7 所示）等都属于高级语言。程序设计人员可以利用安装在计算机中的高级语言开发出各种软件。

图 4-7　由 Sun 公司推出的 Java 编程语言

4.2.3　数据库管理系统

数据库指的是以一定方式存储在一起的、能为多个用户共享的、具有尽可能小冗余度的、与应用程序彼此独立的数据集合。

数据库管理系统（Database Management System，DBMS）是一种操纵和管理数据库的软件，用于建立、使用和维护数据库。它对数据库进行统一的管理和控制，以保证数据库的安全性和完整性。

数据库管理系统有很多功能，最主要的是以下 5 种：

（1）数据定义功能：数据库管理系统提供相应的数据语言来定义数据库结构。

（2）数据操作功能：数据库管理系统提供数据操纵语言来实现对数据库中数据的基本存储操作，包括检索、插入、修改和删除。

（3）数据库运行管理功能：数据库管理系统提供数据控制功能，即数据的安全性、完整性和并发控制等对数据库运行进行有效地控制和管理的功能，以确保数据正确有效。

（4）数据库建立和维护功能：包括数据库初始数据的装入，数据库的转储、恢复、重组织，系统性能监视、分析等功能。

（5）数据传输功能：数据库管理系统提供处理数据的传输，实现用户程序与数据库管理系统之间的通信，通常与操作系统协调完成。

目前常用的数据库管理系统有 Oracle 公司的 Oracle、微软公司的 SQL Server（如图 4-8 所示）和 IBM 公司的 DB2 等。

图 4-8　SQL Server 是微软推出的关系型数据库管理系统

4.2.4　设备驱动程序

驱动程序，英文名为 Device Driver，全称为“设备驱动程序”，它是一种特殊的程序。其作用首先是将硬件本身的功能告诉操作系统，其次是完成硬件设备电子信号与操作系统及软件的高级编程语言之间的互相翻译。像打印机、显示器、存储设备、鼠标和键盘等硬件设备想要在计算机上正常运行，都需要这类系统软件的支持。

当操作系统需要使用某个硬件时，比如让声卡播放音乐，它会先发送相应指令到声卡驱动程序，声卡驱动程序接收到后，马上将其翻译成声卡才能听懂的电子信号命令，从而让声卡播放音乐。

简单地说，驱动程序提供了硬件到操作系统的一个接口并协调二者之间的关系，正因为驱动程序有如此重要的作用，所以被称为“硬件的灵魂”。

在本书第 5 章中，还有关于设备驱动程序的进一步介绍。

4.3　应用软件

计算机的功能因为应用软件的存在而变得更加丰富。当我们打开计算机的时候，系统软件为我们提供基础运行保障，而应用软件则为我们提供各种功能应用，不仅装扮着五彩缤纷的计算机世界，也给我们的生活带来各种数字化的便利。

4.3.1　五花八门的应用软件

从应用功能的角度来看，应用软件可以说是五花八门、层出不穷。有用于日常办公的软件，如微软公司的 Microsoft Office；有用于互联网即时通讯的软件，如 QQ；有视频播放软件，如暴风影音；有图片处理软件，如 Adobe 公司的 Photoshop 等，有用来完成特定行业工作的软件，例如专门为医院设计的医院信息系统软件和电子病历软件、为建筑企业设计的工程评估软件、为学校设计的学生成绩管理软件等。

互联网上有许多软件网站，将各种软件信息制成列表，供用户下载。图 4-9 所示为“360 软件管家”中的各种软件列表。用户可以在计算机中安装各种应用软件，以满足自己工作、学习、生活和娱乐的不同需求。

图 4-9　360 软件管家中的应用软件

4.3.2　应用软件的结构

1．单机软件

单机软件，顾名思义是不需要连入互联网就可以正常工作的软件。与后面介绍到的 C/S 和 B/S 结构的软件不同，单机软件的运行不需要互联网的支持，通常独立运行于一台计算机上。

早期的软件，由于互联网尚不普及，因此多是单机软件。即使是在现在，单机软件仍然发挥着重要的作用。简单的说，当我们的计算机断开网络后，仍然可以继续正常工作的软件都属于单机软件。

2．C/S 结构软件

C/S 结构，即客户机/服务器（Client/Server，C/S）结构，是一种软件系统的体系结构，通过身份验证，充分利用网络两端硬件环境的优势，将任务合理分配到 Client 端和 Server 端来实现。

Client 和 Server 常常分别处在网络内相距很远的两台计算机上，Client 程序的任务是将用户的要求提交给 Server 程序，再将 Server 程序返回的结果以特定的形式显示给用户；Server 程序的任务是接收客户程序提出的服务请求，进行相应的处理，再将结果返回给客户程序。

QQ 软件就是一种典型的 C/S 结构软件。使用 QQ 时，需要先安装 QQ 客户端软件（如图 4-10 所示），然后通过客户端软件与 QQ 服务器进行通信。

3．B/S 结构软件

B/S 结构（Browser/Server，浏览器/服务器模式），是互联网兴起后的一种网络软件结构模式，浏览器是客户端最主要的应用软件。这种模式统一了客户端，将系统功能实现的核心部分集中到服务器上，简化了系统的开发、维护和使用。客户机上只要安装一个浏览器软件，如 Internet Explorer，服务器端通常要安装数据库系统，如 SQL Server、Oracle、MySQL 等数据库。浏览器通过 Web Server 同数据库进行数据交互。B/S 结构软件最大的优点就是，用户只要有一台能上网并装有浏览器软件的计算机就可以进行操作，而不用安装任何专门的客户端软件。

例如，微博就是一种典型的 B/S 结构的软件，用户只需要通过浏览器就可以登录并使用微博，而不需要再像 QQ 那样安装专门的客户端软件，如图 4-11 所示。

图 4-10　使用 QQ 时需要安装客户端软件

图 4-11　只需要通过浏览器就可以使用微博

4. APP

APP 是英文 Application 的简称，中文翻译为应用。由于 iPhone 等智能手机的流行，APP 在刚开始时特指智能手机的第三方应用程序，现在 APP 的概念范围有所扩展，智能手机和平板电脑上安装的音乐盒、QQ 客户端、各种游戏软件都属于 APP，如图 4-12 所示。

图 4-12　手机中的 APP 是人们离不开手机的一个重要原因

比较著名的 APP 商店有 Apple 的 iTunes 商店、Android 的 Android Market（安卓市场）和微软的应用商城。

随着智能手机和平板电脑等移动终端设备的普及，人们逐渐习惯了使用 APP 客户端上网的方式，而目前国内各大电商均拥有了自己的 APP 客户端。

4.4　软件的获取

只有通过计算机中的软件系统我们才能完成各种各样的具体工作。因此，当计算机买回来以后，我们会根据具体的应用需求安装各种各样的软件。当然，首先要获得这些软件。

4.4.1 关于预装软件

1. 移动终端中的预装软件

最重要的当然是操作系统软件，没有它，移动终端就没法被使用。智能手机与其他大多数移动终端设备在卖给消费者时已经安装了操作系统。不仅如此，它们通常还包含一套基本的APP，如日历、时钟、计算器、记事本、电子邮件和浏览器软件等（如图4-13所示），以满足用户的一些基本应用需要。

图4-13 智能手机上预装的软件

2. PC机操作系统自带的软件

为了更好地服务消费者，商场里的PC机在出售时大多已经预装了操作系统，这使得消费者可以直接开机，安装自己喜欢的应用软件，快速地投入应用，从而“躲过”安装操作系统的繁琐过程。

不仅如此，多数操作系统自带了一些小型的应用软件或者实用程序，表4-2所示为微软公司的Windows 7操作系统自带的一些应用软件。

表4-2 Windows操作系统自带的应用软件

软件名称	软件功能
写字板	进行简单的文字处理
记事本	编辑文本
计算器	实现基本的算术计算、不同进制之间的转换等
画图	可对位图图像（如照片）进行查看和基本的编辑
录音机	将从麦克风输入的语音数字化
Windows Media Player	播放音乐和视频
备份	对硬盘文件进行备份

续表

软件名称	软件功能
磁盘碎片整理程序	将硬盘上的碎片文件进行合并
Windows Live 影音制作	编辑视频
Windows Live 照片库	查看和管理计算机中的数字相片
Internet Explorer	浏览器软件，浏览 Web

单击屏幕左下角的“开始”按钮，在弹出的菜单中找到“所有程序”→“附件”选项，你会找到表 4-2 中的“记事本”、“计算器”、“录音机”等程序，如图 4-14 所示。在弹出的“开始”菜单中找到“所有程序”→Windows Live 选项，你会找到“Windows Live 影音制作”等程序，如图 4-15 所示。

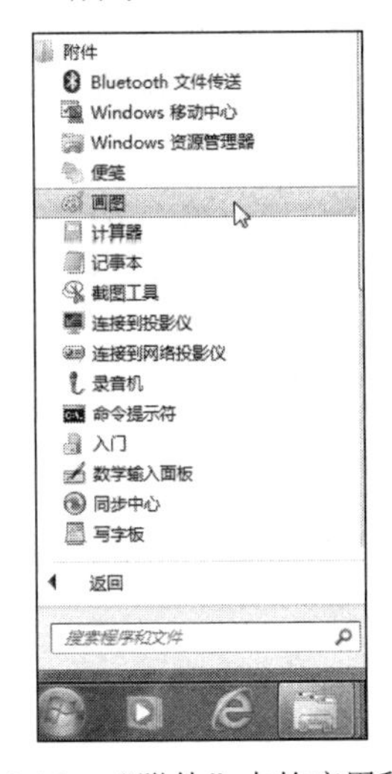

图 4-14　“附件”中的应用程序

图 4-15　Windows Live 中的应用程序

4.4.2　关于第三方软件

1. 为什么要用第三方应用软件

很多用户并不习惯使用操作系统自带的实用程序，他们更喜欢使用第三方所提供的应用软件。原因主要有两个：第一，操作系统自带的实用程序种类和数量都有限，无法满足用户的各种需求，特别是专业领域的功能需求；第二，操作系统自带的实用程序，其功能通常不如第三方应用软件的功能更丰富、更强大，例如 Windows 自带的“写字板”程序，其文字编辑和排版功能远不如像 Microsoft Word 或 WPS Office 这样的专业字处理软件功能强大。

2. 怎样知道软件能否在自己的计算机上运行

阅读软件包装上的说明或者浏览软件开发商的网站便能够了解到安装该软件所需要的系统支持，它指明了该软件需要运行在什么操作系统之上，也指明了运行该软件所必需的最低硬件配置（主要包括 CPU、硬盘空间、内存空间等）。图 4-16 所示为安装会声会影 X7 中文专业版软件的系统需求。

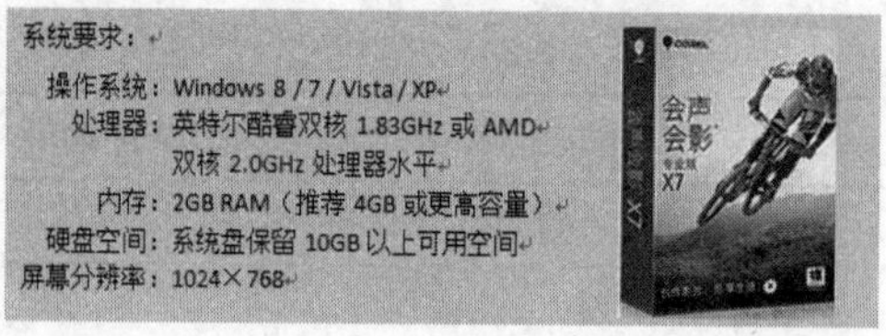
系统要求：
操作系统：Windows 8 / 7 / Vista / XP
处理器：英特尔酷睿双核 1.83GHz 或 AMD 双核 2.0GHz 处理器水平
内存：2GB RAM（推荐 4GB 或更高容量）
硬盘空间：系统盘保留 10GB 以上可用空间
屏幕分辨率：1024×768
会声会影 X7

图 4-16 安装会声会影 X7 软件的系统需求

4.4.3 从哪里获得软件

1. 购买

购买计算机软件的地点有很多，可以在计算机商店和专门的软件商店购买软件，一些大型的图书商店或办公用品商店有时也会销售计算机软件。当然，也可以在软件发行商的网站或者一些电子商务网站购买。例如微软公司开发的 Microsoft Office 软件，可以在微软公司官方网站购买，也可以在京东商城、当当网等网络商店购买。图 4-17 所示为在京东网站（http://www.jd.com）上购买“微软 Office 365 家庭版”软件的界面。

JD.COM 京东 多·快·好·省
全部商品分类
首页
服装城
食品
团购
夺宝岛
闪购
电脑、办公
微软 Office 365 家庭版
¥199.00
Microsoft
Office 365
加入购物车

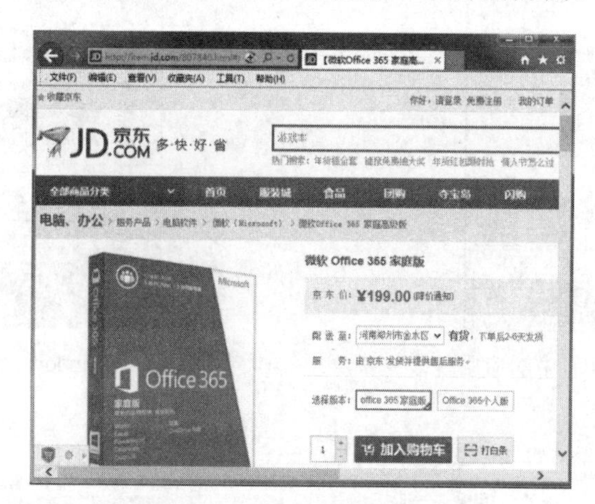

图 4-17 通过因特网购买软件

通常购买的软件都带有精美的包装盒。盒中通常会包括软件发行光盘和安装手册，还可能包括一份更详细的用户使用手册。也有一些软件发行商为了降低成本会将用户使用手册公布在网站上或作为附加产品进行销售。发行光盘的好处就是万一计算机系统出故障了，用户还可以使用安装光盘来重装软件。盒装软件为用户提供了重装软件时可能需要的注册码、序列号和真品凭证的物理记录。

2. 网络下载

因特网上有许多提供软件下载服务的网站，这些网站上的软件通常允许用户免费下载并将其安装在自己的计算机上。图 4-18 所示为 360 软件宝库网站（http://baoku.360.cn/）所提供的软件下载服务。这种方式更方便也更灵活，因此更多的消费者喜欢用网络下载的方式来取代购买盒装软件。

从因特网上下载的软件大多是一些免费软件或试用软件（关于免费软件和试用软件的具

体含义在 4.8 节“软件的知识产权保护”中还会介绍），但也有一些是需要收费的。下载软件有一定的风险。一些软件下载网站上会遍布各种恼人的广告链接，而且有时还会被黑客利用。在一些不正规的网站上还包含有大量的盗版软件（如所谓的破解版软件），甚至一些软件还可能含有病毒。因此，用户应尽可能直接到软件发行商的网站或由正规企业运营的网站上下载软件。不管怎样，在安装软件之前都要对下载的文件进行病毒查杀。

图 4-18　360 软件宝库网站提供的软件下载服务

4.5　软件的安装

软件安装是指将程序复制到计算机上以使其能运行或执行的过程。安装可以简单到直接将文件复制到计算机上或直接插入 U 盘进行拷贝。但大部分安装过程需要一系列更正式的步骤以及一些必要的软件或硬件配置的过程。安装的过程不仅取决于计算机使用的操作系统，还和需要安装的应用软件的类型有关。

4.5.1　典型的软件包中都有哪些文件

无论是光盘上的还是从网上下载的，现在的软件通常都包含许多文件。如图 4-19 所示为 Microsoft Office 2010 软件光盘中的文件列表。

软件包中众多的文件里至少包含一个安装程序文件，它的扩展名通常为.exe（扩展名是文件名后面的一个字母后缀，它表明了文件所包含的信息种类），是一个可执行文件，用户运行该程序文件即可开始安装软件。例如图 4-19 中，有一个名为 setup.exe 的文件，双击该文件，即可开始安装 Microsoft Office 2010，因此 setup.exe 又被称为安装程序。

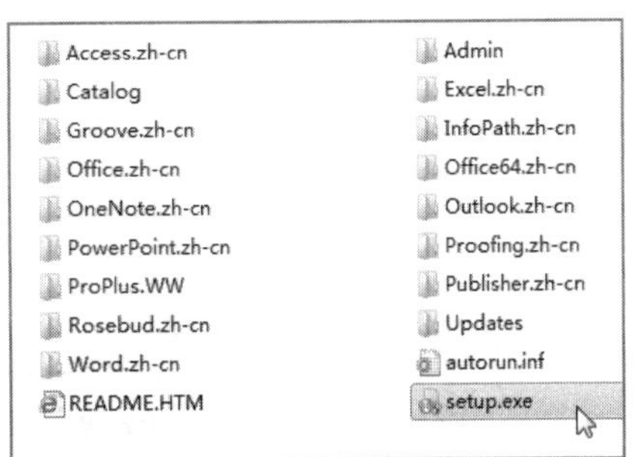

图 4-19　Microsoft Office 2010 软件光盘中的文件列表

软件包提供的其他文件（或文件夹）中包括了计算机运行安装程序时所需要使用的支持程序。支持程序可根据主程序的需要被调用或被激活。Windows 环境下运行的各种软件中，支持程序的文件扩展名通常是.dll。

除程序文件以外，许多软件包还包含数据文件。这些文件包含完成任务所必需的但不由用户提供的各种数据。软件包所提供的数据文件的扩展名通常为.txt、.bmp、.hlp。

4.5.2 软件安装过程发生了什么

安装程序能引导用户完成安装过程。在安装过程中，安装程序通常会执行如下操作：

- 将发行介质（如 CD 或 DVD 光盘）上的或下载的文件复制到硬盘里特定的文件夹中。
- 将经过压缩的文件解压缩。
- 分析计算机资源，如处理器速度、RAM 容量和硬盘容量，检验它们是否符合或者超过最低的系统配置要求。
- 分析硬件部件和外设以选择适当的设备驱动程序。
- 将新软件的信息更新到必要的系统文件（如 Windows 注册表和“开始”菜单）中。

注册表是 Windows 操作系统中的一个重要的系统文件，用于存储系统和应用程序的设置信息。当在使用 Windows 操作系统的计算机上安装软件时，与该软件相关的信息会被记录到注册表中，以后在使用该软件时必须从注册表中读取相应的信息。

4.5.3 如何通过光盘安装 Microsoft Office 2010

下面给出在 Windows 7 系统中通过光盘安装 Microsoft Office 2010 的操作步骤。

步骤 1：将 Microsoft Office 2010 的安装光盘放入计算机的光驱。

步骤 2：找到光盘中的 setup.exe 文件，双击运行。

步骤 3：屏幕上会出现软件安装许可协议，阅读并同意这份协议之后即可继续安装，如图 4-20 所示。

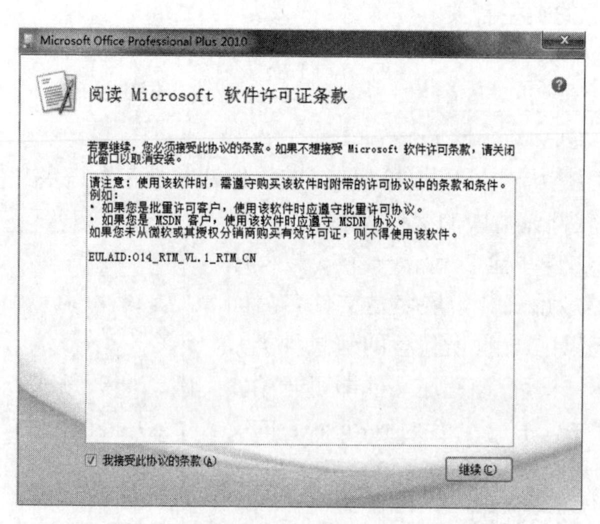

图 4-20 阅读并同意软件许可协议条款

步骤 4：选择用户所需要的安装选项，如图 4-21 所示。如果单击“立即安装”按钮，则会立即安装软件默认的选项；如果单击“自定义”按钮，则允许用户根据自己的需要选择所安装的内容和地点，自定义通常适合于一些对该软件比较熟悉的用户。

步骤 5：如果单击“自定义”按钮，则进入如图 4-22 所示的界面。由于 Microsoft Office 是一个软件套装，里面包含了多个软件，如 Word、Excel、PowerPoint 等，用户可以在此处选择要安装的具体软件内容，选择好以后，安装程序只将选中的内容安装到硬盘上。自定义安装可以节省硬盘空间。

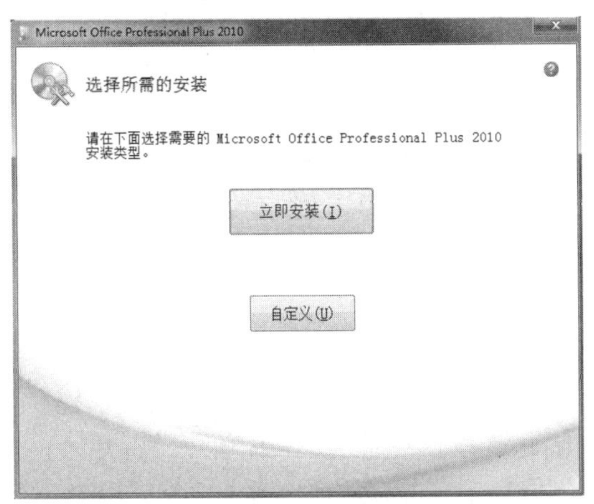

图 4-21　选择安装类型

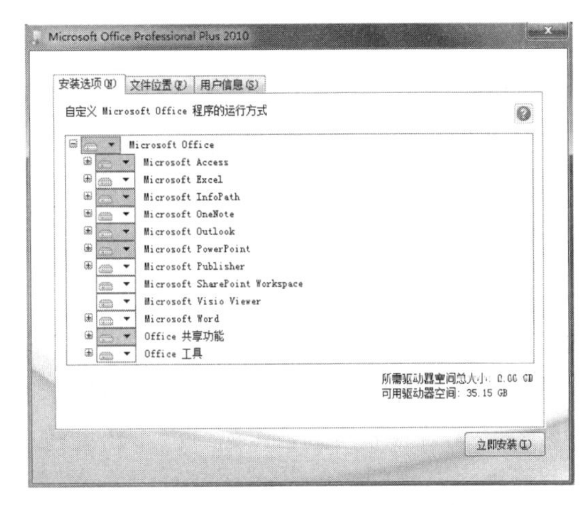

图 4-22　选择需要安装的内容

步骤 6：单击“文件位置”选项卡，查看软件的安装位置。软件在安装时都会提示用户选择该软件的安装位置。通常应用软件会被默认地安装在 C:\Program Files 文件夹中，如图 4-23 所示。当然，用户也可以单击安装路径右侧的“浏览”按钮来自己选择安装位置。

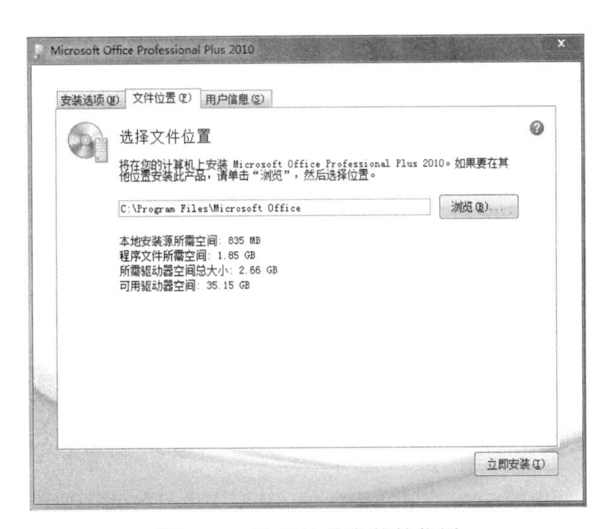

图 4-23　选择软件安装的位置

步骤 7：软件在安装过程中会显示安装进度（如图 4-24 所示），此时耐心等待即可。

步骤 8：安装完成后，安装过程通常会在桌面上添加软件图标，用户只需要双击该图标就可以启动程序。在 Windows 计算机上，程序还会被添加到“开始”→“所有程序”列表中（如图 4-25 所示），单击相应选项即可运行该程序。

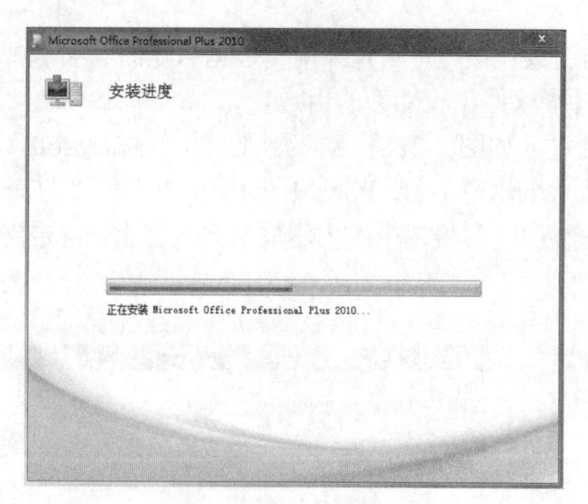

图 4-24 展示安装进度

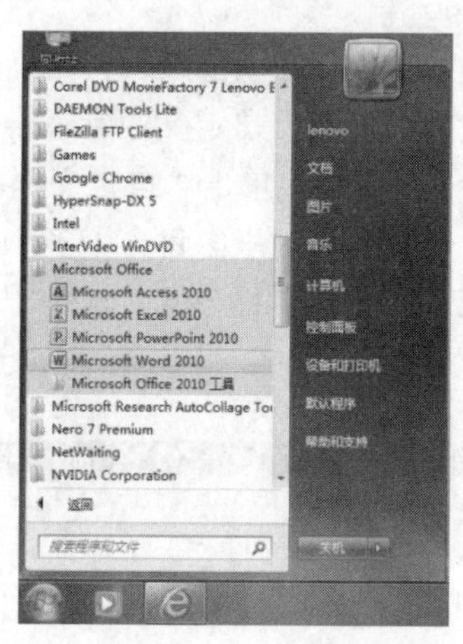

图 4-25 运行安装好的软件

4.5.4 如何安装从网上下载的软件

为了缩小文件的体积、缩短下载时间，网上下载的软件通常都被压缩过。也就是说，该软件的所有文件都被整合压缩到一个压缩包中，因此这些软件通常必须先解压缩然后才能安装。压缩包文件的扩展名通常为.zip 或.rar，需要先将其下载并存放在硬盘上，然后用 WinZip 或 WinRAR 这样的压缩工具软件将这个压缩包文件解压缩到指定的文件夹中，然后在该文件夹中找到并运行安装程序（通常是 setup.exe），接下来按照提示完成安装即可。

图 4-26 所示是对一个名为 YoudaoDict_5.4.zip 的压缩包文件进行解压缩的操作，如果自己的计算机中已经安装了例如 WinRAR 这样的压缩工具软件，此时右击压缩包文件的图标，即可显示图 4-26 中的菜单选项，用户可以选择相应的选项进行解压缩操作。

有些从网上下载的软件，其本身就是一个扩展名为.exe 的文件包，用户直接双击它即可自动解压缩并运行安装程序，接下来用户只需要按照安装程序的提示操作就可以完成安装了。图 4-27 所示是从因特网上下载的谷歌浏览器安装包，它是一个扩展名为.exe 的可执行程序，双击它即可自动开始谷歌浏览器软件的安装。

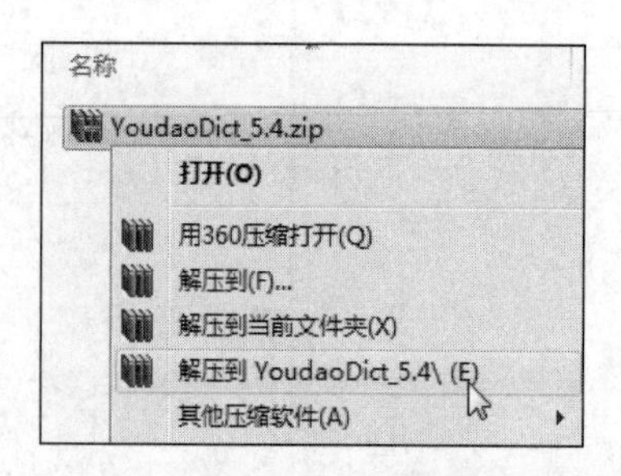

图 4-26 对.zip 文件进行解压缩

图 4-27 自动运行安装的 exe 文件

4.5.5 软件的激活

软件的激活是保护软件不受非法复制的一种措施，它通常会在用户使用软件前要求用户输入产品密钥或激活码。激活通常也是软件安装过程的一部分，但通常在试用软件的试用期结束时也会要求用户激活。如果没有输入有效的激活码，程序通常将无法运行。

可以通过电话或因特网来激活软件，执行激活操作时在屏幕上会出现提示用户输入序列号或验证码的信息，而序列号或验证码通常会在发行介质、软件包装材料、下载网站或软件发行商发来的电子邮件中提供。

下面以 Microsoft Office 2010 软件的激活为例来说明。

运行刚刚安装完成的 Microsoft Word 2010，单击“文件”→“帮助”选项（如图 4-28 所示），可以看到该软件尚未被激活的提示信息，如图 4-29 所示。单击“更改产品密钥”，在弹出的界面（如图 4-30 所示）中输入正确的产品密钥，然后选择通过因特网激活即可激活该软件，如图 4-31 所示。

图 4-28　在 Word 中查看软件激活信息

图 4-29　未被激活的软件信息

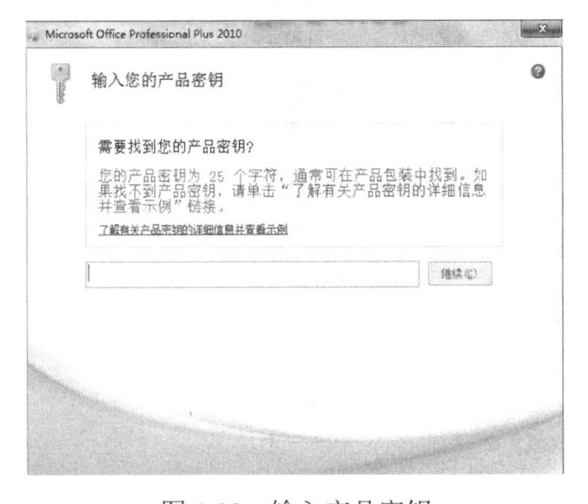

图 4-30　输入产品密钥

图 4-31　已被激活的软件信息

4.5.6　不需要安装的软件——Web 应用

1. 什么是 Web 应用

Web 应用软件是指通过 Web 浏览器来访问的软件。Web 应用软件的多数程序代码都不在本地运行，而是在连接到因特网上的远程计算机上运行。Web 应用软件也能实现很多同样的本地应用软件的功能，如电子邮件、日历、数据库、项目管理、地图、游戏，甚至包括文字处理。

大多数 Web 应用都是不必安装在本地计算机或手持移动设备上的。不过，用户的设备必须具有 Web 浏览器并接入因特网。要访问 Web 应用，只需要进入它的网站即可。如图 4-32 所示，在浏览器地址栏中输入 http://map.baidu.com/，即可访问并使用百度地图系统。

图 4-32 通过浏览器即可使用百度地图系统

对于有些 Web 应用，用户在第一次使用前需要先注册，然后利用自己注册的用户名和密码登录之后才能继续访问。例如图 4-33 所示，使用新浪微博时，不需要安装任何“微博”软件，只需通过浏览器打开新浪微博网站，先注册自己的账号和密码，然后就可以登录使用了。

图 4-33 先注册然后登录使用 Web 应用

2. Web 应用的优缺点

Web 应用的优点如下：

- 用户可以从任意具有 Web 浏览器和因特网连接的设备访问 Web 应用，其中包括 PC、智能手机、平板电脑等。
- 用户的数据通常存储在 Web 应用的服务器上，这样即便是使用别人的计算机也能访问自己的数据。

- Web 应用总是保持最新的，用户不需要安装更新，因为在访问应用时网站上公布的就是最新的版本。
- Web 应用一般不占用用户设备的存储空间，这样就不用担心它们会堆积在自己的硬盘或固态硬盘中。

Web 应用的缺点如下：

- Web 应用的功能一般会比那些需要安装的应用功能少。
- 如果托管应用的（网站）服务器关闭，则无法访问应用或者自己的数据。
- 如果自己的计算机无法联入因特网，则无法使用 Web 应用。

4.5.7　移动应用的安装

1. 什么是移动应用

移动应用是为智能手机、平板电脑之类的手持设备设计的，它们通常是通过在线应用商店销售的小型专门化应用，很多应用是免费的或价格低廉的。

很多手持设备既使用了 Web 应用又使用了移动应用。二者的区别在于 Web 应用是利用浏览器访问的，而移动应用是在手持设备上运行的，因此移动应用要在下载安装完成后才能运行。游戏和娱乐类的应用多属于移动应用，而购物和社交类的应用则多归属 Web 应用一类。

2. 如何安装移动应用

首先访问与自己所使用设备相对应的应用商店。iPhone、iPad 和 iPod Touch 的用户可以在苹果公司的 App Store 找到用于他们设备的应用，而 Android（安卓）的用户可以访问 Android Market（安卓市场）。大多数手持设备中都含有直接访问相应应用商店的图标。图 4-34 所示为安卓市场软件的图标。

接下来用户可以在应用商店中选择应用，如果选择的是收费应用，还需要先付费购买应用。然后触及“下载”按钮（如图 4-35 所示），系统就会自动下载和安装该应用。安装完成后会在屏幕上创建用于启动应用的图标，用户只要触及该图标就能启动应用。

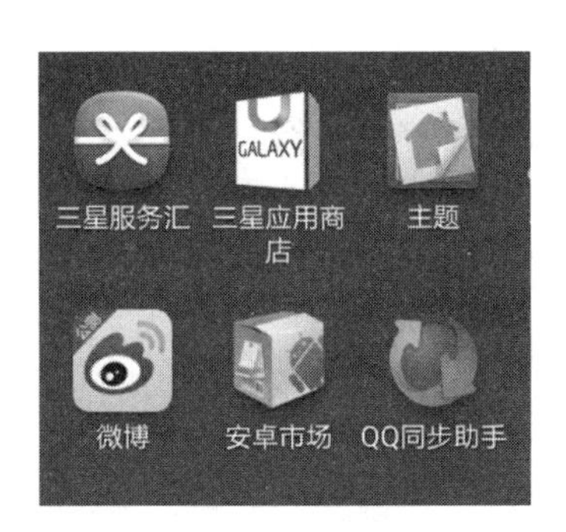

图 4-34　手机上的安卓市场图标

图 4-35　从应用商店中下载 APP

3. 什么是“越狱”

一直以来，苹果公司一直坚持软硬件一手抓，并努力保护自己的软件市场。苹果的移动产品（如 iPad、iPhone 等）采用的是苹果公司自主开发的 iOS 操作系统。苹果的 iOS 系统中设置了限制，从而使得苹果的产品都只可以安装运行从苹果官方的 iTunes App Store（苹果应用商店）上下载的应用程序（即 APP）。

但是，源自其他来源的应用也是存在的。因此，有些用户就通过技术手段对苹果手机（或 iPad 等）的操作系统进行一些未经苹果授权的修改（也就是俗称的“越狱”），从而使自己的设备可以运行从苹果应用商店以外的地方下载的其他应用程序。互联网上提供了为苹果设备越狱的软件。在下载并安装越狱软件之后，用户的苹果移动设备就能安装来自非苹果应用商店的应用了。

但必须要注意的是，关于“越狱”本身以及用户“越狱”以后的各种具体行为是否合法，行业内一直争论不休。用户、厂商，甚至法律专业人士围绕这一事情给出了不尽相同的看法。因此，消费者在使用这些移动设备时，一定要注意自己行为的合法性，而且一旦用户对自己的苹果设备进行了“越狱”，就会失去苹果公司官方的保修权利。

4. 安卓设备是否需要越狱

安卓手机通常并不会限制只能使用一种应用商店，所以也就没有必要为了访问更多应用商店而为它们“越狱”。不过存在很多对安卓移动设备进行未经授权的修改，从而突破移动服务提供商所设限制的方式。这一修改过程称为破解 root 权限（或者直接称 root 某设备）。不过大多数消费者不需要 root 自己的移动设备，因为 root 行为也会使用户失去原厂商提供的官方售后服务。

4.6 软件升级

4.6.1 为什么要升级

1. 完善软件安全性

软件通常都存在有漏洞。漏洞是指软件在逻辑设计上的缺陷或在编写时产生的错误。问题是，这种漏洞通常在软件发行之前并未被检测出来，而是在软件发行以后，随着用户的使用被逐渐发现的。这就给用户的计算机系统带来了安全隐患。软件漏洞有可能被不法者或者电脑黑客利用，通过植入木马、病毒等方式来攻击或控制整个计算机，从而窃取机器中的重要资料和信息，甚至破坏您的系统。因此，软件发行商会定期对其软件进行升级，以不断弥补漏洞，完善其安全性。

2. 增加新功能

软件发行商在推出一款软件后，通常会不断地更新或拓展该软件的新功能，以使其能够更好地服务用户，从而吸引更多的用户来使用该软件。

4.6.2　软件升级的方式

软件发行商会定期对其软件进行升级，以增添新功能、修复漏洞和完善安全性能。由于因特网的普及，软件升级通常都是通过网络进行，因而变得简便易行。软件升级包括多种方式，最常见的是发行新版本、软件补丁和服务包。

软件发行商会定期推出其软件的新版本以代替旧版本。为了便于识别这些更新，通常每一个版本都会有版本号或是修订号。图 4-36 所示为新版本 Internet Explorer（简称 IE）软件的描述信息。

软件补丁和服务包通常用来修正已经发行的软件中的错误和处理安全漏洞。软件补丁是指用一小段程序代码来替代当前已经安装的软件中的部分代码（如图 4-37 所示），而服务包是指一组补丁程序的集合。软件补丁和服务包通常是免费的。需要注意的是，软件补丁和服务包并不能独立安装使用，必须在已安装原软件的基础上才能正常安装运行。也就是说，必须先安装软件，然后才能给该软件打补丁或安装服务包程序。

关于 Internet Explorer
Internet Explorer 11
版本: 11.0.9600.17501
更新版本: 11.0.15 (KB3008923)
产品 ID: 00150-20000-00003-AA459
自动安装新版本(I)
© 2013 Microsoft Corporation(M)。保留所有权利。
关闭(C)

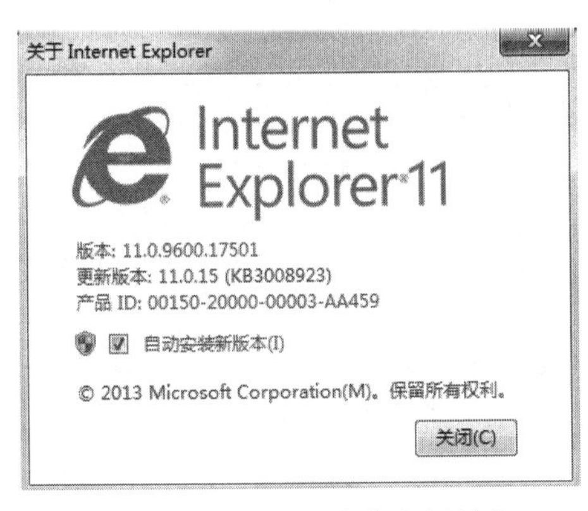

图 4-36　IE 软件不断推出新版本

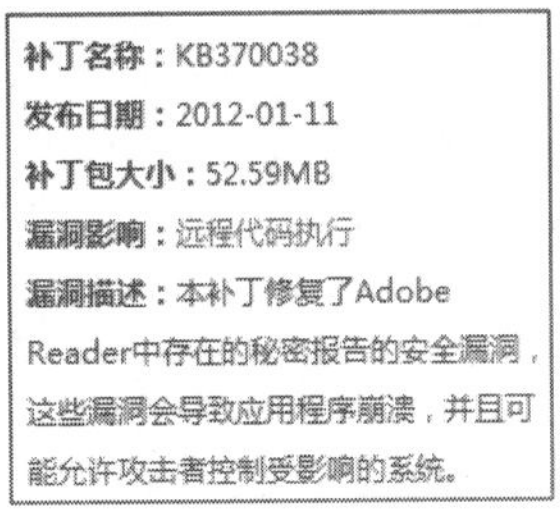
补丁名称：KB370038
发布日期：2012-01-11
补丁包大小：52.59MB
漏洞影响：远程代码执行
漏洞描述：本补丁修复了Adobe Reader中存在的秘密报告的安全漏洞，这些漏洞会导致应用程序崩溃，并且可能允许攻击者控制受影响的系统。

图 4-37　软件的补丁程序

4.6.3　如何给软件安装更新

软件的升级又称为“更新”。软件发行商通常会通过多种方式提醒用户更新自己的软件，例如通过操作系统进行提醒或者通过电子邮件的方式提醒用户等。

大多数热门软件都具有自动更新和手动更新的功能。所谓自动更新，是指软件可以定期地自动访问软件发行商的官方网站来检查是否有更新，并自动下载更新，然后自动地将更新安装到计算机中。自动更新的优点是方便，但缺点是这会在用户不知情的情况下对系统做出更改。

以 Windows 操作系统为例，微软公司会定期为 Windows 操作系统发布更新，用户在 Windows 操作系统中进行一些简单的设置即可接收并安装这些更新程序（具体方法参见第 5 章）。

大多数补丁和服务包的安装是不可逆转的。新版本安装通常会覆盖旧版本，但用户也可以选择保留旧版本，这样用户在不会使用新版本或是对新版不满意时，就可以恢复至旧版本。

4.7 软件的卸载

4.7.1 卸载的定义

对于那些不会再用到的软件，最好是将它们从计算机上除去，以释放更多的硬盘空间，这个过程被称为软件的卸载。

需要注意的是，从硬盘上卸载一个软件和从硬盘上删除一个文件，其做法是不同的。不仅如此，不同的操作系统，其软件卸载的方式也略有不同。以 Windows 操作系统为例，软件的卸载并不是将该软件的文件夹和程序文件扔到回收站中，而是通过专门的卸载程序完成的。通过卸载程序不仅删除了程序文件，同时还从桌面和 Windows 注册表中除去和该软件有关的内容。

4.7.2 常用的软件卸载方式

在 Windows 操作系统下，常用的软件卸载方式有两种。

1．利用操作系统自带的软件卸载工具卸载

Windows 操作系统中，自带的有一个卸载软件的工具，通过它可以将计算机中所安装的软件卸载掉。

单击屏幕左下方的“开始”按钮，在弹出的菜单中选择“控制面板”选项。在控制面板中选择“程序”→“卸载程序”（如图 4-38 所示），接下来就可以看到计算机中所安装的软件列表，找到并选中要卸载的软件，然后单击上面的“卸载”选项即可完成软件的卸载，如图 4-39 所示。

图 4-38 在控制面板中选择“卸载程序”

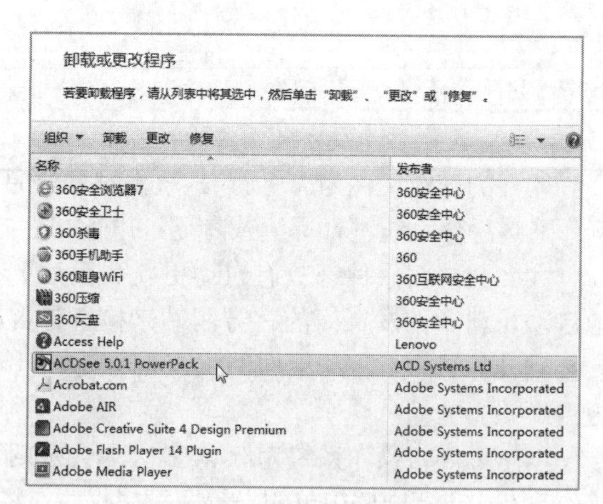

图 4-39 卸载选中的软件

2．利用软件本身自带的卸载工具卸载

有些软件自带的有卸载程序。例如，要卸载计算机中安装的暴风影音软件，可以单击“开始”→“所有程序”，找到暴风影音软件，再单击其自带的“卸载暴风影音”程序，如图 4-40 所示。

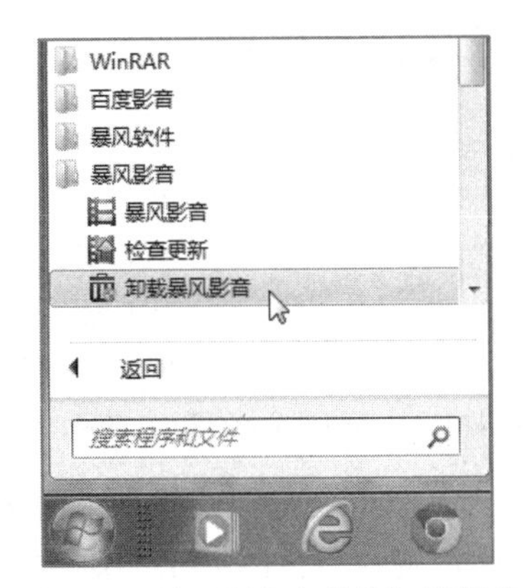

图 4-40 暴风影音自带的卸载程序

4.8 软件的知识产权保护

4.8.1 认识软件版权

1. 什么是软件版权

在购买软件后，我们也许会认为自己能够以任何方式安装和使用软件。实际上，“购买”只是获得以某种规定的方式使用软件的权利。在大多数国家中，计算机软件像图书和电影一样受版权保护。

软件版权是法律保护软件知识产权的一种形式，它保障了原作者独享复制、发布、出售和修改其作品的权利，购买者通常是不享有这些权利的。当然，版权法规定的某些特殊情况除外，这些特殊情况包括：

- 购买者有权利从分发介质或网站上将软件复制到计算机硬盘中并安装软件。
- 在原来的副本被删除或损坏的情况下，购买者可以制作另外一份软件副本或备份，除非制作备份的过程可能会破坏用以阻止复制的防复制机制。
- 购买者可以在关键的评论和教学中复制和传播部分软件程序。

大多数软件都会在某一个界面上有版权声明，例如微软的 Microsoft Word 在启动时声明其版权，如图 4-41 所示。然而法律并未规定这个声明是必需的，所以没有版权声明的软件仍然受版权法的保护。

2. 什么是盗版软件

无视版权法非法复制、传播或者修改软件的行为通常被称为软件盗版，而制作出来的非法副本就是所谓的盗版软件。盗版软件无质量保证，并且通常无法获得软件开发商提供的升级服务。

图 4-41 Microsoft Word 2010 的版权声明

软件盗版行为已经越来越明目张胆，而且用户也并非总能轻易辨认出盗版软件。即使是通过正规渠道全价购买软件，一些消费者也可能会在不知情的情况下购买盗版软件。

正盗版软件的鉴别从根本上讲，要看软件权利人是否有许可。但在购买时由于难以让权利人现场确认，因此可参考以下情况：

- 价格：目前市场上的盗版软件大多卖 5～10 元。可以肯定地说，没有任何一种正版软件能以如此低的价格销售。
- 包装：盗版软件通常包装简单、粗糙。
- 拼盘式制品：即将一个公司的多个软件产品或多个公司的多种畅销软件产品集成在一张光盘上。
- 用户资料：正版软件通常配有印刷精致的许可协议、用户手册等资料；盗版软件通常只有裸盘，没有许可或使用说明等资料。
- 售后服务：正版软件通常有维护、升级等售后服务，盗版软件通常只是价格极低的柜台交易。
- 供应商：正版软件通常通过正版软件供应商供货，盗版软件则供货渠道混乱，甚至非法。

4.8.2 关于软件许可证

1. 什么是软件许可证

除了版权保护之外，计算机软件常常还受软件许可证条款的保护。软件许可证（或者说“许可证协议”）是指规定了计算机程序使用方式的法律合同。

软件许可证可对软件的使用作出额外的限制，或者可以为消费者提供额外的权利。例如，多数软件都是以单用户许可证的形式发行的，这说明一次只允许一个用户使用软件。但一些软件发行商也为学校、组织和企业提供了多用户许可证。

个人计算机软件的许可证可以在外包装上、软件包中单独的卡片上、CD 包装上、某个程序文件中或软件发行商的网站上找到。

对大多数法律合同而言，只有在签名之后，里面的合同条款才会生效。这个要求在购买软件时很难满足。想象一下，用户在使用新软件前不得不签一份许可证协议然后把它送回到开发商那里，这多麻烦。为避开这个签字要求，软件发行商一般用两种方法使软件许可证生效：

拆封许可证和最终用户许可协议。

购买计算机软件时，分发介质通常会封装在封套、塑料盒或塑料薄膜收缩包装中。用户一打开包装，拆封许可证就开始生效了。

2．最终用户许可协议

由于大量的用户习惯于从因特网上下载软件，因此拆封许可证就不起作用了。此时，用户通常会遇到最终用户许可协议。

最终用户许可协议（End-User License Agreement，EULA）会在初次安装软件时显示在屏幕上。在阅读完屏幕上的软件许可信息后，用户选择同意接受许可条款，然后才能继续进行安装。如果不接受许可条款，用户则不能使用该软件。图 4-42 所示为安装谷歌拼音输入法软件时遇到的《最终用户许可协议》。

不同软件的《最终用户许可协议》并不完全一样，但大都类似。《最终用户许可协议》使用的是法律措词，通常主要规定了软件发行商对该软件的权利、用户使用该软件时必须遵守的规定以及软件发行商的一些免责条款等。当用户选择接受《最终用户许可协议》时，就意味着用户同意遵守这些条款。图 4-43 所示为在安装谷歌拼音输入法软件时《最终用户许可协议》中的部分条款，它描述了用户在使用谷歌拼音输入法软件时必须遵守的规定。

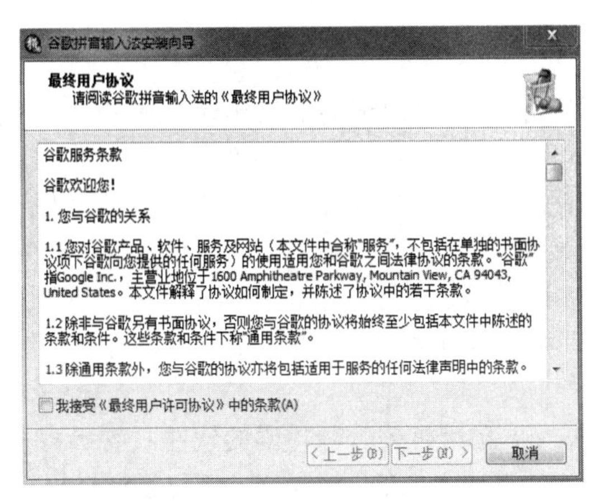

图 4-42　《最终用户许可协议》会在安装软件时遇到

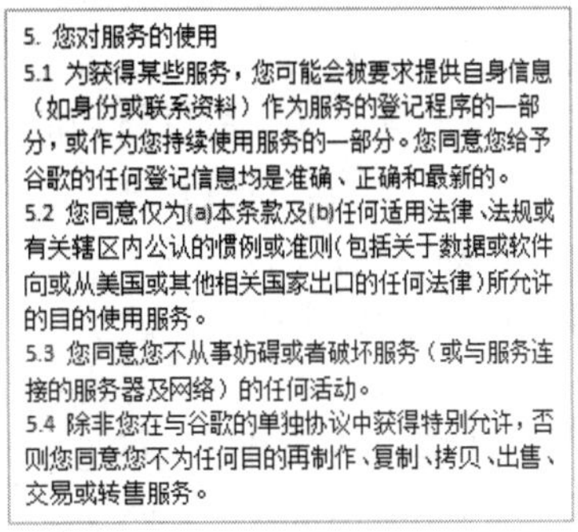

5. 您对服务的使用
5.1 为获得某些服务，您可能会被要求提供自身信息（如身份或联系资料）作为服务的登记程序的一部分，或作为您持续使用服务的一部分。您同意您给予谷歌的任何登记信息均是准确、正确和最新的。
5.2 您同意仅为(a)本条款及(b)任何适用法律、法规或有关辖区内公认的惯例或准则（包括关于数据或软件向或从美国或其他相关国家出口的任何法律）所允许的目的使用服务。
5.3 您同意您不从事妨碍或者破坏服务（或与服务连接的服务器及网络）的任何活动。
5.4 除非您在与谷歌的单独协议中获得特别允许，否则您同意您不为任何目的再制作、复制、拷贝、出售、交易或转售服务。

图 4-43　软件许可协议对用户的要求

4.8.3　试用软件、免费软件、开源软件

1．试用软件

一些商业软件会以试用版的形式发行，这种软件就是试用软件。试用软件是以免费的形式发布的，有时也会预装在新计算机中，但它的功能会受到限制，直到用户付费购买该软件为止。

软件开发商通常会使用各种手段对试用软件加以限制，例如减少软件的功能（只保留基本功能）、限制试用软件的使用时间（通常是 30 天）等，图 4-44 所示为可以免费试用一个月的 Office 365 软件。这样做的目的是，既让用户体会了软件的功能，同时又促使用户购买该软件的正式版本。

图 4-44 Office 365 软件的试用版

2. 免费软件

顾名思义，免费软件是指可以免费使用的软件。但是要注意，“免费”是指用户不必为使用软件支付任何费用，并不是没有版权。免费软件依然是受版权保护的，所以使用者不可以对这类软件做任何版权法或作者没有特别允许的事情。一般来说，免费软件是不允许更改或者出售的。因特网上发布的许多软件都属于免费软件。

3. 开源软件

“开源”的核心含义是公开软件的源代码。在计算机出现的最初年代，几乎所有的软件都是开源的。那时的计算机企业，主要是以销售硬件产品为主，软件几乎都是附送的，加上那时的软件规模都不大，所以最初的软件几乎都是以开源的方式提供的。因此，对着迷于计算机编程的工程师来讲，获得软件的源代码几乎是天经地义的事情。这样，当以微软为代表的企业开始实践软件产品的商业模式时，就引起了许多计算机编程爱好者的不满：给我一堆二进制程序，我如何才能按我自己的想法改进程序？在这种背景下，真正意义上的开源软件就自然而然地产生了。

广义上讲，开源软件（Open Source Software）指所有公开源代码的软件，包括某些商业软件也可能是开源的。但我们通常所说的开源软件是狭义上的，指任何人都可以通过极低的成本（如仅仅访问互联网而无需其他额外费用）获得该软件源代码的软件，也就是其源代码向公众开放。

开源软件向那些想要修改和改进软件的程序员提供了未编译的程序指令，即软件的源代码。开源软件可能会以编译过的形式出售或免费分发，但是不管在何种情况下都必须包括源代码。例如，Linux 就是开源软件。

尽管在发行和使用上没有限制，但是开源软件还是受版权保护的，而且它不是公共域软件。自由软件（Free Software）和开源软件有很多共性。开源软件和自由软件都可以被复制无数次，都可以免费发行，都能销售和修改。

开源软件的兴起是计算机软件领域极具有历史意义的时刻。数十年来，不计其数的开源软件席卷了整个 IT 领域。开源软件的可自由复制、可修改、免费的特性打破了一些由于著作权和资金问题造成的壁垒，给软件的开发和使用带来了前所未有的普及性。开源软件公开自己的源代码，做到了彻底的公开透明，使得对源代码的审计成为可能。如果需要，用户可以通过阅读源代码清楚地了解某个开源软件的工作原理和实现方法。这对涉及国家或商业安全的领域很有意义。许多政府组织青睐开源软件特别是 Linux 操作系统，部分原因就是出于对安全的考虑。

4.8.4　保护软件版权的途径

自 20 世纪 60 年代软件产业兴起开始，计算机软件侵权的现象逐渐凸显，关于计算机软件的法律保护问题一直讨论不休。从 20 世纪 70 年代后期开始，随着人们对计算机软件本身所具有的作品性、易复制性等特性的认识，再加上国际社会的推动，采用著作权（版权）保护计算机软件就成为了国际潮流。目前，对计算机软件的保护，国际上比较流行的做法是将其纳入版权法，有些国家除著作权法外，还采取专利法对其进行综合保护。

1. 法律途径

（1）著作权保护。

著作权即版权，著作权保护是目前世界各国采用的主流方式。对软件进行著作权保护，其实现门槛低且保护范围广，而且著作权法只保护软件的表现形式而不保护其设计思想，因为对于由不同语言编写的具有相似或相近功能的软件作品都加以保护，所以它就可以平衡各方的利益。

我国颁布的《计算机软件保护条例》就用来保护权益人的软件著作权。其中规定计算机软件的作者享有发表权、署名权、修改权、保护作品完整权、使用权和获得报酬等权益。作者可以通过对软件进行著作权登记，按规定程序履行一定的登记手续来确认与强化软件的著作权，如图 4-45 所示。

中华人民共和国国家版权局
计算机软件著作权登记证书
软件名称：
著作权人：
开发完成日期：
首次发表日期：
权利取得方式：
权利范围：
登记号：
根据《计算机软件保护条例》和《计算机软件著作权登记办法》的规定，经中国版权保护中心审核，对以上事项予以登记。
计算机软件著作权登记专用章

图 4-45　计算机软件著作权证书

（2）专利保护。

软件如果符合专利的三性要求，即具有创造性、新颖性和实用性，就可以利用专利来保护软件，如图 4-46 所示。软件一旦获得专利权，未经专利权人的许可，他人不能制造、销售。专利法保护软件产品最核心的技术构思，包括软件的设计方法和实现思想。而这些创新的思想无法由著作权法来保护。因此，专利保护一般是作为著作权保护的补充。专利保护的实现难度大，且在申请期间容易泄密，但专利保护具有独占性，一旦获得专利将有可能会带来丰厚的利益。

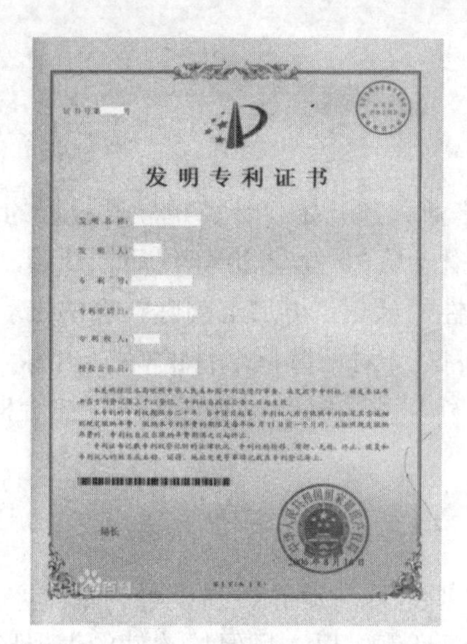

图 4-46 发明专利证书

这两种保护模式各有利弊，各国在立法取舍之时通常都选择以最易实现的著作权保护为主、专利保护为辅相结合的保护模式。著作权法广泛地保护软件的具体表现形式，专利法保护具有创新性的软件的设计思想和实现方法。

2. 技术途径

（1）源代码加密。

加密是把明文通过混拆、替换和重组等方式变换成对应的密文。明文是加密前的信息，有着明确的含义并为一般人所理解。密文是对明文加密后的信息，往往是一种乱码形式，一般人很难直接读懂其真实含义，密文需要解密为明文后才能理解其含义。所以一些软件通过将其源代码加密而达到保护软件的目的。例如我们编写的程序，经过打包处理后，源代码就不能直接看到了，这也是一种加密。

（2）序列号和激活码。

软件序列号主要在安装软件时使用，有些软件没有序列号就不能安装，用户通过购买正版软件就会获得序列号。

有些软件上添加了密码程序，只有当你输入正确的密码后才能正常使用此软件。就好比用一把锁把软件锁起来，只有有钥匙的人才能使用该软件，而激活码是由生产商设定的密码。此方法能有效地控制使用人群，使一些收费产品实现利益最大化。

（3）硬件保护。

一些正版软件会附带有 key 盘，又叫钥匙盘，如图 4-47 所示。key 盘是一种软硬件结合的加密产品，从外形看就像是一个 U 盘。用户安装和使用软件时，必须将 key 盘插在计算机的接口（通常是 USB 接口）上。软件通过接口函数和 key 盘进行数据交换来检查 key 盘是否插在接口上，假如没有检测到 key 盘或 key 盘不对应，那么软件就不会继续运行。

硬件保护已逐渐走入我们的日常生活，例如我们常用的网银盾也是一种硬件保护措施，如图 4-47 所示。

图 4-47　key 盘和网银盾

4.8.5　盗版软件带来的危害

（1）法律的惩罚。盗版是侵犯知识产权的违法行为，通过盗版软件获取商业利益的行为甚至会构成犯罪，从而受到法律的惩戒。

（2）软件应用不稳定。盗版软件中大多是破解软件，而破解的过程会影响到软件模块结构之间的逻辑性，因为结构不稳定，所以会造成软件运行时出现不稳定的状况，从而影响用户的正常使用。

（3）给系统安全带来隐患。盗版软件上很可能附带着一些用户不知道的后门程序，而这些后门程序有可能被网络黑客所利用，通过这些后门程序非法侵入你的计算机，窃取数据资料及个人账户信息。

（4）没有售后服务。从软件的发展来看，买软件就相当于买软件的服务，现在的软件已不再是传统意义上“产品”，而更多的是它的服务。正版软件会提供包括更新、升级在内的售后服务，而盗版软件通常不具备这种功能，这就给用户带来了不利影响。

5

操作系统

将一台没有安装任何软件的计算机（通常称为“裸机”）买回来以后，要安装的第一个软件就是操作系统。操作系统是计算机系统的核心和基础，是用户使用计算机时不可或缺的一部分。本章就来一起了解一下操作系统。

5.1 操作系统的基础知识

5.1.1 操作系统是什么

计算机系统中既包含有像 CPU、内存、硬盘这样的硬件，又包含有五花八门的软件。如何管理它们协调一致地工作呢？这就要靠操作系统。

操作系统（Operating System，OS）是计算机中最重要的系统软件，是管理和控制计算机硬件与软件资源的计算机程序，是直接运行在裸机（硬件）上的最基本的系统软件，任何其他软件都必须在操作系统的支持下才能运行。

操作系统就像计算机的大管家。在启动计算机时，操作系统会首先“闻风而动”，计算机的一切工作，小到由键盘输入一个字符，大到从磁盘调出大型程序进行复杂的计算或信息处理，都是在操作系统的管理之下完成的。可以说，没有了操作系统，计算机就不会听我们使唤。

操作系统是一个庞大复杂的软件，它本身由许多程序组成。例如 Windows 操作系统，它的系统文件通常会放在 C 盘下的 Windows 文件夹中，里面包含了大量的文件夹和文件。除了管理计算机资源以外，操作系统还为用户提供一个便于操作的用户界面。图 5-1 所示是 Windows 操作系统的用户界面，通常又被称为“Windows 桌面”。通过用户界面使用户的操作要求可以方便地传达给计算机，并将操作结果清楚地呈现给用户。

图 5-1　Windows 操作系统的用户界面

5.1.2 操作系统能干什么

在计算机系统中，资源是指任何能够根据要求完成任务的部件。例如，处理器（CPU）就是资源，内存（RAM）、硬盘空间也是资源，外部设备（如打印机）也是资源。每一款应用程序在运行时都需要去占用相应的资源，例如占用 CPU 资源进行计算、占用内存空间、调用打印机等。具体控制这些硬件资源完成相应工作的是各种设备驱动程序（如 CPU 的驱动程序、打印机的驱动程序等）。那么，是谁在应用软件、设备驱动程序和硬件之间进行协调和管理呢？这就是操作系统。

当我们在使用应用软件完成具体工作时，是计算机的操作系统在幕后默默无闻地执行着相应的协调和管理任务。这些管理工作主要包括：管理处理器资源、管理内存资源、管理文件系统、管理输入输出设备等。

1. 管理处理器资源

处理器的工作就是执行指令，执行单条指令的过程被称为指令周期。处理器的每个周期都是可以用来完成任务的资源。当今的操作系统大多提供了多任务服务。所谓“多任务”，是指允许多个任务、作业或程序同时运行。我们可以一边听着音乐一边利用 Word 软件打字，与此同时，数据会显示在屏幕上或通过打印机打印，来自因特网的网页也可能会在此时到达计算机。计算机内部的这些程序活动被称为进程，它们都会去争取处理器的资源。因此，计算机操作系统必须确保每一个进程都能够分享到处理器的周期（即资源）。

在 Windows 操作系统中，鼠标指针指向屏幕下方的任务栏并右击，在弹出的快捷菜单中选择“启动任务管理器”命令（如图 5-2 所示），在“Windows 任务管理器”窗口中单击“进程”选项卡，即可看到计算机中正在前台和后台活动的进程以及它们占用资源的情况，如图 5-3 所示。

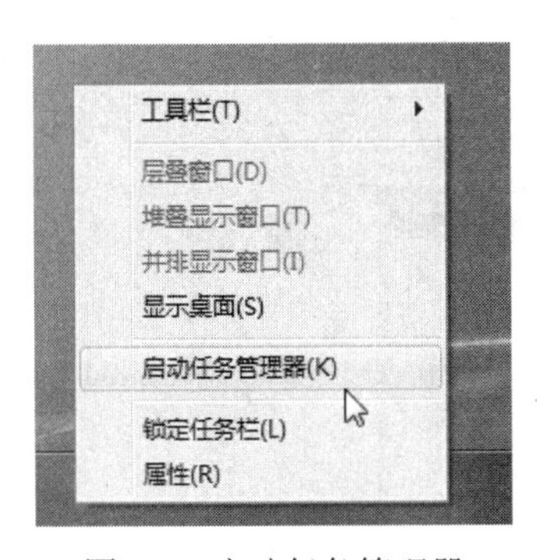

图 5-2 启动任务管理器

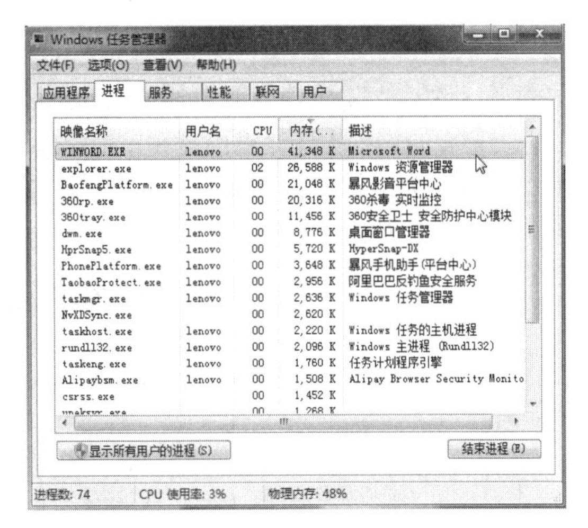

图 5-3 查看进程占用资源的情况

2. 管理内存资源

内存是计算机中最重要的资源之一，处理器处理的数据和执行的指令都存储在内存中。当一个程序被执行时，操作系统就会把它调入内存，并给它分配内存空间，以保证它正常运行。

当多个程序同时运行时，操作系统还必须保证各程序所占用的存储空间不发生矛盾，即操作系统需要确保某个程序的指令和数据不能从自己的内存区域“溢出”到已经分配给其他程序的另一个区域。在图 5-3 中可以查看到各个进程占用内存空间的大小。需要注意的是，当一个程序被关闭时，它所占用的资源会被释放出来，以留给操作系统再次分配给其他程序。

3. 管理输入输出设备资源

与计算机相连接的外部设备简称外设，它们都可视作输入输出资源。操作系统对外部设备的管理包括对输入输出资源的分配、启动和故障处理等。当用户使用外部设备时，必须向操作系统提出要求，操作系统会与设备驱动程序通信，并进行统一的资源分配，以确保数据在计算机和外部设备间可以顺畅地传输。如果外部设备或其驱动程序不能正常工作，操作系统就会采取适当措施，通常会在屏幕上显示警告信息。图 5-4 所示为在打印机没有连接好的情况下用户单击“打印”选项，操作系统所给出的警告信息。

图 5-4 操作系统显示打印机故障

4. 管理文件系统

在操作系统中，将负责存取文件信息的部分称为文件系统。操作系统就像是一个档案管理员，它负责存储和检索计算机硬盘和其他存储设备上的文件。操作系统能够记住计算机中所有文件的名字、大小和存放位置等信息（如图 5-5 所示），并且知道存储设备中（如硬盘）哪里有可以存储新文件的空闲空间。

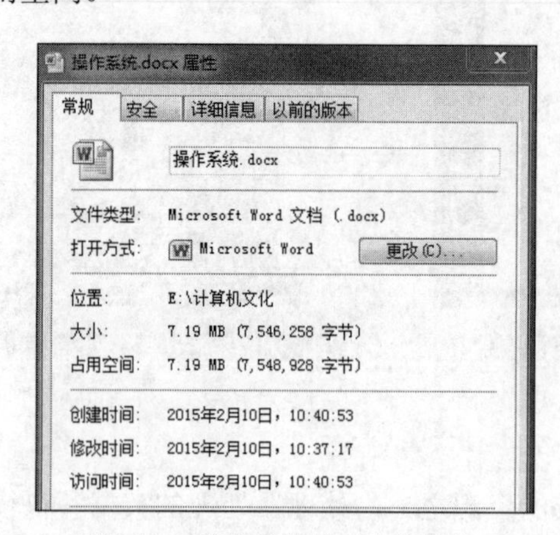

图 5-5 操作系统显示文件信息

5. 操作系统功能举例

下面以使用 Microsoft Word 软件进行文档编辑和打印为例描述一下操作系统的作用，如图 5-6 所示。

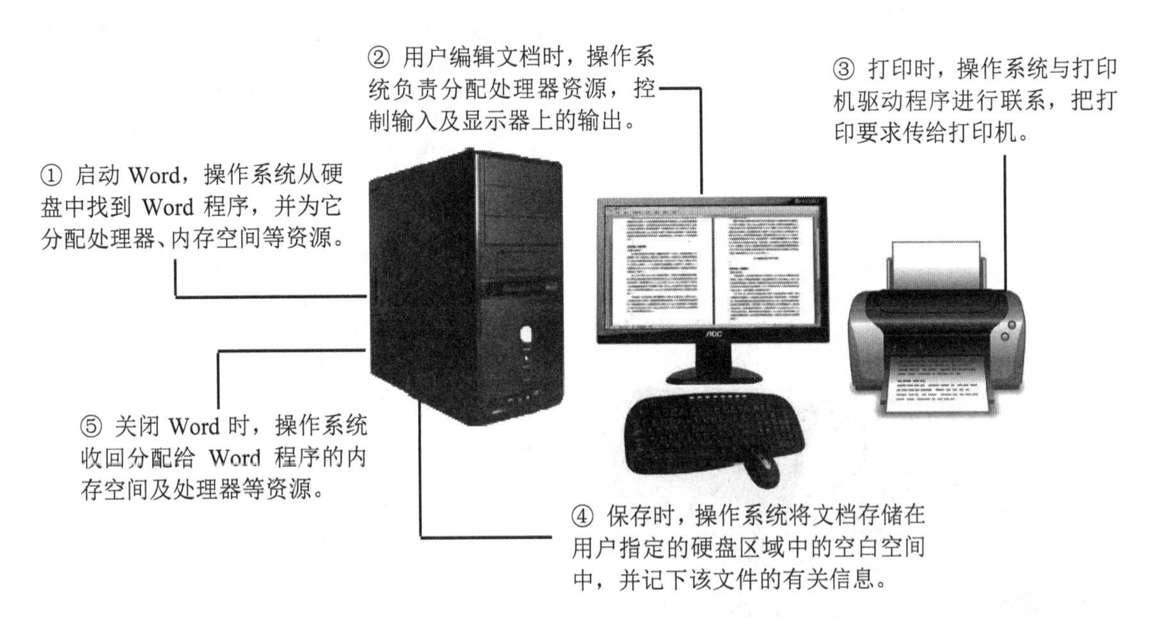

图 5-6　编辑文档时操作系统所起的作用

（1）启动 Word：双击屏幕上的 Word 图标，此时意味着用户向操作系统发出命令，要求启动 Word 软件。操作系统收到用户的命令，从硬盘中找到 Word 程序，并为它分配处理器、内存空间等资源，Word 被启动。

（2）编辑文档：用户通过鼠标、键盘的操作在 Word 软件的窗口中编辑文档，而操作系统则在背后默默地支持着这些操作，包括分配处理器资源，控制协调输入以及显示器上的输出。

（3）打印文档：用户单击“打印”选项，Word 软件将打印请求发给操作系统，操作系统与打印机驱动程序进行联系，把打印要求传给打印机，为 Word 软件的请求分配打印机资源，开始打印。

（4）保存文档：用户发出保存命令，Word 程序将用户要求传给操作系统，操作系统根据用户对保存的有关要求将文档存储在用户指定的硬盘区域中的空白空间中，并记下该文件的有关信息。

（5）关闭 Word：用户关闭 Word，操作系统接收到这一命令，收回分配给 Word 程序的内存空间等资源。

5.1.3　操作系统的用户界面

操作系统的用户界面直接决定了用户操作和控制计算机的方式。

1. 命令行界面

早期的计算机操作系统采用的是命令行界面。在这种用户界面中，用户需要通过键盘输入各种命令来运行程序和完成任务。例如微软公司在 20 世纪 80 年代推出的著名的 MS-DOS 操作系统就是命令行界面。DOS 操作系统启动后，会出现如图 5-7 所示的画面，其中的“C:\>”被称为命令提示符，用户在命令提示符后输入命令，然后按一下键盘上的回车键，就可以执行相应的程序了。

通过命令行界面来操作计算机，对于非计算机专业人士来讲是一件非常麻烦甚至痛苦的事情，因为你必须熟记各种命令以及它们的多个参数，别忘了这些命令可都是英文的。

现在的操作系统虽然大都采用了图形用户界面，不过仍然保留了命令行工作方式的实用程序。例如 Windows 操作系统中就保留了一个叫做“命令提示符”的程序，其运行时的画面与 DOS 操作系统的界面非常相似。单击 Windows 桌面左下方的“开始”按钮，再单击“所有程序”→“附件”→“命令提示符”（如图 5-8 所示），即可运行该程序。

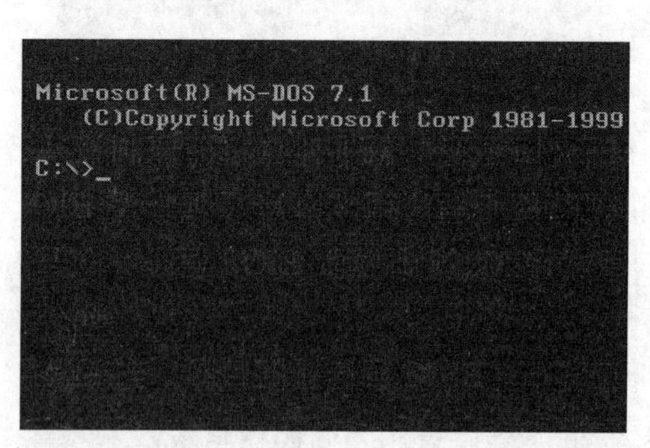

图 5-7　MS-DOS 操作系统的命令行界面

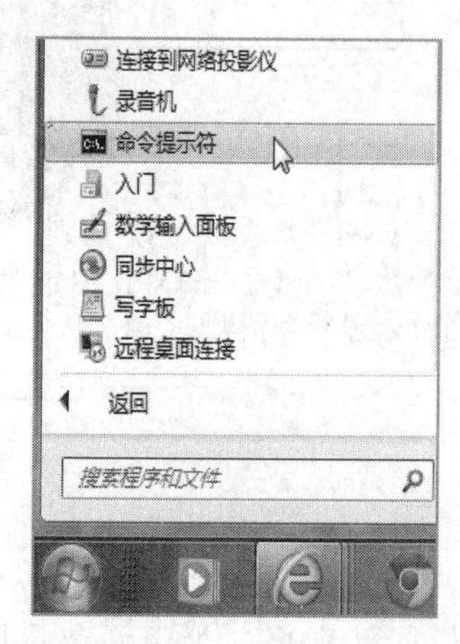

图 5-8　Windows 中的命令行界面程序

虽然命令行界面操作起来有些麻烦，但有经验的用户和系统管理员有时更喜欢用命令行界面进行计算机故障检查和系统维护。

2．图形用户界面

现在的计算机操作系统大都具有图形用户界面（Graphical User Interface，GUI）。除了键盘以外，鼠标也成了图形用户界面的标准输入设备。图形用户界面提供了通过鼠标单击菜单选项以及屏幕上图标的方式来运行程序和完成任务。由于不需要再费力地去记忆各种命令，因此通过这种界面来操作计算机变得非常简单。这也是图形用户界面一经推出就受到广大用户欢迎的重要原因。

图形用户界面最初是由著名的 Xerox（施乐）公司的研究机构设想出来的。1984 年，苹果公司的开发人员成功地将这一概念运用到商业中，在其推出的 Macintosh 计算机上首次使用了具有图形用户界面的操作系统和应用软件。不过，直到 20 世纪 90 年代，微软公司推出的 Windows 操作系统成为绝大多数 PC 机的标准配备，图形用户界面才真正成为 PC 机市场的主流。

图形用户界面的基本元素包括图标、按钮、窗口、菜单和对话框等，下面以 Windows 操作系统为例介绍一下这些元素。

（1）图标和窗口。

图标是代表程序、文件或硬件设备的小图片，图标下面的文字是图标的名字。例如图 5-9

中的“八仙花.jpg”。双击图标，则可以运行该图标所表示的程序或者打开该图标所表示的文件，此时就会出现窗口。

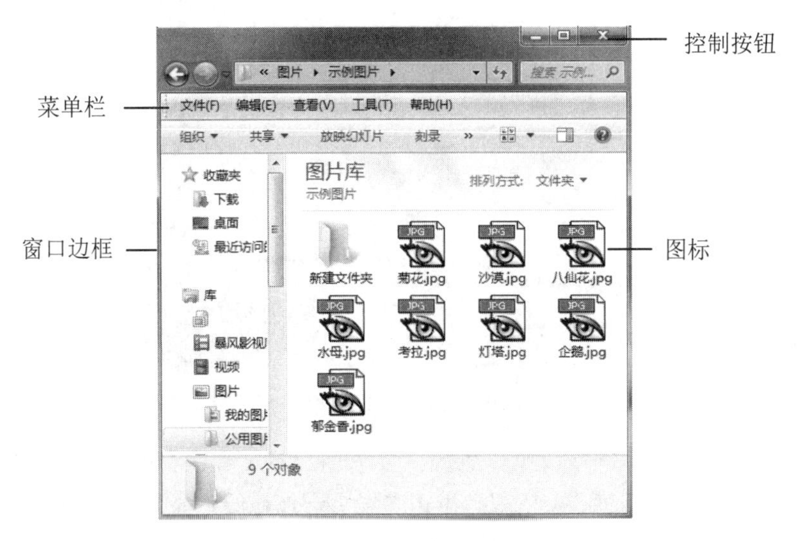

图 5-9　窗口和图标

窗口是能够容纳各种图标、按钮、菜单的矩形工作区（如图 5-9 所示），即窗口中也可以包含图标、按钮等元素。操作窗口的边框可以放大或缩小窗口。窗口右上角的 3 个按钮 分别表示“最小化”、“最大化”和“关闭”。

（2）按钮。

按钮是指用来单击以作出选择的图形，按钮可以排列在菜单栏、工具栏、任务栏和对话框中，如图 5-10 所示。

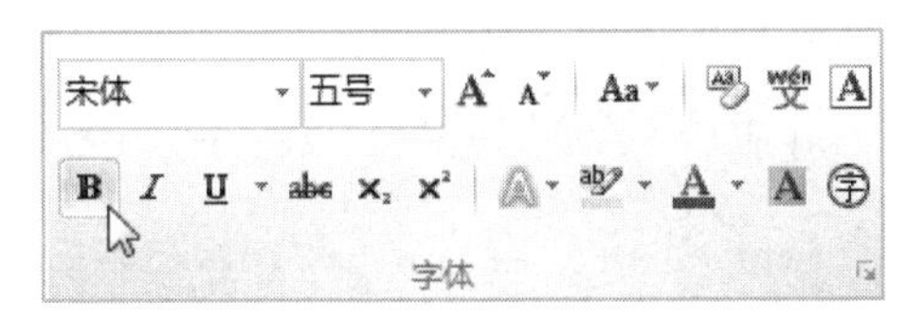

（a）Word 工具栏中的按钮

（b）对话框中的按钮

图 5-10　按钮

（3）菜单。

菜单的设计是为了解决在使用命令行用户界面时记忆命令和语法的困难。菜单能将各种命令显示成选项列表的形式（如图 5-11 所示）。这样，用户就不用担心记不住命令或者输入了无效命令而产生错误了。

由于命令的数量很多，因此，菜单选项的数量也非常多。为了控制菜单展开时的大小，又设计了子菜单，如图 5-11 所示。子菜单是用户在主菜单上作出选择后系统所显示出的一系列补充命令，有时子菜单可能不止一级。

（4）对话框。

对话框的主要功能是实现用户和计算机之间的交互（即对话）。操作系统通常会在对话框中列出交互选项（即提出问题），用户需要对这些交互选项做出选择或处理（即回答问题），然后才能完成相应的任务。

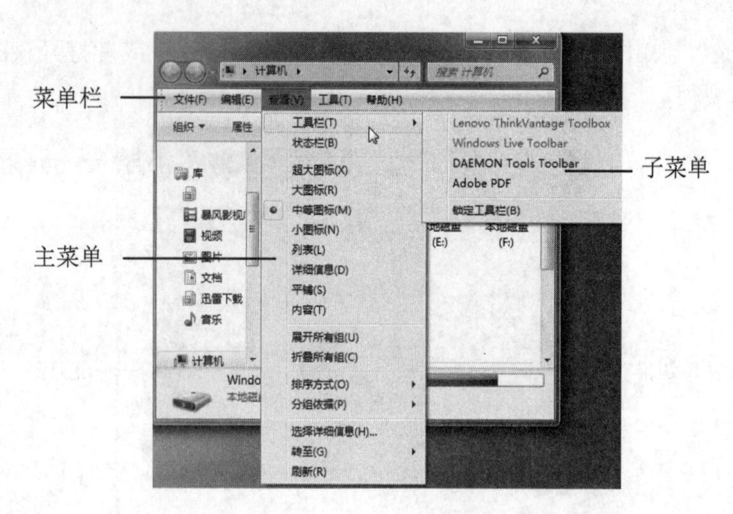

图 5-11 菜单和子菜单

如图 5-12 所示的对话框中，操作系统就要求用户对文件保存的位置、名字、类型等内容作出回答（即和用户进行交互），当用户单击“保存”按钮时，操作系统会按照与用户“对话”的结果来完成相应的任务，即完成文件保存。

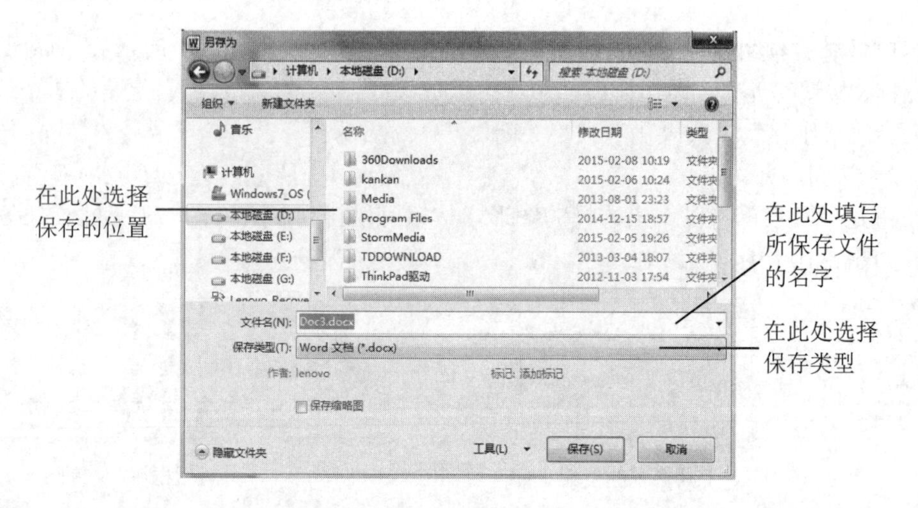

图 5-12 对话框

5.1.4 用户如何直接和操作系统打交道

用户在使用计算机的时候，通常是通过操作具体的应用软件来完成相应的任务，例如打开暴风影音软件来观看电影、打开 QQ 软件来进行聊天、打开 Word 软件来进行文档编辑等。这些时候，操作系统通常是在幕后控制着计算机的运行，从而支持着我们的工作。可以理解为，用户是在通过应用软件与操作系统打交道。

但是也有些操作，例如启动应用软件、复制或删除文件、设置系统的网络参数等，这时用户就必须直接和操作系统打交道了。操作系统提供了一些被称为系统实用工具的程序，帮助用户来实现这些操作。下面就介绍一下 Windows 7 操作系统中的这些程序。

1. 在“开始”菜单里查看应用软件

计算机中通常安装了大量的应用软件，如何查看并运行它们呢？这就是“开始”程序的作用。

单击 “开始” → “所有程序”，即可看到所安装的应用软件列表（菜单），找到想要运行的程序选项，单击它即可运行，如图5-13所示。

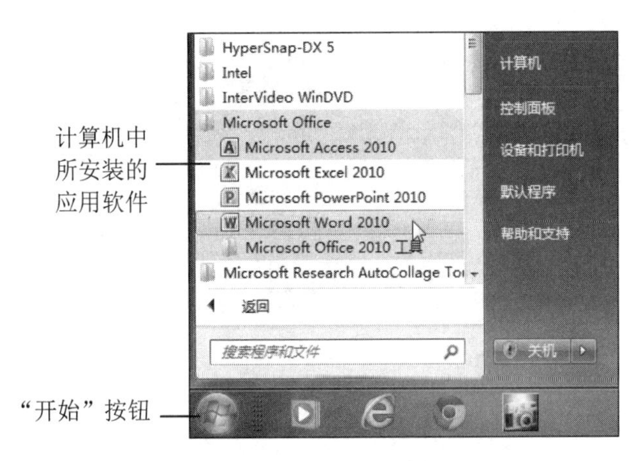

图5-13 通过“开始”菜单启动应用程序

2. 在“资源管理器”中管理文件

右击“开始”按钮，在弹出的快捷菜单中选择“打开Windows资源管理器”命令（如图5-14所示），即可打开资源管理器窗口。

“Windows资源管理器”窗口分成了左右两个部分，如图5-15所示。单击左边窗格中的任一文件夹图标，右边的窗格中马上会显示出此文件夹的内容。在“Windows资源管理器”窗口中，我们可以对文件夹或文件进行查找、复制、删除、移动、重命名等多项管理操作。

图5-14 启动Windows资源管理器

图5-15 Windows资源管理器界面

3. 在“控制面板”中设置计算机的工作环境

单击“开始”菜单中的“控制面板”选项，即可打开 Windows 的控制面板程序。“控制面板”是用来对计算机进行设置的一个工具集。通过它，用户可以根据自己的需要对计算机的安全性、网络连接、外观、日期/时间等多项内容进行设置，还可以对计算机的硬件和软件信息进行管理。例如单击图 5-16 中的“网络和 Internet”选项，即可对计算机的网络连接参数进行设置，如图 5-17 所示。

图 5-16 Windows 的控制面板

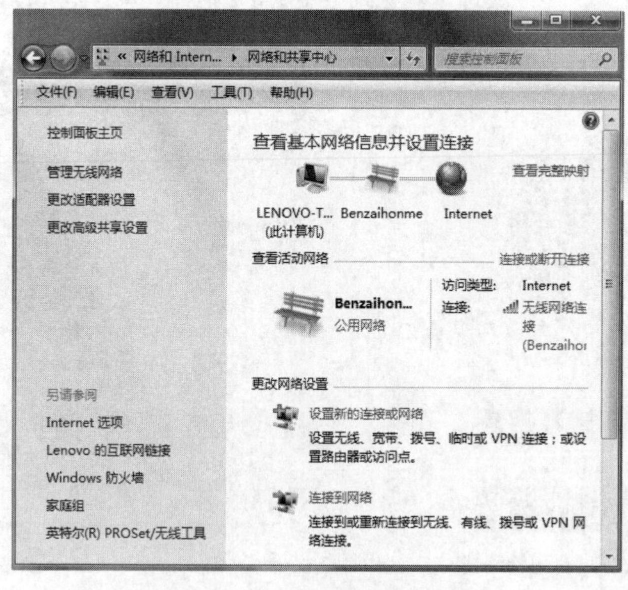

图 5-17 给计算机设置网络参数

5.1.5 操作系统是如何启动的

对于一些嵌入式数字设备，例如数字播放器，其操作系统较小，可以存储在只读存储器中。但是对于PC机而言，其操作系统程序通常非常庞大，因此其操作系统存放在计算机的硬盘上。

与应用软件的启动不同，操作系统的启动是在开机时自动完成的，这个过程通常不需要用户的干预。操作系统启动时，其核心程序会从硬盘调入内存（这个过程被称为"加载操作系统"），并且为了实现对整个计算机的控制，在计算机工作期间，操作系统的核心程序是一直驻留在内存中的。操作系统的其他部分（例如一些系统实用工具程序）则只有在需要时才调入内存运行。

计算机的开机过程通常分为以下6个步骤，注意操作系统的启动是其中的一个重要环节：

（1）计算机加电。

打开计算机主机上的电源开关，接通电源，给计算机中的电路供电。

（2）执行BIOS程序。

BIOS（Basic Input Output System，基本输入输出系统）是计算机中非常重要的系统程序，它存放在计算机主板上的ROM（只读存储器）芯片中。BIOS包括开机自检、系统信息设置、基本输入输出控制、操作系统引导等重要功能。

计算机加电以后，处理器（CPU）首先会自动从ROM中读取BIOS程序，以完成开机过程中的一系列重要任务。可以说，在操作系统的核心程序进入内存之前，是BIOS程序在控制着计算机的运行，当操作系统核心程序进入内存后，整个计算机的控制权才交给了操作系统。

（3）开机自检。

开机自检是BIOS程序所完成的第一个任务。BIOS中包含有一个开机自检程序，每次加电启动计算机时，这个程序会首先被处理器自动运行，检查计算机的几个关键部件（如显示卡、内存条等）是否正常，并给出相应的提示。

- 严重故障：停机，不给出任何提示或信号。
- 非严重故障：给出屏幕提示或声音报警信号，等待用户处理。
- 未发现问题：将硬件设置为备用状态，然后继续后续工作。

（4）详细硬件检测。

如果关键部件没有问题，则BIOS程序会继续对计算机硬件进行一个更详细的检测，包括识别计算机的CPU型号、内存容量、硬盘信息、光驱信息，并检查设备的设置等。

（5）加载操作系统。

完成硬件检测后，BIOS将按照用户设置的启动顺序搜寻硬盘驱动器及光盘驱动器、网络服务器、移动存储器等有效的启动驱动器，读入操作系统引导程序，然后将系统控制权交给引导程序。操作系统引导程序继续工作，将操作系统的核心程序从指定设备（通常是硬盘）中调入内存。

（6）检查配置文件并对操作系统进行定制。

处理器读取操作系统配置数据并执行由用户设置的任何已经定制的启动程序，接下来会出现操作系统的用户界面，例如 Windows 的桌面。

计算机启动流程图如图 5-18 所示。

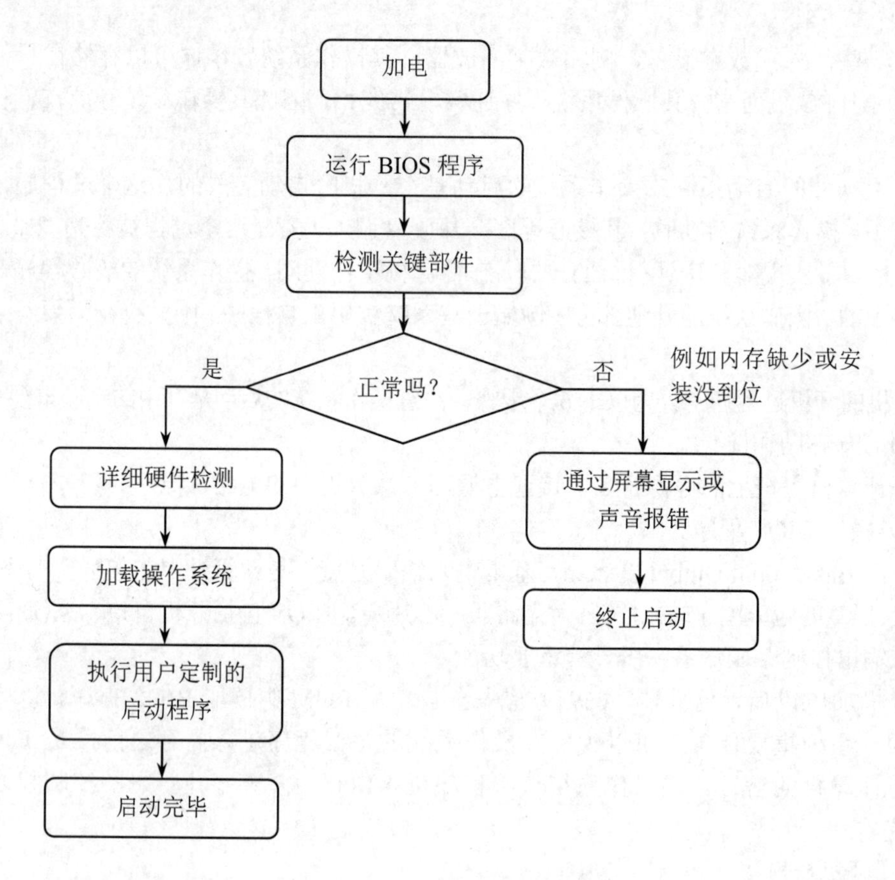

图 5-18 计算机的启动过程

5.2 操作系统的发展历程

操作系统与计算机硬件的发展息息相关。操作系统本意原为提供简单的工作排序能力，后来伴随着计算机硬件设施的发展演化，操作系统也变得越来越复杂。总而言之，操作系统的历史就是一部解决计算机系统需求与问题的历史。

5.2.1 人工操作方式

在 20 世纪 50 年代中期还未出现操作系统，计算机工作采用手工操作方式。用户将事先已穿孔（对应于程序和数据）的纸带（或卡片）装入纸带输入机（或卡片输入机），再启动它们将程序和数据输入计算机，然后启动计算机运行，如图 5-19 所示。当程序运行完毕并取走计算机结果之后才能让下一个用户上机。注意，图 5-19 中的实线表示业务流程，虚线表示用户的控制。

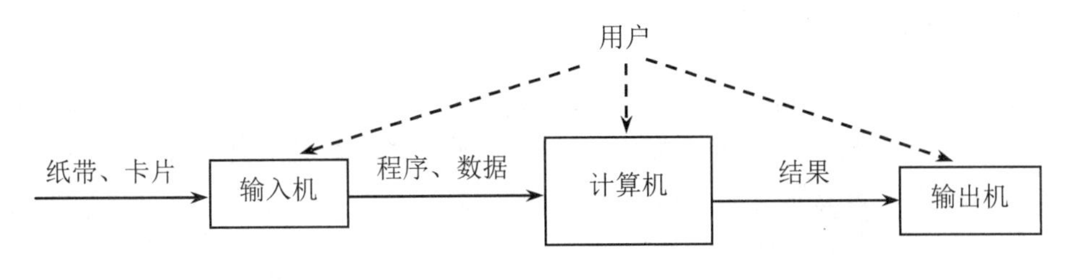

图 5-19　人工处理方式

20 世纪 50 年代后期出现了人机矛盾，即手工操作的慢速度和计算机的高速度之间形成了尖锐矛盾，手工操作方式已严重降低了系统资源的利用率。唯一的解决办法是，摆脱人的手工操作，实现作业的自动过渡。这就出现了成批处理方式。

5.2.2　单道批处理操作系统

晶体管的出现标志着第二代计算机（1958～1964）的诞生，它的出现使计算机体积明显减少，拥有了推广的价值。但计算机在当时仍旧十分昂贵，因此需要充分地利用计算机资源。

1. 什么是批处理

“批处理”是克服“人工干预”的好方法。这种操作通常是把一批作业输入到磁带上，并在系统中配上监督程序（Monitor），在它的控制下使这批作业能一个接一个地连续处理。其处理过程是：首先，由监督程序将磁带上的第一个作业装入内存，并把控制权交给该作业；当该作业处理完成时，又把控制权交还给监督程序，再由监督程序把磁带上的第二个作业调入内存。计算机系统就这样自动地一个作业一个作业地进行处理，直至磁带上的所有作业全部完成，这样便形成了早期的批处理系统。

如图 5-20 所示，在主机与输入机之间增加一个存储设备——磁带，在运行于主机上的监督程序的自动控制下，计算机可自动完成：成批地把输入机上的用户作业读入磁带，依次把磁带上的用户作业读入主机内存执行并把计算结果向输出机输出。完成了上一批作业后，监督程序又从输入机上输入另一批作业，保存在磁带上，并按上述步骤重复处理。注意，图 5-20 中的实线表示业务流程，虚线表示监督程序的控制。

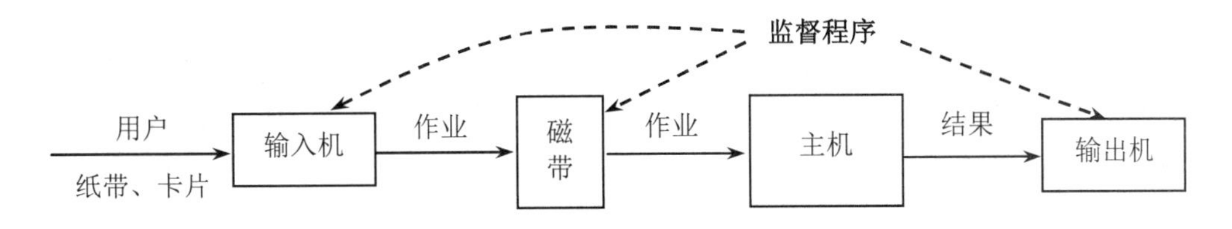

图 5-20　批处理系统的工作过程

监督程序不停地处理各个作业，从而实现了作业到作业的自动转接，减少了作业建立时间和手工操作时间，有效克服了人机矛盾，提高了计算机的利用率。

2. 单道批处理系统

所谓单道批处理系统（Simple Batch Processing System），就是系统对作业的处理首先是成批进行的，其次在内存中始终只保持一道作业，单道批处理系统是最早出现的操作系统的雏形。

单道批处理系统的特点如下：

（1）自动性。在顺利的情况下，在磁带上的一批作业能自动地逐个依次运行，无需人为干预。

（2）顺序性。磁带上的各道作业是顺序地进入内存的，各道作业的完成顺序与它们进入内存的顺序在正常情况下应完全相同，即先调入内存的作业先完成。

（3）单道性。内存中仅有一道程序运行，即监督程序每次从磁带上只调入一道程序进入内存运行，当该程序完成或发生异常情况时才换入其后继程序进入内存运行。

单道批处理系统也有着自己的不足，每次主机内存中仅存放一道作业，每当它运行期间发出输入/输出（I/O）请求后，高速的 CPU 便处于等待低速的 I/O 完成状态，致使 CPU 空闲。

为改善 CPU 的利用率，人们又引入了多道批处理操作系统。

5.2.3 多道批处理操作系统

20 世纪 60 年代中期，人们开始利用小规模的集成电路来制造计算机，这一阶段的计算机被称为第三代计算机。

1. 多道程序设计技术

所谓多道程序设计技术，是指允许多个程序同时进入内存并运行，它们共享系统中的各种硬软件资源，当一道程序因 I/O（输入/输出）操作而暂停运行（此时不占用 CPU 资源）时，CPU 便立即转去运行另一道程序。

多道程序设计技术不仅使 CPU 得到充分利用，同时改善了 I/O 设备和内存的利用率，从而提高了整个系统的资源利用率和系统吞吐量（单位时间内处理作业的个数），最终提高了整个系统的效率。

2. 多道批处理系统

20 世纪 60 年代中期，在前述的批处理系统中引入多道程序设计技术后形成了多道批处理系统。多道批处理系统有以下两个特点：

（1）多道：系统内可同时容纳多个作业，这些作业放在外存中组成一个后备队列，系统按一定的调度原则每次从后备作业队列中选取一个或多个作业进入内存运行，运行作业结束、退出运行和后备作业进入运行均由系统自动实现，从而在系统中形成一个自动转接的、连续的作业流。

（2）成批：在系统运行过程中，不允许用户与其作业发生交互操作，即作业一旦进入系统，用户就不能直接干预其作业的运行。

多道批处理系统的出现标志着操作系统渐趋成熟的阶段，先后出现了作业调度管理、处理机管理、存储器管理、外部设备管理、文件系统管理等功能。

但是多道批处理系统也有一个重要缺点：不提供人机交互能力，给用户使用计算机带来不便。

5.2.4　分时系统

多道批处理系统在一定程度上提高了 CPU 的利用率，从而提高了资源的利用率。然而，多道批处理操作系统仍旧面临着一些技术难题，例如无法实现多用户同时操作、无法进行人机交互。

为了找到解决问题的办法，在人们的潜心研究下，分时系统诞生了。所谓的分时系统就是在一台主机上连接了多个显示器和键盘的终端，同时允许多个用户通过自己的终端以交互的方式使用计算机，共享主机的资源。

如图 5-21 所示，分时系统实现的原理是：把处理机的运行时间分成很短的时间片，按时间片轮流把处理机分配给各联机作业使用。若某个作业在分配给它的时间片内不能完成其计算，则该作业暂时中断，把处理机让给下一个作业使用，等待下一轮时再继续自身运行。由于处理机速度很快，作业运行轮转得很快，给每个用户的印象好象是他独占了一台计算机。每个用户可以通过自己的终端向系统发出各种操作控制命令，在充分的人机交互情况下完成作业的运行。

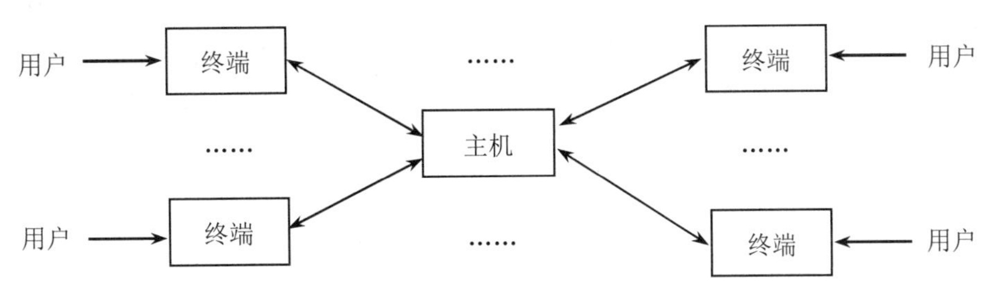

图 5-21　分时操作系统

到了 1964 年，IBM 推出了一系列用途与价位都不同的大型计算机 IBM System/360，它们都共享代号为 OS/360 的操作系统（而不是每种产品都用量身订做的操作系统）。让单一操作系统适用于整个系列的产品是 System/360 成功的关键。

OS/360 获得成功的一个关键就是分时概念的建立：将大型计算机珍贵的处理器资源适当分配到所有使用者身上。分时也让使用者有独占整部机器的感觉。

5.2.5　实时系统

分时系统解决了多用户同时操作的问题，提高了资源的利用率。随着计算机应用范围的日益扩大，新的问题出现了，即系统响应时间不能满足业务需求。

所谓实时系统，就是系统能及时响应外部事件的请求，在规定的时间内完成对事件的处理，并控制所有实时任务协调一致地运行。

根据对响应时间限定的严格程度，实时系统又可以分为硬实时系统和软实时系统。

硬实时系统主要用于工业生产的过程控制、航天系统的跟踪和控制、武器的制导等。这类操作系统要求响应速度非常快，工作极其安全可靠，否则就有可能造成灾难性的后果。

软实时系统主要应用于对响应的速度要求不像硬实时系统那么高，且时限要求也不那么严密的信息查询和事务处理领域，如情报资料检索、订票系统、银行财务管理系统、信用卡记账取款系统和仓库管理系统等。一些跨城市或跨国家的联机查询系统响应时间更慢些。这类系统一般配有大型文件系统或数据库，涉及金融业的管理系统对系统的安全、可靠和保密等也提出了极高的要求。

5.2.6 通用操作系统

通用操作系统是具有多种类型操作特征的操作系统，可以同时兼有多道批处理、分时、实时处理的功能，或其中两种以上的功能。

例如，实时处理+批处理=实时批处理系统。首先保证优先处理实时任务，插空进行批处理作业。常把实时任务称为前台作业，批作业称为后台作业。

20 世纪 60 年代中期，国际上开始研制一些大型的通用操作系统，例如前面介绍到的 IBM System/360。这些系统试图达到功能齐全、可适应各种应用范围和操作方式变化多端的环境的目标。但是，这些系统过于复杂和庞大，不仅付出了巨大的代价，而且在解决其可靠性、可维护性和可理解性方面都遇到很大的困难。

相比之下，UNIX 操作系统却是一个例外。这是一个通用的多用户分时交互型的操作系统。它首先建立的是一个精干的核心，而其功能却足以与许多大型的操作系统相媲美，在核心层以外，可以支持庞大的软件系统。它很快得到应用和推广，并不断完善，对现代操作系统有着重大的影响。

至此，操作系统的基本概念、功能、基本结构和组成都已形成并渐趋完善。

5.2.7 微型计算机操作系统的诞生

到了 20 世纪 70 年代，随着超大规模集成电路技术的出现，微型计算机诞生了。

第一代微型计算机由于功能过于简单，因此没有装设操作系统的需求或能力，它们只需要最基本的系统控制程序，这种控制程序存放在计算机的 ROM（只读存储器）中，开机时从 ROM 读取，又被称为监视程序（Monitor）。

20 世纪 80 年代个人计算机开始普及。随着计算机硬件系统的丰富和复杂，开始出现用于微型计算机的操作系统。早期最著名的磁盘启动型操作系统是 CP/M，它支持许多早期的微机。

1980 年，微软公司取得了与 IBM 的合约，为其 PC 机编写关键的操作系统软件。微软收购了一家公司出产的操作系统，在将之修改后以 MS-DOS（Disk Operating System，磁盘操作系统）的名义出品，如图 5-22 所示。IBM-PC 机的普及使 MS-DOS 取得了巨大的成功，因为其他 PC 制造者都希望与 IBM 兼容。MS-DOS 在很多家公司被特许使用，因此在 20 世纪 80 年代它成了 PC 机的标准操作系统。

图 5-22　MS-DOS 操作系统

5.2.8　20 世纪 90 年代的操作系统

延续 80 年代的竞争，20 世纪 90 年代出现了许多对未来个人计算机市场影响深远的操作系统。

曾经创造个人计算机神话的苹果电脑，由于旧系统的设计不良，使得其后继发展不力。苹果决定重新设计操作系统。经过许多失败的项目后，苹果于 1997 年推出新操作系统——Mac OS 并取得了巨大的成功，如图 5-23 所示。Mac OS 突出了形象的图标和人机对话，许多如今我们认为是基本要件的图形化接口技术与规则都是由 Mac OS 打下的基础，例如下拉式菜单、桌面图标、拖曳式操作与双击等。

除了商业主流的操作系统外，开源操作系统 Linux 兴起，并且取得了相当可观的开源操作系统市场占有率。

微软刚开始推出 Windows 时，其并不是一个操作系统，只是一个运行在 MS-DOS 操作系统上的图形界面的系统程序。直到 1995 年微软推出了 Windows 95 以及后来推出了 Windows 98（如图 5-24 所示），广大用户才终于体会到图形化操作系统 Windows 的强大功能。

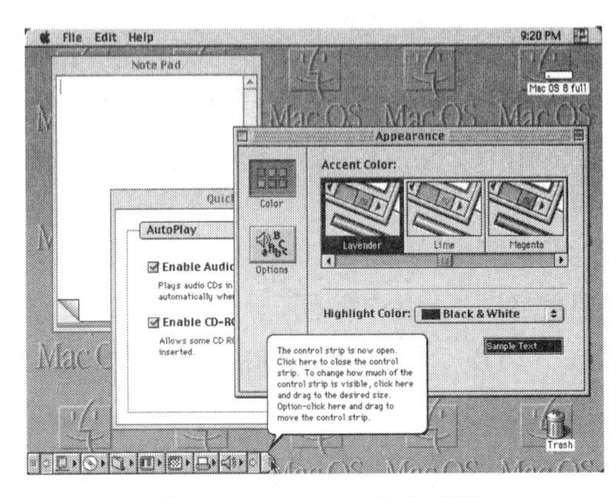

图 5-23　Mac OS 操作系统

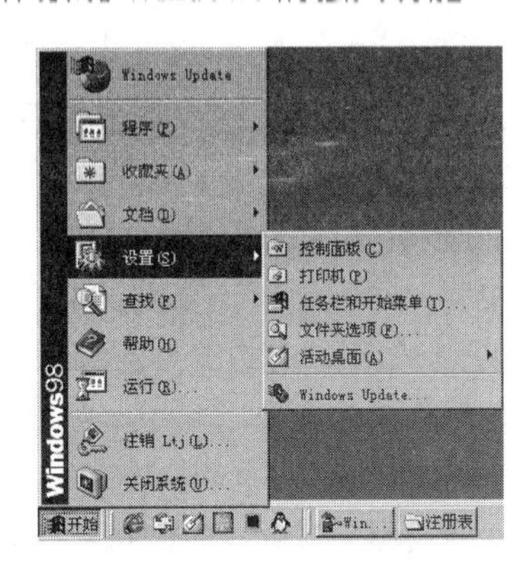

图 5-24　微软 Windows 98 操作系统

5.2.9　今天的操作系统

现代操作系统通常都具有图形用户界面（GUI），并附加如鼠标或触控面板等有别于键盘的输入设备。个人计算机操作系统仍然是 Windows 占主导地位。微软在 2000 年推出的 Windows 2000 是第一个脱离 MS-DOS 基础的图形化操作系统，后来又陆续推出了 Windows XP、Windows Vista、Windows 7、Windows 8 等多款图形用户界面的操作系统。

在服务器操作系统方面，Linux（如图 5-25 所示）、UNIX 和 Windows Server 占据了市场的大部分份额。在超级计算机方面，Linux 取代 UNIX 成为了第一大操作系统。随着智能手机的发展，Android（如图 5-26 所示）和 iOS 已经成为目前最流行的手机操作系统。

图 5-25　Linux 操作系统

图 5-26　Android 操作系统图标

5.3 操作系统大家族

操作系统经过几十年的发展，变得越来越多样化，成为了一个庞大的家族，不断地开枝散叶。

5.3.1 从不同的角度分类操作系统

可以从不同的角度对操作系统进行分类。

（1）按照复杂程度来分类。

有的设备由于硬件单一、功能单一，因此操作系统也相对简单；而有的设备由于硬件系统和软件系统都高度复杂，因此操作系统也非常复杂。

因此，操作系统从简单到复杂大致可分为智能卡操作系统、传感器节点操作系统、嵌入式操作系统、个人计算机操作系统、多处理器操作系统、网络操作系统和大型机操作系统。

（2）按照应用领域来分类。

按照设备的应用领域可以将操作系统分为：桌面操作系统、服务器操作系统、嵌入式操作系统、移动终端操作系统。

（3）按照所支持的用户数来分类。

根据在同一时间使用计算机的用户多少，操作系统可分为单用户操作系统和多用户操作系统。单用户操作系统是指一台计算机在同一时间只能由一个用户使用，一个用户独自享用系统的全部硬件和软件资源，而如果在同一时间允许多个用户同时使用计算机，则称为多用户操作系统。

另外，如果用户在同一时间可以运行多个应用程序（每个应用程序被称为一个任务），则这样的操作系统被称为多任务操作系统。如果一个用户在同一时间只能运行一个应用程序，则对应的操作系统称为单任务操作系统。

个人计算机操作系统是单用户操作系统，其主要特点是在某一时间为单个用户服务。

早期的 DOS 操作系统是单用户单任务操作系统，Windows XP 是单用户多任务操作系统，UNIX 是多用户多任务操作系统。

（4）按照源码开放程度来分类。

可分为开源操作系统（如 Linux、FreeBSD）和闭源操作系统（如 Mac OS X、Windows）。

（5）按照所支持的 CPU 位宽来分类。

读者可能听说过 32 位操作系统或 64 位操作系统。这又是什么意思呢？

CPU 的位是指一次可处理的数据量是多少，1 字节=8 位，32 位处理器可以一次性处理 4 个字节的数据量。所谓 32 位操作系统，通常指针对 32 位的 CPU 而设计的操作系统，而 64 位操作系统是指特别为 64 位架构计算机而设计的操作系统。

早期的操作系统一般只支持 8 位和 16 位 CPU，现代的操作系统如 Linux 和 Windows 7 都支持 32 位和 64 位。在 Windows 7 中，右击桌面上的“计算机”图标并选择“属性”命令，即可查看本机的系统信息，例如图 5-27 所示说明使用的是 32 位的 Windows 7 操作系统。

图 5-27　32 位的 Windows 7 操作系统

接下来，我们重点从应用领域的角度来了解一下操作系统的大家族。

5.3.2　桌面操作系统

桌面操作系统一般指的是安装在个人计算机上的图形界面操作系统软件。桌面操作系统发展到今天，形成了 Windows、Mac OS 和 Linux 三足鼎立的局面。

1. Windows

Microsoft Windows，中文译为“微软视窗”，是美国微软公司推出的一系列操作系统。它问世于 1985 年，起初仅是 MS-DOS 操作系统支持下的一个图形化程序，其后续版本逐渐发展成为个人计算机和服务器用户设计的操作系统，并最终获得个人计算机操作系统软件的垄断地位，成为最受欢迎的个人计算机操作系统。

Windows 系统出来之前，计算机上看到的只是枯燥的命令单词，而 Windows 操作系统使我们对计算机的应用变得更直接、更亲密、更易用。在图形化的 Windows 中，有着鲜艳的色彩、动听的音乐以及令人兴奋的多任务操作，Windows 使计算机操作成为一种享受。点几下鼠标就能完成原来很复杂的工作，还可以一边用音乐播放器放音乐，一边用 Word 写文章，这是多么悠闲的事情。

Windows 的发展历程如表 5-1 所示。

表 5-1　Windows 操作系统的发展

时间	版本	特点
1985 年	Windows 1.0	将屏幕分割为众多矩形“窗口”，使得用户可以同时运行多个程序
1987 年	Windows 2.0	采用了重叠式窗口，扩展了内存访问
1990 年	Windows 3.0	采用了图形控件
1992 年	Windows 3.1	采用了程序图标和文件夹
1993 年	Windows NT	提供网络服务器和 NTFS 文件系统的管理工具和安全工具
1995 年	Windows 95	以修改过的用户界面为特色，支持 32 位
1998 年	Windows 98	稳定性增强，包括了 IE 浏览器
2000 年	Windows 2000	是“适用于各种企业的多功能网络操作系统”，具有强化的 Web 服务功能
2000 年	Windows Me	最后一款使用了能够访问 DOS 的 Windows 内核的 Windows 版本
2001 年	Windows XP	使用 Windows 2000 的 32 位内核，支持 FAT 32 和 NTFS 文件系统

续表

时间	版本	特点
2007 年	Windows Vista	支持 64 位处理，强化了安全性能，而且在文件管理方面更具有灵活性。同时也具有更强的搜索功能，而且文档缩略图的图标更加生动
2009 年	Windows 7	支持 64 位处理器，强化了桌面和任务栏的功能，还增强了与触摸屏互动的性能
2012 年	Windows 8	支持 64 位处理器，独特的 Metro 开始界面和触控式交互系统，支持来自 Intel、AMD 的芯片架构

当 32 位的 Windows 95 发布的时候，这个系统最明显的特征是“桌面”。微软设计的桌面大大增进了人机交流的友好度，使得许多操作只需要少许的计算机知识就可以胜任了。简单易学的操作让 Windows 开始流行，一夜之间几乎所有的家庭用户的计算机都装上了 Windows 95。一时间，蓝天白云（Windows 95 的启动画面，如图 5-28 所示）出现在世界的各个角落。

在 Windows 的发展史上 Windows XP 占据着举足轻重的地位，是 Windows 发展史上的一座里程碑，是微软史上销量最大的图形操作系统，彻底改变了人们的操作体验。Windows XP 首次将家用操作系统和商用操作系统融合为一。它具有一系列运行新特性，具备更多的防止应用程序错误的手段，进一步增强了 Windows 的安全性，简化了系统的管理与部署，并革新了远程用户工作方式。

但是，为了更好地推行后续的 Windows 操作系统，自 2014 年 4 月 8 日起，微软取消了对 Windows XP 的所有技术支持。

Windows XP 之后微软推出了 Windows Vista，但由于 Windows Vista 的市场反响并不好，因此很快被 Windows 7 所替代。Windows 7 在进行商业发行时，分为家庭版、专业版、旗舰版等不同的版本，功能和价格都不相同，从而满足了不同类型用户的需求。

Windows 8 是继 Windows 7 之后的新一代操作系统，它支持来自 Intel、AMD 和 ARM 的芯片架构，且启动速度更快、占用内存更少，并兼容 Windows 7 所支持的软件和硬件。

Windows 8 大幅改变以往的操作逻辑，提供了屏幕触控支持。新系统画面与操作方式变化极大，采用全新风格的用户界面，各种应用程序、快捷方式等能以动态方块的样式呈现在屏幕上（如图 5-29 所示），用户可自行将常用的浏览器、社交网络、游戏、操作向界面融入。

图 5-28　Windows 95 的启动画面

图 5-29　Windows 8 的全新用户界面

使用 Windows 操作系统的优势是明显的，因为在 Windows 上运行的应用软件的数量和种类是其他任何操作系统都无法匹敌的，这使得用户可以有更多的选择，而且 Windows 庞大的用户群使得市场上（包括互联网上）有大量的针对 Windows 系统的学习和实用工具资料，便于用户更好地掌握 Windows。

但是 Windows 出现不稳定情况的频率往往比其他操作系统高，例如系统响应变慢、程序无法工作、出现错误信息等，而且由于 Windows 本身的庞大用户群，使得它也是黑客们攻击的热点对象。Windows 本身的安全漏洞被黑客发现并利用，虽然微软公司本身也在积极地修补漏洞，但其安全问题依然不可小视。

2. Mac OS

Mac 是苹果自 1984 年起以 Macintosh（麦金塔计算机）开始的个人消费型计算机，如 iMac、Mac mini、Macbook Air、Macbook Pro、Mac Pro 等计算机。Mac OS 就是指 Macintosh 操作系统，它是为苹果计算机公司的 Macintosh 系列计算机系统设计的。

Mac OS 是一种类 UNIX 操作系统，基于坚如磐石的 UNIX 开发，简单直观的设计让处处创新的 Mac 安全易用，Mac OS 以稳定可靠著称。

1984 年，苹果发布了 System 1，这是一个黑白界面的，也是世界上第一款成功的图形化用户界面操作系统。System 1 含有桌面、窗口、图标、光标、菜单和滚动条等项目，如图 5-30 所示。

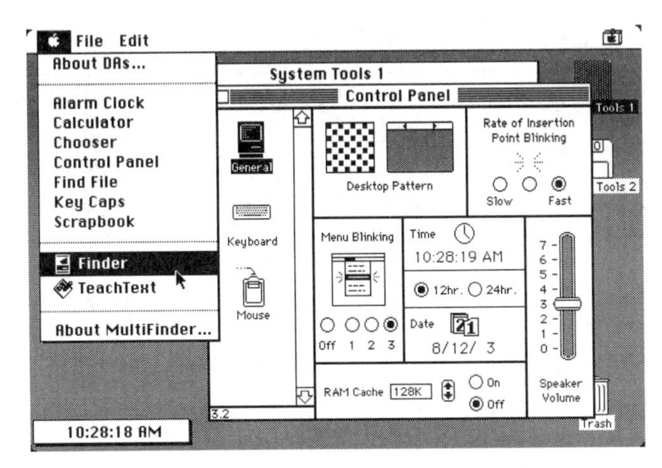

图 5-30 苹果 System 1 操作系统界面

在随后的几十年风风雨雨中，苹果操作系统历经了巨大的变化，从单调的黑白界面变成 8 色、16 色、真彩色，在稳定性、应用程序数量、界面效果等各方面苹果都在向人们展示着自己日益的成熟，从 7.6 版开始，苹果操作系统更改为 Mac OS 的命名方式。

2001 年，在 Mac OS 9 版本以后，Mac OS X（X 既能当作数字 10，也能当作字母 X）正式发布，该版本（即 Mac OS X 10.0）又称为“猎豹（Cheetah）”，以运行在使用 IBM PowerPC 微处理器的 Macintosh 计算机上。Mac OS X 比它的前辈们更加先进，有着更好的内存管理和多任务处理功能。从此，苹果开始推出一系列以大型猫科动物命名的 Mac OS X。

2006 年，Macintosh 硬件做出了重大改变，即用 Intel 处理器代替了 PowerPC 处理器，Mac OS X 因此又被重写。第一个支持 Intel 架构的 Mac OS X 版本是 Mac OS X 10.4.4 版（也被称为“虎”Tiger）。在此之后，苹果又推出了 Mac OS X 10.5 豹（Leopard）、Mac OS X 10.6 雪豹（Snow Leopard）、Mac OS 10.7 狮（Lion）、Mac OS X 10.8 美洲狮（Mountain Lion，如图 5-31 所示）等版本。

图 5-31　Mac OS X 10.8 美洲狮操作系统界面

Mac OS X 10.9 冲浪湾（Mavericks）于 2013 年 6 月发布，是首个不使用猫科动物命名的系统，而转用加利福尼亚的产物。最新的版本是 Mac OS X 10.10 优胜美地（Yosemite），它于 2014 年 6 月 3 日发布，使用了全新的扁平化界面，让用户有更好的体验。

表 5-2 所示为 Mac OS X 操作系统的发展。

表 5-2　Mac OS X 操作系统的发展

时间	版本	特点
2001 年	Mac OS X 10.0～10.4	PowerPC Mac 机使用的桌面版本，新内核基于类 UNIX 的开源代码
2006 年	Mac OS X 10.4.4（Tiger）	第一款针对 Intel MAC 机的操作系统
2007 年	Mac OS X 10.5（Leopard）	同时支持 Intel 和 PowerPC 处理器，完全支持 64 位应用程序
2009 年	Mac OS X 10.6（Snow Leopard）	支持触摸板中文手写，提高了效率和可靠性
2011 年	Mac OS X 10.7（Lion）	整合了 iPad 式的手势操作和 App Store
2012 年	Mac OS X 10.8（Mountain Lion）	借鉴 iPad 创新点进行设计、更好的 iCloud 云同步服务
2013 年	Mac OS X 10.9（Mavericks）	首个不使用猫科动物命名的 Mac OS X 系统
2014 年	Mac OS X 10.10（Yosemite）	全新的扁平化界面，让用户有更好的体验

Mac OS 的操作系统内核是基于 UNIX 的，并且包含了工业级的内存保护功能，这样就可以降低系统发生错误或故障的概率。Mac OS 从 UNIX 身上继承了很强的安全基础，从而大大降低了安全漏洞的数量，也使得黑客通过漏洞攻击系统变得更加困难。由于 Mac OS 的用户数量远小于 Windows 用户群，因此针对 Mac OS 的病毒数量也相对较少，这也提高了 Mac OS 的安全性。

但是，Macintosh 计算机用户可能会发现很多的热门软件通常并不能在 Mac OS X 上使用，例如游戏软件的选择就比 Windows 少很多。有限的软件选择是使用 Mac OS 的一大劣势。此外，Mac 计算机的昂贵价格也使得许多普通家庭用户望而却步。

3．Linux

1991 年，芬兰赫尔辛基大学计算机系学生 Linus Torvalds 基于 UNIX（UNIX 操作系统是 1969 年由 AT&T 公司的贝尔实验室开发的。UNIX 凭借其在多用户环境下的可靠性获得了良好的声誉，它的众多版本被大型机和微型计算机所使用）开发了 Linux 操作系统。Linux 操作系统是一种经常用于服务器的操作系统。它在桌面计算机中虽有应用，但不像 Windows 和 Mac OS X 那样热门。

Linux 的最大特点在于它是遵循通用公共许可证（General Public License，GPL）的操作系统，它的源代码是公开的。这允许任何人为个人使用制作副本、转送他人或出售。Linus 把这个系统放在 Internet 上，允许自由下载，许多人对这个系统进行改进、扩充、完善，做出了关键性贡献。Linux 由最初一个人写的原型变化成在 Internet 上由无数志同道合的程序高手参与的一场运动。

Linux 一开始是要求所有的源码必须公开，并且任何人均不得从 Linux 交易中获利。然而这种纯粹的自由软件的理想对于 Linux 的普及和发展是不利的，于是 Linux 开始转向 GPL（通用公共许可证），成为 GNU 阵营中的主要一员。GPL 是包括 Linux 在内的一批开源软件遵循的许可证协议。概括说来，GPL 主要包括以下内容：

- 软件最初的作者保留版权。
- 其他人可以修改/销售该软件，也可以在此基础上开发新的软件，但必须保证源代码向公众开放。
- 经过修改的软件仍然要受到 GPL 的约束，除非修改的部分是独立于原来作品的。
- 如果软件在使用中引起了损失，开发人员不承担相关责任。

严格说来，Linux 这个词并不能指代此处的操作系统，Linux 实际上只定义了一个操作系统内核，不同的企业和组织在此基础上开发了一系列辅助软件，打包发布自己的“发行版本”。各种发行版本可以“非常不同”，但却是建立在同一个基础之上的。

发行版为许多不同的目的而制作，包括对不同计算机结构的支持、对一个具体区域或语言的本地化、实时应用、嵌入式系统等。发行版通常包括一个 Linux 内核、系统实用程序、图形用户界面、应用程序和安装程序的软件包。Ubuntu（如图 5-32 所示）是个人计算机中用得较多的 Linux 发行版操作系统。

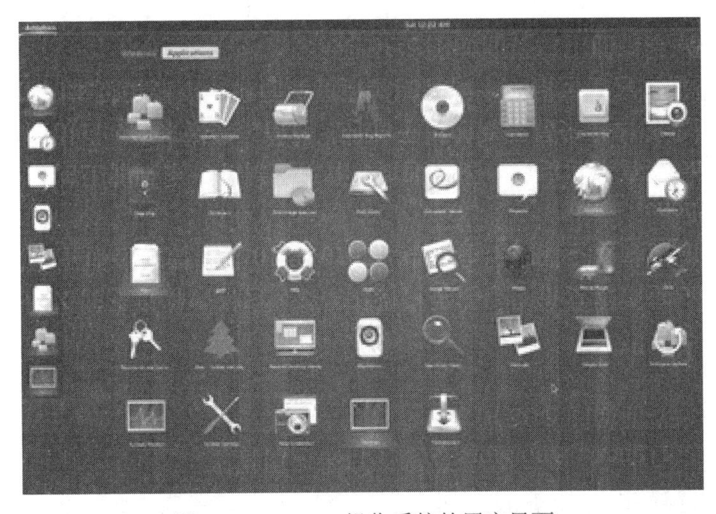

图 5-32 Ubuntu 操作系统的用户界面

Linux 最初是支持 Intel x86 架构的个人计算机的一个自由操作系统，目前 Linux 已经被移植到更多的计算机硬件平台，包括大型计算机、服务器、个人计算机、移动终端、嵌入式设备、智能手机等，远远超出了其他任何操作系统。

5.3.3 服务器操作系统

服务器操作系统也被称为网络操作系统，一般指的是安装在网络服务器上的操作系统，如 Web 服务器、视频服务器、数据库服务器等。同时，服务器操作系统也可以安装在个人计算机上。

网络操作系统除了具备普通桌面操作系统所需的功能外，如内存管理、CPU 管理、输入输出管理、文件管理等，还应该有以下功能：

- 提供高效可靠的网络通信能力。
- 提供多项网络服务和管理功能，如远程管理、文件传输、Web 访问、电子邮件、远程打印等。

1. Windows Server

凭借着对桌面操作系统的强大统治力，微软服务器操作系统依然在服务器领域占有很大比率。从早期的 Windows NT 开始，微软就依靠着其人性化的设计、简便的操作，在服务器操作系统领域占据重要地位。严格意义上来说，Windows NT 主要是面向工作站操作系统，由于当时服务器发展处于初期阶段，服务器应用尚没有现在这么广泛。直到 Windows Server 2003（如图 5-33 所示）面世才真正达到顶峰，随后的 Windows Server 2008、Windows Server 2008R2、Windows Server 2012 也都有非常不错的表现。

图 5-33 Windows Server 2003 操作系统

2. Linux Server

在服务器操作系统领域，Linux 操作系统有着上佳的表现。

Linux 所消耗的系统资源比 Windows 更少，同时也更为稳定。虚拟化技术、分布式计算、互联网应用等在 Linux 上可以得到很好的支持，Linux 在服务器市场的份额一直在快速增长。

在企业级应用领域，更少被病毒和安全问题困扰的 Linux 是众多服务器系统管理员的首选。据统计，截至 2012 年 6 月，世界超级计算机 500 强排名中基于 Linux 的超级计算机占据了 462 个席位，比率高达 92%。

与 Windows Server 相比，Linux 最吸引人的莫过于其开源和免费，这样使得 Linux 十分的灵活，很多的定制性设置在 Windows 上是无法体验到的。

3. UNIX

UNIX 操作系统因为其安全可靠、高效强大的特点在服务器领域得到了广泛的应用，主要支持大型的文件系统服务、数据服务等应用。目前流行的主要有 SCO SVR、BSD UNIX、SUN Solaris 和 FreeBSDX。UNIX 主要用在大型服务器上，UNIX 也是科学计算、大型机、超级计算机等所用操作系统的主流。现在其仍然被应用于一些对稳定性要求极高的数据中心之上。

5.3.4　嵌入式操作系统

嵌入式操作系统是应用在嵌入式系统（包括硬软件系统）中的操作系统。与个人计算机这样的通用计算机系统不同，嵌入式系统通常执行的是带有特定要求的任务。由于嵌入式系统只针对一项特殊的任务，设计人员能够对它进行优化，减小尺寸，降低成本。

嵌入式系统已经广泛应用在生活的各个方面，涵盖范围从便携设备到大型固定设施，如数码相机、家用电器、医疗设备、交通灯、航空电子设备和工厂控制设备等，越来越多的数字设备中安装了嵌入式操作系统。

在嵌入式领域常用的操作系统有嵌入式 Linux、Windows Embedded、VxWorks 等。

5.3.5　移动终端操作系统

随着智能手机等移动终端设备的普及，其操作系统也开始被人们所重视。目前，主流的移动终端操作系统主要包括 Android、iOS 和 Windows Phone。

1. Android

Android 操作系统是谷歌公司为移动设备（如智能手机）设计开发的开源操作系统。它基于 Linux 内核，尚未有统一的中文名称，中国大陆地区较多人使用“安卓”一词。热门的如三星和摩托罗拉手机等，以及很多平板电脑、电子书阅读器都使用了 Android 操作系统。

Android 之所以能够成为移动终端最流行的操作系统，很大程度上得益于其开放性。开放性对于 Android 的发展而言，有利于积累人气，这里的人气包括厂商和消费者。Android 的开放性允许任何移动终端厂商加入到 Android 联盟中来，使其拥有十分宽泛、自由的开发环境。众多的厂商也推出了千奇百怪、功能特色各具的应用产品。由于都是基于 Android 平台，因此功能上的差异和特色不会影响到软件的兼容性甚至是数据的同步。而对于消费者来讲，最大的受益正是丰富的软件资源。随着用户和应用的日益丰富，Android 平台也很快走向成熟。

还有一些品牌手机的操作系统是基于 Android 操作系统深度开发的。例如，MIUI（米柚）是小米公司旗下基于 Android 系统深度优化、定制、开发的第三方手机操作系统；Emotion UI 是华为基于 Android 进行开发的情感化用户界面；Flyme OS 是魅族公司基于 Android 4.0 系统深度定制的手机操作系统。

图 5-34 所示是三星手机（Android 操作系统）的用户界面。

2. iOS

iOS 是由苹果公司开发的移动操作系统。原本这个系统名为 iPhone OS，是设计给 iPhone 手机使用的，后来陆续应用到 iPod Touch、iPad 等各种苹果产品上。2010 年，苹果公司将 iPhone OS 改名为 iOS。

iOS 是第一种提供了手势输入（例如在屏幕上滑动手指就可以缩小屏幕上图形的尺寸）管

理程序的移动操作系统。它还包含了信息、日历、照片、股市、地图、天气、时间、计算机、备忘录、系统设置、iTunes、App Store 等多个自带应用程序。

iOS 系统的用户界面如图 5-35 所示。

3. Windows Phone

Windows Phone 是微软发布的一款手机操作系统，它将微软旗下的 Xbox Live 游戏、Xbox Music 音乐与独特的视频体验集成于手机中。2010 年 10 月，微软公司正式发布了智能手机操作系统 Windows Phone。

Windows Phone 具有桌面定制、图标拖拽、滑动控制等一系列前卫的操作体验，其主屏幕通过提供类似仪表盘的体验来显示新的电子邮件、短信、未接来电、日历约会等，让人们对重要信息保持时刻更新。它还包括一个增强的触摸屏界面和一个最新版本的 IE Mobile 浏览器。

Windows Phone 系统的用户界面如图 5-36 所示。

图 5-34　Android 系统界面

图 5-35　iOS 系统界面

图 5-36　Windows Phone 系统界面

4. 如何查看手机的操作系统信息

移动终端的操作系统如此繁多，我们该如何知道自己手机的操作系统呢？接下来以三星手机为例来查看一下操作系统信息。

点击运行手机的“设定”程序（如图 5-37 所示），选择“关于设备”选项（如图 5-38 所示），可以查看手机的操作系统类型及版本等基本信息，如图 5-39 所示。

图 5-37　运行“设定”程序

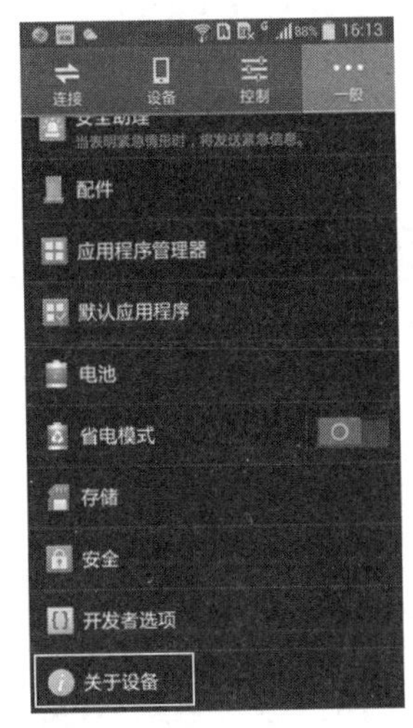

图 5-38　选择“关于设备”选项

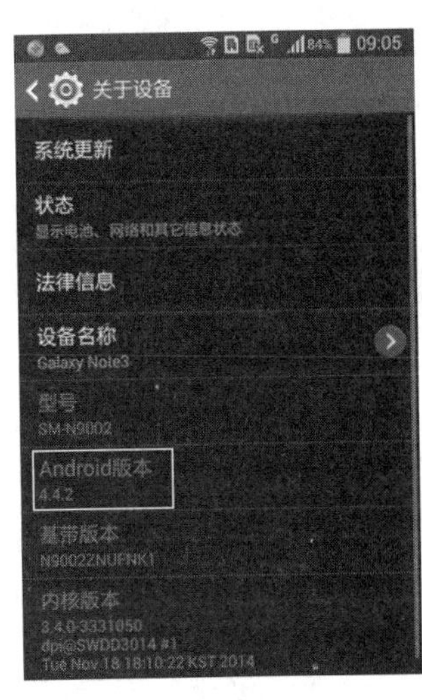

图 5-39　手机的操作系统信息

5.4　操作系统对文件的管理

计算机文件，是位于诸如磁盘、CD、DVD 或 U 盘等存储介质上的被命名了的数据集。文件可以包括一组记录、文档、照片、视频、计算机程序等。用户利用 Word 软件编写的一篇文章，保存在硬盘上以后就是一个文档文件；从网上下载的一首音乐，就是一个音频文件；从数码相机拷贝到计算机上的一张照片，就是一个图像文件。通过操作系统，可以方便地对计算机中的文件进行管理和使用。

5.4.1　查看文件的基本属性

计算机文件拥有多个特征，每个特征都代表着文件的某一属性，如文件名、格式、位置、大小等。在 Windows 操作系统中，将鼠标指针放在文件图标上，右击并选择“属性”命令，即可看到该文件的基本属性信息（如图 5-40 所示），包括文件的名字、打开方式、保存位置、大小等。

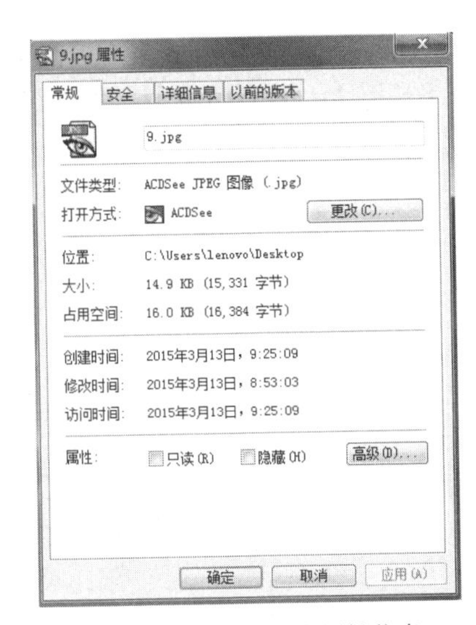

图 5-40　文件的基本属性信息

1. 创建时间、修改时间、访问时间

在图 5-40 中，还可以查看到文件的创建时间、修改时间和访问时间属性。需要注意的是，创建时间并不是指该文件从无到有的创建时间，而是指该文件在本机或本文件夹中的创建时间。例如把一个文件从硬盘中的一个文件夹复制到另一个文件夹中，然后在新文件夹中查看该文件的属性时，就会发现创建时间被改成复制文件的时间。修改时间指文件最近一次被修改的时间，如果该文件是从别处复制过来的，则文件的修改时间就会比

该文件在此处被创建的时间要早。访问时间是指最近一次访问该文件的时间。

注意观察图 5-41 中文件的创建时间、修改时间和访问时间，当把该文件由原来的位置复制到 F 盘后，在 F 盘中再次查看该文件属性，会发现创建时间和访问时间都变了，而修改时间没有变化，并且创建时间要晚于修改时间，如图 5-42 所示。

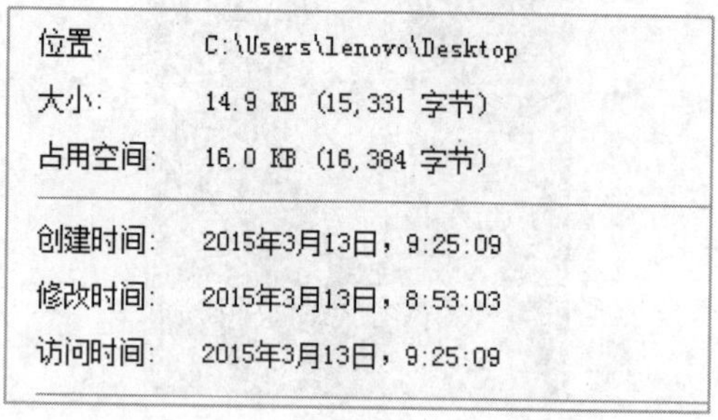

位置:	C:\Users\lenovo\Desktop
大小:	14.9 KB (15,331 字节)
占用空间:	16.0 KB (16,384 字节)
创建时间:	2015年3月13日，9:25:09
修改时间:	2015年3月13日，8:53:03
访问时间:	2015年3月13日，9:25:09

图 5-41　查看文件的时间属性

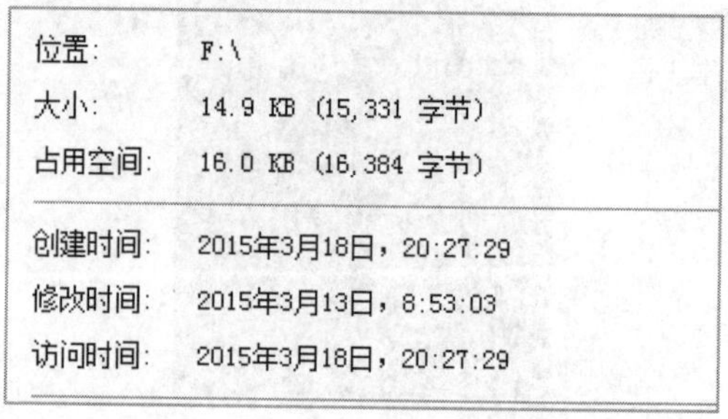

位置:	F:\
大小:	14.9 KB (15,331 字节)
占用空间:	16.0 KB (16,384 字节)
创建时间:	2015年3月18日，20:27:29
修改时间:	2015年3月13日，8:53:03
访问时间:	2015年3月18日，20:27:29

图 5-42　文件时间属性的变化

2. 文件大小与占用空间的区别

在图 5-40 中我们看到一个特殊的现象，即文件的大小（14.9KB）和占用空间（16.0KB）的值是不一样的。

文件的大小其实就是文件内容实际具有的字节数，它以 Byte 为基本衡量单位，实际应用单位还包括 KB、MB、GB 等。只要文件内容和格式不发生变化，文件大小就不会发生变化。每一个文件由于其中存放的内容多少不同，大小通常也不相同。了解文件的大小对我们来说也十分的重要，你可以事先估计出存储位置是否能够容得下该文件，能够有效地避免一些因存储不足而造成数据传输中断的麻烦。

但是需要注意的是，文件在磁盘上所占的空间却不是以 Byte 为衡量单位的，它最小的计量单位是“簇（Cluster）”。

什么是簇呢？在前面讲述硬盘的存储结构时曾提到过磁道和扇区的概念，硬盘中的数据被存放在扇区中。为了更好地管理硬盘空间和更高效地从硬盘读取数据，操作系统将相邻的若干扇区组合在一起形成一个扇区块，这就是所谓的“簇”。每个簇可以包括 2、4、8、16、32 或 64 个扇区，这和硬盘的大小以及所安装的操作系统有关。操作系统规定一个簇中只能放置一个文件的内容，因此一个文件所占用的空间必须是簇的整数倍，也就是说，即使一个文件的实际大小小于一簇，它也要占一簇的空间。所以，一般情况下文件所占空间要略大于文件的实际大小，只有在少数情况下，即文件的实际大小恰好是簇的整数倍时，文件的实际大小才会与所占空间完全一致。

5.4.2 文件的名字

1. 文件命名的基本规范

每个文件都有文件名。在计算机中保存文件时必须提供符合特定规则的有效文件名，这些特定的规则称为文件命名规范。如图 5-43 所示为在 Windows 操作系统中利用“记事本”程序保存文档时系统给出的“另存为”对话框，其中就要求用户必须输入文件名（此处输入的文件名是 name.txt）。

图 5-43　保存文件时需要提供文件名

每种操作系统都有其特有的文件命名规范，表 5-3 列出了 Windows 操作系统和 Mac OS 的一些文件命名规范。

表 5-3　文件命名的基本规范

<table>
<tr><td rowspan="6">Windows 文件命名规范</td><td>区分大小写</td><td>否</td></tr>
<tr><td>文件名最大长度</td><td>255 个字符（含驱动器名、文件夹名和文件名）</td></tr>
<tr><td>是否允许空格</td><td>是</td></tr>
<tr><td>是否允许数字</td><td>是</td></tr>
<tr><td>不允许出现的字符</td><td>*　\　:　<　>　|　“　/　?</td></tr>
<tr><td>不允许使用的文件名</td><td>Aux、Com1、Com2、Com3、Com4、Con、Lpt1、Lpt2、Lpt3、Prn、Nul</td></tr>
<tr><td rowspan="5">Macintosh 文件命名规范</td><td>区分大小写</td><td>否</td></tr>
<tr><td>文件名最大长度</td><td>255 个字符（含驱动器名、文件夹名和文件名）</td></tr>
<tr><td>是否允许空格</td><td>是</td></tr>
<tr><td>是否允许数字</td><td>是</td></tr>
<tr><td>不允许出现的字符</td><td>:（冒号）</td></tr>
</table>

早期的 MS-DOS（磁盘操作系统）将文件名的长度限制得很短（文件的主名不得超过 8 个字符）。受到这种限制，通常很难创建具有描述性意义的文件名，而含义模糊的文件名常常会让用户不容易记起文件的内容，结果就是有时很难查找和识别文件。

现在的多数操作系统都允许用户使用更长的文件名。例如 Windows 操作系统能支持最长 255 个字符的文件名。实际上，这个限制是对整个文件路径的限制，包括驱动器名、文件夹名和文件名（驱动器和文件夹的概念在后面还有介绍），所以指定给文件的名称一般要短一些。255 个字符的长度限制让用户可以灵活地使用具有描述性的文件名，例如“2014 级_计算机科学与技术专业_英语_成绩表.xlsx”，这样用户看到文件名就可以很容易地知道文件的内容是什么。

2. 什么是文件扩展名

计算机文件的名字由两部分组成：主名和扩展名，它们之间用“.”隔开。例如 letter.txt 就是一个文件名，其中 letter 是主名，txt 是扩展名。

用户在建立计算机文件时，通常只需要起主名即可，计算机会根据此文件的类型自动地在主名之后加上扩展名，并用“.”将它们分开。

计算机文件的主名是必需的，用户无法将文件的主名删除（图 5-44 所示是用户删除文件的主名时操作系统给出的提示）。但是，用户却可以删除掉文件的扩展名，而且即便删掉扩展名，该文件仍然存在。尽管如此，用户轻易不要修改或删除文件的扩展名，因为文件扩展名提供了文件格式的线索（例如.txt 是指文本文件，而具有.mp3 扩展名的文件通常是音频文件），和文件的使用密切相关。更改或删除文件的扩展名很有可能造成该文件无法正常被使用（图 5-45 所示是用户更改文件扩展名时操作系统给出的提示）。

图 5-44　删除文件主名时操作系统给出的提示

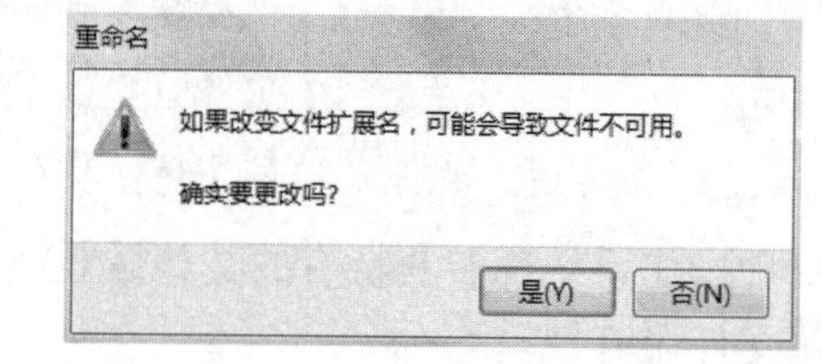

图 5-45　更改文件扩展名时操作系统给出的提示

在 Windows 操作系统中，默认情况下，计算机只显示文件的主名，不显示文件的扩展名。这也就是用户通常注意不到文件扩展名的原因。

如果想查看文件的扩展名，可以打开一个系统窗口，如双击 Windows 桌面上的“计算机”图标打开“计算机”窗口，然后单击“工具”→“文件夹选项”命令（如图 5-46 所示），在弹出的窗口（如图 5-47 所示）中选择“查看”选项卡，在“高级设置”列表框中将“隐藏已知文件类型的扩展名”前面的对钩去掉。

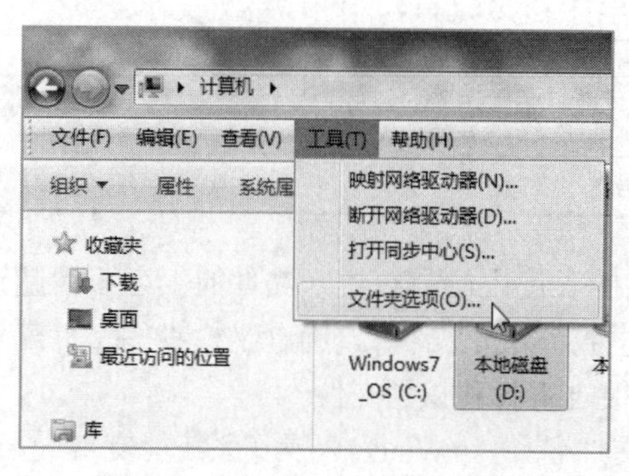

图 5-46　查看文件扩展名步骤 1

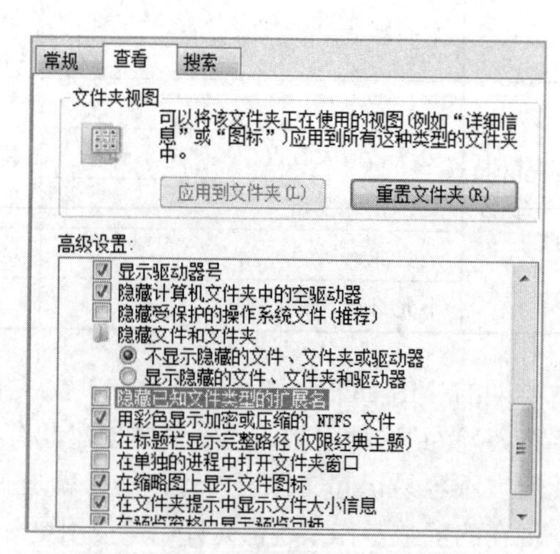

图 5-47　查看文件扩展名步骤 2

3. 为什么某些字符不允许出现在文件名中

在表 5-3 中可以看到，在给文件命名时有些字符是不允许出现在文件名中的，因为这些字符被操作系统赋予了特定的含义，对此不同的操作系统有不同的规定。例如 Windows 操作系统将冒号（注意是英文格式中的冒号）作为驱动器名的后缀（即已被用作他用），因此在给文件命名时名字中是不允许出现冒号的。当试图在文件名中写入冒号（:）时，操作系统会给出如图 5-48 所示的提示。

一些操作系统也会包含一系列的保留字，由于这些保留字被操作系统作为系统命令或特定的标识符，因此这些词语不能单独用作文件主名，但是它们可以用作文件主名的一部分。例如，在 Windows 操作系统中，com1 是一个保留字，因此当用户用 com1 来作文件主名时，操作系统会给出如图 5-49 所示的提示。

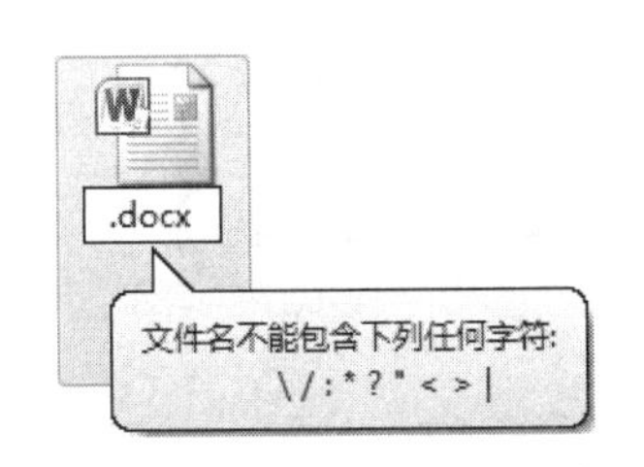

图 5-48　文件名中不允许出现的特殊字符

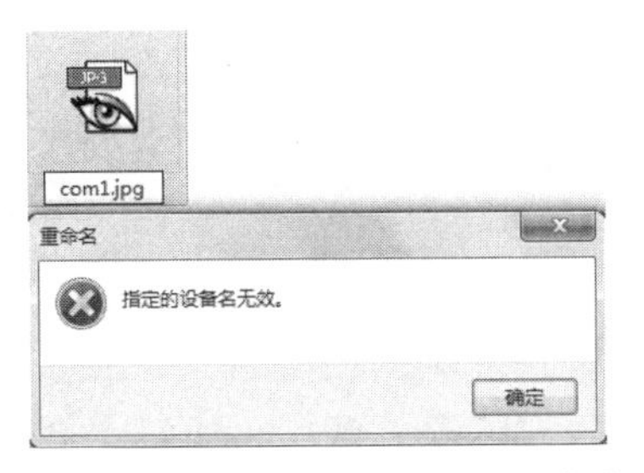

图 5-49　文件名中不允许单独出现保留字

5.4.3　把文件存储在哪

1．驱动器名

用户在建立文件时，必须要告诉操作系统把文件放置在哪里。要指定文件的保存位置，首先必须指定文件存储在哪个设备中。在 Windows 操作系统中，给计算机中的每一个存储设备都赋予了一个名字，被称为驱动器名。Windows 操作系统用英文字母加上冒号（:）后缀来表示驱动器名。

硬盘作为计算机中最重要的存储设备，其驱动器名为 C:。不过，为了便于对硬盘存储的文件进行管理，用户计算机中的硬盘通常会被划分成若干个相互独立的存储区域，称为“硬盘分区”（关于硬盘分区的内容后面还会介绍）。由于每个分区可以像一个独立的硬盘那样被使用，因此每个分区也需要指派驱动器名。此时，第一个分区就被命名为 C:，后面分区的驱动器名依次为 D:、E:、F:等。图 5-50 中显示了计算机中硬盘各分区的驱动器名。

如果计算机中还有光盘驱动器或者插入了 U 盘等其他外部存储器，则它们的驱动器名通常在硬盘最后一个分区的后面，依次向后排，图 5-50 中显示了一个可移动存储器的图标（XCG8G），其驱动器名为 H:。

驱动器名的指定是基于最初的 PC 机上所使用的规范。最初的 IBM PC 机只有一个软盘驱动器，它就被指定为驱动器 A:。后来的 PC 机上软盘驱动器增加到两个，分别被指定为驱动器 A:和驱动器 B:，因此在硬盘驱动器被添加到 PC 机中时，就只能从 C:开始指定驱动器名了。

2．根目录与子目录

操作系统为每一个磁盘（或硬盘分区）、CD、DVD、BD 或 U 盘维护着一个称为目录的文件列表，它是操作系统记录文件位置的方法。主目录也称为根目录，在 PC 机上，根目录通过在驱动器名后加反斜杠（\）来标识，例如 C 盘的根目录是“C:\”。根目录还可以进一步细分为更小的列表，每一个列表就称为一个子目录。

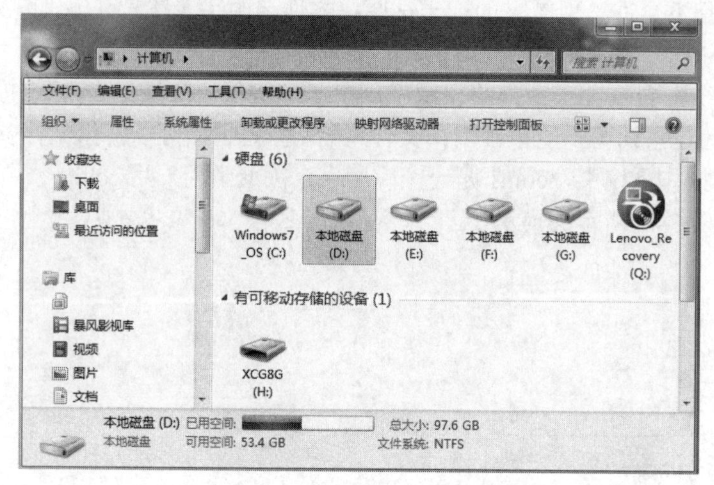

图 5-50 Windows 操作系统用字母标示存储设备（如 C:）

3. 父文件夹与子文件夹

在使用 Windows 操作系统、Mac OS 或 Linux 图形化的文件管理器时，子目录被描述为文件夹，因为它们类似于日常生活中存放文件的文件夹。可以把文件存放在文件夹中，同时文件夹中还可以存放着其他的文件夹，这样就构成了父与子的关系，所以就有了父文件夹和子文件夹的称呼。

在描述一个文件夹的归属关系时，文件夹的名称可以通过特定符号与驱动器名以及其他文件夹或文件名相区分。在 Windows 操作系统中，这种符号是反斜杠（\）。例如在图 5-51 所示的 E 盘文件夹结构图中，“E:\”表示 E 盘根目录。E 盘中有一个名为“电影”的文件夹，而在“电影”文件夹中用户又建立了一个名为“内地”的文件夹，则“电影”文件夹与“内地”文件夹就是父文件夹和子文件夹的关系，可分别表示为“E:\电影”和“E:\电影\内地”。

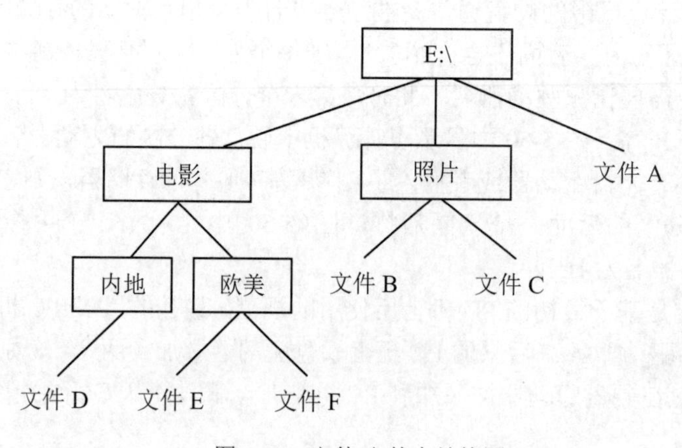

图 5-51 文件/文件夹结构图

在给文件或文件夹起名字的时候需要注意，属于同一个父文件夹的两个文件（或两个子文件夹），它们的名字不能完全一样（即主名和扩展名都一样）。例如在图 5-51 中，文件 B 和文件 C 的父文件夹都是“E:\照片”，因此它们的名字不能完全相同。同理，文件 E 和文件 F 的名字也不能完全相同，但是文件 D 和文件 E 的名字可以相同，因为它们不属于同一个父文件夹。

假设图 5-51 中文件 B 的名字是 tree.jpg，现在用户试图在“E:\照片”文件夹中（同一父文件夹中）再建立一个相同名字的文件，那么计算机就会给出如图 5-52 所示的警告。

4. 文件的存放路径

一个文件的保存位置又被称为该文件的存放路径（简称“路径”）。路径包含驱动器名、文件夹（含子文件夹）名、文件主名和扩展名。例如图 5-51 中，假设文件 E 的名字是“阿甘正传.rmvb”，则其路径是“E:\电影\欧美\阿甘正传.rmvb”。

5. 一棵倒置的树

文件的这种组织结构就像是如图 5-53 所示的一棵倒置的树。根目录（C:）就是树根，文件夹（如“娱乐”）就像是树干，而子文件夹（如“电影”）就是更小的枝干，文件（如“桥.mp4”）就像是树叶。倒置的树其实是一种树状的文件存储结构。

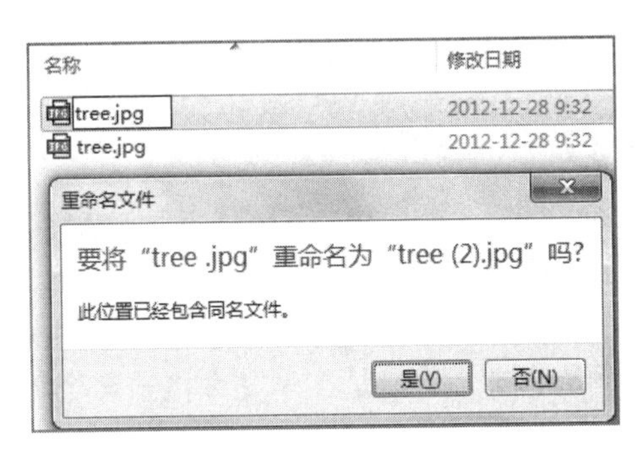

图 5-52　属于同一个父文件夹的两个文件名字不能相同

图 5-53　树状的文件存储结构

5.4.4 文件的格式

1. 什么是文件格式

文件格式是指计算机为了存储信息而使用的对信息的编码方式，即存储在文件中的数据的组织和排列方式。

计算机中的文件有多种格式，例如文本文件的格式与图形文件和音乐文件的格式是不同的。即使是同一种数据类，也有多种具体的文件格式，例如图像文件就可以存储为 BMP、JPEG 或 PNG 等多种文件格式。

文件的格式通常会包括文件头和数据。文件头是指文件开头包含有关该文件信息的一部分数据，这部分数据通常是创建文件的日期、最近修改的日期、文件大小、文件类型等。

文件中剩余的内容取决于文件包含的是文本、图形还是多媒体数据。例如，文本文件也许包含句子和段落以及散布其中的用来进行居中调整、文字加粗和页边距设置的代码，而图形文件则可能包含每个像素的色彩数据和调色板的描述等。

2. 文件扩展名与文件格式的关系

文件扩展名与文件格式之间有着密切的关系。在 Windows 操作系统中，不同的扩展名通常代表不同的文件格式，例如.mp3 是音频文件的扩展名，.txt 是文本文件的扩展名，.wmv 是视频文件的扩展名，.jpg 是静态图像文件的扩展名等。不仅如此，不同的扩展名其文件图标通常也不相同，图 5-54 显示了多种文件扩展名及其图标的样式。

图 5-54 文件的扩展名与文件格式

用扩展名识别文件格式的方式最先在美国数字设备公司（DEC 公司）的 CP/M 操作系统中被采用，而后又被 MS-DOS 和 Windows 操作系统采用。例如 HTML 文件通过.htm 或.html 扩展名识别，GIF 图形文件用.gif 扩展名识别等。在早期的文件系统中，扩展名限制只能是 3 个字符，因此尽管现在绝大多数的操作系统已不再有此限制，但是许多文件格式至今仍然采用 3 个字符作扩展名。

需要注意的是，尽管文件扩展名能充分说明文件的格式，但是不能把它和文件格式完全划等号，因为文件扩展名是可以被用户随意更改的。例如，用户可以使用"重命名"命令将 letter.txt 文件的文件名改为 letter.jpg。尽管文件扩展名变成了.jpg（.jpg 是静态图像文件格式的扩展名），但是这个文件仍然是文本格式（.txt），因为文件中的数据元素是按照文本文件格式特有的结构排列的。

3. 常见的文件格式有哪些

计算机中的文件格式非常多。对于软件程序而言，通常至少由一个扩展名为.exe 的可执行文件组成。它也可能包含许多扩展名为.dll、.vbx 或.ocx 的支持程序。系统配置文件和启动文件是计算机正常工作所必需的，它们的扩展名通常是.bat、.sys、.ini 和.bin。图 5-55 显示了 C 盘根目录下的一些和系统配置有关的系统文件名。

还有一种文件的扩展名是.tmp，这是临时文件的扩展名。在打开应用软件（如文字处理软件或电子表格软件）的数据文件时，操作系统会为原始文件制作一个副本，并将它以临时文件的形式存储在磁盘上。在查看和修改文件时，用户都是在对此临时文件进行处理。图 5-56 显示了 Windows 操作系统中的临时文件，它们通常存放在一个名为 Temp 的文件夹中。

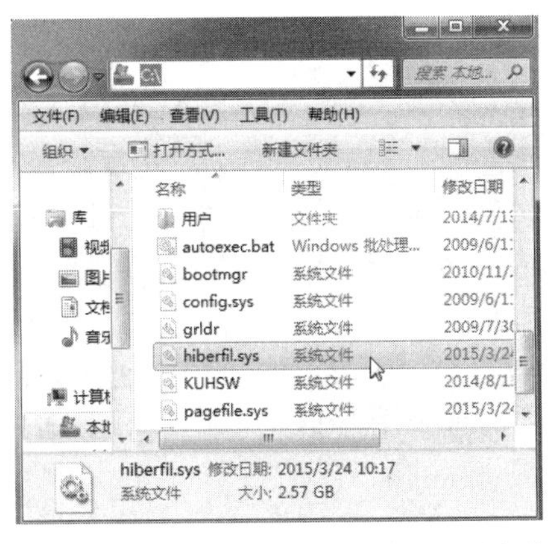

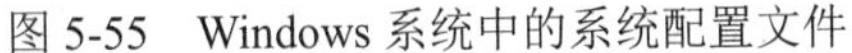
图 5-55　Windows 系统中的系统配置文件

图 5-56　Windows 系统中的临时文件

前面所提到的这些文件格式都是和操作系统相关的文件格式，对于不熟悉的人来讲，可能很少直接接触。然而，可执行文件、支持程序文件、系统配置文件甚至是所谓的临时文件等对于正确操作计算机都是十分重要的，因此不要轻易地手动删除这些文件。表 5-4 列出了通常与 Windows 操作系统及可执行文件相关的文件扩展名。

表 5-4　与操作系统及可执行文件相关的扩展名

文件类型	描述	扩展名
批处理文件	在计算机启动时自动执行的一连串操作系统命令	.bat
配置文件	包含计算机为所使用的程序分配运行这些程序必需的系统资源的信息	.cfg、.sys、.bin、.ini
帮助文件	在屏幕“帮助”上显示的信息	.hlp
临时文件	在文件处于打开状态时存放数据，通常在关闭文件时数据就会被清除	.tmp
支持程序	对主程序的运行提供支持的程序文件	.dll、.vbx、.ocx、.vbs
程序	计算机软件的主可执行文件	.exe、.com

对于普通用户而言，接触更多也更熟悉的是数据文件的格式种类。表 5-5 列出了一些常见的数据文件类型以及这些类型文件格式对应的扩展名。

表 5-5　常见的数据文件种类及扩展名

文件类型	扩展名
文本	.txt、.rtf、.doc（Microsoft Word 2003）、.docx（Microsoft Word 2007）
图形/图像	.bmp、.jpg、.png、.gif、.tif、.wmf
声音	.wav、.mp3、.mid
视频	.wmv、.mp4、.rm、.avi、.mov、.mpg
网页	.html、.htm、.asp、.php
数据库	.mdb

5.4.5 如何打开文件

1. 通过应用软件打开相应的数据文件

一个应用软件可以打开其专属文件格式的数据文件。应用软件的“打开”对话框通常显示了此程序可以打开的文件格式列表。例如在 Windows 操作系统中，单击屏幕左下方的“开始”按钮，然后单击“所有程序”→“附件”→“画图”命令，启动 Windows 自带的画图软件，在画图软件的菜单栏中单击“打开”（如图 5-57 所示），在画图软件的“打开”对话框中，单击右下方的“所有文件”，可以看到列出了多个文件类型及其扩展名（如图 5-58 所示），这就是画图软件所能打开的文件格式列表。

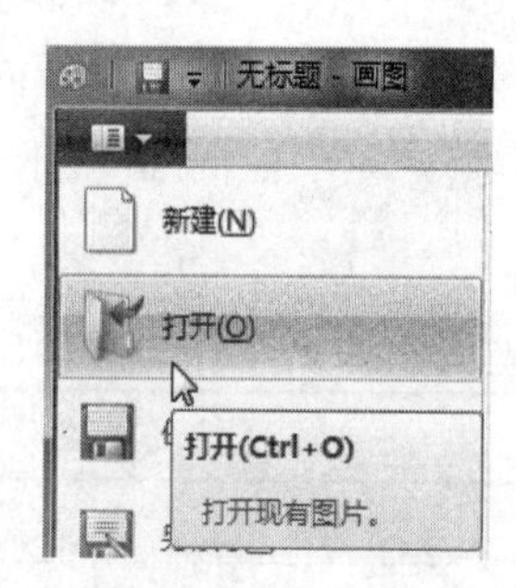

图 5-57 画图程序的“打开”菜单

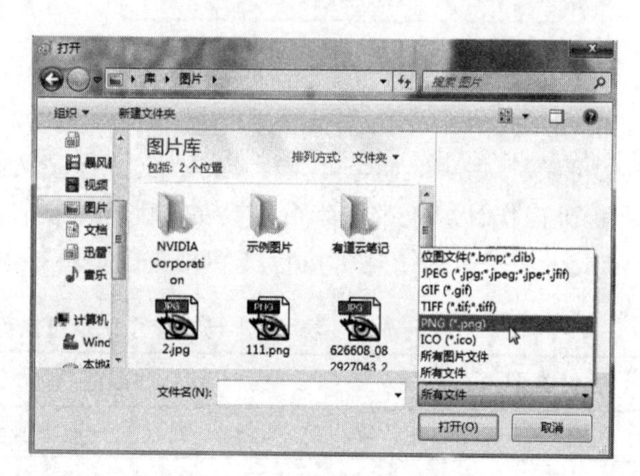

图 5-58 在“打开”对话框中查看可以打开的文件格式列表

同一个文件格式，用不同的程序处理可能产生截然不同的结果。例如一个 Word 文档（扩展名为.doc 或.docx），用 Microsoft Word 观看的时候，可以看到文本的内容，而用画图软件打开时，却只看到了操作系统给出的如图 5-59 所示的错误信息提示。可见，一种文件格式对某些软件会产生有意义的结果，对另一些软件来说，可能就是毫无用途的数字垃圾。

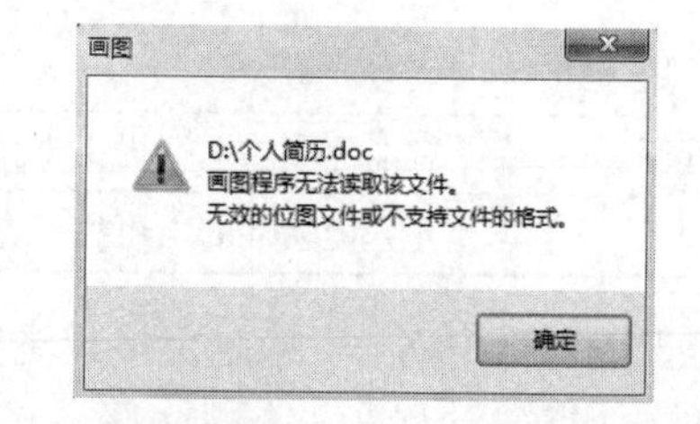

图 5-59 用画图程序无法打开一个 Word 文档

2. 文件格式与应用程序之间的关联

但是，当我们打开一个数据文件时，通常并不是使用应用软件的“开始”对话框。例如，想观看存放在硬盘上的一个电影文件（.MP4），我们通常的做法是先通过文件路径找到这个视频文件，然后双击该文件的图标，就可以打开观看了。

为什么会出现这样的情况呢？这是因为在应用软件和其所能够打开的文件格式之间设置了关联。当用户双击某个文件时，操作系统会自动根据关联设置找到该文件格式对应的应用程序，并利用该程序将文件打开。

在操作系统中会有一些默认的关联设置，将操作系统自带的实用程序与相应的文件格式关联起来。例如在 Windows 操作系统中，默认使用 Windows 照片库程序查看照片文件，使用 Windows Media Player 程序播放音乐和视频格式的文件。

3．文件关联能改变吗

用户在安装第三方的应用软件时，通常会更改这些默认的文件关联。例如用户在计算机中安装 ACDSee 软件（ACDSee 是一款非常流行的看图工具软件）时，就会对文件关联进行设置，如图 5-60 所示。在安装即将完成时，安装程序会提示用户选择双击时想要 ACDSee 打开的文件类型（如图 5-61 所示），凡是被选中的文件格式就会改变原有的关联程序，而来和 ACDSee 软件之间建立关联。

图 5-60 安装 ACDSee 软件时的文件关联设置

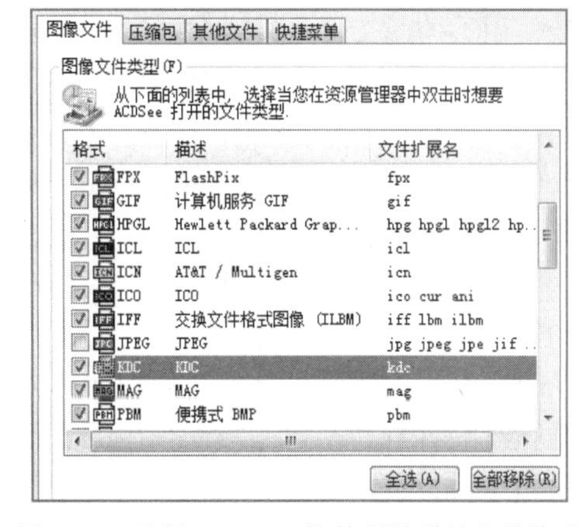

图 5-61 选择 ACDSee 软件所关联的文件格式

当计算机中可以处理某种文件格式的应用软件不止一款时，用户也可以通过简单的操作来改变文件格式和应用程序之间的关联。例如，在一个视频格式文件的图标上右击并选择“属性”命令，在“属性”对话框中查看其“打开方式”，可以看到目前该视频格式文件的关联程序是 Windows Media Player（如图 5-62 所示），可以单击后面的“更改”按钮，在打开的选择文件关联程序对话框（如图 5-63 所示）中选择其他的视频文件播放器（如暴风影音软件）。

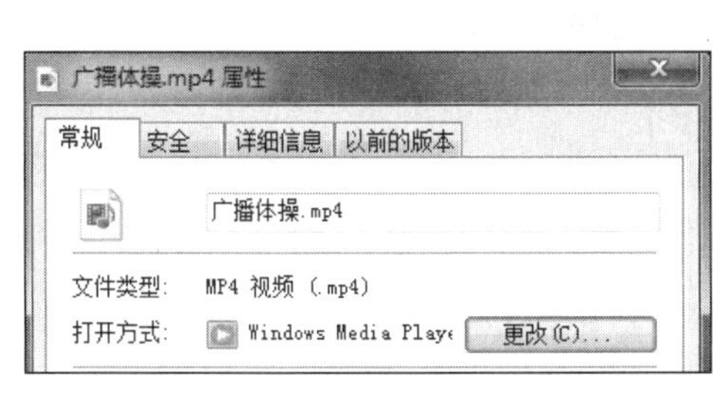

图 5-62 查看/更改文件的打开方式

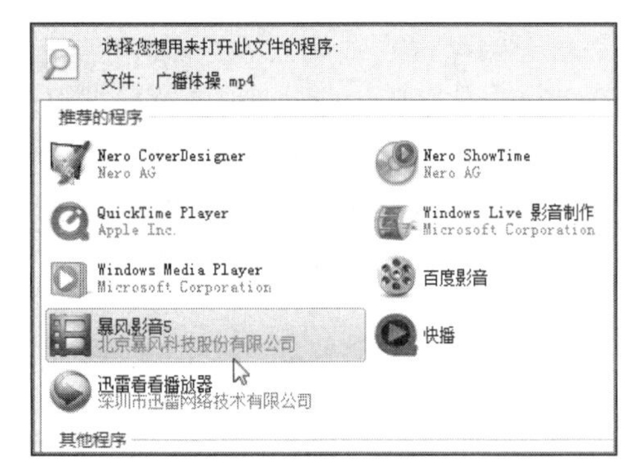

图 5-63 选择新的文件关联程序

4．为什么有时文件会打不开

有时用户可能会遇到文件打不开的情况。例如从别处复制了一个数据文件到自己的计算机中，但是在双击打开时却看到系统给出的错误信息提示。这种情况最有可能的一个原因是因为你的计算机中没有安装能够打开该格式文件的应用程序。这种情况下，将对应的应用程序安装上即可解决问题。

还有一种可能性是文件在传输或复制时受到损坏，此时简单的做法就是从文件的来源处重新获得一份未损坏的副本。如果有人无意中修改了文件的扩展名，也有可能造成文件无法打开。

5.4.6 操作系统怎样记录文件的位置

操作系统使用文件系统来记录位于存储器（如硬盘）上的文件的名称和位置。不同的操作系统使用不同的文件系统。多数版本的 Mac OS 使用的是 Macintosh 层次化文件系统增强版（Hierarchical File System Plus，HFS），Linux 的专属文件系统是 Ext3（Third Extended File System），Windows NT、2000、XP 和 Windows 7、Windows 8 使用的是 NTFS（New Technology File System）文件系统，而早期的 Windows 95、Windows 98 等使用的是 FAT32 文件系统。

硬盘的存储结构包括磁道和扇区，数据是存放在扇区中的。为了加速存储和查找数据的过程，磁盘驱动器通常能够处理由若干个扇区组成的“簇”。一簇所包含的扇区数是不定的，它取决于磁盘（或硬盘分区）的容量和操作系统所采用的文件系统格式。例如 Windows 7 操作系统中，在对硬盘分区进行格式化操作时（关于格式化的概念在本章后面还有介绍），可以设置该分区的文件系统格式以及默认簇的大小，如图 5-64 所示。

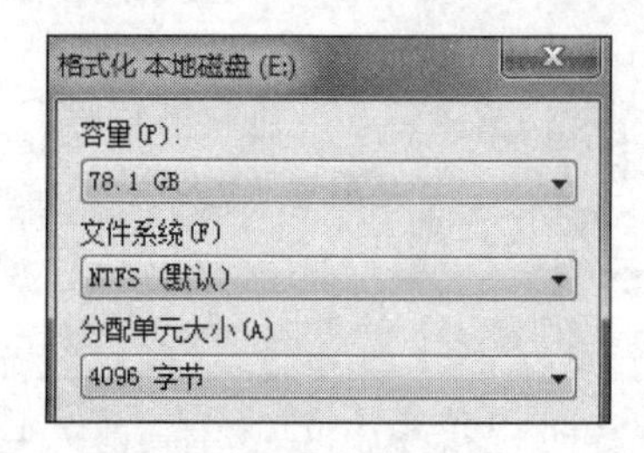

图 5-64 格式化硬盘分区时可以设置文件系统格式以及默认簇的大小

文件系统的主要任务是维护簇的列表，并且记录哪些簇是空的和哪些簇存放了数据。这些信息都被存储在特定的索引文件中。如果计算机使用的是 FAT32 文件系统，索引文件就称为文件分配表（File Allocation Table，FAT）；如果计算机使用的是 NTFS 文件系统，索引文件就是主文件表（Master File Table，MFT）。

每一个磁盘（或硬盘分区）都有它自己的索引文件。在保存文件时，计算机的操作系统会查看索引文件来确定哪些簇是空的。它会从中选择某个空的簇，将文件数据记录在那里，然后去修改索引文件，使索引文件里包含这个新文件的名称和位置。

当某个簇存放不了整个文件时，如果下一个相邻的簇里面没有数据，文件就会溢出到这个相邻的簇；若相邻的簇已经被占用，操作系统就会将文件的一部分存储在不相邻的簇里，并且做好相应的记录。

当想要使用某个文件时，操作系统会浏览文件名称和地址的索引，先找到存放该文件数据的第一个簇，然后操作系统会根据索引文件中的记录找到存放该文件其他部分的每一个簇。

5.4.7 文件的删除

1. 扔进回收站

在 Windows 系统中，当想要删除硬盘中的一个文件时，可以右击文件的图标并选择“删除”命令，将文件放入“回收站”中，接下来你会发现文件从原来的文件夹中消失了。此时该文件是不是已经从硬盘上被抹掉了呢？

回收站是一个特殊的文件夹，默认在每个硬盘分区根目录下的 RECYCLER 文件夹中，而且是隐藏的。当你将文件删除到回收站后，实质上只是把它从原来的位置移动到了这个隐藏的文件夹中（这也是用户在原来的位置上看不到该文件的原因）。因此，放入回收站的文件不仅没有从硬盘上被抹掉，甚至在查看磁盘（或硬盘分区）的剩余容量时，会发现已经扔进回收站的文件仍然占用着磁盘的空间。

此时打开回收站窗口，通常仍然可以找到被删除的文件图标，右击文件图标并选择“还原”命令，会发现该文件又重新出现在原来的位置上。

2. 清空回收站

当用户在回收站中删除文件或清空回收站以后，Windows 系统就不再提供文件的还原功能了。文件不仅从原来的文件夹中消失了，而且此时查看磁盘（或硬盘分区）的剩余容量，会发现被删除文件原来占用的硬盘空间已经被系统收回。那么，此时该文件是不是已经从硬盘上被抹掉了呢？仍然不是。

清空回收站以后，其实文件依然没有被真正从硬盘上抹掉。操作系统只是对该文件进行了“已删除”标记，即将文件名从索引文件中移除，使文件名不再出现在目录列表里。不仅如此，操作系统还将文件所在簇的状态改变为“空”，也就是说将该文件所占用的硬盘空间释放出来，从而允许其他文件存放在这些存储空间中。但是，如果你之后没有对那个硬盘分区进行读写操作，就不会有其他文件把被删除文件原来占用的空间替代掉。也就是说，在新文件的数据存放在这些簇中之前，原文件的数据会一直保留在原有的簇中，并没有从硬盘上抹掉。

需要注意的是，此时虽然操作系统不再提供文件还原的功能，但是通过一些特殊的数据恢复软件还是有可能将文件恢复的。

要彻底删除硬盘上的数据，可以使用专门的文件粉碎软件向标记为“空”的扇区上写入随机的 0、1 序列，从而覆盖原有的数据。更彻底的方法是将硬盘进行物理粉碎。

5.5　操作系统对设备的管理

5.5.1　再谈驱动程序

1. 什么是“驱动程序”

驱动程序，英文名为 Device Driver，全称为“设备驱动程序”，它是一种特殊的程序。首要作用是将硬件本身的功能告诉操作系统，次要作用是完成硬件设备电子信号与操作系统及软件的编程语言之间的互相翻译。

当用户需要使用某个硬件时，通常是通过应用软件将需求告诉操作系统，操作系统将需求发给该设备的驱动程序，并由驱动程序控制设备完成相应的任务，如图 5-65 所示。例如播放音乐文件时，播放器软件（如暴风影音）会将用户的需求告诉操作系统，操作系统会发送相应指令到声卡驱动程序，声卡驱动程序接收到后马上将其翻译成声卡才能听懂的电子信号命令，从而让声卡播放音乐。

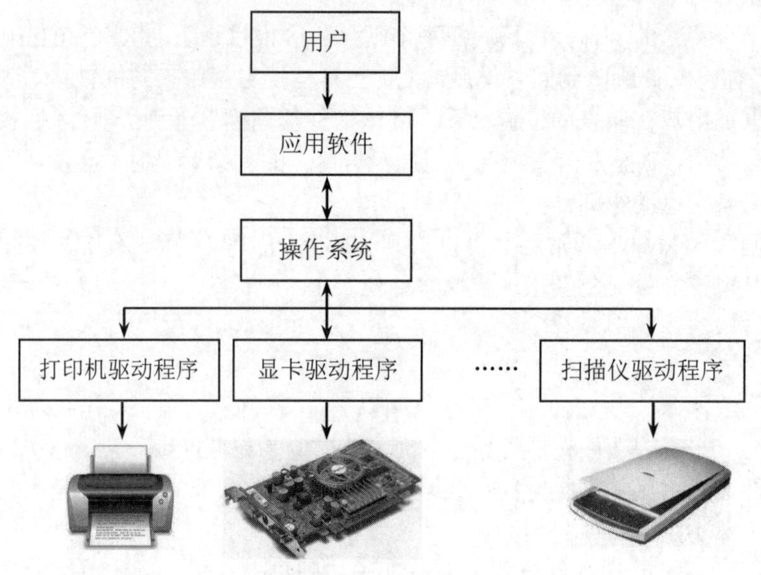

图 5-65 驱动程序的地位

2．驱动程序的分类

设备驱动程序是用来控制硬件设备工作的，不同的硬件设备有不同的驱动程序。也就是说，为主板编写的驱动程序并不能控制网卡的工作。因此，当我们查看驱动程序时，就会看到有主板驱动、显卡驱动、声卡驱动等。

驱动程序在工作时要和操作系统进行"交流"，因此即使是同一款设备，针对不同的操作系统，其驱动程序通常也不相同。图 5-66 显示了某计算机中，针对 Windows XP 和 Windows 7 两种操作系统，其网卡驱动程序相关信息的对比。可以看出，针对不同的操作系统，其驱动程序也不相同。

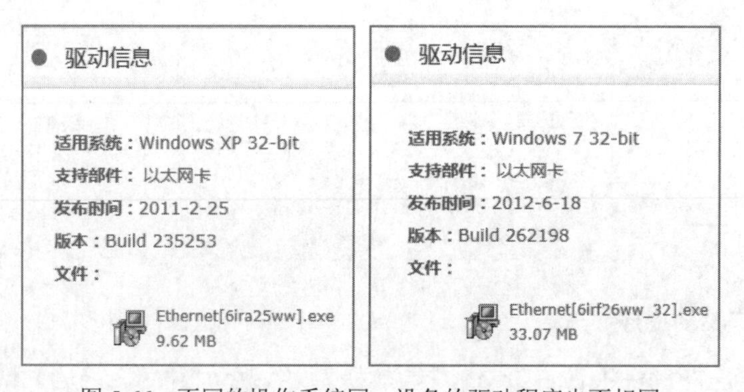

图 5-66 不同的操作系统同一设备的驱动程序也不相同

3．如何查看计算机中的设备驱动程序

在 Windows 操作系统中，通过一个名为"设备管理器"的程序可以查看到计算机中的硬件设备及其对应的驱动程序。在 Windows 7 中，单击左下角的"开始"按钮，进入"控制面板"窗口，然后依次单击"硬件和声音"→"设备和打印机"→"设备管理器"选项（如图 5-67 所示），打开"设备管理器"窗口，在其中可以看到计算机各个硬件的列表，包括处理器

（CPU）、磁盘驱动器、电池、键盘、声卡、鼠标、网卡、显卡等，如图 5-68 所示。

图 5-67 在“控制面板”中选择“设备管理器”

图 5-68 “设备管理器”窗口中的设备列表

单击所要查看的硬件设备（如键盘）右侧的三角图标，然后在列出的硬件型号信息上右击并选择“属性”命令（如图 5-69 所示），弹出如图 5-70 所示的“键盘属性”对话框。单击“驱动程序”标签，即可看到键盘驱动程序的相关信息。在这里可以看到很详尽的驱动程序的信息，包括它的供应商、文件版本、发行日期以及驱动程序文件所在的位置等。除了可以查看键盘驱动程序的详细信息外，还可以更新或卸载驱动程序。

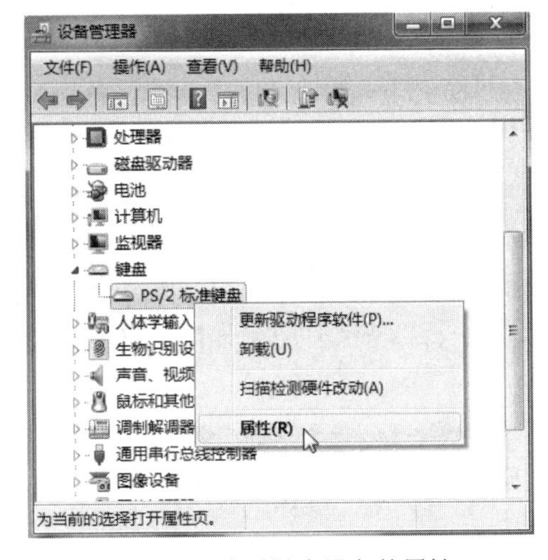

图 5-69 查看键盘设备的属性

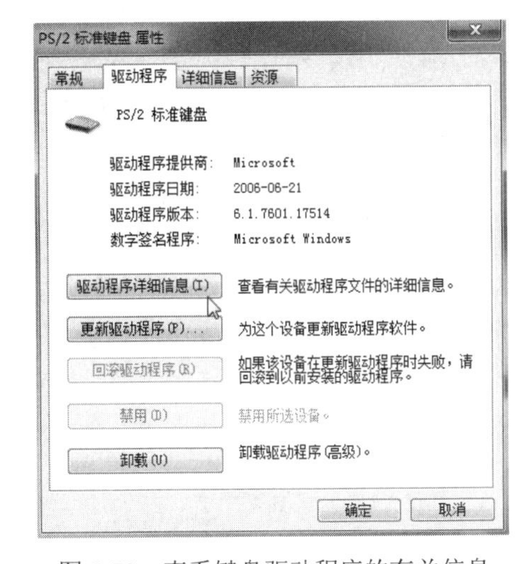

图 5-70 查看键盘驱动程序的有关信息

4. 从何处获得设备驱动程序

可能你会感到莫名其妙：“我并没有安装键盘的驱动程序啊，它怎么来的？”

其实在安装操作系统的同时，操作系统已经不知不觉地帮你安装部署了许多硬件设备的驱动程序，如鼠标、键盘、CPU、硬盘、网卡、声卡的驱动程序等。因为操作系统中通常已经包含了很多常用硬件设备的驱动程序，所以这样也就不难理解有时用户安装完操作系统后，甚至不用安装任何驱动程序就可以正常使用计算机了。

当然，操作系统中不可能包含所有硬件设备的驱动程序，尤其是一些计算机外围设备，如打印机、扫描仪等。此外，硬件厂商为了提高其硬件产品的性能和兼容性，也会发布新版本的驱动程序。因此，遇到这种情况，用户就需要在安装完操作系统以后再单独给这些设备安装驱动程序软件。

这就遇到了一个新问题，从何处获得设备的驱动程序？

（1）从设备厂商的官方网站下载。

随着因特网的普及，越来越多的设备厂商开始通过互联网向广大用户提供各种服务，其中就包括把设备驱动程序放在自己的官方网站上供广大用户免费下载。如图 5-71 所示，在联想的官方网站（http://www.lenovo.com.cn）上可以下载联想的 PC 机、笔记本电脑、一体机、打印机等多种设备的驱动程序。

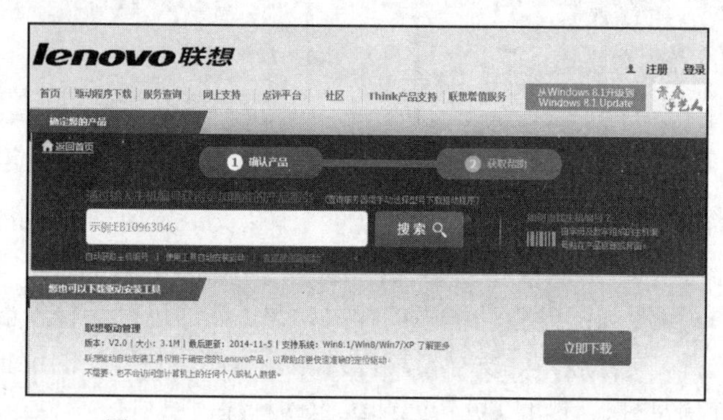

图 5-71 联想官方网站提供驱动程序下载服务

（2）从购买设备时附带的驱动程序光盘中获得。

在购买计算机或一些外围设备时（如打印机、扫描仪等），厂商通常会把设备驱动程序以光盘的形式放在设备包装箱内，图 5-72 所示为 EPSON L210 打印机随机附带的驱动程序光盘。有的驱动程序光盘中包含了该设备在不同操作系统（如 WindowsXP、Windows 7、Windows 8 等）下的驱动程序软件，也有的驱动程序光盘中包含了该系列设备不同型号机型的驱动程序。如图 5-73 所示是联想多功能打印一体机 M7600D 随机附带的驱动程序光盘中的程序文件，可以看出，该光盘中包含了 M 系列多款型号打印机的驱动程序软件，用户可以根据需要进行安装。

图 5-72 购买打印机时附带的驱动程序光盘

图 5-73 驱动程序光盘中的内容

（3）其他获得驱动程序的方式。

如果用户已知设备的具体型号，也可以登录互联网上专门提供驱动程序下载服务的网站，如驱动之家网站 http://drivers.mydrivers.com（如图 5-74 所示），根据设备型号查找并下载相应的驱动程序。

图 5-74　从互联网上下载驱动程序

5.5.2　操作系统对硬盘的管理

硬盘是计算机中最重要的存储设备，用户计算机中绝大部分的数据和程序文件都是存放在计算机硬盘上的。下面就来谈谈对硬盘的应用管理。

1．给硬盘分区

在 Windows 7 操作系统中，打开桌面上的“计算机”窗口时，常常能看到多个本地磁盘的图标，如图 5-75 所示。这是不是就表示计算机中有多个硬盘呢？答案是“不一定”。

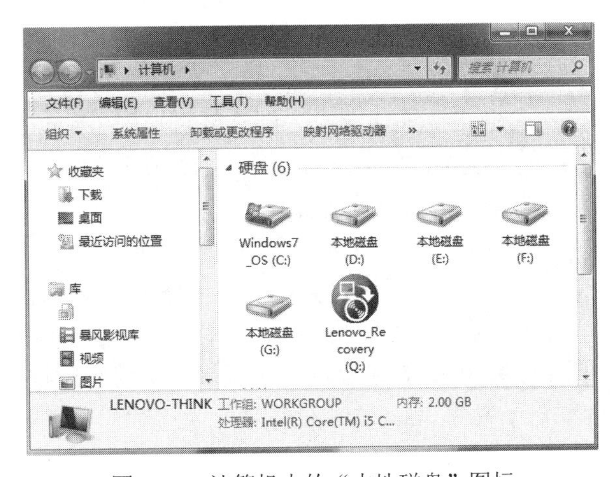

图 5-75　计算机中的“本地磁盘”图标

新的硬盘在使用之前必须先进行分区和格式化操作，然后才能存放数据。我们可以把一块新的硬盘比喻成一张白纸，分区操作就是规划出这张白纸上能够写字（即存放数据）的范围。使用者可以把整个硬盘划分成一个分区，即所有的数据都存放在一个区域里面；也可以根据自己的需要，把整个硬盘划分成若干个容量相同或不同的分区。

尽管可以将整个硬盘划分成一个分区，但实际上用户在进行硬盘分区时总是习惯上将一个硬盘划分成多个分区，因为这样做可以更好地对硬盘中的文件进行管理。例如，我们可以把操作系统安装在第一个分区中，而把我们自己建立的各种文档、数据等存放在其他分区中。这样，一旦操作系统出现问题需要修改甚至删除或重新安装时不会殃及其他分区中的资料。

硬盘分区一旦划分好，其每个分区的容量是固定不变的，并且分区之间是相互独立的，也就是说，对一个分区中的文件进行读、写操作不会影响到其他分区中的文件。例如，当一个分区存满数据后，如果用户再向此分区中存放数据，操作系统会提示用户此分区已满，请求用户对此分区中的数据进行整理，而不会自动将数据存放在其他分区中，尽管其他分区可能是空的。

所以，当“计算机”窗口中出现多个硬盘图标时，很有可能是因为一个硬盘被划分成了多个分区，并不能由此就断定计算机中有多块硬盘。

分区需要使用特定的程序才能创建、修改和删除。除了在第一次使用硬盘时需要分区以外，在使用计算机的过程中，如果用户觉得硬盘分区划分得不合适（例如第一个分区的容量太小了），还可以进行再次划分。但需要注意的是，除非有特殊需要，否则不要轻易改变硬盘分区的划分，因为使用普通分区软件对硬盘进行分区所带来的一个直接后果就是删除掉硬盘上所有分区中的所有数据。因此，在进行分区操作之前，一定要做好硬盘中重要数据的备份工作。

2．硬盘的格式化

硬盘格式化（Format）是指对硬盘或硬盘中的分区（Partition）进行初始化的一种操作，以便我们能够按部就班地往硬盘上记录资料。简单地说，好比有一所大房子要用来存放书籍，我们不会搬来书往屋里地上一扔了事，而是要先在屋里支起书架，标上类别，把书分门别类地放好。

格式化通常分为低级格式化和高级格式化。这种操作通常会导致现有的硬盘或分区中所有的文件被清除。

硬盘低级格式化（Low-Level Formatting）是针对硬盘本身操作的，就是将空白的硬盘划分出柱面和磁道，再将磁道划分为若干个扇区。随着新技术的应用，这个词的含义也在发生着变化，大多数的硬盘制造商将低级格式化定义为创建硬盘扇区（Sector），使硬盘具备存储能力的操作。硬盘的低级格式化需要特殊的方式和程序，因此在硬盘出厂前低级格式化就已经完成了。用户通常不需要对硬盘进行低级格式化操作。

如果没有特别指明，对硬盘的格式化通常是指高级格式化。高级格式化又称逻辑格式化，是针对硬盘分区进行的操作。因此，高级格式化是在硬盘分区结束以后进行的一个操作。高级格式化的执行与计算机操作系统有关。它是指根据用户选定的文件系统（如 FAT32、NTFS、EXT2、EXT3 等，由操作系统提供），在硬盘的特定区域写入特定数据，以达到初始化硬盘分区、清除分区中原有文件的一个操作。高级格式化包括对主引导记录中分区表相应区域的重写，根据用户选定的文件系统在分区中划出一片用于存放文件分配表和目录表等用于文件管理的磁盘空间，以便用户使用该分区管理文件。

对硬盘执行完分区操作后，还必须对每个分区进行格式化，然后才能在该分区中存放数据。对于一个正在使用并且已经存放有数据的硬盘，如果有多个分区的话，用户也可以仅对某一个分区，如 D:盘、E:盘等，再次进行格式化。如图 5-76 所示，在 Windows 7 操作系统中，将鼠标指针指向 D:盘图标并右击，在弹出的快捷菜单中选择“格式化”命令，弹出“格式化本地磁盘”对话框，如图 5-77 所示。其中会显示该硬盘分区容量，并允许用户设置该分区的文件系统格式（默认是 NTFS）和簇的大小（默认是 4096 字节）等，单击“开始”按钮即可开始格式化操作。

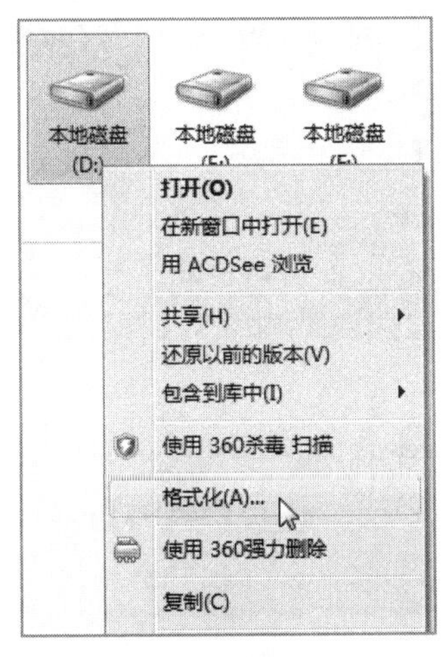

图 5-76 对 D:盘的格式化操作

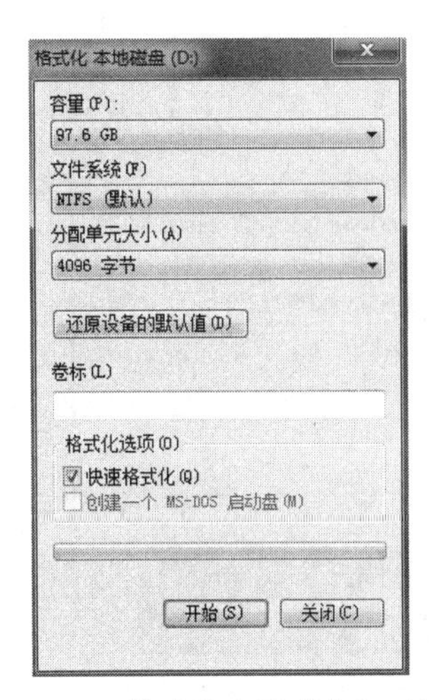

图 5-77 “格式化本地磁盘”对话框

需要强调的是，对一个硬盘分区进行格式化操作时会删掉此分区中原有的全部数据。因此硬盘的格式化操作一定要慎重进行，并做好必要的数据备份工作。

3. 对硬盘初始化工作的总结

给硬盘分区、对硬盘进行格式化操作都属于对硬盘的初始化操作。硬盘在出厂之前已经完成了低级格式化，即创建了磁道、扇区等逻辑存储结构。用户在买回硬盘后，通常不需要再对硬盘进行低级格式化，但必须对硬盘进行分区操作，即将整个硬盘划分成一个或若干个相互独立的存储区域，以便于后期的数据存储管理。分区完成后，还必须对每一个分区进行高级格式化操作。经过高级格式化以后，硬盘分区才能存放用户的文件数据。硬盘分区操作是针对整个硬盘进行的，通常会删除整个硬盘上的文件数据。高级格式化是针对某一个硬盘分区进行的，会删除该硬盘分区中的文件数据，因此要提前做好数据备份。

4. 硬盘碎片的整理

用户经常会在硬盘上存放文件或者把硬盘上的某个文件删除掉。久而久之，硬盘上就会留下大大小小并不相邻的空白存储区域。因此，操作系统在向硬盘中写入一个文件时，该文件通常并不是放置在相邻的簇中，而是被分成了多个部分，不同部分往往分散存放在硬盘的不同角落里（即不相邻的簇中）。当需要访问该文件时，硬盘的读写磁头需要不停地来回移动以寻找存放了文件不同部分的簇，这样通常会导致驱动器性能下降，影响访问效率。要使驱动器恢复最佳性能，可以使用碎片整理实用程序来重新排列硬盘上的文件放置位置，尽量使它们存储在相邻的簇中。

操作系统中通常包含了磁盘碎片整理程序。以 Windows 7 操作系统为例，单击“开始”

→“所有程序”→“附件”→“系统工具”→“磁盘碎片整理程序”（如图 5-78 所示），即可启动操作系统自带的磁盘碎片整理程序，图 5-79 所示的程序窗口中显示了硬盘中各个分区的碎片情况，用户可以选择相应的硬盘分区进行碎片整理。

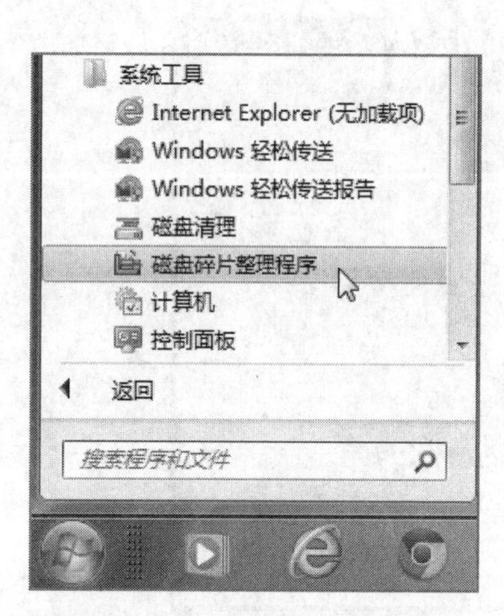

图 5-78 启动磁盘碎片整理程序

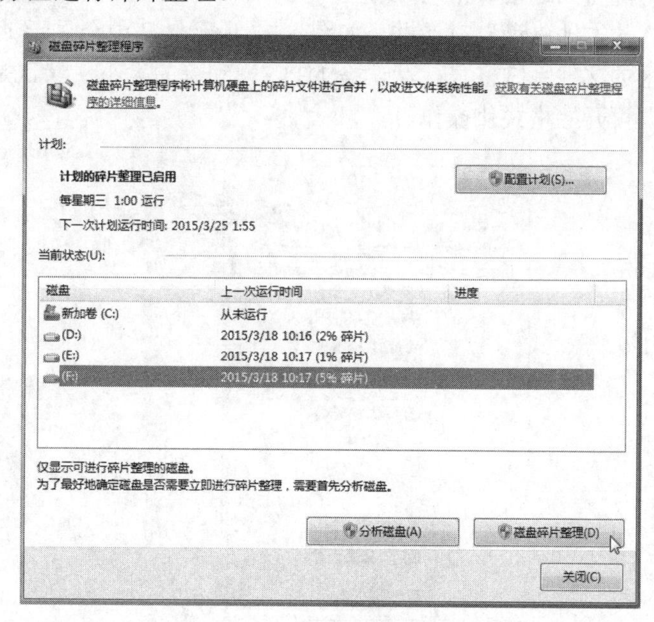

图 5-79 进行硬盘碎片整理

5.6 操作系统的安装

操作系统是计算机中最重要的系统软件。操作系统的安装与运行涉及到硬件、软件、网络、安全等多个方面。虽然互联网上提供了许多关于快速安装操作系统的便捷方法，但是了解操作系统安装的整个过程对以后的计算机使用和维护会有很好的帮助。下面以 Windows 7 操作系统为例来讲解操作系统的安装。

5.6.1 Windows 7 操作系统安装步骤简介

（1）制定安装规划，包括操作系统版本、硬件环境、参数规划等。

（2）将计算机启动顺序设置成先从光驱启动，再从硬盘启动。

（3）将操作系统安装光盘放入光驱，从光盘启动计算机。

（4）根据操作提示完成硬盘分区、格式化操作。

（5）根据操作提示安装操作系统文件。

（6）操作系统文件安装完成后，取出安装光盘并重启计算机。

（7）设置系统参数，如用户名、登录密码、Windows 桌面等。

（8）安装计算机的硬件驱动程序，包括外围设备的驱动。

（9）对网络参数进行配置。

（10）给操作系统打补丁。

5.6.2　步骤 1：制定安装规划

规划出安装 Windows 7 操作系统时所需要的计算机硬件配置信息和软件信息。

1. 规划硬件信息

一款软件的运行是需要硬件支持的，例如需要什么样的 CPU、至少需要多大的内存空间、至少需要多大的硬盘空间等。这些信息是我们在安装计算机软件时要注意到的。安装 Windows 7 操作系统通常需要具备以下基本的硬件环境：

（1）主频 1 GHz 或更快的 32 位（x86）或 64 位（x64）处理器。

（2）至少 1 GB 内存（如果是 64 位操作系统，则需要 2GB 内存）。

（3）至少 20 GB 可用硬盘空间。

2. 规划软件信息

用户可以结合自己的工作需要来选择安装 Windows 7 操作系统的版本。例如是安装 32 位版本还是 64 位版本、是英文版还是中文版、是安装旗舰版还是专业版或标准版等。

3. 规划系统参数

在正式安装操作系统之前，用户应事先规划好系统安装过程中所需要用到的设置参数。主要包括硬盘划分成几个分区、文件系统设置、系统登录的用户名和密码设置等。

4. 规划网络参数

通过咨询网络接入服务商来获取本机的网络地址信息，包括 IP 地址信息、子网掩码、默认网关、DNS 等。

5.6.3　步骤 2：设置计算机启动顺序

计算机在启动时要在外部存储设备中寻找操作系统（如 Windows 7），然后将操作系统的核心程序调入内存，接下来我们才能通过操作系统控制计算机完成相应的工作。但是，计算机中有硬盘、光驱（光盘），还可以插入 U 盘，那么在启动时从哪个设备中去找操作系统呢？这可以通过事先的设置来实现，这个设置被称为计算机启动顺序的设置。例如，在通过光盘安装操作系统时，就要将计算机的启动顺序设置成先从光盘启动再从硬盘启动，即先从光驱中的光盘上找操作系统，找到了就将其核心程序调入内存，如果找不到，再从硬盘上去找，这就是一种启动顺序。

要想设置计算机启动顺序，必须进入到专门的设置程序当中，这个程序通常称为 BIOS 设置程序。在开机时，当屏幕上刚刚出现英文文字时，通常在屏幕下方会有一行英文，提示用户按下键盘上的某个按键就可以进入到设置程序中，如图 5-80 所示。不同品牌的计算机，进入设置程序的按键可能会不一样，通常有 Del 键、F2 键、F12 键等。

进入 BIOS 设置程序后，用户需要选择针对启动顺序进行设置的选项，然后即可根据屏幕提示设置启动顺序。在图 5-81 所示的 BIOS 设置程序界面中，用户选择 Boot 选项进行启动顺序设置，图中所设置的启动顺序依次是光驱、硬盘、可移动设备（如U盘）、网络启动。

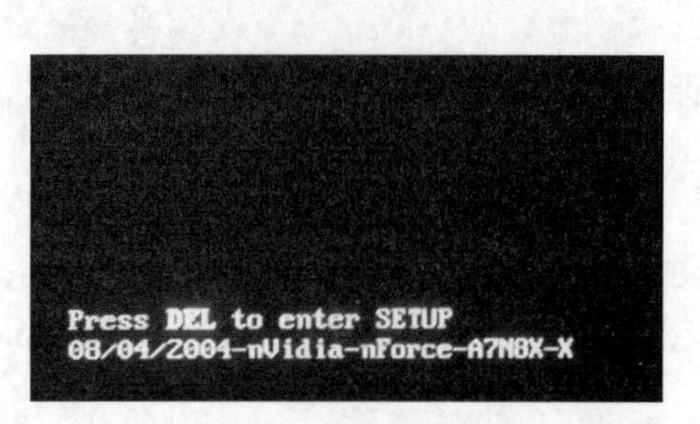

图 5-80　屏幕下方提示：按 DEL 键进入设置程序

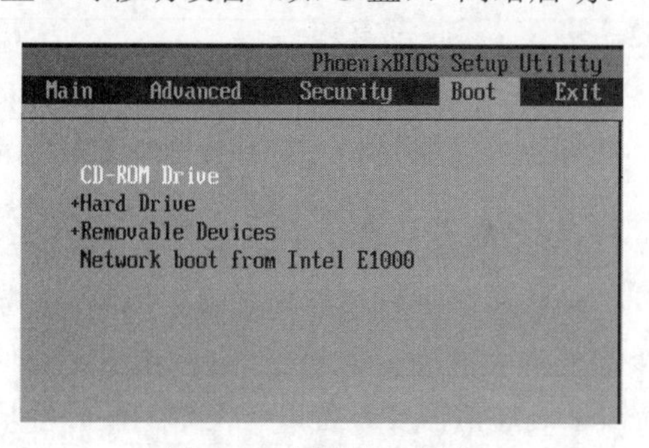

图 5-81　设置启动顺序

5.6.4　步骤 3：从光盘启动计算机，运行 Windows 7 安装程序

将 Windows 7 旗舰版的安装光盘放入计算机光驱，启动计算机。由于计算机被设置成先从光盘启动，因此在启动时屏幕上会出现如图 5-82 所示的提示信息：Press any key to boot from CD or DVD…（按任意键即可从光盘启动）。此时用户按一下键盘上的任意按键，即可进入到 Windows 7 的安装程序界面。开始安装时，用户首先要阅读并接受微软公司针对 Windows 7 的安装许可条款（如图 5-83 所示），然后才能进行后续的操作。

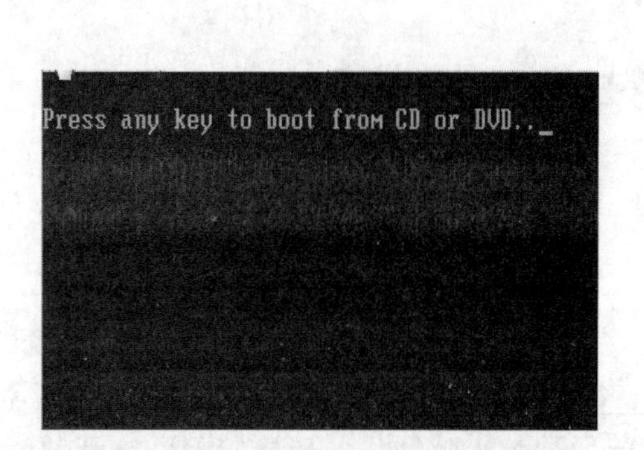

图 5-82　按任意键从光盘启动计算机

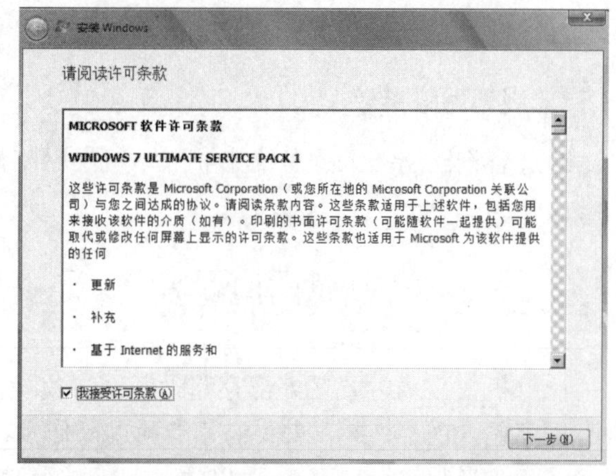

图 5-83　微软针对 Windows 的安装许可条款

5.6.5　步骤 4：设置硬盘分区和格式化

Windows 7 光盘启动后，接下来的一步是对硬盘分区和格式化设置。如果硬盘中已有分区信息，并且用户仍想保留原有的分区，那么此处可以跳过硬盘分区操作，直接选择将操作系统安装在第一个主分区中。如果硬盘中尚无分区信息，此时用户必须设置硬盘分区和格式化操作。如果硬盘中已有分区信息但用户不想保留，则可先删除原有分区信息，然后重新划分。

需要注意的是，硬盘分区操作会造成硬盘原有文件数据的丢失，因此如果硬盘上原来有文件数据，则此时要提前做好数据备份。

本例中的硬盘容量是 300GB，尚未划分分区（如图 5-84 所示，磁盘 0 表示第 1 块硬盘）。用户可以单击“新建”选项，根据前期规划依次输入每个硬盘分区大小，从而创建硬盘分区。在图 5-85 中可以看到，用户创建的分区是从分区 2 开始的，因为 Windows 自动创建了一个大小为 100MB 的分区（即分区 1），用于存放系统文件。

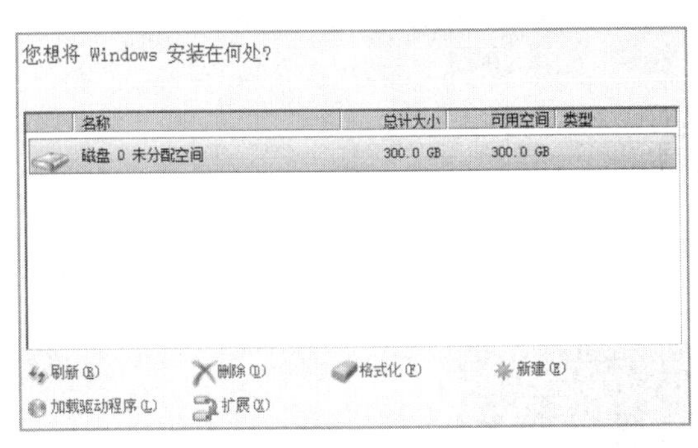

图 5-84　硬盘分区界面

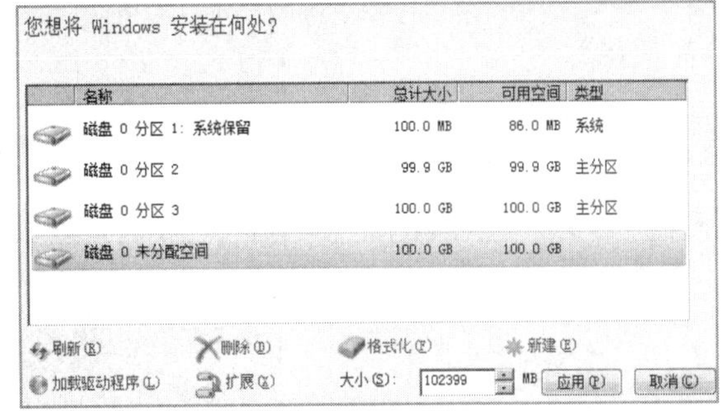

图 5-85　创建硬盘分区

在本例中，我们将硬盘划分成了 3 个分区，接下来可以使用“格式化”选项对创建的分区进行高级格式化操作。

5.6.6　步骤 5：安装 Windows 7 的系统文件

完成硬盘分区和格式化后，接下来开始将 Windows 7 操作系统安装在硬盘上。通常要将操作系统安装在用户创建的第一个硬盘主分区（即图 5-85 中的分区 2）中。选择第一个主分区，然后单击“下一步”按钮（如图 5-86 所示），即可开始系统安装，主要包括文件复制、展开文件、安装功能、安装更新等步骤，如图 5-87 所示。

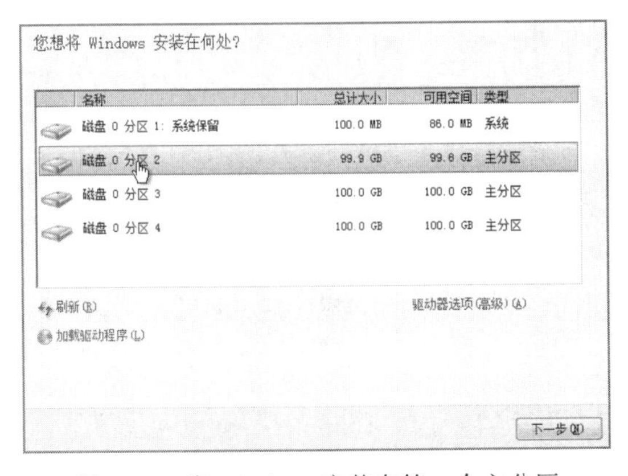

图 5-86　将 Windows 安装在第一个主分区

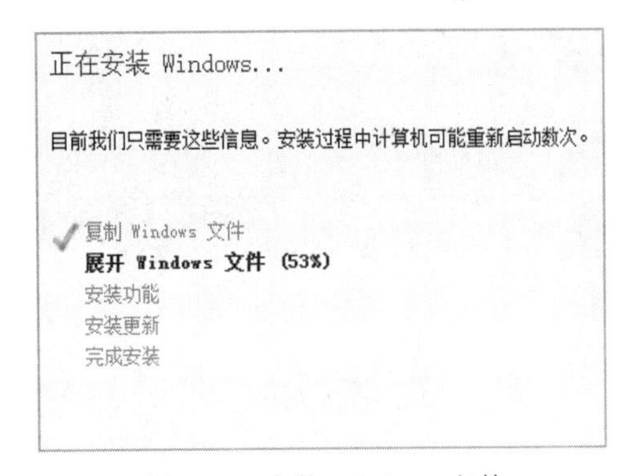

图 5-87　安装 Windows 文件

5.6.7　步骤 6：重启计算机

在安装过程中，计算机会自动重新启动，如图 5-88 所示。由于 Windows 的系统文件已经安装到计算机硬盘上，因此此时应将 Windows 7 安装光盘从光驱中取出，从而使计算机接下来从硬盘启动而不再从光盘启动操作系统。

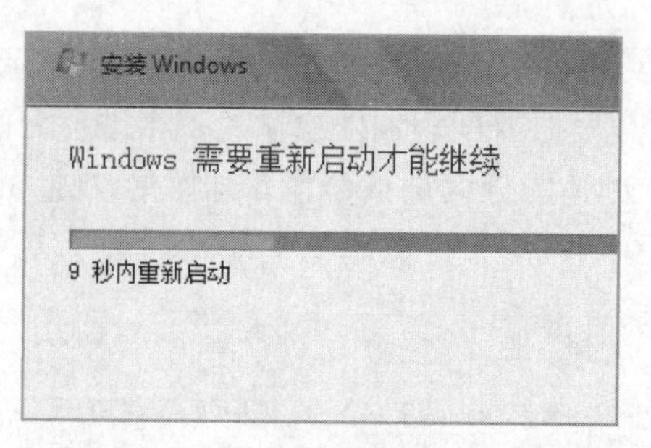

图 5-88 安装过程中需要重新启动计算机

计算机再次启动后，安装程序将会继续运行，以完成后续安装，并且为首次使用计算机进行参数设置，如图 5-89 所示。

图 5-89 安装程序为首次使用计算机做准备

5.6.8 步骤 7：设置系统参数

接下来会进入 Windows 的参数设置界面，主要包括设置用户名、计算机名（如图 5-90 所示）、用户密码、输入 Windows 密钥、设置系统时间（如图 5-91 所示）等，用户可以根据前期的安装规划设置相关参数。

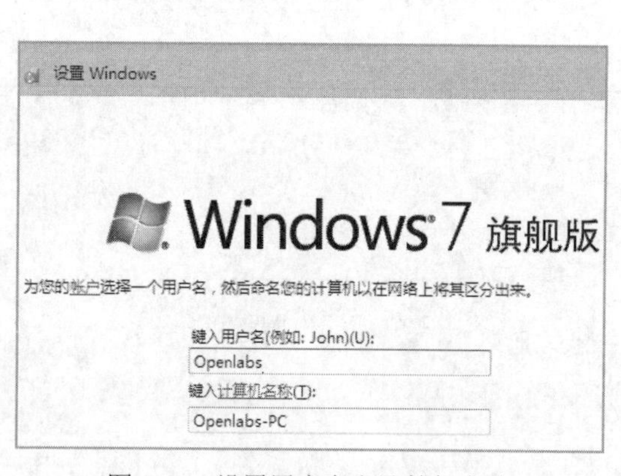

图 5-90 设置用户名和计算机名称

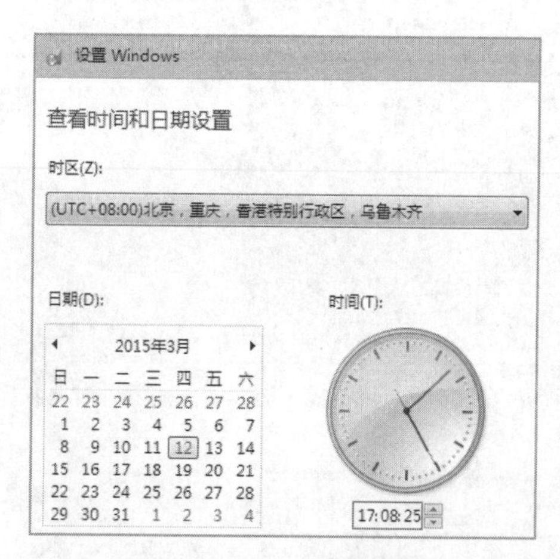

图 5-91 设置 Windows 系统的时间和日期

完成 Windows 参数设置以后，系统会进入 Windows 桌面。不过，默认情况下，此时桌面上只有一个“回收站”图标，如图 5-92 所示。如果想在桌面上添加其他图标（如“计算机”），可在桌面空白位置右击，然后选择“个性化”→“更改桌面图标”命令，弹出如图 5-93 所示的“桌面图标设置”对话框，在相应的桌面图标名称前打对钩。

图 5-92　初始 Windows 桌面上只有“回收站”图标

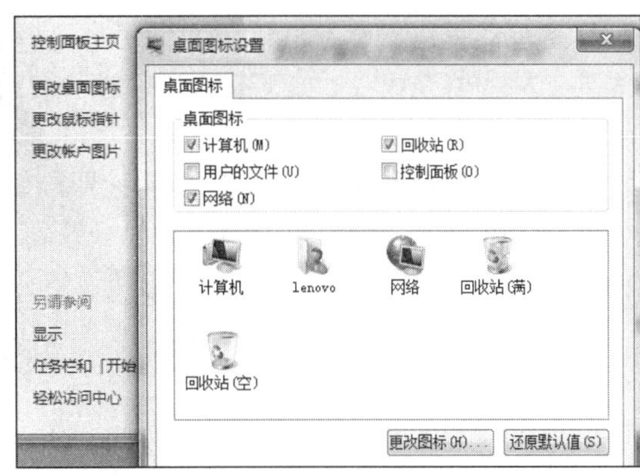

图 5-93　设置 Windows 桌面图标

5.6.9　步骤 8：安装驱动程序

驱动程序是一种可使操作系统和设备通信的特殊程序。操作系统只有通过驱动程序才能控制硬件设备的工作，假如某设备的驱动程序未正常安装，此设备便不能正常工作。例如网卡驱动未安装，计算机便不能通过网卡上网。

Windows 7 操作系统本身通常会包含一些设备的驱动程序，例如网卡驱动、声卡驱动、鼠标和键盘的驱动等，但也有一些设备（如主板、显卡、打印机、扫描仪等）的驱动程序可能需要用户在安装完操作系统以后再手动安装。用户可以通过购买硬件设备时随机附带的驱动程序光盘安装所需要的驱动程序，也可以从网上下载相应设备的驱动程序进行安装。

驱动程序安装完成后，可在 Windows 桌面上右击“计算机”图标，然后选择“属性”→“设备管理器”命令，在“设备管理器”窗口中查看设备驱动程序的安装情况，如图 5-94 所示。

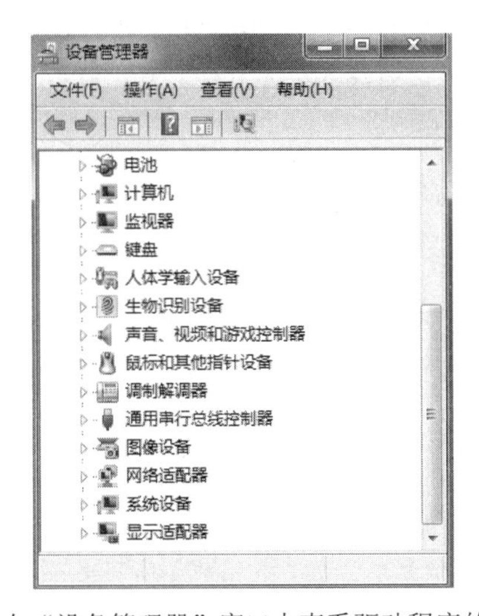

图 5-94　在“设备管理器”窗口中查看驱动程序的安装情况

5.6.10 步骤 9：设置网络参数

设备驱动程序安装完成后，我们已经可以正常使用计算机了。不过，还有许多工作和应用需要上网才能完成，例如下载应用软件、给系统打补丁等。因此，接下来需要按照前期的网络规划完成网络参数的设置。

网络参数的设置主要指 IP 地址的设置，如图 5-95 所示。家庭用户计算机的 IP 地址可以从网络接入提供商（如联通、电信）等处获得，办公室计算机 IP 地址的设置通常要咨询本单位的网络管理员。关于 IP 地址的概念和设置方法在第 6 章中还会有介绍。

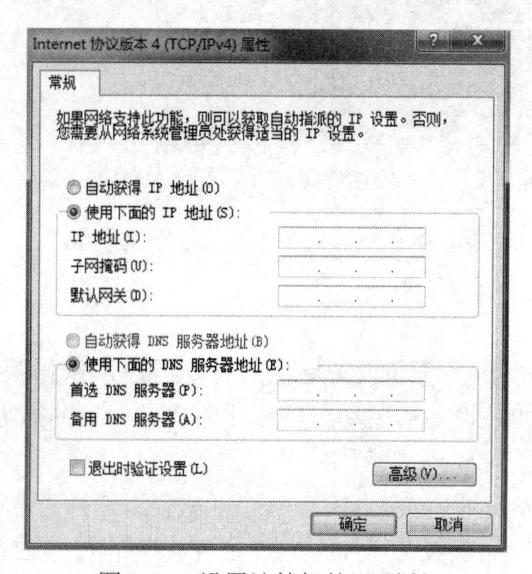

图 5-95 设置计算机的 IP 地址

5.6.11 步骤 10：给操作系统升级更新

为了保证操作系统的正常运行，在安装完操作系统以后，应该及时地给系统升级更新。关于操作系统升级更新的具体内容请参见 5.7 节。

5.7 操作系统的升级更新

操作系统的重要性使得用户必须注重对它的日常维护，而定期升级更新则是一项必不可少的维护措施，下面就以 Windows 7 操作系统为例来谈谈操作系统的升级更新。

5.7.1 再谈漏洞

1. 系统漏洞是客观存在

漏洞常常是因为计算机软件在设计和开发阶段，由各种缺陷而产生的一种软件错误。问题是这种漏洞（缺陷）由于种种原因，在软件正式发行之前并没有被软件开发者发现并纠正，这也就给软件的使用者带来了安全隐患。也就是说，软件漏洞通常是客观存在的，只是暂时没有被发现而已。

操作系统软件也有漏洞，通常被称为系统漏洞。由于操作系统的重要性，在其正式发行以后，不仅软件发行商（即软件开发者）在关注、研究它的安全隐患（即漏洞），以期做好后期的升级更新工作，还有很多人（尤其是黑客），出于自身的目的也在盯着它、研究它的缺陷。因此，每过一段时间就会有若干系统漏洞浮出水面。

2. 系统漏洞的危害

黑客通过漏洞非法进入计算机，重要信息泄漏，文件丢失。

病毒通过漏洞感染计算机，占用计算机资源，使之不能正常工作（死机、运行缓慢）。

以漏洞计算机为跳板攻击网络，造成网络通道阻塞，甚至瘫痪。特别是蠕虫病毒，利用漏洞传播自身，引起计算机故障、影响网络正常运行，成为网上的一大公害。

杀毒软件虽然可以查杀病毒代码，但常常已经是“马后炮”，因为此时病毒已经感染了计算机，病毒的症状已经发作，处理起来很烦麻。

3. 给漏洞打补丁

针对漏洞攻击的问题，通常一个简单而有效的办法就是给操作系统打补丁。例如每隔一段时间，微软公司就会针对其操作系统中新发现的漏洞编制出相应的补丁程序（如图 5-96 所示）或包含一组补丁程序的服务包（如图 5-97 所示），并将其放在微软网站上供用户下载安装，同时以系统信息的方式通知用户。一台计算机在受到攻击之前将这些补丁打上，就能较好地预防漏洞攻击现象，使计算机系统本身以及相关网络的安全性都得到提高。

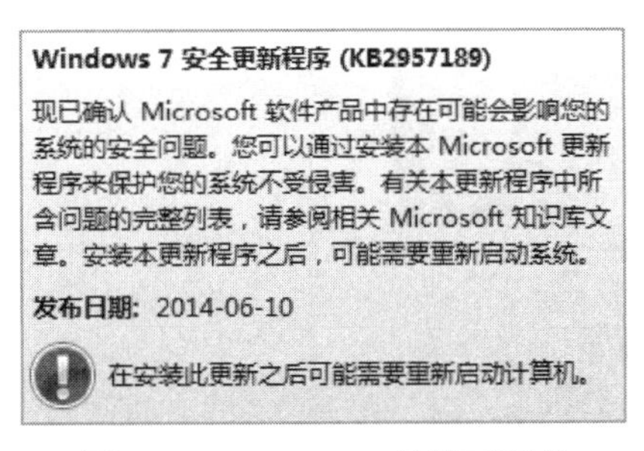

图 5-96 Windows 7 的补丁程序

图 5-97 Windows 7 的 Service Pack 1 服务包

5.7.2 如何给 Windows 打补丁

1. 启动 Windows Update

Windows Update 是 Windows 操作系统中的一个系统工具程序。只要用户的计算机接入因特网，就可以通过该程序检查自己计算机中的 Windows 操作系统还有哪些补丁程序没有安装或者微软公司又发布了哪些新的补丁。用户还可以通过该程序设置打补丁的方式。

单击“开始”→“控制面板”→“系统和安全”→Windows Update 命令（如图 5-98 所示），

即可启动 Windows Update 程序。

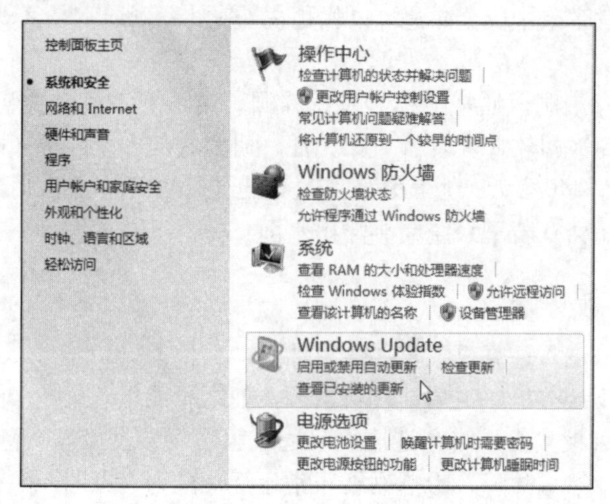

图 5-98　控制面板中的 Windows Update 选项

2．检查/安装更新

在如图 5-99 所示的 Windows Update 程序主窗口中，单击窗口左侧的“检查更新”选项，即可开始检查计算机中的 Windows 操作系统还有哪些更新没有安装或者微软公司又发布了哪些新的更新程序。注意，检查和下载更新程序是在线进行的，所以一定要保证自己的计算机正常接入因特网。

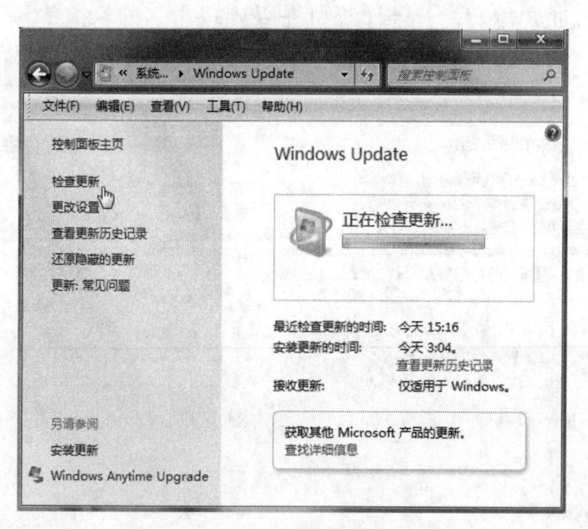

图 5-99　检查更新

检查完毕，系统会显示目前可用的更新程序的基本信息（如图 5-100 所示），单击“安装更新”按钮，系统即可自动下载并安装相应的更新程序，如图 5-101 所示。

3．设置更新的安装方式

单击图 5-99 中左侧的“更改设置”选项，即可打开“选择 Windows 安装更新的方法”窗口（如图 5-102 所示），在其中用户可以选择安装更新的具体时间和方式。

图 5-100　显示检查更新的结果

图 5-101　下载并安装更新

图 5-102　设置更新方式的窗口

在图 5-103（a）中，用户可以设置下载及安装更新的方式，选择是用手工的方式安装更新还是让操作系统自动安装更新。如果用户选择默认的“自动安装更新”选项，则还可以设置系统自动更新的具体时间，如图 5-103（b）所示。

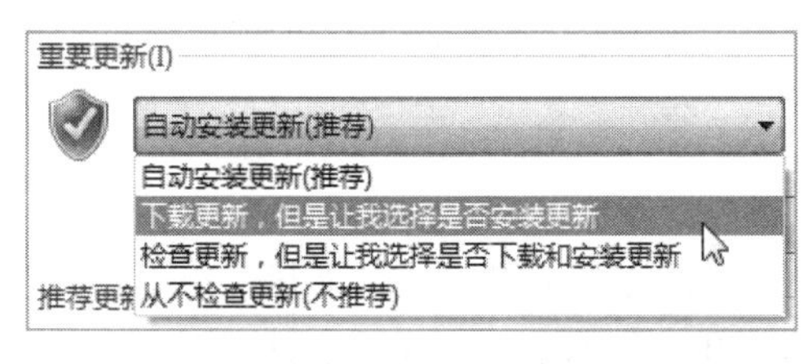

（a）设置检查及安装更新的方式

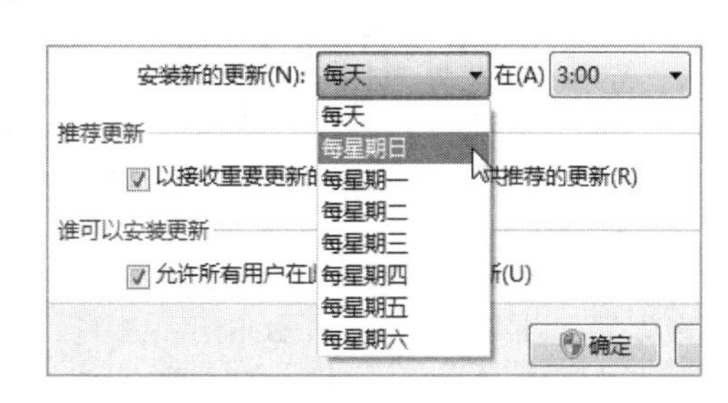

（b）设置自动安装更新的时间

图 5-103　系统更新设置

6

无网络不世界

在信息时代中，计算机不再只是进行数据计算的工具，它已经成为人们生活的必需品。它可以在世界范围内为用户提供如通信、娱乐、学习、交谈、采购等各种服务，而这一切都基于计算机网络技术。自 20 世纪 60 年代诞生以来，计算机网络得到了空前的发展，给人们的工作、生活、学习甚至思维模式带来了深刻的变革。

6.1 什么是计算机网络

6.1.1 从一份报告谈起

自 1998 年以来，中国互联网络信息中心（CNNIC）形成了于每年 1 月和 7 月定期发布《中国互联网络发展状况统计报告》的惯例。2015 年 1 月，CNNIC 发布了第 35 次统计报告，该次报告对 2014 年中国互联网络的基础资源、网民规模、结构特征、接入方式和网络应用等内容进行了统计及对比分析。

本章就从第 35 次《中国互联网络发展状况统计报告》（以下简称《报告》）中的几个统计数据谈起。

1. 总体网民规模

根据《报告》统计，截至 2014 年 12 月，我国网民规模达 6.49 亿，全年共计新增网民 3117 万人。互联网普及率为 47.9%（如图 6-1 所示），较 2013 年底提升了 2.1 个百分点。

2. 个人上网时长

根据《报告》统计，2014 年中国网民的人均周上网时长达 26.1 小时（如图 6-2 所示），较 2013 年底增加了 1.1 小时。网民对互联网应用使用广度和深度的提升继续推动我国网民人均周上网时长的持续增长。

图 6-1 中国网民规模和互联网普及率

3. 网民对互联网的依赖程度

根据《报告》统计，随着各类互联网应用的快速发展，互联网越来越成为网民日常工作、生活、学习中必不可少的组成部分，人们对网络的依赖程度越来越高。本次调查显示 53.1%的网民认为自身依赖互联网，其中非常依赖的占 12.5%，比较依赖的占 40.6%，如图 6-3 所示。

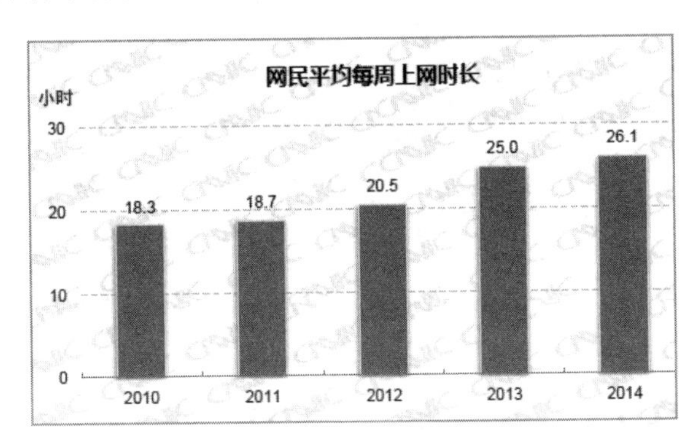

图 6-2 网民平均每周上网时长

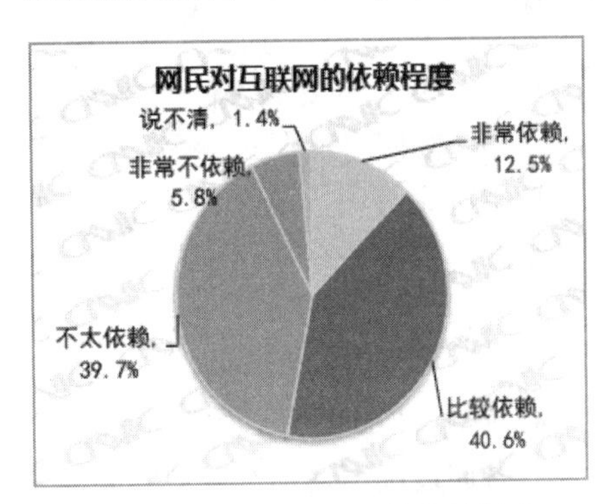

图 6-3 网民对互联网的依赖程度

学历程度越高的网民对互联网的依赖比例越大。小学及以下网民中有 44.9%的人比较或非常依赖互联网，大学本科及以上的网民中这一比例达到 63.9%。

6.1.2 网络能干什么

前面的统计分析说明：网络已经成为越来越多的人工作、生活和娱乐的“基础元素”。那么，计算机网络到底是什么？它能干什么呢？

在百度上搜索信息、在淘宝网上购物、利用 QQ 进行即时交流、在优酷上看电影、给远方的朋友发送 E-mail……，可以说，我们日常生活中的许多活动都离不开网络的支持。归纳一下，计算机网络给用户提供的功能主要有两个：数据通信和资源共享。

1. 数据通信

数据通信是计算机网络最基本的功能。通过数据通信可以使计算机网络上的各个用户之间好像是直接连通一样，用户之间的距离也似乎变得更近，从而实现计算机与计算机之间快速、可靠地传送各种信息。人们可以在网上传送电子邮件、发布新闻消息、进行电子购物、远程电子教育等。

2. 资源共享

资源共享是计算机网络最重要的功能。“资源”指的是网络中所有的软件、硬件和数据资源。

硬件资源共享是指在整个网络范围内提供各种相关设备的共享，特别是提供如高性能计算机、具有特殊处理功能的部件、高性能的打印机、大容量的外部存储器等较为昂贵设备的共享。

软件资源共享是指联网的计算机可以使用网上其他计算机中的软件，这样可以避免软件研制及部署上的重复劳动。

数据资源共享则是方便用户远程访问各类大型数据资源库，这样可以避免数据的重复存储。

例如计算机网络上有许多主机存储了大量有价值的电子文档，可供上网的用户读取或下载。由于网络的存在，这些资源好像就在用户身边一样；办公室内的多台计算机，通过网络可以共享使用一台打印机等。

6.1.3 网络的分类

计算机网络可以从不同的角度进行分类。例如按传输介质来分类，可以分成有线网络和无线网络；按使用者不同，可以分为公用网和专用网。最常见的分类方法是按照网络通信涉及的地理范围来分类。按这种标准可以把计算机网络划分为局域网、城域网、广域网。地理范围是网络分类的一个非常重要的度量参数，因为不同规模的网络通常采用不同的技术。

1. 局域网

局域网（Local Area Network，LAN）通常是指地理范围在几米到十几千米内的计算机及外围设备通过高速通信线路相连形成的网络，常见于一幢大楼、一个工厂或一个企业内。校园网就是典型的局域网。随着整个计算机网络技术的发展和提高，局域网得到充分的应用和普及，几乎每个单位都有自己的局域网，甚至有的家庭中都有自己的小型局域网。由于光纤技术的出现，局域网实际的覆盖范围已经大大增加。本章重点介绍局域网的有关内容。

2. 城域网

城域网（Metropolitan Area Network，MAN）的作用范围一般是一个城市，其作用距离约为 5～50km。城域网可用作骨干网，用来将多个局域网进行互连。城域网通常使用光缆作为通信线路。

3. 广域网

广域网（Wide Area Network，WAN）覆盖范围大，可以覆盖一个国家或地区，甚至可以横跨几个洲，形成国际性的远程网。因特网（Internet）就是一种典型的广域网，其任务是通过长距离运送主机所发送的数据。由于广域网结构的复杂性，使得实现广域网的技术也是非常复杂的。

6.1.4　网络硬件系统和软件系统

从软件和硬件的角度来看，与计算机系统相似，计算机网络也是由网络硬件系统和网络软件系统组成的。

1. 网络硬件系统

计算机网络的硬件系统主要包括主机、网络互连设备、通信线路等，如图 6-4 所示。

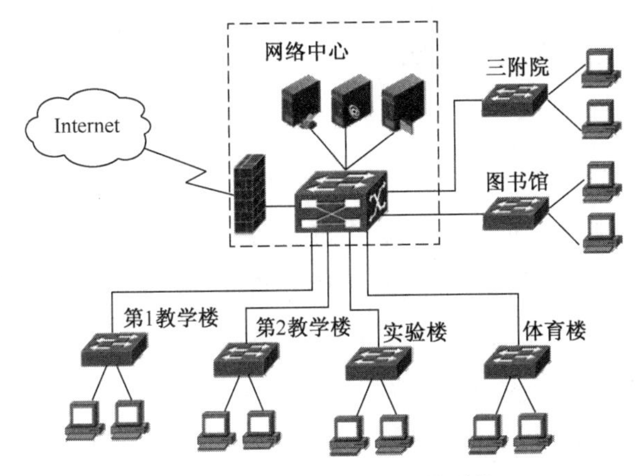

图 6-4　计算机网络的硬件系统

（1）主机。

通常指网络中的计算机，包括客户机、服务器等，负责网络中的数据处理、执行网络协议、进行网络控制和管理等工作，主要起信源和信宿的作用。主机构成了网络中的主要资源。

（2）网络互连设备。

主要指那些在网络通信中起数据交换和转接作用的网络设备，如交换机、路由器等。现在大多数网络都是由一种或多种网络互连设备将两个或多个网络连接起来，构成一个更大的互连网络系统。

（3）通信线路。

指两个网络节点之间承载信息数据的线路，可用多种传输介质实现，如双绞线、光纤、无线传输等。

2. 网络软件系统

硬件系统是网络运行的载体，而软件系统控制着网络的运行和实现各种应用。在计算机网络中，每个用户都可以享用系统中的各种资源，因此网络系统必须能按照用户的要求提供相应的服务，并且对所涉及的信息数据进行控制和管理。网络中的这些服务、控制和管理工作都是由网络软件系统完成的。

6.1.5　通信子网与资源子网

计算机网络首先是一个通信网络，各计算机之间通过通信媒体、通信设备进行通信，在此基础上各计算机可以通过网络软件共享其他计算机上的硬件资源、软件资源和数据资源。从计算机网络各组成部件的功能来看，各部件主要完成两种功能，即网络通信和资源共享。因此，从网络功能的角度来看，计算机网络由通信子网和资源子网组成。

1. 通信子网

通信子网是计算机网络中负责数据通信的部分，主要完成数据的传输、交换和通信控制。通信子网在网络的内层，由各种网络互连设备（如路由器）和通信链路组成，如图 6-5 所示。通过通信子网，可使每台入网主机只需要负责信息的发送和接收，而不需要去处理复杂的远程连接、数据交换等工作，这样就减少了主机的通信开销。另外，由于通信子网是按照统一软硬件标准组建的，可以面向各种类型的主机，方便了不同机型间的互连，减少了组建网络的工作量。

2. 资源子网

网络中实现资源共享功能的设备及其软件的集合称为资源子网，主要由主机系统、终端控制器和终端组成。图 6-5 中的外圈为资源子网。资源子网的主体为网络资源设备，包括：

- 用户计算机。
- 网络存储系统。
- 网络打印机。
- 独立运行的网络数据设备。
- 网络终端。
- 服务器。
- 网络上运行的各种软件资源和数据资源。

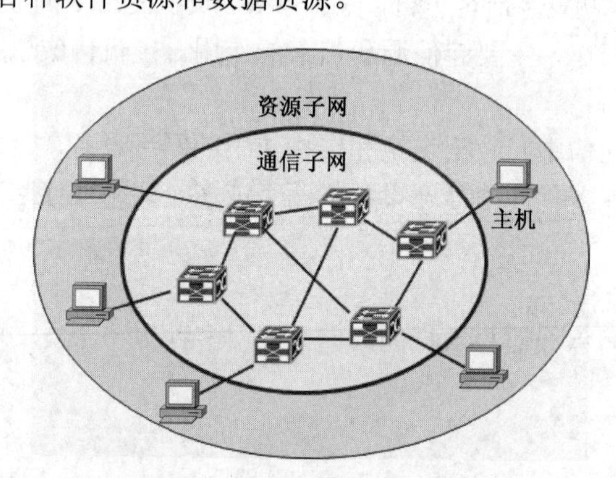

图 6-5 资源子网与通信子网

主机系统负责本地或全网的数据处理，运行各种应用程序或大型数据库，向网络用户提供各种软硬件资源和网络服务；终端控制器把网络终端（如网络打印机）连入通信子网，并负责对终端的控制及终端信息的接收和发送。

通过资源子网，用户可以方便地使用远程网络资源（如远程计算机中的数据库系统），由于它将通信子网的工作对用户屏蔽起来，因此用户使用远程计算机资源就如同本地资源一样方便。

6.1.6　数据是如何在网络中传输的

当网络中的计算机 A 向计算机 B 发送一段报文时，并不是把整个报文数据一股脑儿地全部放入网络发送过去，而是采用一种称为“分组交换”的方式进行数据的传送。

通常把要发送的整块数据称为一个报文。在发送报文之前，计算机 A（发送方）先把较长的报文划分成一个个更小的等长的数据段，并且在每一个数据段的前面加上一些必要的控制信息形成首部，每一个数据段和其首部就构成一个分组。因此，一段长报文就被划分成若干个分组，从发送方的计算机依次发送到网络中。当接收方的计算机收到所有的分组以后，会把每一个分组的首部去掉，然后再把每一个分组中的数据段组合成原来的报文。图 6-6 所示就是把一个报文划分为几个分组进行传输的概念。

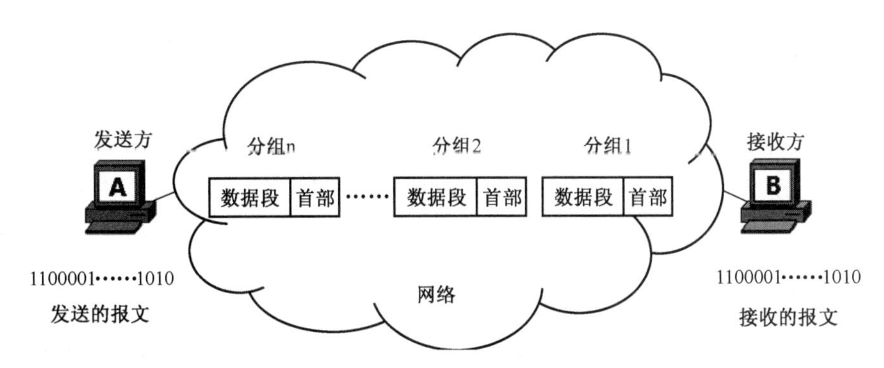

图 6-6　报文被划分成分组在网络中传送

分组是网络中传送的基本数据单元。分组的“首部”中包含有诸如源地址和目的地址等重要的控制信息。当网络中实现分组交换的设备（如路由器）收到一个分组以后，先暂时存储下来，再检查其首部，然后根据首部中的目的地址将该分组从另一个合适的端口转发出去，从而把分组交给下一个实现分组交换的设备。这样一步步地以“存储－转发”的方式把每一个分组传送到最终的目的主机。图 6-7 所示就是路由器转发分组的概念。

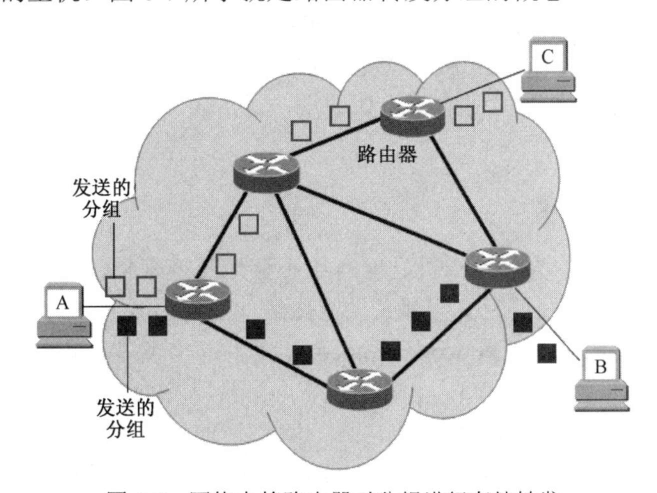

图 6-7　网络中的路由器对分组进行存储转发

需要注意的是，由于每一个分组都携带着目的地址和源地址，因此如果某一个分组在传送过程中丢失或损坏了，只需要再重传该分组即可，不需要重传整个报文，从而提高了传输效率。

6.1.7 给计算机网络下个定义

计算机网络的定义没有一个统一的标准，随着计算机网络本身的发展，人们提出了各种不同的观点。在对前面所学知识进行总结的基础上，我们来给计算机网络下个定义：计算机网络就是指将地理位置不同的、具有独立工作能力的多台计算机或终端，通过通信设备和通信线路连接起来，在网络软件系统（如网络协议、网络操作系统）的支持下，实现资源共享和数据通信的一种复合系统。

6.2 计算机网络的体系结构

6.2.1 认识网络协议

1. 复杂的通信过程

计算机之间的通信过程涉及大量的网络技术，以电信号形式表示的数据必须跨越传输介质到达正确的目的计算机，然后再转换为它的最初形式才能被接收方读取。这一过程由多个步骤组成，主要包括以下工作：

（1）发起通信的计算机必须将数据通信的通路进行激活。激活就是发出一些信号，保证要传送的数据能在这条通路上正确地发送和接收。

（2）要告诉网络如何识别接收数据的计算机，即如何进行寻址。

（3）发起通信的计算机必须查明对方计算机是否已准备好接收数据。

（4）通信双方必须都能正确地识别所传送的数据。

（5）数据传送过程中，要能够被正确地转发。

（6）对出现的各种差错和意外事故，如数据传送错误、重复或丢失，要能够发现并有纠错机制。

2. 什么是网络协议

为了保证计算机网络中大量计算机之间有条不紊地交换数据，它们之间必须具有共同的语言。交流什么、怎样交流及何时交流都必须遵循某种互相都能接受的规则，这些规则、标准或约定的集合就称为网络协议（Network Protocol）。不同的计算机之间必须使用相同的网络协议才能进行通信。

网络协议是网络软件系统的重要组成部分，网络管理软件、网络通信软件、网络应用软件等都要通过网络协议才能发挥作用。网络协议并不是一套单独的软件，而是融合于其他的软（硬）件系统中，例如网络操作系统中就包含有网络协议程序，可以说协议在网络中无所不在。

6.2.2　把网络分层

整个网络通信的过程是十分复杂的，可以推知，作为计算机网络通信理论基础的网络协议必定也是一个庞大复杂的体系。如果只把网络通信当作一个整体来对待，那么理解、研究这个处理过程会特别困难。面对复杂的计算机网络，如何去理解它、研究它呢？

计算机网络采用分层的层次结构，就是将网络通信这个庞大而复杂的问题划分成若干较小的、简单的问题，通过“分而治之”的方法，先解决这些较小的、简单的问题，进而解决网络通信这个大问题。

将网络分层可以带来许多好处。

（1）各层之间是独立的。某一层并不需要知道其他层是如何实现的，而仅仅需要知道该层通过层间的接口所提供的服务。由于每一层只实现一种相对独立的功能，因而可将一个难以处理的复杂问题分解为若干个较容易处理的更小的问题。这样，整个问题的复杂度就降低了。

（2）灵活性好。当任何一层的内部发生变化时（如技术路线变化），只要层间接口保持不变，则在这层的上层和下层均不受影响。

（3）易于实现和维护。分层结构使得实现和维护一个庞大而复杂的系统变得相对简单，因为整个系统已被分解为若干个相对独立的子系统。

（4）能促进标准化工作。标准化是一项技术得以推广和发展的重要推力。把网络分层，有利于对每一层的功能及其所提供的服务进行精确的说明，从而进一步促进网络标准化的工作。

6.2.3　什么是网络体系结构

在网络协议的分层结构中，相似的功能出现在同一层内，每层都是建筑在它的前一层的基础上，相邻层之间通过接口进行信息交流；对等层间有相应的网络协议来实现本层的功能。这样，网络协议被分解成若干相互有联系的简单协议，这些简单协议的集合称为协议栈。计算机网络的各个层次和在各层上使用的全部协议统称为计算机网络体系结构。

类似的思想在人类社会中也有很多。例如邮政系统中，信件传递的过程可以看成是信件在中国邮政这个网络内的发送。为了更好地理解和表达邮政网络的发信过程，我们可以把复杂的邮政网络分成 3 个层次：用户（负责信件的内容）、邮局（负责信件的处理）、运输系统（负责信件的运输）。

图 6-8 所示为邮政网络系统的分层结构模型，其中发信人和收信人是对等层，发送方邮局和接收方邮局是对等层，发送方的运输系统和接收方的运输系统是对等层。每一层都有其相应的功能和协议，例如“对信件内容的共识”就是用户层协议所要实现的主要功能。

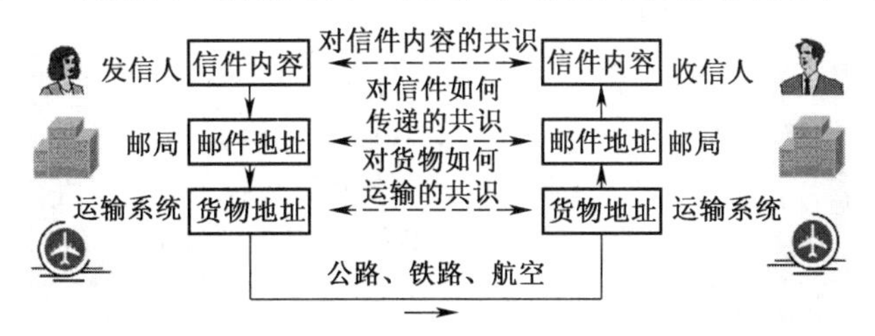

图 6-8　邮政网络系统的分层模型

6.2.4 OSI 和 TCP/IP

由于有了网络体系结构的规范，网络开发人员就可以根据体系结构设计每一层的协议软件程序以及相应的硬件设备。

1974 年，美国的 IBM 公司宣布了它研制的系统网络体系结构 SNA（System Network Architecture），它是按照分层的方法制定的。DEC 公司也在 70 年代末开发了自己的网络体系结构——数字网络体系结构（Digital Network Architecture，DNA）。

不同的网络体系结构出现后，同一个公司所生产的机器和网络设备就可以非常容易地被连接起来。但是，一旦用户购买了某个公司的网络设备，当需要扩大网络规模时，就只能再购买原公司的产品。如果购买其他公司的产品，就会由于网络体系结构的不同（即协议体系的不同）造成网络之间不能互连互通。

要想解决这一问题，就需要制定一套全球统一的网络体系规范。为了实现这一目标，世界上出现了两个著名的网络体系结构，即 OSI 参考模型和 TCP/IP 体系结构。

1. ISO 的 OSI

为了使不同体系结构的计算机网络都能互连，国际标准化组织 ISO 于 1977 年成立了专门机构来研究该问题。之后，ISO 组织提出一个试图使各种计算机在世界范围内互连成网的标准框架，即著名的“开放系统互连参考模型”（Open System Interconnection/Reference Model），简称 OSI/RM。

OSI 被设计成一个七层协议体系结构，如图 6-9 所示。根据 ISO 的设计，只要遵循 OSI 标准，一个系统就可以和位于世界上任何地方的也遵循着同一标准的其他任何系统进行通信。

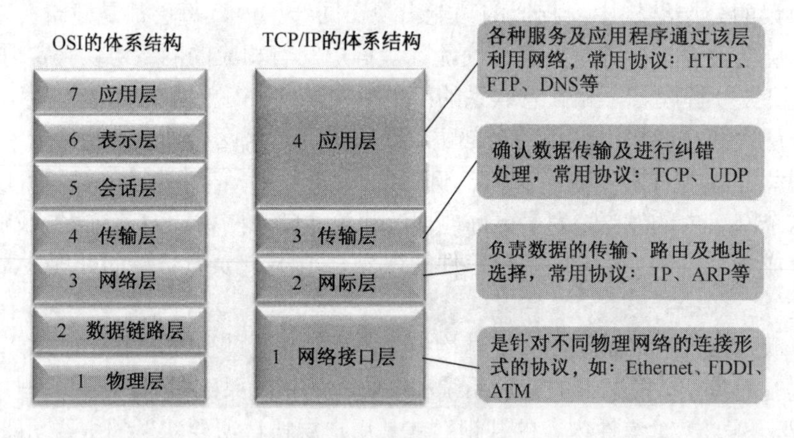

图 6-9 OSI 参考模型和 TCP/IP 体系结构的对照关系

OSI 的理想是想让全世界的计算机网络都遵循这个统一的标准，从而使全世界的计算机都能够方便地进行互连和交换数据。在 20 世纪 80 年代，许多大公司甚至一些国家的政府机构纷纷表示支持 OSI。然而，到了 20 世纪 90 年代，虽然整套 OSI 国际标准已经制定出来，但由于因特网（Internet）已抢先在全世界覆盖了相当大的范围，而与此同时却几乎找不到有什么厂家生产出符合 OSI 标准的商用产品。因此，现今规模最大的、覆盖全世界的因特网实际上并未采用 OSI 标准。可以说，OSI 只获得了一些理论研究的成果，但在市场化方面 OSI 则事与愿违地失败了。也正因为如此，OSI 标准通常也被称为参考模型。OSI 的失败可以归纳为：

（1）OSI 的专家们在完成 OSI 标准时缺乏商业驱动力。

（2）OSI 的协议实现起来过于复杂，且运行效率很低。

（3）OSI 的制定周期太长，因而使得按 OSI 标准生产的设备无法及时进入市场。

（4）OSI 的层次划分也不太合理，有些功能在多个层次中重复出现。

2. TCP/IP 体系结构

按照一般的概念，网络技术和设备只有符合有关的国际标准才能大范围地获得工程上的应用。但现在情况却反过来了，在互联网中得到最广泛应用的不是国际标准 OSI，而是非国际标准 TCP/IP。

20 世纪 70 年代，为了实现异种网络之间的互连，美国斯坦福大学的文顿 • 瑟夫和卡恩提出了 TCP/IP 协议。1983 年，美国的 ARPANET 网络（Internet 的前身）全部转换成了 TCP/IP 协议。与 OSI 的七层体系结构不同，TCP/IP 采用四层体系结构，从上到下依次是应用层、传输层、网际层（用网际层这个名字是强调这一层是为了解决不同网络的互连问题）、网络接口层。图 6-9 显示了 TCP/IP 结构与 OSI 参考模型的对照关系。

TCP/IP 是一个协议簇，包含多个协议，其中最重要的是传输控制协议（Transmission Control Protocol，TCP）和网际协议（Internet Protocol，IP），因此因特网（Internet）网络体系结构就以这两个协议来命名。

从实质上讲，TCP/IP 只有最上面的三层，即应用层、传输层、网际层，而最下面的网际接口层并没有什么具体内容。由于这一层未被定义，所以在 TCP/IP 体系结构中数据链路层和物理层的具体实现方法将随着下层具体网络类型的不同而不同。TCP/IP 允许主机连入网络时使用多种现成的下两层（数据链路层和物理层）协议，如局域网协议（Ethernet 的 IEEE 802.3、Token Ring 的 IEEE 802.5 等）或其他一些协议（如分组交换网的 X.25 协议等）。

TCP/IP 是一种实现异种网络互连的通信协议，并且得到了广泛的应用，几乎所有的厂商和操作系统（如 Windows 就自带有 TCP/IP 协议）都支持它。TCP/IP 是 Internet 的基础协议，也是 Internet 事实上的标准协议。不仅如此，TCP/IP 同样也适用于在一个局域网中实现计算机间的互连通信。

6.3 认识局域网

局域网技术是计算机网络研究和应用的一个热点，也是目前技术发展最快的领域之一，在企业、机关、学校等各种单位中得到了广泛的应用。局域网是封闭型的，可以由办公室内的两台计算机组成，也可以由一个园区内的上千台计算机组成。局域网也是建立互联网络的基础网络。

6.3.1 局域网的特点

（1）网络所覆盖的地理范围比较小，一般为数百米至数千米，通常不超过几十千米，可以覆盖一幢大楼、一个校园或一个企业。

（2）数据的传输速率比较高，从最初的 1Mb/s 到后来的 10Mb/s、100Mb/s，目前已达到 1000Mb/s、10Gb/s。

（3）具有较低的延迟和误码率。这是因为局域网通常采用短距离传输，可以使用高质量的传输介质，从而提高传输质量。

（4）局域网的经营权和管理权通常属于某个单位所有，这一点与广域网通常由服务提供商运营不同。

（5）协议简单、结构灵活、建网成本低、周期短、便于管理和扩充。

6.3.2 局域网的拓扑结构

1. 什么是网络拓扑

所谓拓扑学，是一种研究与大小、距离无关的几何图形特性的方法。按照拓扑学的观点，将主机、服务器、交换机等网络单元抽象为“点”，网络中的传输介质抽象为“线”，那么计算机网络系统就变成了由点和线组成的几何图形，它表示了通信介质与各节点的物理连接结构。

通俗地讲，网络拓扑结构就是体现网络中的设备是如何连接在一起的一种结构图，它与网络大小、方向无关。拓扑结构设计是建设局域网的第一步，它对整个局域网的功能、可靠性与费用等方面都有重大影响。

局域网的拓扑结构主要有总线型结构、环型结构、星型结构、树型结构等。

2. 总线型拓扑结构

总线型结构采用单条的通信线路（即传输总线）作为公共的传输通道，所有的主机都通过相应的硬件接口直接连接到总线上，并通过总线进行数据传输，如图 6-10 所示。作为传输总线的介质一般是同轴电缆。同时，为了保证网内信号的传送，在总线的两端必须安装终端电阻。

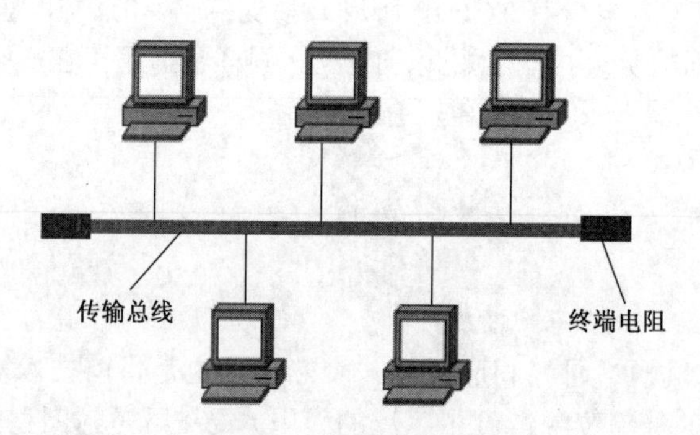

图 6-10 总线型拓扑结构

当网络中的主机 A 向主机 B 发送数据时，所发送的数据首先到达传输总线，然后被送到总线上的其他所有主机，这种数据传送方式被称为“广播”。各主机在收到数据后，分析数据包首部的目的地址，如果是给自己的就接收，否则就丢弃。

总线型结构的主要优点是成本较低、布线简单、计算机增删容易，因此在早期的局域网（例如后面提到的以太网）中得到广泛应用。但是，由于各主机在通信时是共享传输总线的，因此其主要缺点是计算机发送信息时要争用传输总线，即一台计算机在发送数据时，其他计算机必须等待，如果此时另一台计算机也发送数据，就会产生冲突，造成传输失败。因此，整个总线型网络中的计算机数量不宜过多，否则会增加冲突发生的几率，影响网络性能。

3．环型拓扑结构

在这种网络结构中，各网络主机通过同轴电缆来串接。与总线型拓扑不同的是，整个网络最后形成一个闭环（如图 6-11 所示），网络发送的数据就是在这个环中传递。环中维持一个“令牌”，“令牌”在环型连接中依次传递，谁获得令牌谁就可以进行信息发送，通常把这种拓扑结构的网络称为“令牌环网”。

4．星型拓扑结构

这种结构是目前在局域网中应用得较为普遍的一种。它是因网络中的各工作站（主机）通过一个网络集中设备（如集线器或交换机）连接在一起，呈星状分布而得名，如图 6-12 所示。这类网络目前用得最多的传输介质是双绞线或光纤。

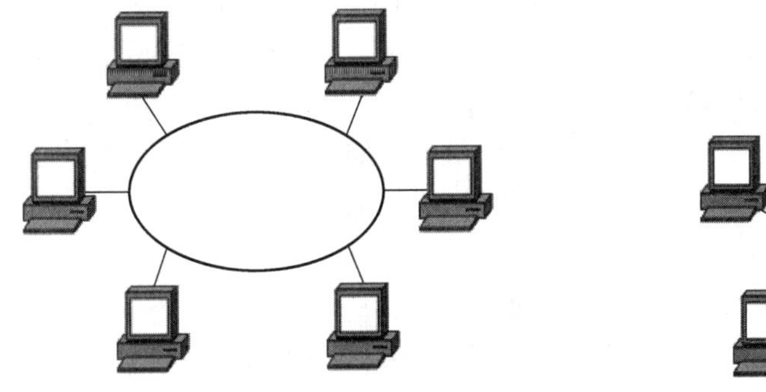

图 6-11　环型拓扑结构

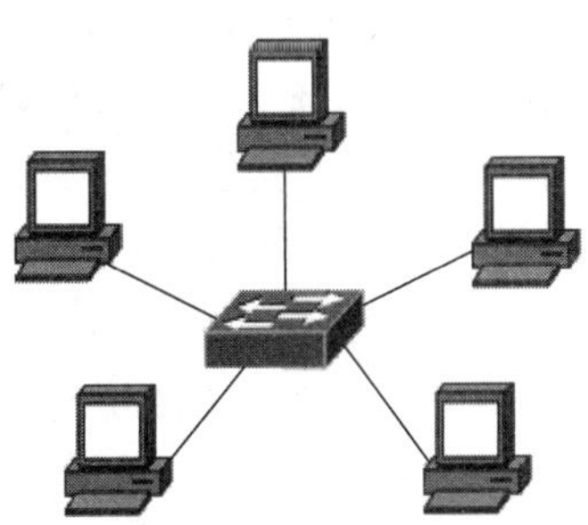

图 6-12　星型拓扑结构

5．树型拓扑结构

树型网络也称为多级星型网络，通常是由多个层次的星型结构连接而成的，如图 6-13 所示。树的每个节点一般是网络互连设备，如交换机或路由器等。一般来说，越靠近树的根部，节点设备的性能就越好。与单一星型网络相比，树型网络的规模更大，而且扩展方便，但是结构也较为复杂。在一些实际的局域网建设中（如校园网、企业网等），采用的多是树型结构网络。

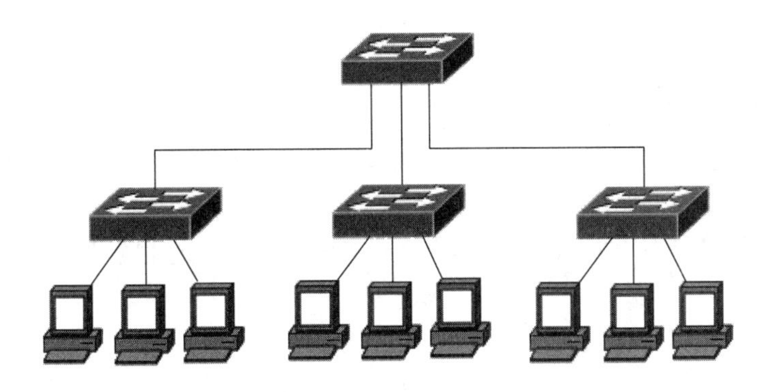

图 6-13　树型拓扑结构

6.3.3 局域网的体系结构与标准

1．局域网体系结构的特点

局域网是一个通信网，其体系结构只涉及相当于 OSI 模型里下两层的功能。由于内部大多采用共享信道的技术，因此局域网通常不单独设立网络层，高层功能由具体的局域网操作系统来实现。因此，局域网的体系结构主要研究的是物理层和数据链路层的技术，也就是说，不同局域网技术的区别主要在物理层和数据链路层。当这些不同的局域网需要在网络层实现互连时，可以借助其他已有的网络层协议，如 IP 协议等。

2．IEEE802 局域网标准

早期的局域网技术都是各个不同厂家所专有，互不兼容。IEEE（美国电子与电气工程师协会，该协会的总部设在美国，主要负责数据通信等标准的制定）于 1980 年 2 月成立了局域网标准委员会，简称 IEEE802 委员会，专门从事局域网的标准化工作，该委员会为局域网制定了一系列标准草案，统称为 IEEE802 标准。

IEEE802 标准主要定义了包括 OSI 的物理层和数据链路层的功能，这些标准主要包括：

- IEEE802.1：局域网概述、体系结构、网络互连与网络管理。
- IEEE802.2：逻辑链路控制（LLC）。
- IEEE802.3：CSMA/CD 访问控制方法与物理层规范。
- IEEE802.4：令牌总线（Token-Bus）访问控制方法与物理层规范。
- IEEE802.5：令牌环（Token-Ring）访问控制方法与物理层规范。
- IEEE802.6：城域网访问控制方法与物理层规范。
- IEEE802.7：宽带局域网访问控制方法与物理层规范。
- IEEE802.8：FDDI 访问控制方法与物理层规范。
- IEEE802.9：ISDN 局域网标准。
- IEEE802.10：网络安全与保密。
- IEEE802.11：无线局域网访问控制方法与物理层规范。

6.3.4 局域网中共享信道的访问控制方法

1．为什么需要访问控制

早期局域网主要采用总线型拓扑结构，如以太网。1985 年 IBM 推出了环状的令牌环网。从这些网络拓扑结构可以看出，局域网一般采用共享传输介质的方式，所有站点都可以访问这个共享资源，这样可以节约成本，有效地提高设备利用率。但这也面临两个重要的问题：

（1）如何防止多个站点同时访问而造成冲突。

（2）如何解决通信信道被某一站点长期占用。

不同的局域网体系采用了不同的方法来解决这两个问题，这种方法被统称为“共享信道的访问控制方法”。访问控制方法是局域网最重要的一项基本技术，与局域网的拓扑结构、工作过程和网络性能有密切关系。

2. 随机接入与受控接入

局域网针对共享信道的访问控制通常分为随机接入和受控接入两种。

（1）随机接入：就是所有的用户可以随机地发送信息。但如果恰巧有两个或更多的用户在同一时刻发送信息，那么在共享媒体上就要产生碰撞（即发生了冲突），使得这些用户的发送都失败。因此，进行随机接入时必须要有解决碰撞的网络协议。

（2）受控接入：受控接入的特点是用户不能随机地发送信息而必须服从一定的控制。例如前面提到的令牌环局域网。

3. 脱颖而出的以太网

不同的局域网由于介质访问控制方法的不同，是不能直接相互通信的。不同的厂商构建出自己的局域网体系结构后，除了不断完善之外，也在积极推广，试图使其成为整个行业的标准。例如 DEC、Intel、施乐（Xerox）三家共同推出的以太网标准成为世界上第一个局域网产品的规范。

由于有关厂商在商业上的激烈竞争，IEEE802 委员会未能形成一个统一的局域网标准，而是被迫制定了几个不同的局域网标准，而且为了保证兼容性，IEEE 的标准与原厂商的标准基本相同。根据共享信道访问控制方法的不同，IEEE802 委员会制定了以下 3 个局域网标准：

（1）IEEE802.3：CSMA/CD 访问控制方法与物理层规范。

（2）IEEE802.4：令牌总线访问控制方法与物理层规范。

（3）IEEE802.5：令牌环访问控制方法与物理层规范。

IEEE 没有在 802.3 中使用“以太网”的名字，这是因为它对可能会涉及公司授权性质的名称非常敏感，因此 IEEE 称这个技术为 CSMA/CD。

到了 20 世纪 90 年代，激烈竞争的局域网市场逐渐明朗。以太网在局域网市场中已经取得了垄断地位，几乎成了局域网的代名词。本章在涉及局域网的内容时，如无特殊说明，指的就是以太网。

6.4　关于以太网的那些事

6.4.1　以太网的发明

以太网的发明基于一个更早的网络通信协议 Aloha 协议。Aloha 网络出现在 20 世纪 60 年代末期，是一种共享一个公共通信信道机制的早期实验性系统。

Aloha 协议的基本含义是：网络中的各站点随时可以发送信号，然后等待确认。如果在一段时间没有收到确认，则这个站点就假定另一个站点在同一时刻也在进行信息传送，并且产生了“冲突”，即复合的传送将被混淆，接收站点接收不到有效的信号，也就不能返回一个确认信号。如果侦察到这一现象，这两个传输站点可以选择一个随机的回退时间，然后重新传送一个信息包。这时传输成功的可能性就很大了。

负载增加会使冲突加剧，这个纯 Aloha 系统可以实现的最大信道利用率大约是 18%。

70 年代，在 Xerox（施乐）公司工作的罗伯特·梅特卡夫发现自己可以对 Aloha 系统进行改进，1972 年，梅特卡夫和同事开发出第一个实验性的网络系统，该系统支持多个站点对一个共享信道的访问，并且设计了可检测冲突的机制，还包括了“传送前先监听”，即站点在传送数据前先监听网络活动，看看是否有站点正在发送数据，如果有则自己暂不发送。

1973 年，梅特卡夫把他设计的网络系统命名为“以太网”。以太网的“ether”一词描述了系统的基本特征：物理介质（电缆）将信息传送到所有站点，就像以前人们认为的“传输光的以太网”将电磁波传输到宇宙中的各个点上一样。从此以太网诞生了。

6.4.2 让它成为标准

不论一个局域网设计得有多好，如果它只能使用一家销售商的设备，那么它很可能不会被人们广泛使用。因此，一个局域网系统必须能兼容最广泛的设备，以向用户提供最大的灵活性。为此局域网系统必须是独立于计算机销售商的，即能够互连各种计算机。

梅特卡夫从 1979 年开始致力于使以太网成为一种开放式的标准。1980 年，Xerox、DEC、Intel 三家公司宣布了一个 10Mb/s（传输速率）以太网标准，这标志着基于以太网技术的开放式计算机通信时代正式开始了。该标准的名称是由这三家公司的英文首字母组合起来，即 DIX 以太网标准。1982 年，DIX 以太网标准进行了修订，发布了 DIX Ethernet v2.0 标准。

其后，在此基础上，IEEE 802 委员会采用了原始 DIX 标准中描述的网络系统，并于 1983 年制定了第一个 IEEE 的以太网标准“IEEE802.3 CSMA/CD 访问方法和物理层规范”。

以太网的两个标准 DIX Ethernet v2 和 IEEE 的 802.3 标准只有很小的差别，因此很多人也常把 802.3 局域网简称为“以太网”。

从那以后，IEEE802.3 以太网标准被 ISO 接收为国际标准，这意味着以太网技术已成为一种世界性的标准，全球的销售商都可以生产适用于以太网系统的设备。

正如以太网发明人梅特卡夫所说：“以太网作为开放式的、非专有的、企业标准局域网的发明，也许比以太网技术本身的发明更重要。”

6.4.3 以太网如何解决共享信道访问控制的问题

1. CSMA/CD 的应用

以太网刚诞生时，是一种总线型局域网。这种局域网中的每一个站点都独立决定何时发送数据。由于使用同一条传输介质传输数据，因此若网上有两个或两个以上站点同时发送数据，在总线上就会产生信号的混合，从而哪个站点都辨别不出真正的数据是什么。这种情况称为数据冲突，又称碰撞，这时网络实际上就无法工作了。

因此，总线型以太网中，在同一时间只能允许一台计算机发送信息，否则各计算机之间就会互相干扰，结果大家都无法正常发送数据。

以太网采用的协调方法是使用一种特殊的协议 CSMA/CD，它是 Carrier Sense Multiple Access/Collision Detection（载波侦听多点接入/碰撞检测）的缩写。CSMA/CD 主要解决两个问题：一是各站点如何访问共享介质（即共享信道），二是如何解决同时访问造成的冲突。

以太网中的计算机每发送一个数据分组就要执行一次 CSMA/CD 算法。

2. CSMA/CD 的工作要点

CSMA/CD 的工作原理可以概括成 5 句话：多点接入、先听后发、边发边听、冲突停止、随机延迟后重发。

（1）多点接入。

即可以有多台站点（计算机）接入该网络，每个站点都可以通过网络发送数据。

（2）先听后发。

以太网中的每一个站点在发送数据之前先要检测一下共享的总线上是否有其他计算机在发送数据，如果没有，则可以发送，如果有，则暂时不要发送数据，等待一定时间后再检测，一旦发现总线空闲，就立即发送。这就是“载波侦听”的含义，即用电子技术检测总线上有没有其他计算机发送的数据信号。

（3）边发边听。

站点在发送数据的同时需要继续侦听是否发生冲突。因为可能有多个站点同时检测到共享信道（即总线）空闲，而造成同时发送数据。这就是所谓的“碰撞检测”，即计算机边发送数据边检测信道上的信号电压大小，以便判断自己在发送数据时其他站点是否也在发送数据。

（4）冲突停止。

如果在数据发送期间检测到冲突，就立即停止发送。

出现碰撞时，总线上传输的信号会产生严重的失真，并且无法从中恢复出有用的信息来。因此，每一个正在发送数据的站点，一旦发现总线上出现了碰撞，发送方的适配器（网卡）就要立即停止发送，免得继续浪费网络资源，然后等待一段随机时间再次发送。

（5）随机延迟后重发。

以太网使用一种称为“截断二进制指数退避算法”的方式来解决冲突问题。这种算法让发生冲突碰撞的站点在停止发送数据后，不是立即再次发送数据，而是等待一个随机时间后再次发送，即再次从“载波侦听”开始进行，从而减小重传时再次发生冲突的概率。

从对 CSMA/CD 的分析可以看出，以太网中任何一个站点发送数据都要通过 CSMA/CD 方法去争取总线使用权，并且从它准备发送到发送成功，其间等待延迟的时间是不确定的，因此人们将以太网所使用的 CSMA/CD 方法定义为一种随机争用型共享信道访问控制方法。

6.4.4 以太网的发展

1. 标准以太网

以太网刚诞生时，只有 10Mb/s 的传输速率，使用 CSMA/CD 的共享信道访问控制方法。这种早期的 10Mb/s 以太网称为标准以太网，又叫传统以太网。

标准以太网系统中，物理层可以使用包括粗同轴电缆、细同轴电缆、非屏蔽双绞线、屏蔽双绞线和光纤等多种传输介质进行连接，采用不同的传输介质，其组网所用到的硬件设备也不尽相同。

2. 快速以太网

在 20 世纪 80 年代，很少有人想到以太网还会升级。然而，随着网络的发展，传统的以太网技术已难以满足日益增长的网络数据流量速度需求。1993 年 10 月，Grand Junction 公司推出了世界上第一台快速以太网集线器 Fastch10/100 和网络接口卡 FastNIC100，快速以太网技术正式得以应用。随后一些知名厂商也相继推出自己的快速以太网装置。与此同时，IEEE802 工程组亦对 100Mb/s 以太网的各种标准进行研究。1995 年 3 月 IEEE 宣布了 IEEE802.3u 100BASE－T 快速以太网标准（Fast Ethernet），就这样开始了快速以太网的时代。

快速以太网是在双绞线上传送 100Mb/s 信号的星型拓扑以太网，其名称中的“快速”是指数据速率可以达到 100Mb/s，是标准以太网传输速率的 10 倍。快速以太网主要采用非屏蔽双绞线或屏蔽双绞线作为网络介质。

3. 千兆以太网

千兆以太网可以提供 1Gb/s 的通信带宽，采用和传统 10Mb/s、100Mb/s 以太网同样的 CSMA/CD 协议、数据分组格式，因此可以实现在原有低速以太网基础上平滑、连续性的网络升级。连接介质以光纤为主，传输距离也已大大提升。

IEEE 在 1997 年通过了千兆以太网的标准 802.3z，它在 1998 年成为正式标准。

由于千兆以太网采用了与传统以太网、快速以太网完全兼容的技术规范，因此千兆以太网除了继承传统以太网的优点外，还具有升级平滑、实施容易、性价比高和易管理等优点。

千兆以太网技术适用于中大规模（几百至上千台计算机的网络）的园区网主干，从而实现千兆主干、百兆交换到桌面的主流网络应用模式。

4. 万兆以太网

1999 年 3 月，IEEE 成立了高速研究组，其任务是致力于 10Gb/s 以太网的研究。10Gb/s 以太网的正式标准在 2002 年 6 月完成，以 IEEE802.3ae 命名。

由于 10Gb/s 以太网的出现，以太网的工作范围已经从局域网（校园网、企业网）扩大到城域网和广域网。

6.5 局域网组建基础

由于以太网已经成为局域网的事实标准，我们平时所接触的如校园网、企业园区网、酒店内部网络等局域网通常都是以太网，因此此处所说的局域网组建专指的是以太网的组建。它通常采用星型或树型拓扑结构，实现网络内部之间的通信和网络资源的共享。

与广域网不同，局域网通常是由一个单位或者一个企业，甚至是一个用户根据自身应用的需要自主建设而成。它可以是一个复杂的园区网络，也可以简单到只是把几台计算机互连起来。虽然组建一个小型的局域网并不要求太高的技术，但是对于初学者来说还是需要先掌握下面将要介绍的基础知识。

6.5.1　网络服务器

网络的一个重要功能是资源共享，而网络服务器就是向网络提供资源共享服务的设备。根据在网络中所承担的功能和服务的不同，网络服务器又分为文件服务器、邮件服务器、域名服务器、Web 服务器、数据库服务器等。当然，对于一个仅仅是把几台计算机互连起来，以实现相互通信的对等网络，也可以没有服务器。

从本质上讲，网络服务器实际上也是一台计算机。它的基本硬件系统与普通计算机相似，也由处理器、硬盘、内存、主板等部件组成。一些简单的网络可以使用普通的 PC 来承担服务器的工作，但更多复杂的网络中需要使用性能更好的专用服务器。这些专用服务器在处理能力、稳定性、可靠性、安全性、可管理性等方面与普通 PC 存在很大差异，有些服务器甚至在外形上与普通 PC 也有很大差别。图 6-14 所示是一种被称为“机架式”的服务器，它被安装在专门的网络机柜中（如图 6-15 所示），而不是像普通 PC 那样放在桌面上。

图 6-14　机架式服务器

图 6-15　服务器通常放在网络机房的机柜中

由于其在网络中的特殊地位以及使用上的特殊性（例如需要长时间不间断开机运行），服务器通常放置在专门的网络机房当中，并由专人管理。

6.5.2　网卡

1. 网卡在哪里

计算机接入局域网首先需要有网卡（此处所说的网卡是指以太网网卡）。网卡是一块网络接口板，又称为网络适配器，简称网卡，如图 6-16 所示。网卡通过其自身的标准 PCI 接口插在主板上相应的 PCI 插槽中（如图 6-17 所示），并通过该接口与计算机中的其他部件进行通信。网卡用于连接网线（双绞线）的接口被称为 RJ-45 接口，它就像汉字中的“凸”字。

不过，目前大部分计算机通常不使用图 6-16 所示的独立网卡，而是把网络适配器芯片固化在计算机主板上，并且在主板上设置一个外接网线的网络接口，又被称为集成网卡。图 6-18 和图 6-19 所示分别为台式机主板上的以太网接口（RJ-45 接口）和笔记本电脑上的以太网接口。

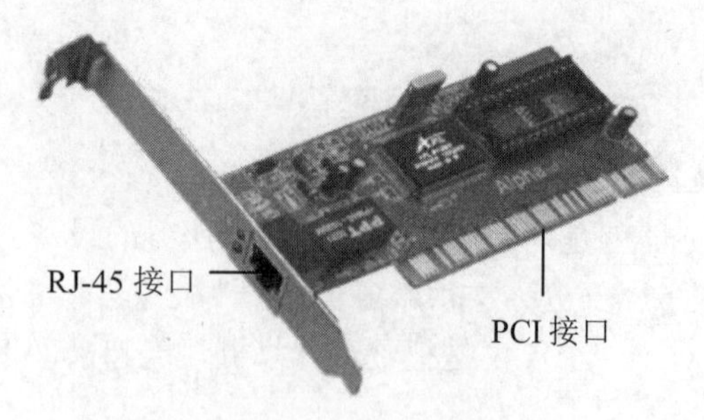

图 6-16　以太网网卡

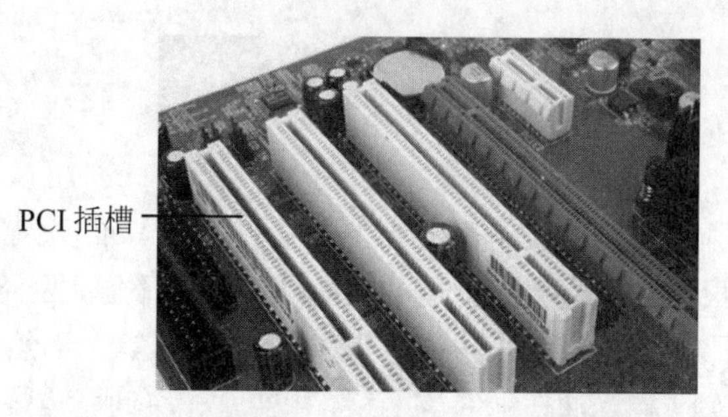

图 6-17　主板上的 PCI 插槽

图 6-18　主板上的以太网接口

图 6-19　笔记本电脑上的以太网接口

2. 网卡有什么用

简单地说，网卡的功能就是提供网线（如双绞线）和计算机连接的接口。在工作中，网卡主要执行了以下功能：

（1）发送数据。

把计算机内处理的数据按照一定的规则转换为代表 0 和 1 的电信号发送到网络传输介质中。

（2）接收数据。

把从网络传输介质中接收到的代表 0 和 1 的电信号（数据位）转换为计算机内可识别的数据，此时的数据被称为“帧”。

（3）数据的识别和过滤。

每块网卡在出厂时会被分配一个全球唯一的编码，被称为“MAC 地址”，又叫物理地址。网络里传输的每个“数据帧”中都有目的网卡的 MAC 地址，如果接收到“数据帧”的网卡发现此目的 MAC 地址和自己的一样就接收进来，否则就丢弃不要。

3. 不是地址的地址

根据 IEEE802 标准的规定，以太网网卡的 MAC 地址是一种 48 位（二进制位）的全球地址，这种地址编码在出厂时就已经固化在网卡芯片中，使用过程中不能更改。

实际上，MAC 地址被称为“该网卡的名字或标识符”更合适一些。因为 MAC 地址根本不能告诉我们这台主机位于什么地方，主要体现在：

（1）如果连接在以太网上的一台计算机的网卡被更换了，那么这台计算机的以太网 MAC 地址就改变了，变成了新网卡的 MAC 地址。但是这台计算机的地理位置并没有发生改变，所接入的以太网也没有发生改变。

（2）假定把原来连接在南京某局域网的一台计算机携带至北京，并重新连接在北京的某个局域网上。虽然这台计算机的地理位置改变了，但只要该计算机中的网卡不换，那么该计算机在北京局域网中的 MAC 地址仍然和它在南京局域网中的 MAC 地址一样。

但是尽管如此，由于这个 48 位的二进制“地址”一点也不像是传统的那种比较适合人们记忆的计算机的名字，因此人们还是习惯于把这种 48 位的“名字”称为“地址”，即 MAC 地址。

网卡的 48 位 MAC 地址通常用 6 组（每组两位）十六进制数来表示。用户可以方便地查看自己计算机网卡的 MAC 地址。例如对于 Windows 操作系统，单击“开始”→“所有程序”→“附件”→“命令提示符”命令，在打开的命令提示符窗口中输入 ipconfig/all，可以显示本机网卡的 MAC 地址，如图 6-20 所示。可以看出在显示 MAC 地址时，是用 6 组，每组 2 位十六进制数来表示的。

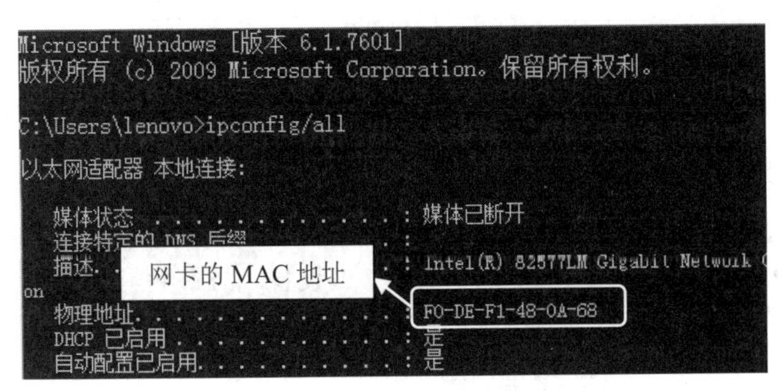

图 6-20　利用 ipconfig/all 命令查看本机 MAC 地址

4. 网卡的传输速率

网卡的传输速率用 Mb/s 表示。早期以太网网卡的传输速率是 10Mb/s，后来出现了 10M/100M 自适应网卡、10M/100M/1000M 自适应网卡（简称千兆网卡），甚至更高速的。目前常用的是千兆网卡。

目前的网卡多是自适应网卡，自适应是指网卡可以与远端网络设备（集线器或交换机）自动协商，确定当前的可用速率是 10Mb/s 还是 100Mb/s、1000Mb/s，并自动进行速率的匹配，不需要进行人为的设定。

6.5.3　网络互连设备

1. 早期的中继器

为了解决信号远距离传输所产生的衰减和变形问题，需要一种能在信号传输过程中对信号进行放大和整形的设备，以拓展信号的传输距离，增加网络的覆盖范围。为了扩展局域网的长度，人们使用的最早的以太网设备称为中继器。中继器通常有两个端口，用来连接两个以太网网段，如图 6-21 所示。中继器将一个端口上接收到的信号进行放大和整形，然后从另一个端口将再生的清晰信号转发出去。

中继器是工作在 OSI 网络模型物理层的设备。对于所收到的数据，中继器并不能识别出该数据的目的地址，它只是简单地将所收到的任何数据信号整理一下，然后再将“清晰”的信号从另一个端口发送出去。简单地说，就是收到什么转发什么。正因为如此，使用中继器所连接的两个网段仍然处在同一个冲突域中，也就是说，当图 6-21 中的 PC1 发送数据时，如果 PC6 也同时发送数据，则依然会发生冲突，需要通过 CSMA/CD 来解决，即中继器的两个端口处于同一个冲突域。

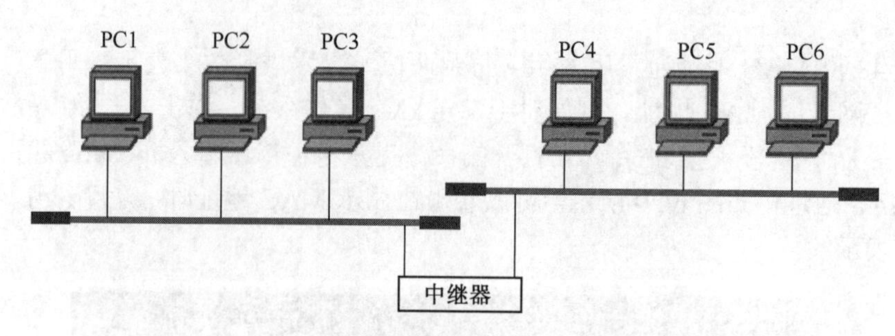

图 6-21　用中继器拓展以太网覆盖范围

2．实现星型拓扑的集线器

80 年代后期，双绞线以太网的发明使人们能够构造更可靠的星型连接的网络系统。这种以太网配备了一种被称为集线器（如图 6-22 所示）的设备。与中继器不同的是，集线器上配置了多个标准的以太网 RJ-45 接口。网络中的计算机通过双绞线与集线器上的某个 RJ-45 接口相连，从而形成一个以集线器为中心的星型拓扑网络，如图 6-23 所示。

图 6-22　以太网集线器

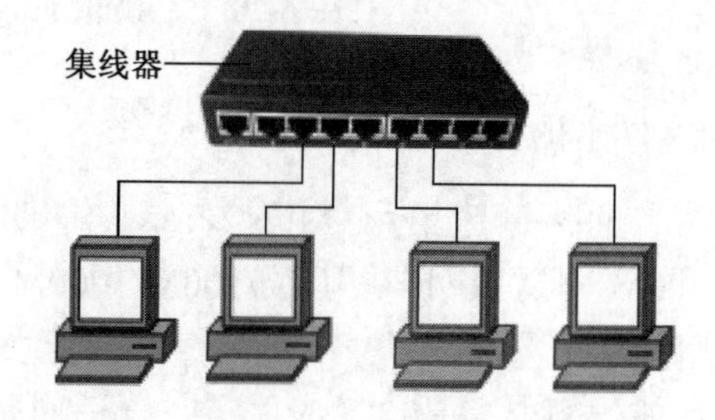

图 6-23　以集线器为中心的星型网络

从表面上看，使用集线器的局域网在物理上是一个星型网，但由于集线器是使用电子器件来模拟实际电缆线的工作，因此整个系统仍然像一个传统的以太网那样运行。也就是说，在集线器内部，各站点还是共享传输信道，所以使用集线器的以太网在逻辑上仍然是一个总线网，各站点共享逻辑上的总线，使用的还是 CSMA/CD 协议（即各站点中的网卡执行 CSMA/CD 协议）。网络中的各个计算机必须竞争对传输媒体的访问控制，并且在同一时刻只允许一个计算机发送数据。

集线器的主要功能与中继器一样，将收到的信号进行再生放大，以扩大网络的传输距离。集线器也是工作在 OSI 网络模型物理层的设备，其实质是一个多端口的中继器。

3．交换机

集线器并不能识别网络中所传输数据包中的地址（包括目的地址和源地址）。因此，集线器不论收到任何数据，都以“广播”的形式通过其他所有端口发送出去。再加上集线器网络从本质上讲仍然是总线结构，因此当集线器一个端口上的主机发送数据时，其他所有端口上的主机都只能处于接收状态，无法发送数据，否则就会出现“冲突”，即集线器的所有端口属于同一个冲突域。所以，集线器不能单独应用于较大的网络中，否则，网络越大，出现网络碰撞的几率越大，数据传输效率越低。

随着技术的发展，集线器逐步被淘汰，而被性能更好的交换机所替代。

交换机和集线器在外形上非常相似（如图 6-24 所示），通过交换机构建的网络也是星型拓扑结构，但是它们在内部构造和工作原理上还是有着根本区别的。

图 6-24　以太网交换机

（1）能识别地址。

与集线器不同，交换机能够识别网络中所传输数据包中的 MAC 地址。交换机的内存中维持着一张 MAC 地址表，该表记录了交换机端口与计算机网卡的 MAC 地址之间的对应关系，即“MAC 地址——端口号”。例如一台计算机的网卡 MAC 地址为 add1，连接到某交换机的 3 号端口上，则在交换机的 MAC 地址表中就会有类似“add1——3 号口”这样的记录。

交换机收到一个数据包时，并不是像集线器那样一味地广播，而是根据 MAC 地址表来判断其目的 MAC 地址对应着交换机的哪个端口，然后从相应的端口转发出去。

图 6-25 所示为交换机根据 MAC 地址表进行数据转发的过程。计算机 E 向计算机 A 发送数据，当数据包到达交换机后，交换机分析出数据包中的目的 MAC 地址是 02-60-8c-01-b1-a1，经查询交换机内部的 MAC 地址表，发现该地址对应的是交换机的 E1 端口，因此交换机将该数据包从 E1 端口发出，传送到计算机 A。

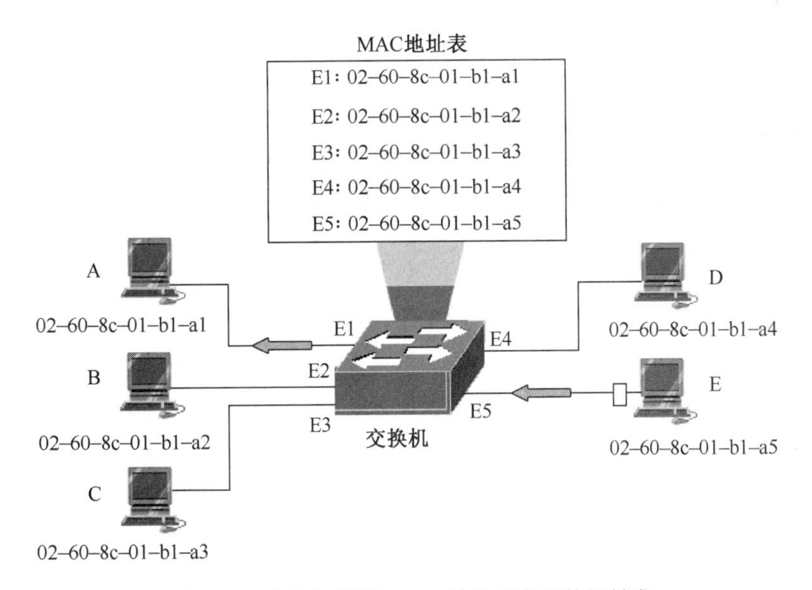

图 6-25　交换机根据 MAC 地址表进行数据转发

我们要明白一个事实，那就是交换机在刚买回来时不可能知道您所在网络中各计算机的 MAC 地址，也就是说在交换机刚刚打开电源时，其 MAC 地址表是一片空白。那么，交换机的地址表是怎样建立起来的呢？通过自主学习。这种自主学习的原理是：若从某个计算机 A 发出的数据包从端口 x 进入了交换机，那么从这个端口出发沿相反方向一定可以把一个数据包传回到计算机 A。所以交换机只要收到一个数据包，就自动记下其中的源地址和进入交换机的接口，作为转发表的一个项目。这个过程是不需要人为参与的，这就是所谓的 MAC 地址自主学习。

由于交换机能够自动根据收到的以太网数据包中的源 MAC 地址更新地址表的内容，所以交换机使用得时间越长，学到的 MAC 地址就越多，未知的 MAC 地址就越少。

除了通过自主学习功能自动形成 MAC 地址表以外，一些高性能、带有管理功能的交换机还可以通过管理员手工配置的方式人为地去建立交换机端口与 MAC 地址的对应表，从而加强对交换机的管理。

（2）改单车道为多车道。

集线器虽然有多个以太网端口，但由于其构造的问题，在集线器内部各站点还是共享传输信道。我们可以把集线器的内部传输通道理解成一条“单车道”，同一时刻只允许一辆车通过，因此当集线器网络中有两个计算机同时发送数据时就会在“单车道”上产生碰撞，如图 6-26（a）所示。

交换机拥有一条带宽很高的背部总线和内部交换矩阵，交换机的所有端口都挂接在这条背部总线上，控制电路收到数据包以后，会通过查询 MAC 地址表以确定目的 MAC 地址的网卡挂接在哪个端口上，通过内部交换矩阵直接将数据包迅速传送到目的端口，而不是所有端口。通过这种结构，使交换机在工作时可以在各个端口之间建立起临时的专用数据传输通道，从而改变传统集线器那种共享一条传输通道的情况，即从“单车道”变成了“多车道”。交换机在同一时刻可以进行多个端口对之间的数据传输，可以同时接收和发送数据，数据流是双向的（如图 6-26（b）所示），从而大大提高了数据传输效率。

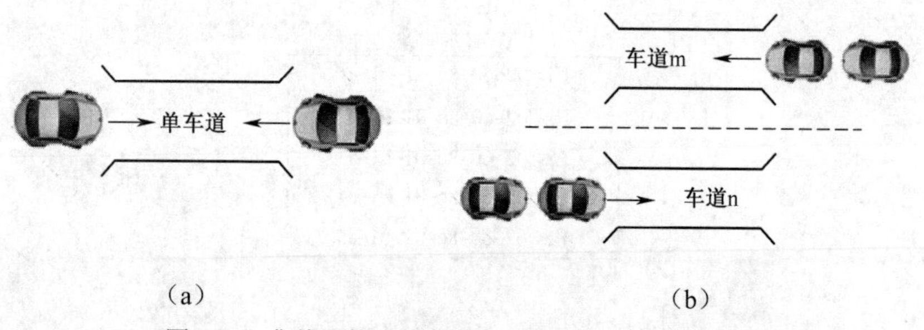

图 6-26　集线器的“单车道”与交换机的“多车道”

需要注意的是，不论是中继器还是集线器或交换机，它们都是网内互连设备，因为它们仅仅是把一个网络的规模扩大了，而这仍然是一个网络。如果要将不同的网络（例如将实验室的局域网接入 Internet）相连，就需要能实现网际互连的设备，这就是路由器。关于路由器的内容将在 6.7 节中详细介绍。

6.5.4　网络传输媒体

传输媒体就是连接计算机的通信线路。局域网常用的传输媒体包括有线媒体和无线媒体，有线媒体主要有同轴电缆、双绞线、光纤，无线媒体主要有无线电波、红外线等。

1. 同轴电缆

有线电视网（CATV）中使用的传输媒体就是同轴电缆，但它与局域网中使用的同轴电缆在阻抗方面是不同的。图 6-27 所示为同轴电缆的结构。同轴电缆在局域网发展初期曾广泛使用，例如前面所提到的总线型网络中使用的传输介质就是同轴电缆，但现在已经被双绞线和光纤取代了。

2. 双绞线

双绞线是以太网组网中最常用的一种传输介质。双绞线的使用是以太网技术的重大变革，大大促进了以太网的发展。

双绞线是由两条相互绝缘的铜导线扭绞而成的，如图 6-28 所示。扭绞的目的是为了减少电磁波对数据传输的干扰以及双绞线之间的相互干扰。尽管如此，双绞线在传输期间，信号的衰减比较大，容易产生波形畸变，因此双绞线的传输距离受到限制，在大多数应用下最大布线长度为 100m。

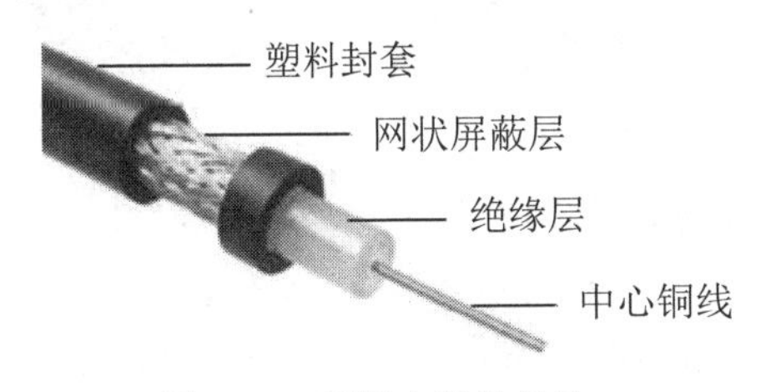

图 6-27　同轴电缆的结构

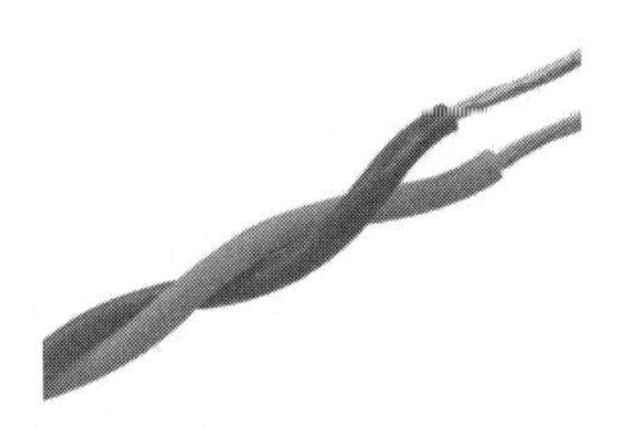

图 6-28　双绞线的结构

在实际应用时，通常将多对双绞线一起包在一个绝缘的塑料套管里进行使用。以太网使用的双绞线是由 4 对相互扭绞的铜导线组成的，如图 6-29 所示。这 8 根铜导线绝缘外皮的颜色各不相同，分别是橙白（橙色和白色相间）、橙、蓝白、蓝、绿白、绿、棕白、棕，其中橙与橙白扭绞在一起，蓝与蓝白扭绞在一起，绿与绿白扭绞在一起，棕与棕白扭绞在一起。

双绞线在使用时，电缆两端都必须安装 RJ-45 插头，俗称水晶头（如图 6-30 所示），以便使双绞线能够插在网卡、交换机等网络设备的 RJ-45 接口上。

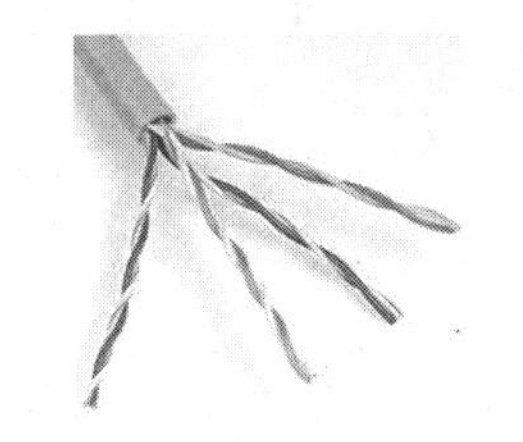

图 6-29　以太网使用的双绞线

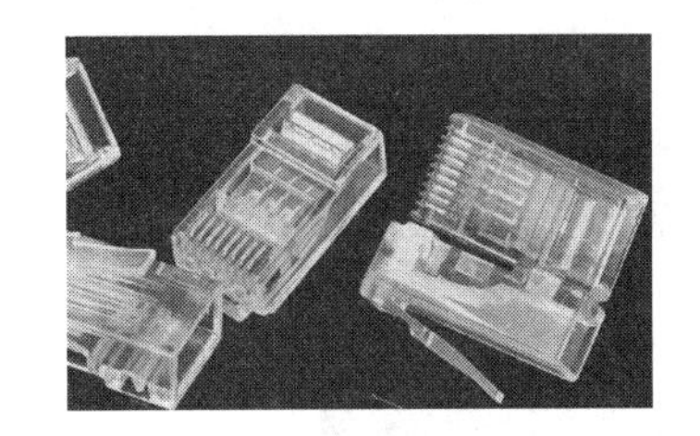

图 6-30　安装在双绞线两端的水晶头

3. 光纤

光在不同物质中的传播速度是不同的，所以光从一种物质射向另一种物质时，在两种物质的交界面处会产生折射和反射，而且折射光的角度会随入射光的角度变化而变化。当入射光的角度达到或超过某一角度时，折射光会消失，入射光全部被反射回来，这就是光的全反射，如图 6-31 所示。光纤通讯就是基于以上原理而形成的。

1870 年的一天，英国物理学家丁达尔到皇家学会的演讲厅做报告，他做了一个简单的实验：在装满水的木桶上钻个孔，然后用灯从桶上边把水照亮。结果使观众们大吃一惊。人们看到，放光的水从水桶的小孔里流了出来，水流弯曲，光线也跟着弯曲，光居然被弯弯曲曲的水俘获了。这就是著名的展示光的全反射原理的实验，即光从水中射向空气，当入射角大于某一角度时，折射光线消失，全部光线都反射回水中，表面上看，光好像在水流中弯曲前进。

后来人们造出一种透明度很高、粗细像蜘蛛丝一样的玻璃丝——玻璃纤维，当光线以合适的角度射入玻璃纤维时，光就沿着弯弯曲曲的玻璃纤维前进，如图 6-32 所示。由于这种纤维能够用来传输光线，所以称它为光导纤维。

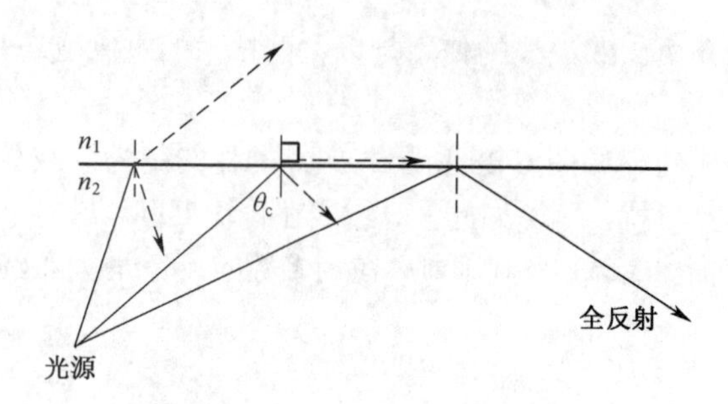

图 6-31 光的全反射

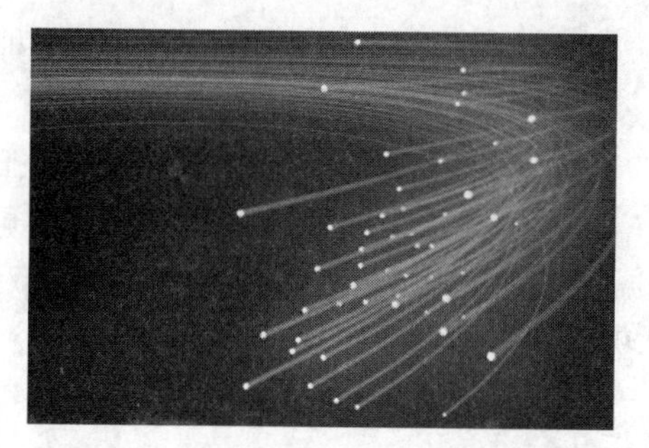

图 6-32 光在弯曲的玻璃纤维中前进

光纤是光导纤维的简称，是一种利用光在玻璃或塑料制成的纤维中的全反射原理而制成的光传导工具，用于光的传输。微细的光纤封装在塑料护套中，使得它能够弯曲而不至于断裂。通常，光纤一端的发射装置使用发光二极管（Light Emitting Diode，LED）或激光源将光脉冲传送至光纤，光纤另一端的接收装置使用光敏元件检测脉冲。由于光在光导纤维中的传输损耗比电在电线中传导的损耗低得多，因此光纤被用作长距离的信息传递。

由于光纤过于纤细，不利于室外或野外应用。因此，在实际使用中，通常将一定数量（偶数）的光纤按照一定方式组成缆芯，外部包覆硬材质护套（通常为黑色）和加强芯（如图 6-33 所示），从而形成便于在室外进行长距离光信号传输的光缆，如图 6-34 所示。

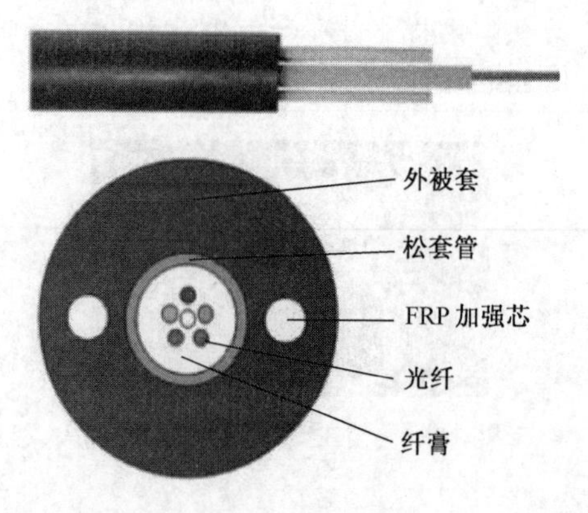

图 6-33 光缆的结构

图 6-34 适合室外工作的光缆

4. 无线媒体

无线传输无需布线，也不受固定位置的限制，可以方便地实现移动通信。目前，可用于通信的有无线电波、微波、红外线、激光等。无线局域网通常采用无线电波和红外线作为传输媒体。

多数无线连接是通过射频信号传输数据。射频信号（通常叫做无线电波）是由带有天线的无线电收发器（如图 6-35 所示）发送和接收的。无线电收发器可安装在工作站、外设和网络设备中。

现在多数人已经习惯在看电视时用发射红外线光束的遥控器（如图 6-36 所示）来换频道。红外线其实也能传输数据信号，但只能在较短距离内进行传输，并且从发射机到接收器的路线上不能有障碍。

图 6-35　无线电收发装置通常带有天线

图 6-36　红外线遥控器

6.5.5　综合布线技术

1．什么是综合布线

所谓综合布线系统是指按标准的、统一的和简单的结构化方式编制和布置各种建筑物（或建筑群）内各种系统的通信线路，包括网络系统、电话系统、监控系统、电源系统和照明系统等。因此，综合布线系统是一种标准通用的信息传输系统。

1985 年初，中国计算机行业协会（CCIA）提出对大楼布线系统标准化的倡议。美国电子工业协会（EIA）和美国电信工业协会（TIA）开始标准化制定工作。1991 年 7 月，ANSI/EIA/TIA-568 即《商业大楼电信布线标准》问世。同时，与布线通道及空间、管理、电缆性能及连接硬件性能等有关的标准也同时推出。1995 年底，EIA/TIA-568 标准正式更新为 EIA/TIA-568A。

结构化综合布线系统是一个能够支持任何用户选择的话音、数据、图形图像应用的电信布线系统，能支持话音、图形、图像、数据多媒体、安全监控、传感等各种信息的传输，支持双绞线、光纤、同轴电缆等各种传输载体，支持多用户多类型产品的应用，支持高速网络的应用。

在我国，建筑物内的网络综合布线系统的结构主要采用无屏蔽双绞线与光缆混合使用的方法，采用星型拓扑结构，使用标准插座进行端接。光纤主要用于高质量信息传输及主干连接，使用 100Ω 无屏蔽双绞线连接到桌面计算机系统。

2．综合布线系统的组成

综合布线系统由工作区子系统、配线（水平）子系统、干线（垂直）子系统、设备间子系统、管理间子系统、建筑群子系统 6 个子系统组成，如图 6-37 所示。

（1）工作区子系统：由配线（水平）布线系统的信息插座（如图 6-38 所示）延伸到工作

站终端设备处的连接电缆及适配器组成，每个工作区根据用户要求设置一个电话机接口和 1～2 个计算机终端接口。

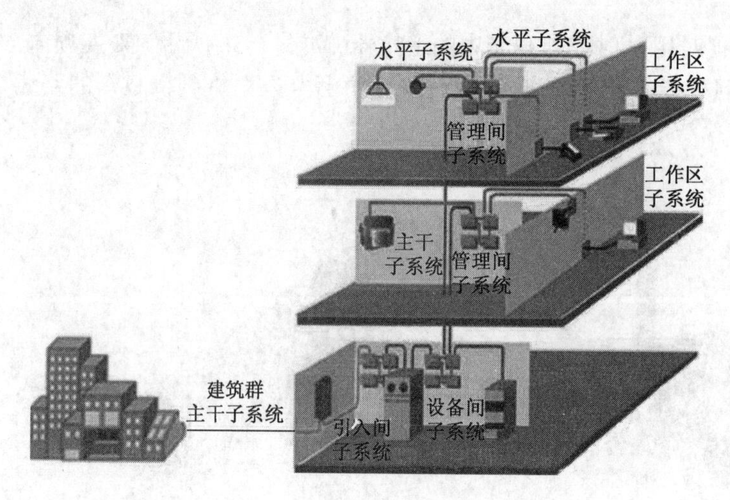

图 6-37 综合布线系统的结构

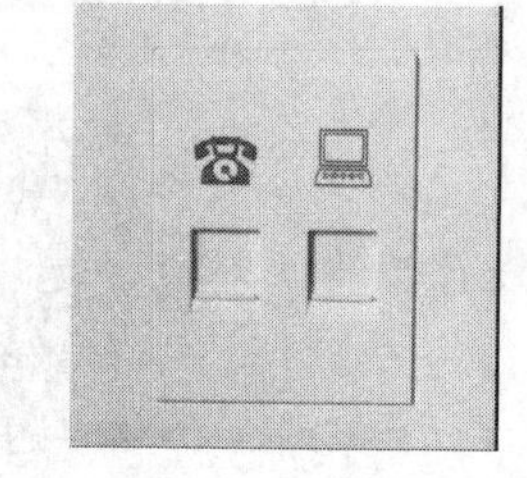

图 6-38 用户办公室内的信息插座

（2）配线（水平）子系统：由工作区用的信息插座、每层配线设备至信息插座的配线电缆、楼层配线设备和跳线等组成。

（3）干线（垂直）子系统：由设备间的配线设备和跳线，以及设备间至各楼层配线间的连接电缆组成。

（4）设备间子系统：由综合布线系统的建筑物进线设备、电话、数据、计算机等各种主机设备及其保安配线设备等组成。

（5）管理间子系统：设置在每层配线设备的房间内，是由交接间的配线设备、输入/输出设备等组成。

（6）建筑群子系统：由两个及以上建筑物的电话、数据、电视系统组成一个建筑群子系统，它是室外设备与室内网络设备的接口，它终结进入建筑物的铜缆和/或光缆，提供避雷及电源超荷保护等。

3．综合布线的特点

综合布线同传统的布线相比，有着许多优越性，是传统布线所无法相比的，而且在设计、施工和维护方面也给人们带来了许多方便。

（1）兼容性。

综合布线的首要特点是它的兼容性。所谓兼容性是指它自身是完全独立的而与应用系统相对无关，可以适用于多种应用系统。过去，为一幢大楼或一个建筑群内的语音或数据线路布线时，往往是采用不同厂家生产的电缆线、配线插座和接头等。例如用户交换机通常采用双绞线，计算机系统通常采用粗同轴电缆或细同轴电缆。这些不同的设备使用不同的配线材料，而连接这些不同配线的插头、插座及端子板也各不相同，彼此互不相容。一旦需要改变终端机或电话机位置时，就必须敷设新的线缆，以及安装新的插座和接头。

综合布线将语音、数据与监控设备的信号线经过统一的规划和设计，采用相同的传输媒体、信息插座、交连设备、适配器等，把这些不同信号线综合到一套标准的布线中。由此可见，这种布线比传统布线大为简化，可节约大量的物资、时间和空间。

（2）开放性。

对于传统的布线方式，只要用户选定了某种设备，也就选定了与之相适应的布线方式和传输媒体。如果更换另一设备，那么原来的布线就要全部更换。对于一个已经完工的建筑物，这种变化是十分困难的，要增加很多投资。

综合布线由于采用开放式体系结构，符合多种国际上现行的标准，因此它几乎对所有著名厂商的产品都是开放的，如计算机设备、交换机设备等，并对所有通信协议也是支持的。

（3）灵活性。

传统的布线方式是封闭的，其体系结构是固定的，若要迁移设备或增加设备是相当困难而麻烦的，甚至是不可能的。

综合布线采用标准的传输线缆和相关连接硬件，模块化设计，因此所有通道都是通用的。每条通道可支持终端、以太网工作站及令牌环网工作站。所有设备的开通及更改均不需要改变布线，只需增减相应的应用设备以及在配线架上进行必要的跳线管理即可。另外，组网也可灵活多样，甚至在同一房间可有多用户终端、以太网工作站、令牌环网工作站并存，为用户组织信息流提供了必要条件。

6.6　局域网组网实例

6.6.1　局域网的基本建设步骤

局域网的建设规模有大有小，通常由一个单位或者一个部门，甚至是个人自主建设。从整个建设过程来看，总体上分为以下几个步骤：

（1）网络规划。

在进行网络建设之前，必须进行认真的调研、论证，从网络的规模、用途、成本以及是否有特殊需求（如安全上的特殊要求等）等多个方面进行系统的规划，从而拿出科学、合理的建设方案。方案中，要对网络的总体结构、功能应用等基本内容给予说明。对于规模庞大、复杂的网络，通常由于资金及实际应用的原因，一般采用“总体规划、分步实施”的建设方案。

（2）网络设计。

网络设计就是根据前期制定的网络规划方案对网络的具体结构、网络拓扑、介质部署、设备部署、IP 地址分配等内容进行具体设计。

（3）网络实施。

根据网络设计制定具体的实施方案，完成网络综合布线、网络设备的购置与调试、核心网络设备（如路由器、核心交换机等）的安装与参数配置等工作。

（4）网络测试。

网络初步建成后必须进行测试，主要包括连通性测试和性能测试。连通性测试主要检查各个网络节点之间是否能够实现互通，性能测试主要检查各个网络节点之间的通信效果，如丢包率的大小等。对于网络测试中发现的问题要及时解决。

（5）建设总结。

整个网络建设工作结束后，要对网络建设过程中的各种资料进行归档整理，包括网络建设规划方案、网络设计方案、网络测试报告、各种网络核心设备配置文件的备份等。

6.6.2 双机互连实例

1. 任务描述

家里面通常不止一台计算机，例如一台台式机、一台笔记本电脑。接下来的任务是：将两台计算机互连，实现相互间的通信和资源共享。

2. 网络规划与设计

网络系统有大有小，有全球的计算机之间互连构成的全球最大的网络——Internet，也有两台计算机之间的连接，形成最小的网络：双机互连网络。

（1）设备选型。

将两台计算机互连有多种方法，如网卡互连、串口互连、并口互连、无线互连等。其中，通过网卡互连简单方便，而且也是速度最快的一种，例如两个千兆网卡互连，理论上的传输速率可以达到 1000Mb/s。因此，此处使用以太网网卡进行双机互连。

（2）网络拓扑。

在两台计算机中分别安装一块网卡，通过双绞线（如图 6-39 所示）进行直接连接，网络拓扑如图 6-40 所示。

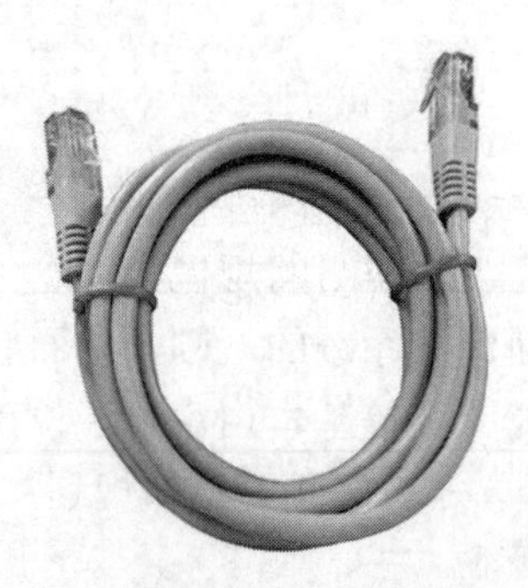

图 6-39 双绞线

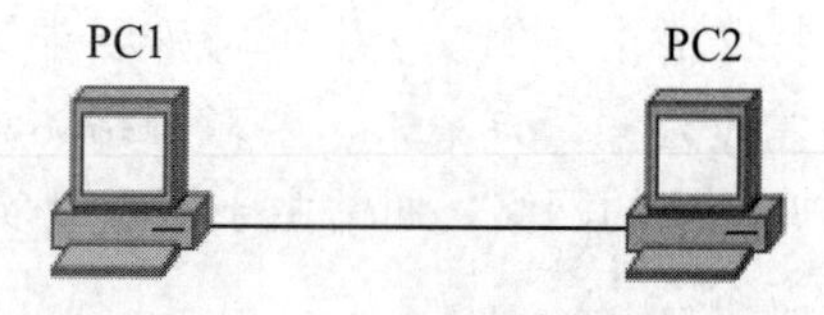

图 6-40 双机互连拓扑

（3）IP 地址设计。

为了实现连通，需要为两台计算机分别设置 TCP/IP 协议，即设置 IP 地址。IP 地址需要设置在相同的网络段，这样就可以采用 ping 命令来测试网络连通性。我们可以将两台机器的 IP 地址分别设置为 192.168.1.1 和 192.168.1.2，它们的子网掩码都是 255.255.255.0。关于 IP 地址和子网掩码在 6.7 节中会有详细介绍。

由于计算机在购买时通常已经配备有网卡，因此本例中略去网卡安装的过程，将连接两台计算机的双绞线线缆的制作过程作为主要内容。

3. 制作双绞线接头的基础知识

（1）水晶头。

目前，以太网使用的双绞线通常是超 5 类双绞线或 6 类双绞线（可以简单地把它理解成双绞线的型号），用户可以很容易地在计算机市场上购买到。购买时，用户可以直接购买如图 6-39 所示的已经制作完成的双绞线，也可以只购买不含接头的裸线缆，并且另行购置水晶头（如图 6-41 所示），自己制作双绞线接头。

水晶头的作用是将所连接的双绞线内部的 8 根铜导线与网络设备上的 RJ-45 接口内部的 8 根金属接线（如图 6-42 所示）相连接，从而使电路导通。

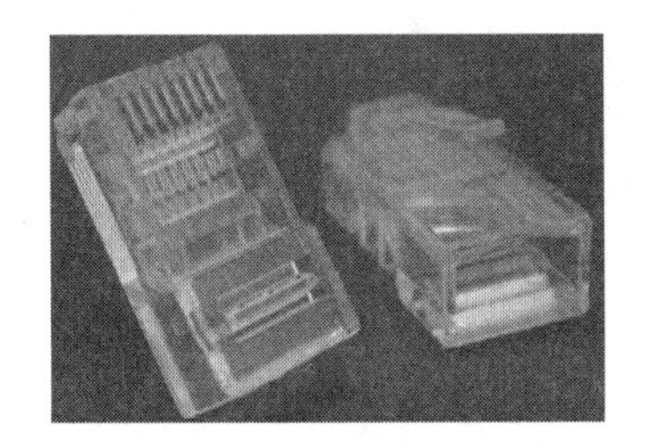

图 6-41　水晶头的结构

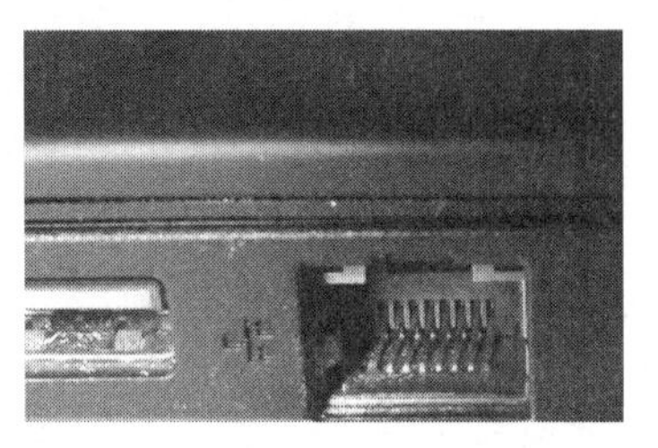

图 6-42　RJ-45 接口内部的 8 根金属接线

（2）双绞线接头的线序标准。

双绞线在制作、线序、部署上都是有国际标准的。1991 年，美国电子工业协会（EIA）和电信行业协会（TIA）联合发布了一个标准 EIA/TIA-568，它的名称是“商用建筑物电信布线标准”。这个标准规定了用于室内传送数据的双绞线的标准。随着局域网上数据传送速率的不断提高，EIA/TIA 也不断对其布线标准进行更新。

目前，在双绞线标准中应用最广的是 EIA/TIA-568A 和 EIA/TIA-568B。这两个标准最主要的不同就是芯线序列的不同。根据这两种标准，在制作双绞线接头时，水晶头中 8 根铜导线的排列顺序就有两种，如下：

- EIA/TIA-568A：1-绿白、2-绿、3-橙白、4-蓝、5-蓝白、6-橙、7-棕白、8-棕。
- EIA/TIA-568B：1-橙白、2-橙、3-绿白、4-蓝、5-蓝白、6-绿、7-棕白、8-棕。

图 6-43 所示为按照 EIA/TIA-568B 标准制作的双绞线接头的线序。

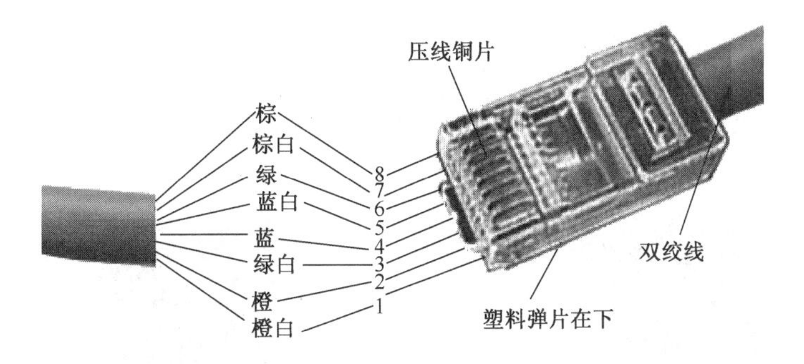

图 6-43　按照 EIA/TIA-568B 标准制作的双绞线接头

（3）交叉线和直通线。

- 直通线：双绞线两边的接头按照相同的标准（EIA/TIA-568A 或 EIA/TIA-568B）制作。
- 交叉线：双绞线两边的接头按照不同的标准（一边按照 EIA/TIA-568A 标准，另一边按照 EIA/TIA-568B 标准）制作。

直通线和交叉线的应用规则为：不同类型设备间的连接使用直通线，同类型设备间的连接使用交叉线。例如计算机与交换机、交换机与路由器间的连接使用直通线，而计算机与计算机、交换机与交换机间的连接要使用交叉线。

不过，生产网络设备的厂商研发了一种叫做线序自适应的功能，即端口 MDI/MDIX 自动适应。通过这个功能，网络设备（如交换机或网卡）可以自动检测连接到自己端口上的网线类型，能够自动进行调节。也就是说，若某网络设备端口支持线序自适应功能，则连在此端口的网线既可以是直通线，也可以是交叉线。

（4）压线钳。

压线钳是制作双绞线接头的常用工具，其结构和功能如图 6-44 所示。

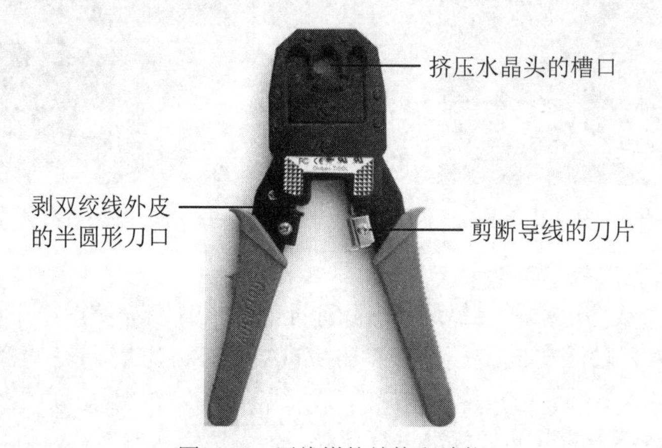

图 6-44　压线钳的结构和功能

4．双绞线接头的制作过程

双绞线接头的制作过程可简单归纳为“剥”、“理”、“查”、“压”4 个字。

（1）剥。

用压线钳的半圆形剥线刀口将双绞线的塑料保护套划开（注意不要将里面的铜导线绝缘层划破），剥去一段约 3cm 长的外皮，如图 6-45 所示。

（2）理。

将原本两两扭绞的 4 对铜导线一一绕开，按照 EIA/TIA-568B 的线序标准将 8 根导线平坦整齐地平行排列，导线间不留空隙。然后用压线钳的剪线刀口将 8 根导线平齐剪断（如图 6-46 所示），只剩约 1.5cm 的长度。

图 6-45　剥去双绞线外皮

图 6-46　将 8 根导线整理剪断

（3）查。

把水晶头正面（有铜片的一面）朝向自己，将修剪好的 8 根导线水平插进水晶头的尾端，用力推排线，直到导线的前端接触到水晶头的末端，如图 6-47 所示。此处要认真检查，看看导线顺序是否正确，导线的前端是否已到达水晶头的末端。

（4）压。

在确认一切都正确后，将插好导线的水晶头插入压线钳的挤压水晶头的槽口内，用手紧握压线钳的手柄，用力压紧，如图 6-48 所示。注意，在这一步完成后，水晶头中 8 个铜片的尖端就会刺破铜导线的绝缘皮，和铜导线紧密连接在一起。

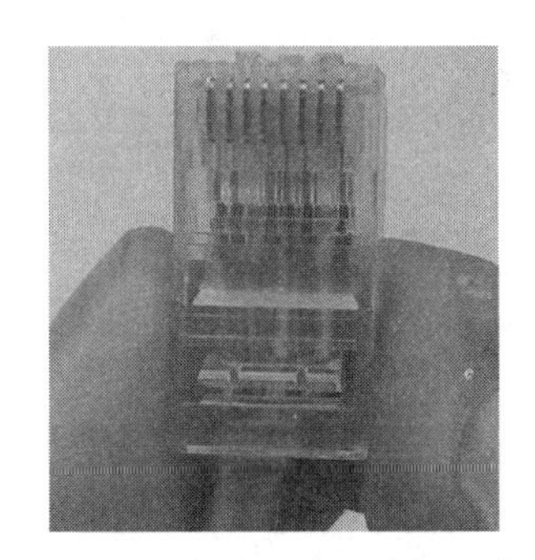

图 6-47　将导线按正确顺序插入水晶头

图 6-48　挤压水晶头

（5）另一端接头的制作。

注意，由于本例是将两台计算机的网卡直接相连，因此需要使用交叉线。双绞线另一端的接头要按照 EIA/TIA-568A 的线序标准制作。

5. 机器互连

将制作好的双绞线一端插入计算机 PC1 的网卡上，另一端插入计算机 PC2 的网卡上，完成网络部署。

6. 配置 IP 地址

本例中，两台计算机都采用 Windows 7 操作系统。首先对 PC1 进行 IP 地址的设置。

在 Windows 7 的桌面上，右击“网络”图标并选择“属性”命令（如图 6-49 所示），在打开的网络设置窗口中单击“更改适配器设置”选项，如图 6-50 所示。

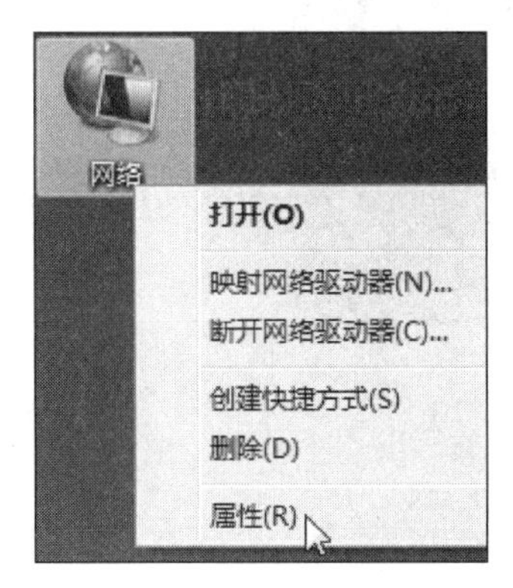

图 6-49　右击桌面上的“网络”图标

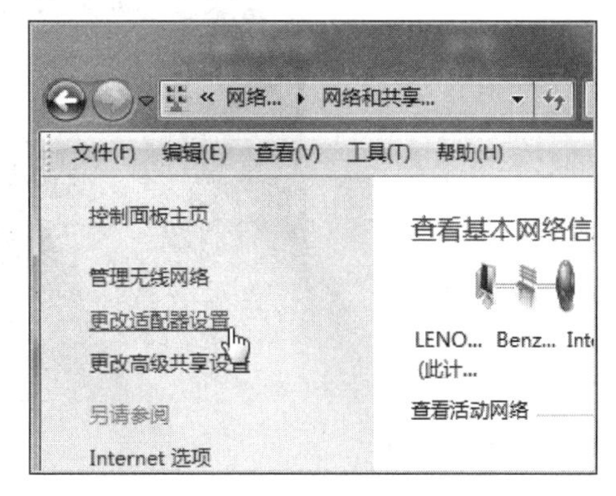

图 6-50　选择“更改适配器设置”

在接下来的窗口中双击“本地连接”图标，在“本地连接属性”对话框中双击“Internet 协议版本 4（TCP/IP）”，如图 6-51 所示。接下来就会弹出设置 IP 地址的对话框，将 PC1 的 IP 地址设置成 192.168.1.1，子网掩码设置成 255.255.255.0，如图 6-52 所示。

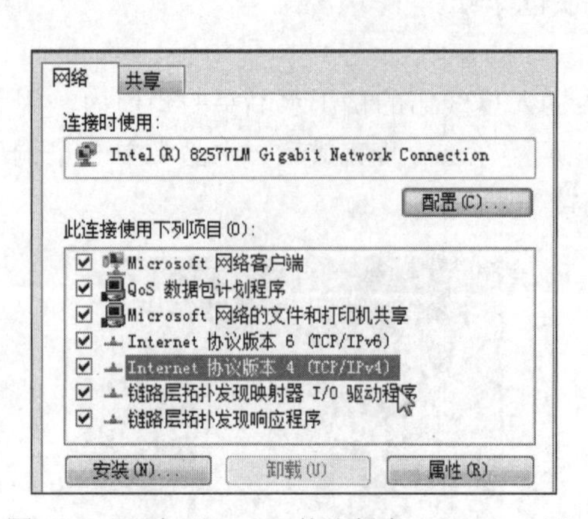

图 6-51　双击“Internet 协议版本 4（TCP/IP）”

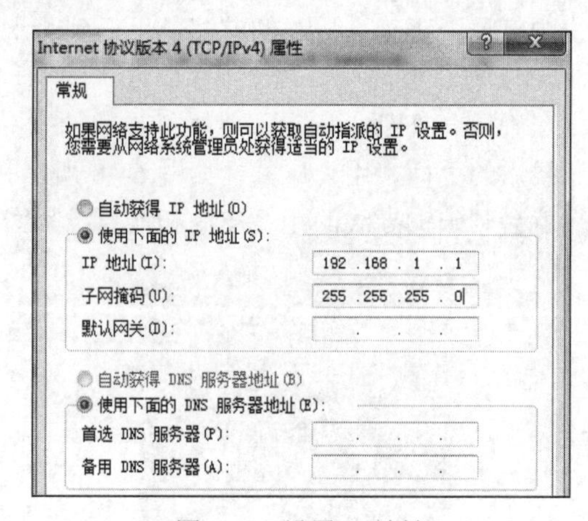

图 6-52　设置 IP 地址

同理，将另一台计算机的 IP 地址设置成 192.168.1.2，子网掩码也设置成 255.255.255.0。

7．测试连通性

ping 命令是用于检测网络连通性的命令。在默认状态下，ping 命令向目的主机连续发送 4 个回送请求报文，在连通的情况下，会收到目的主机的 4 个回送应答报文，并显示回送请求报文与应答报文之间的时间量，以反映网络的快慢。如果测试结果显示 Request time out（或“请求超时”），表示在规定时间内没有收到目的主机的回送应答报文，说明网络没有连通。

例如，在计算机 PC1 上输入 ping 命令，测试其与计算机 PC2（IP 地址为 192.168.1.2）的连通性。方法是：单击“开始”→“所有程序”→“附件”→“命令提示符”命令，在打开的命令提示符窗口中输入 ping 192.168.1.2，即可看到测试结果，如图 6-53 所示。

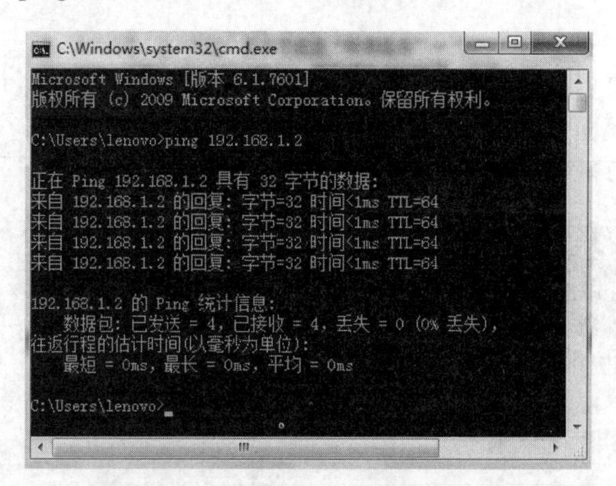

图 6-53　利用 ping 命令测试网络连通性

8．文件夹共享

两台计算机互连成功后，可以通过网络进行资源的共享。例如，将计算机 PC2 的 E 盘上的 Picture 文件夹设置成共享，则 PC1 可以通过网络访问到该文件夹，进而将该文件夹中的文件复制到自己的硬盘上。

（1）在 PC2 上进行的操作：设置文件夹共享。

右击 E 盘上的 Picture 文件夹，选择“共享”→“高级共享”命令，在弹出的“Picture 属性”对话框中单击“高级共享”按钮（如图 6-54 所示），在“高级共享”对话框中将 Picture 文件夹设置成共享，如图 6-55 所示。

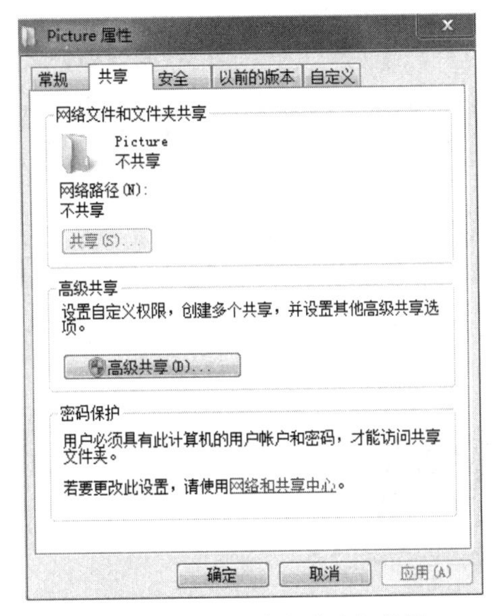

图 6-54　单击“高级共享”按钮

图 6-55　共享 Picture 文件夹

（2）在 PC1 上进行的操作：根据 IP 地址访问 PC2。

单击 PC1 的“开始”按钮，在“搜索”文本框中输入“\\192.168.1.2”（如图 6-56 所示），屏幕上会弹出如图 6-57 所示的登录对话框，出于安全的需要，系统会要求你输入账号和密码以登录到计算机 PC2（192.168.1.2）上。此处输入 PC2 的用户名和密码，即可看到 PC2 上共享的文件夹 Picture。

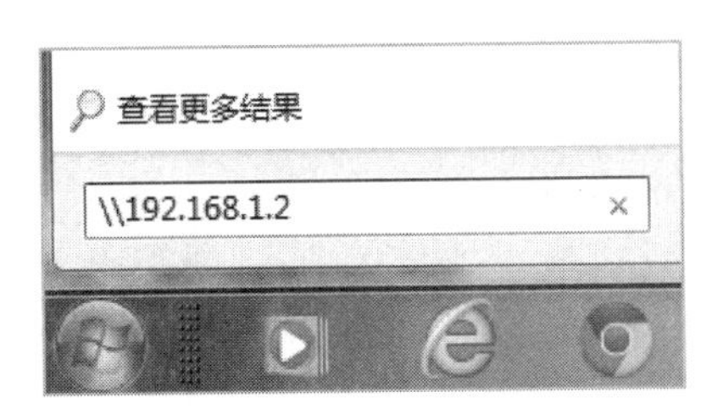

图 6-56　输入对方的 IP 地址

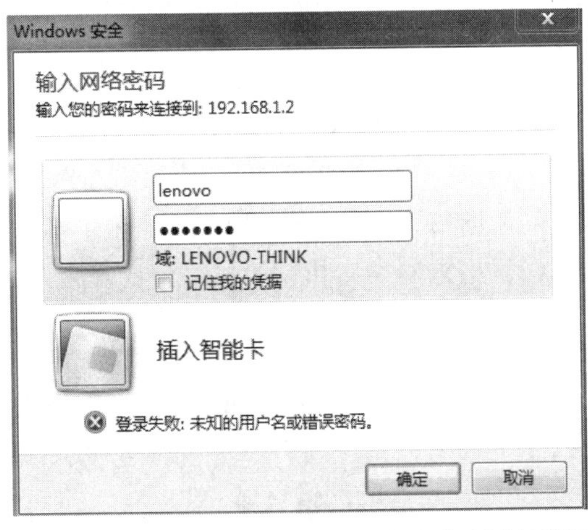

图 6-57　输入对方计算机的用户名和密码进行登录

6.6.3 小型局域网的组建

1. 任务描述

办公室内有 7 台计算机，把它们连接起来，实现资源共享和文件的传递。

2. 网络规划和设计

（1）设备选型。

由于计算机的数量超过两台，因此一根双绞线无法实现互连。在此例中，我们需要使用以太网交换机，考虑到有 7 台计算机需要互连，因此交换机的端口数量必须在 7 个以上，考虑到扩展性，可以使用 16 口或 24 口交换机。

此例中，由于双绞线连接的是不同设备（计算机和交换机），因此需要使用直通线。

（2）网络拓扑。

网络中的主机通过双绞线连接到交换机上，从而实现以交换机为核心的星型拓扑结构，如图 6-58 所示。

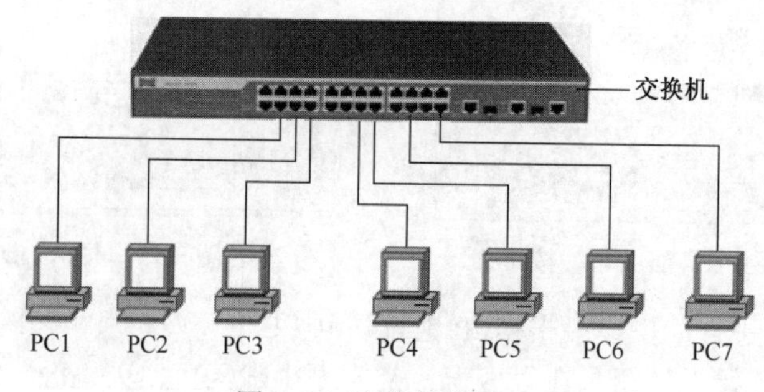

图 6-58 交换机组网

（3）IP 地址设计。

为了实现连通，需要将全部计算机的 IP 地址设置为属于同一网络段，此处将 PC1～PC7 的 IP 地址设置为 192.168.1.11～192.168.1.17，它们的子网掩码都是 255.255.255.0。

3. 网络实施

（1）根据办公室的环境布局以及每台计算机与交换机的距离制作相应的双绞线（直通线）。

（2）给每台计算机配置 IP 地址和子网掩码。

（3）根据网络拓扑设计将每台计算机连入交换机的相应端口，完成网络部署。

4. 网络测试

在 PC1～PC7 之间互相 ping，检查网络的连通性。

6.6.4 交换机之间的连接

当单一交换机所能提供的端口数量不足以满足网络用户的需求时，必须要有两个以上的交换机提供相应数量的端口，这就要涉及交换机之间的连接。交换机之间的连接通常有两种方式：堆叠和级联。

1. 交换机的堆叠

通过堆叠技术，可以把若干交换机连接起来，作为一个对象（即相当于一个具有更多端口的交换机）来管理。

但需要注意的是，堆叠是一种非标准化的技术。并不是所有交换机都支持堆叠，这取决于交换机的品牌、型号。堆叠不仅通常需要使用专门的堆叠电缆，而且需要使用专门的堆叠模块。图6-59所示为4台交换机实现的堆叠。

采用堆叠的结合还要受到种类和相互距离的限制。由于厂家提供的堆叠连接电缆一般都较短，因此只能在很近的距离内使用堆叠功能。不仅如此，同一堆叠中的交换机必须是同一品牌，否则没有办法堆叠。

2. 交换机的级联

级联，是将交换机连接起来的一种常用方式。所谓级联，是指使用普通的网线（如双绞线）将不同交换机的RJ-45端口连接在一起，实现相互之间的通信。

进行级联的可以是交换机上的专用级联端口（也叫Uplink端口，如图6-60所示），也可以是交换机上的普通RJ-45端口。使用级联不仅可以解决单交换机端口数量不足的问题，而且还可以延伸网络范围。图6-61所示为利用交换机的普通端口进行级联的拓扑图，可以看出，通过级联，网络的规模得到了扩展。

图6-59　交换机的堆叠

图6-60　交换机的Uplink端口

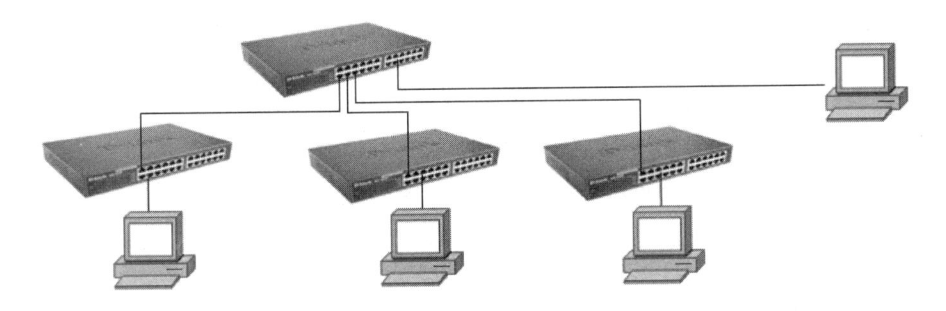

图6-61　通过交换机级联可以扩展网络规模

需要注意的是，交换机并不能无限制地级联下去，超过一定数量的交换机级联最终会引起被称为“广播风暴”的问题，从而导致网络性能的严重下降。不仅如此，交换机所连接的网络必须是同种网络，例如以太网交换机只能连接以太网，而不能连接令牌环网。同时，利用交换机组建的网络中，各个主机的 IP 地址必须属于同一网络，否则就不能通信。

要想解决上述问题，实现不同网络（包括异种网络）之间的互连，就需要用到路由器。

6.7 不同网络之间的互连

6.7.1 网络互连的难点

要把全世界范围内数以百万计的网络都互连起来进行通信，会遇到许多问题需要解决，例如不同的网络结构可能采用不同的地址格式、不同的最大分组长度、不同的差错恢复方法、不同的状态报告方法等。一句话，众多物理网络的异构性是客观存在的。

能否让大家都使用相同的网络，这样可使网络互连变得比较简单。答案是不行的。因为用户的需求是多种多样的，没有一种单一的网络能够适应所有用户的需求。另外，网络技术是不断发展的，网络的制造厂家也要经常推出新的网络产品，在竞争中求生存。因此，在市场上总有很多种不同性能、不同网络协议的网络供不同的用户选用。

6.7.2 TCP/IP 体系实现网络互连的方法

在前面我们曾经提到过，为了实现异种网络之间的互连，设计实现了 TCP/IP 网络体系结构。TCP/IP 是一个协议簇，它规定了不同网络之间进行通信时应当遵守的规则，任何厂家生产的计算机系统，只要遵守 TCP/IP 就可以互连互通。

众多物理网络的异构性是实现网络互连的难点。要互连就必须使各网络之间达成“一致”。TCP/IP 体系在网络互连上采用的做法是在网络层采用标准化协议——IP（Internet Protocol，网际协议）。

由于参加互连的计算机网络都使用相同的网际协议 IP，因此可以把互连以后的网络看成如图 6-62 所示的一个虚拟互连网络。所谓虚拟互连网络也就是逻辑互连网络，它的意思就是互连起来的各种物理网络的异构性本来是客观存在的，但是利用标准的 IP 协议就可以屏蔽掉下层物理网络的异构性，使得这些性能各异的网络在网络层上看起来好像是一个统一的网络。

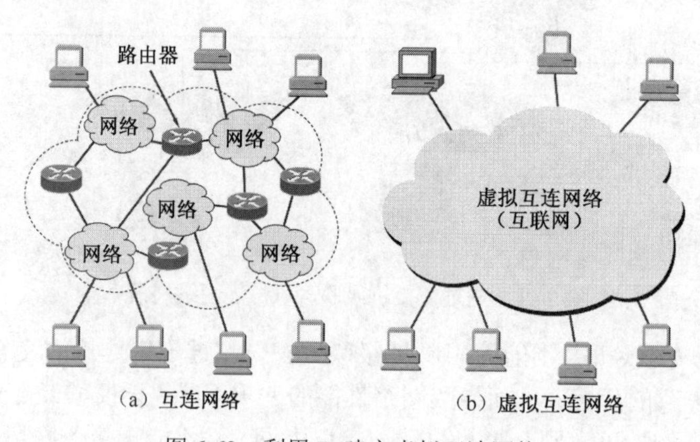

图 6-62 利用 IP 建立虚拟互连网络

这种使用 IP 协议的虚拟互连网络简称为 IP 网。使用 IP 网的好处是：当 IP 网上的主机进行通信时，就好像在一个单一网络上通信一样，它们看不见互连的各网络的具体异构细节，如具体的编址方案、路由选择协议等。

网际协议 IP 的核心内容是对 IP 地址的设计与应用。通过使用 IP 地址，使不同网络内的计算机具有了相同格式的网络地址，这就给互连互通奠定了基础。

6.7.3　IP 地址

1. 利用 IP 地址进行通信

互联网中的每台计算机都依靠 IP 地址来标识自己。IP 地址是唯一的，没有任何两台连接到公共网络的主机拥有相同的 IP 地址。

互联网中的主机在发送数据包时，每个被传输的数据包的首部都包括一个源 IP 地址和一个目的 IP 地址当该数据包在互联网中传输时，这两个地址保持不变，以确保网络设备总是能够根据这两个地址将数据包从源通信主机送往指定的目的主机。

需要注意的是，对于整个网络来讲，主机的 IP 地址和网卡的 MAC 地址都是必需的，它们在不同的层面上发挥着自己的作用。

TCP/IP 是目前被广泛使用的网络协议，几乎所有的厂商和操作系统（如 Windows）都支持它。不仅在网络互连中发挥着重要作用，TCP/IP 同样也适用于在一个局域网中实现计算机间的互连通信。这也正是本章前面所介绍到的在组建局域网时给计算机配置 IP 地址的原因。

2. IP 地址从哪里来

IP 地址是一种重要的网络资源，是由统一的组织负责分配，任何人都不能随便使用。目前全球 IP 地址由 ICANN（Internet Corporation for Assigned Names and Numbers，因特网名字与号码指派公司）统一负责规划、管理，同时由 Inter NIC、APNIC、RIPE 三大网络信息中心负责美国及其他地区的 IP 地址分配。我国申请的 IP 地址要通过 APNIC（亚太网络信息中心）进行分配。

在中国，由 CNNIC（中国互联网络信息中心）负责全国 IP 地址的分配，它将 IP 地址分配给中国公用计算机互联网（CHINANET）、中国教育和科研计算机网（CERNET）、中国科学技术网（CSTNET）、中国联通互联网（UNINET）、中国移动互联网（CMNET）等几个全国范围的公用计算机网络，并由它们具体负责各自联网用户的 IP 地址分配（例如河南中医学院校园网的 IP 地址就是从中国教育和科研计算机网申请的）。IP 地址一旦申请成功，该地址就不能再分配给别的单位或个人。正因为如此，使得 IP 地址是具有地域性的。

3. IP 地址的表示方法

目前的 IP 地址有两个版本：IPv4 和 IPv6（IPv6 被称为下一代互联网的 IP 地址），在 Windows 7 操作系统中可以看到对两种 IP 地址版本的支持，如图 6-63 所示。由于大多数联网计算机使用的还是 IPv4 版本的 IP 地址，因此本书中所提到的 IP 地址特指 IPv4。

IP 地址以 32 位二进制数的形式存储于计算机中。但是由于 32 位的 IP 地址不太容易书写和记忆，通常又采用“点分十进制”标识法来表示 IP 地址。在这种格式下，将 32 位的 IP 地址分为 4 个 8 位组，每个 8 位组以一个十进制数表示，取值范围为 0～255，每组十进制数以小圆点分隔，如图 6-64 所示。本章前面所介绍的给组网计算机配置 IP 地址采用的就是点分十进制形式的 IP 地址。

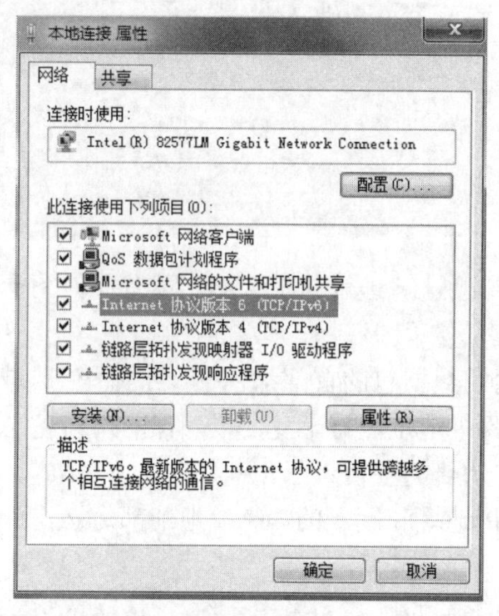

图 6-63　Windows 7 支持两种 IP 地址版本

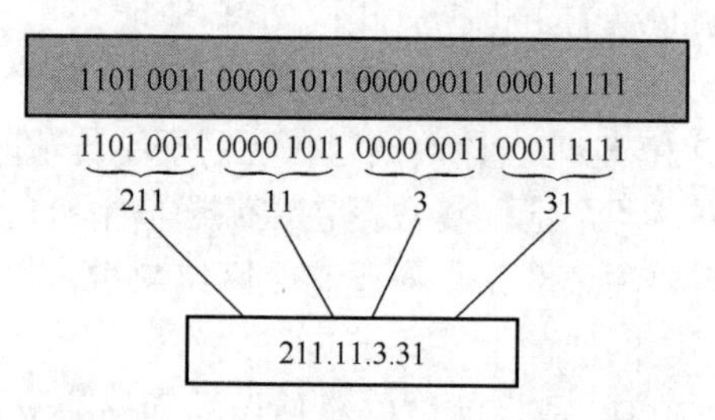

图 6-64　IP 地址的点分十进制标识法

4. 网络号与主机号

32 位的 IP 地址结构被分为网络标识部分和主机标识部分，如图 6-65 所示。其中，网络标识部分又称为网络号，用于标识该主机所在的网络；主机标识部分又称为主机号，表示该主机在相应网络中的位置。

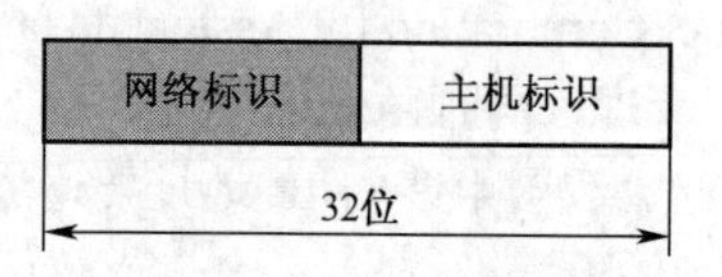

图 6-65　IP 地址的组成结构

网络通信时，IP 地址的网络号相同的计算机通常被视为属于同一个网络，通过集线器或交换机等设备即可进行通信。而 IP 地址的网络号不相同的计算机被视为属于不同的网络，通常仅通过交换机是无法实现不同网络间相互通信的（要实现不同网络间通信，需要路由器）。本章前面所讲到的双机互连或利用交换机组建局域网的实例中，在给网络内的计算机配置 IP 地址时，曾强调为了保证主机间互连互通，必须将所有组网计算机的 IP 地址设置成属于同一网络（即这些计算机的 IP 地址要具有相同的网络号），就是因为上述的原因。

需要注意的是，图 6-65 只是表示 IP 地址包括网络标识和主机标识两个部分，并不表示将 32 位 IP 地址一分为二，前 16 位表示网络标识，后 16 位表示主机标识（虽然在实际应用中也有这种可能性）。

那么，如何确定 IP 地址中哪部分是网络标识，哪部分是主机标识呢？如何判断两台计算机的 IP 地址的网络号是否相同呢？这就要用到子网掩码。

5. 子网掩码的作用

网络系统通过子网掩码来决定 IP 地址中的网络标识部分（即网络号）和主机标识部分（即主机号）。

子网掩码也同样是一个 32 位二进制数，它由一串连续的 1 和跟随的一串连续的 0 组成。子网掩码中的 1 对应于 IP 地址中的网络标识部分，而子网掩码中的 0 对应于 IP 地址中的主机标识部分。因此，通过这种对应关系我们可以很容易地判断出一个 IP 地址中哪部分是网络号，哪部分是主机号。在网络系统内部，是通过把子网掩码和 IP 地址逐位相“与”（计算机进行这种逻辑“与”运算是很容易的）得出网络号的值的。

在本章前面的小型局域网组建一节中，曾将连网的 7 台计算机 PC1～PC7 的 IP 地址设置为 192.168.1.11～192.168.1.17，它们的子网掩码都是 255.255.255.0，说明此设置使它们属于同一网络内，其判断依据就是将 IP 地址与子网掩码进行对比的结果。图 6-66 以 PC1 和 PC2 为例说明了这一对比的过程，可以看出，PC1 的 IP 地址的网络号与 PC2 的 IP 地址的网络号是相同的，即它们属于同一网络，可以通过交换机进行通信。

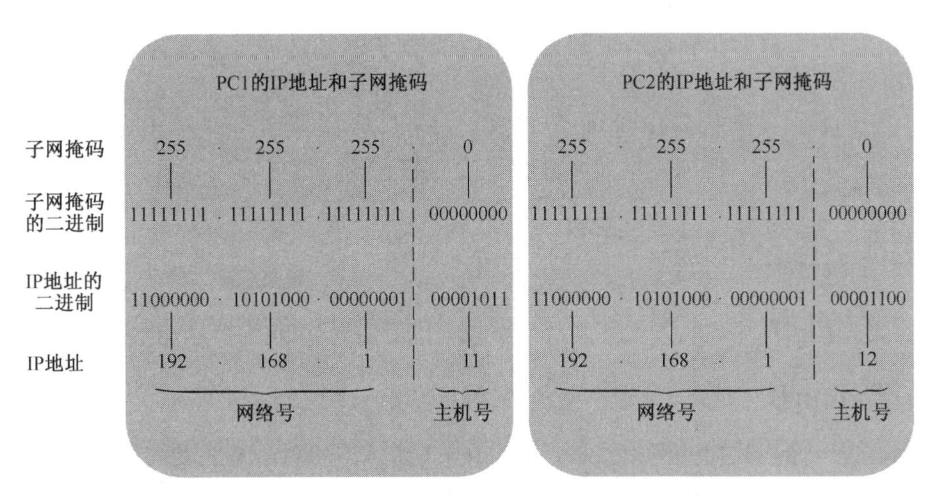

图 6-66　通过子网掩码判断 IP 地址的网络号和主机号

6. 私有 IP 地址

考虑这样一种情况：一个单位内的很多主机可能并不需要接入到公共互联网（Internet），它们主要是在内部网络内与其他主机进行通信(例如在大型商场或宾馆中有很多用于营业和管理的计算机，这些计算机虽然也需要网络工作环境，但显然并不需要和 Internet 相连)。也就是说，这个单位内部的计算机虽然也需要 IP 地址（因为要互连成网），但是它连接的可能只是内部网络，不需要与公共互联网（Internet）通信。

在这种情况下，如果该单位向 IP 地址管理机构申请可以在公共互联网上使用的全球唯一的 IP 地址（通常被称为公有 IP 地址），虽然能够实现自己内部计算机的联网互通，但一是有些“大材小用”；二是将内部计算机直接与公共互联网相连有可能会带来安全问题（例如内部资料的泄露）；三是如果大量具有这种背景情况的单位都去申请全球唯一的公有 IP 地址，也是对 IP 地址资源的一种浪费。实际上，虽然 IPv4 版本的 IP 地址在理论上有 40 多亿个，但由于使用规则的限制，特别是由于因特网（Internet）规模的扩大，IP 地址资源早已出现紧缺（IPv6

就是为了彻底解决这一问题而设计出来的）。

正因为如此，设计人员在设计 IP 地址时，专门把一部分地址拿出来，用于机构内部网络应用的需求，这部分地址被称为“私有 IP 地址”。根据使用规则，私有 IP 地址是不需要向 IP 地址管理机构申请的，当然私有 IP 地址也是不能在公共互联网（Internet）上被使用的，即配置私有 IP 地址的计算机是不能直接与公共互联网通信的。这样，任何一个单位进行内部网络建设时，就可以自主地给各个联网主机分配私有 IP 地址（虽然这很可能会造成两个单位使用同一个或同一段私有 IP 地址，但是没关系，因为这是两个私有的网络，相互之间不会直接进行联系，因此不会产生 IP 地址的冲突），而不用再去 IP 地址管理机构那里申请 IP 地址（实际上，由于 IP 地址资源的紧缺，一个单位能够申请到的公有 IP 地址数往往远少于本单位所拥有的主机数），既节约了宝贵的 IP 地址资源，又使建设工作更加灵活。

私有 IP 地址包括以下 3 个地址段：

（1）10.0.0.0～10.255.255.255。

（2）172.16.0.0～172.31.255.255。

（3）192.168.0.0～192.168.255.255。

可以看出，本章前面在局域网组网实例中所使用的 IP 地址都是私有 IP 地址（属于上述第 3 个地址段）。

需要指出的是，使用私有 IP 地址的计算机也是可以连入公共互联网（Internet）的，当然这需要额外的技术措施，例如本章后面介绍到的 NAT 技术。

6.7.4 网际互连设备——路由器

在本章前面的讲述中多次提到了路由器，接下来就来了解路由器的相关知识。

1. 什么是路由器

路由器也是一个多端口的网络设备，如图 6-67 所示。相对于集线器和交换机来说，路由器是连接不同网络的设备，因此也被称为网际互连设备。

图 6-67 路由器

路由器犹如网络间的纽带，可以把多个不同类型、不同规模的网络彼此连接起来组成一个更大范围的网络，让网络系统发挥更大的效益。例如可以将学校机房内的局域网与路由器相连，再将路由器与因特网（Internet）相连，让机房中的计算机接入因特网（Internet）。

路由器上的每个网络端口都具有独立的 MAC 地址。不仅如此，在使用过程中，管理员还可以根据联网需要给路由器的每个网络端口配置独立的 IP 地址。由于路由器的每个网络端口要连接不同的网络，因此路由器每个网络端口的 IP 地址不仅不一样，而且必须具有不同的网络号。

2. 路由器如何在不同网络间转发数据包

路由器之所以能够连接不同的网络，并且在不同网络间转发数据包，是因为路由器中维护着一张路由表。与交换机中的 MAC 地址表不同的是，路由表中记录的并不是具体的主机 IP 地址和路由器端口之间的对应关系。在路由表中，每一条路由通常包含 3 个内容：目的网络地址、地址掩码、下一跳地址。

图 6-68 所示为由两台路由器组成的互联网络，并给出了一个路由表的实例。其中路由器 R1 和 R2 共连接了 3 个网络，每个网络中都包含若干台主机，每个网络的网络地址（即网络号）和子网掩码都已在图中标出。

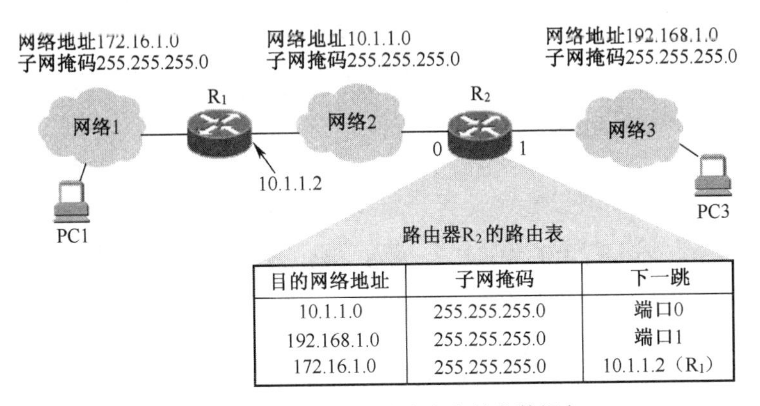

目的网络地址	子网掩码	下一跳
10.1.1.0	255.255.255.0	端口0
192.168.1.0	255.255.255.0	端口1
172.16.1.0	255.255.255.0	10.1.1.2（R_1）

图 6-68　路由器通过路由表转发数据包

PC1 和 PC3 处于不同的网络中，它们 IP 地址的网络号分别是 172.16.1.0 和 192.168.1.0，子网掩码都是 255.255.255.0。当 PC3 向 PC1 发送数据包时，所发出的每个数据包的首部都会包含源 IP 地址（即 PC3 的 IP 地址）和目的 IP 地址（即 PC1 的 IP 地址）。路由器 R2 首先收到 PC3 发出的数据包，并将数据包中的目的 IP 地址与自己路由表中的子网掩码进行对比分析（注意，交换机只认识 MAC 地址，不认识 IP 地址，因为不具备此功能），查看该目的 IP 地址的网络号（即 172.16.1.0）与哪一条路由相吻合。如果有相吻合的路由，就按路由信息执行；如果没有相吻合的路由，就丢弃该数据包。此例中，R2 发现该目的 IP 地址的网络号（即 172.16.1.0）与第 3 条路由信息相吻合，于是将数据包发往相应的下一跳地址，即 R1 路由器上的 10.1.1.2。

有意思的是，路由器 R2 其实并不知道目的网络（即网络 1）的具体位置，但它知道要想到达网络 1，必须先经过路由器 R1，于是 R2 路由表里的第 3 条路由信息中就把 R1 作为下一跳的地址。这就好像是张三要把一封信发送给李四，他虽然不知道李四的地址，但知道可以通过王五转交，于是凡有李四的信件，张三一律转给王五，剩下的事就由王五负责了。

于是，PC3 发往 PC1 的数据包被路由器 R2 转发给 R1，而 R1 也会根据自己的路由表将数据包转发给网络 1，直至 PC1 收到它。

3．路由表的形成

路由器刚买回来时，其中的路由表是空白的。而且，与交换机的 MAC 地址表可通过自主学习自动形成不同，路由器中的路由表是不会自动形成的。也就是说，路由器被买回来后，如果不经过人工配置而直接用来连接不同的网络，其结果肯定是不通的。

由于路由器的复杂性，通常是由专业人员对路由器进行管理和配置。对于规模不大的互联网络，网络管理员可以用人工的方式配置路由表中的每一条路由（这种方式被称为静态路由选择）；对于规模较大的互联网络，网络管理员通常在路由器上运行某种被称为路由协议算法的程序，从而使路由器具有某种智能性，可以自动地适应网络状态的变化，并自动地改变路由表中的信息（这种方式被称为动态路由选择），从而满足网络间互连互通的需求。

6.8 因特网

起源于美国的 Internet 现已发展成为世界上最大的国际性计算机互联网，因特网是 Internet 一词在中国的标准译法。

6.8.1 网络的网络

因特网（Internet）是世界上最大的互联网络，用户数以亿计，互连的网络数以百万计。习惯上，人们把连接在因特网上的计算机都称为主机（Host）。因特网也常常用一朵云来表示，这种表示方法是把主机画在网络的外边，而网络内部的细节（即路由器怎样把许多网络连接起来）往往就省略了，如图 6-69 所示。

需要注意的是，网络一词通常指把许多计算机连接在一起，而因特网则是把许多网络连接在一起。因此，因特网又被称为网络的网络，如图 6-70 所示。

图 6-69 用一朵云来表示因特网

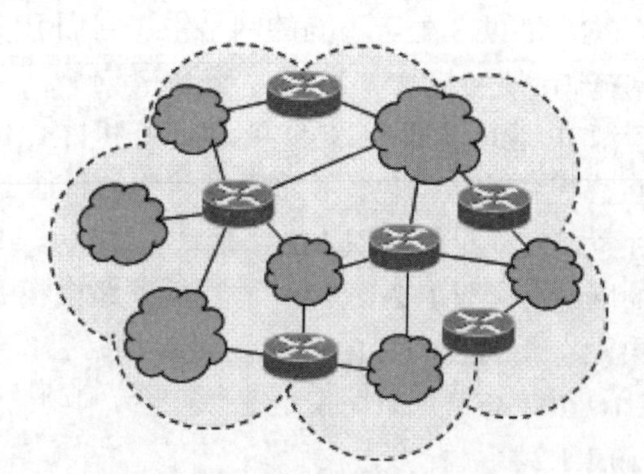

图 6-70 因特网是网络的网络

6.8.2 因特网的组成

因特网的拓扑结构虽然非常复杂，并且在地理上覆盖了全球，但从其工作方式上看，可以划分为边缘部分和核心部分两大块。

1. 边缘部分

处在因特网边缘的部分就是连接在因特网上的所有主机，包括用户的 PC、服务器等。这部分是用户直接使用的，用来进行通信（如传送数据、音频或视频）和资源共享。

图 6-71 所示为因特网边缘主机之间进行通信的一种方式，即客户服务器方式。用户的客户机向互联网上的服务器发出服务请求，该请求通过网络核心部分到达服务器，服务器根据请求将相应的资源返回客户机，完成服务。

2. 核心部分

因特网的核心部分由大量网络和连接这些网络的路由器组成，如图 6-72 所示。核心部分要向网络边缘中的大量主机提供连通性，使边缘部分中的任何一个主机都能够向其他主机通信（即传送或接收各种形式的数据）。

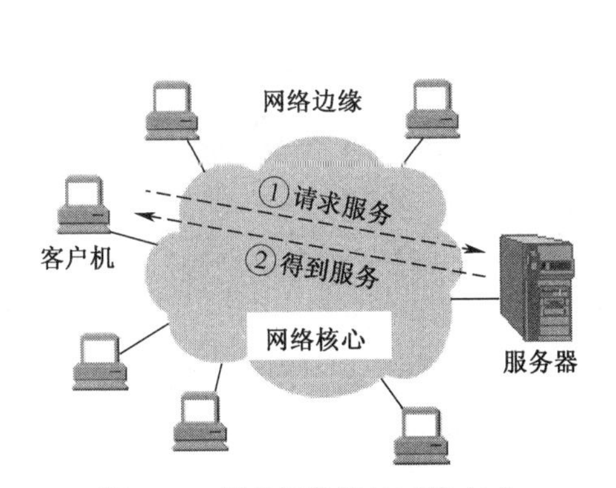

图 6-71　因特网边缘的工作方式

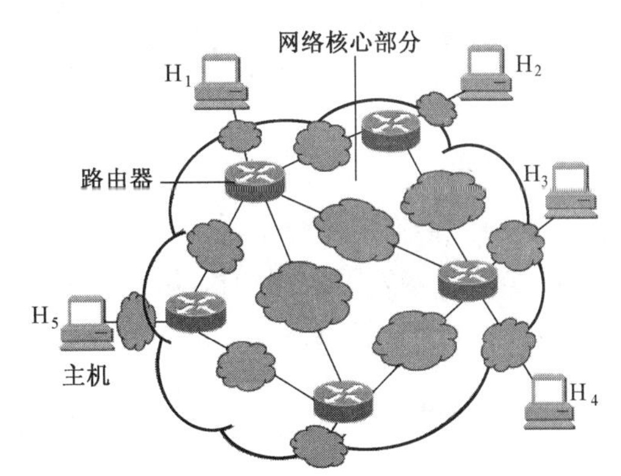

图 6-72　因特网的核心是由路由器构建的互联网络

在因特网核心部分起特殊作用的是路由器，如果没有路由器，再多的网络也无法构建成因特网。

6.8.3　因特网服务提供者 ISP

因特网的前身是美国的 ARPANET 网络，随着 TCP/IP 协议的应用，原本单一的 ARPANET 网络发展成多个网络的互连，即互联网。从 1985 年起，因特网逐步建成覆盖全美主要大学和研究所的分为主干网、地区网和校园网的三级结构网络。

到了 20 世纪 90 年代，美国政府机构开始认识到，因特网必将扩大其使用范围，不应仅限于大学和研究机构。世界上的许多公司纷纷接入到因特网，因特网上的通信量急剧增大，使因特网的容量已满足不了需要。于是，美国政府决定将因特网的主干网转交给私人公司经营，并开始对接入因特网的单位收费。

从 1993 年开始，美国政府机构不再负责因特网的运营，而是被若干个商用的因特网主干网替代。这样就出现了一个的新名词：因特网服务提供者（Internet Service Provider，ISP）。

在许多情况下，因特网服务提供商 ISP 就是一个进行网络商业活动的公司。ISP 拥有从因特网管理机构申请到的多个 IP 地址，同时拥有通信线路（大的 ISP 自己建造通信线路，小的 ISP 则向电信公司租用通信线路）和路由器等连网设备，因此任何机构和个人只要向 ISP 交纳规定的费用，就可以从 ISP 得到所需的 IP 地址并得到接入因特网的服务。我们通常所说的“上网”，就是指通过某个 ISP 接入到因特网。根据提供服务的覆盖面积大小以及所拥有的 IP 地址数目的不同，ISP 也分成不同的层次。图 6-73 说明了用户上网与 ISP 的关系。

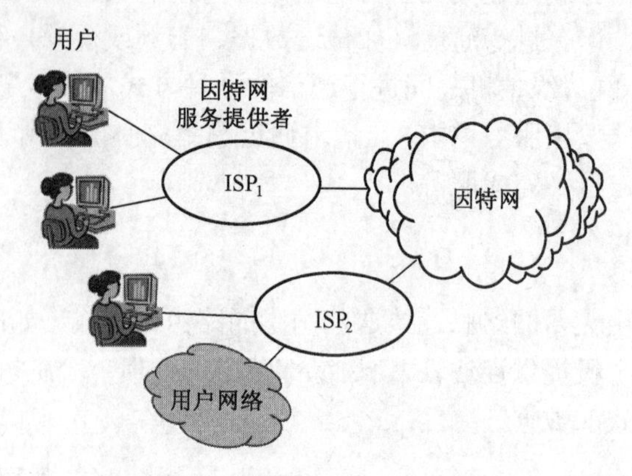

图 6-73 用户通过 ISP 接入因特网

6.8.4 接入因特网

ISP 是用户接入因特网的桥梁。无论是个人还是单位的计算机都是采用某种方式连接到 ISP 提供的某一台服务设备上，通过它再接入因特网。

1. 单机通过 ADSL 接入因特网

通过 ADSL 方式接入因特网是家庭用户接入因特网的一种常用方法。

ADSL 是非对称数字用户线的简称，是一种利用电话线和公用电话网接入因特网的技术。它通过专用的 ADSL Modem（如图 6-74 所示）连接到因特网，其接入连接如图 6-75 所示。入户电话线进入用户家里后，首先进入一个专用分离器，分离器上有 3 个电话线接口，一个接入户电话线，另外两个接口通过额外的电话线一个接固定电话，另一个接 ADSL Modem 上的电话线接口。ADSL Modem 上还有一个以太网接口，通过双绞线连接用户计算机上的网卡，如图 6-76 所示。

图 6-74 ADSL Modem

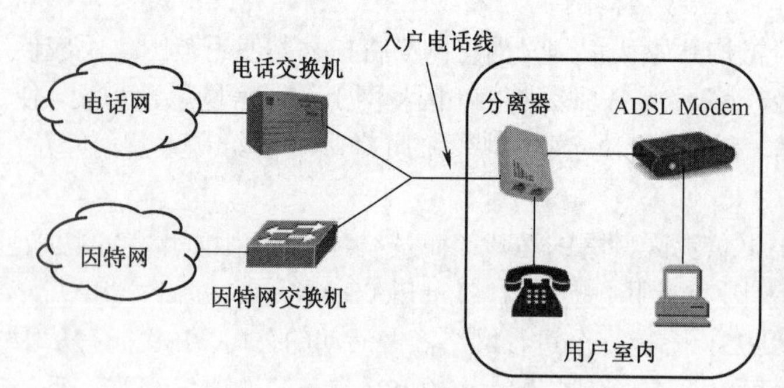

图 6-75 ADSL 接入连接图

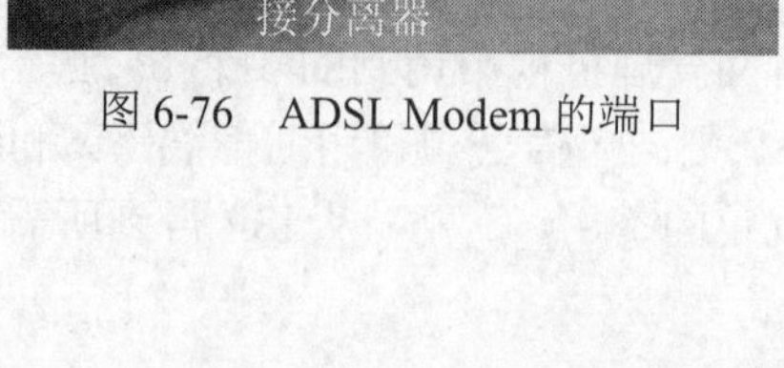

接计算机
接分离器

图 6-76 ADSL Modem 的端口

ADSL 属于宽带接入方式，具有以下两个特点：

（1）上、下行速率不一致。

由于工作原理的限制，ADSL 不能保证固定的数据率，对于质量很差的用户线甚至无法开通 ADSL。因此电信局需要定期检查用户线的质量，以保证能够提供向用户承诺的 ADSL 数据率。通常情况下，ADSL 的下行速率可达到 1Mb/s～8Mb/s，但是上行速率仅为 32Kb/s～1Mb/s，这也正是 ADSL 被称为“非对称”的原因。上行指从用户到 ISP，下行指从 ISP 到用户。ADSL 之所以把上行和下行带宽做成不对称的，是因为用户在上网时从因特网下载的数据量通常要远大于向因特网上传的数据量。

（2）上网和打电话兼顾。

ADSL 能够实现上网和打电话同时进行，而且两者互不干扰。

用户使用 ADSL 接入因特网时，先要使用 ADSL 的拨号软件建立连接。在输入用户名和密码之后，从电信部门获得一个动态分配的 IP 地址并接入因特网。

2. 局域网通过 NAT 接入因特网

在本章前面的内容中介绍了私有 IP 地址的概念。一个单位在进行内部网络建设时，可以根据自身需求自主分配私有 IP 地址，而不需要向 IP 地址管理机构进行申请。这样做虽然节省了宝贵的 IP 地址资源，但由于使用的是私有 IP 地址，因此内部网络中的计算机是无法直接访问因特网的。

如何让使用私有 IP 地址的内部局域网能够访问因特网呢？这就需要使用 NAT 技术。

（1）什么是 NAT。

NAT 是 Network Address Translation（网络地址转换）的缩写。目前 NAT 的应用非常广泛，基本上所有的局域网在接入因特网时都要用到 NAT 技术。NAT 将网络分成了内部和外部两部分，一般情况下，内部是局域网，外部是公共的因特网，如图 6-77 所示。在内部网络和外部网络的边界处部署有一个具有 NAT 功能的设备（如路由器或者配置有 NAT 软件的服务器），该设备负责对所收到的数据包（包含从内网收到的和从外网收到的）执行地址翻译的操作。

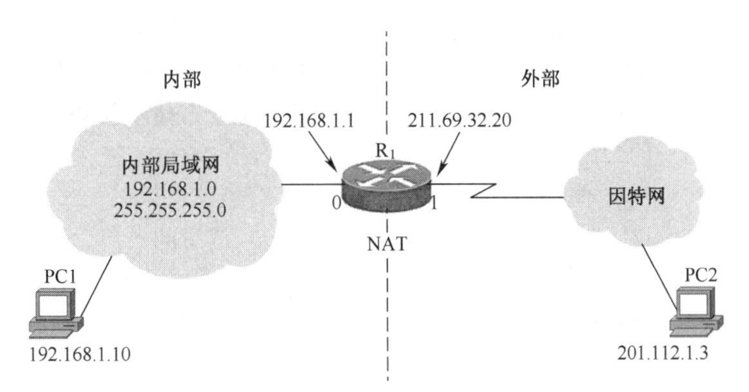

图 6-77　通过 NAT 实现内部局域网对因特网的访问

（2）NAT 的工作过程。

在图 6-77 中，执行 NAT 功能的是路由器 R1（假设 R1 的 NAT 功能已经由管理员配置好）。R1 的 0 端口连接着内部局域网，从图中可以看出，内部网使用的是私有 IP 地址段 192.168.1.0，并且 R1 的 0 端口配置的是私有 IP 地址 192.168.1.1；R1 的 1 端口连接的是外部因特网，1 端口配置的是所申请到的合法的公有 IP 地址 211.69.32.20。

当内网中的计算机 PC1 与外网中的 PC2 进行通信时，PC1 所发出的数据包首部中包含有源 IP 地址 192.168.1.10 和目的 IP 地址 201.112.1.3。该数据包到达路由器 R1 后，R1 会执行 NAT 功能，即将该数据包包头中的源 IP 地址 192.168.1.10（私有 IP 地址）转换成合法的公有 IP 地址 211.69.32.20（即 R1 连接外网的端口 IP 地址），然后再将该数据包发送到因特网上并最终到达 PC2。

PC2 收到数据包后，还要根据需要再返回相应的数据包（这样才能形成通信）。但问题是，PC2 并不知道 PC1 的存在，因为 PC2 所收到的数据包中，其源 IP 地址是 211.69.32.20。于是，PC2 就以 211.69.32.20 作为目的 IP 地址将返回的数据包发给了路由器 R1 的 1 端口。

路由器 R1 收到 PC2 返回的数据包后，通过 NAT 地址转换表将包头中的目的 IP 地址替换成 PC1 的私有 IP 地址（192.168.1.10），然后从 0 端口发出去，最终到达 PC1。

以上就是 NAT 的基本过程，可见 NAT 在网络中起着地址翻译的作用。

6.9 互联网提供的服务

6.9.1 WWW 与 HTTP

1. WWW

因特网在 20 世纪 60 年代就诞生了，但是一开始并没有迅速普及，其中很重要的原因是连接到因特网需要经过一系列复杂的操作，网络的权限也很分明，而且网上内容的表现形式非常单调枯燥，从而使得广大非专业人员望而却步。

因特网的迅猛发展始于 20 世纪 90 年代。一个重要的原因是由欧洲原子能研究组织（CERN）的伯纳斯·李开发的 WWW 技术被广泛使用了在因特网上。

WWW（World Wide Web）又被称为 Web，也称万维网。WWW 并不是一个独立的物理网络，它是一个基于因特网的、分布式、动态的、综合了信息发布技术和超文本技术的信息服务系统。从网络体系结构的角度看，WWW 是应用层技术，它通过超链接的方式把因特网上不同计算机内的信息（包括文本、图像、视频、音频等）有机地组织在一起（如图 6-78 所示），并且通过超文本传输协议（HTTP）很方便地实现对因特网信息的访问。

WWW 为用户提供了一个基于浏览器/服务器模式的友好的图形化信息访问界面。所谓浏览器/服务器模式，即用户使用浏览器向存放着各种信息资源的 WWW 服务器（也叫 Web 服务器）提出访问请求，服务器对用户的请求给予回答，并且把用户请求的信息资源传送给用户。

2. HTTP

超文本传输协议 HTTP 是一个专门为 WWW 服务器和浏览器之间交换数据而设计的网络协议。HTTP 通过规定统一资源定位符使客户端的浏览器与 WWW 服务器的资源建立链接关系，并通过客户机和服务器彼此互发信息的方式来进行工作。

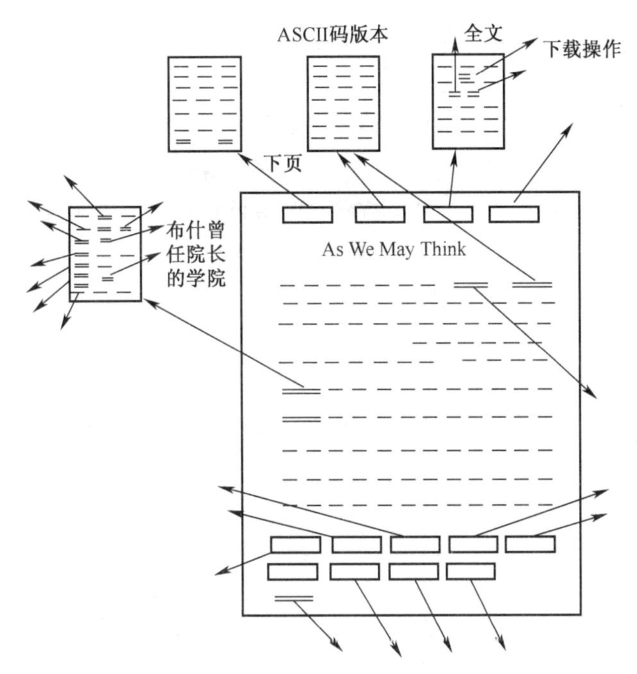

图 6-78　通过超链接组织信息

当通过用户计算机上的浏览器访问 WWW 服务器时，需要在浏览器的地址栏中输入 HTTP 请求，并输入对方服务器的地址（即网址），然后开始访问，如图 6-79 所示。

图 6-79　在浏览器的地址栏中输入 HTTP 请求

6.9.2　域名系统 DNS

主机在因特网上通信时必须使用 IP 地址。但是显然，没有人愿意使用这个没有规律不易记忆的 32 位二进制地址。相反，大家愿意使用比较容易记忆的主机名字。早在 ARPANET（因特网的前身）时代，整个网络上只有数百台计算机，那时使用一个叫做 hosts 的文件列出所有主机名字和相应的 IP 地址。只要用户输入一个主机名字，计算机就可以很快地把这个主机名字转换成机器能够识别的二进制 IP 地址。在因特网时代继续保留了这一传统，当然仅仅靠一个 hosts 文件是不能解决所有问题的，因为网络规模太大了。

用户在因特网上访问时，依然使用对方主机的名字进行通信。因特网采用一种称为域名系统（Domain Name System，DNS）的命名系统，用来把便于人们使用的主机名字（即域名）转换成对应的 IP 地址（在 TCP/IP 中，这种地址转换通常被称为地址解析），然后再由其他网络协议依据所获得的 IP 地址进一步实现后续的访问。

域名系统其实就是名字系统。为什么不叫“名字”而叫“域名”呢？因为在因特网的命名系统中使用了许多的“域（domain）”，因此出现“域名”这个词。

能够实现地址解析功能的服务器被称为域名服务器。从理论上讲，整个因特网可以只使用一个域名服务器，使它装入因特网上所有的主机名，并回答所有对 IP 地址的查询，然而这种做法并不可取。因为因特网太大了，这样的域名服务器肯定会因为负荷过重而无法正常工作，而且一旦这个唯一的域名服务器出现故障，整个因特网的访问就会瘫痪，因为“翻译”没有了，因特网不知道用户发出的网址到底是想访问谁。

正因为如此，因特网的域名系统 DNS 被设计成为一个联机分布式数据库系统，它由分布在世界各地的众多域名服务器组成。这些域名服务器被分为不同的层次级别，并各自有所负责管辖的范围。不同的域名服务器既有独立工作的内容，相互之间也有一定的联系。图 6-80 所示为因特网域名服务器的层次结构。

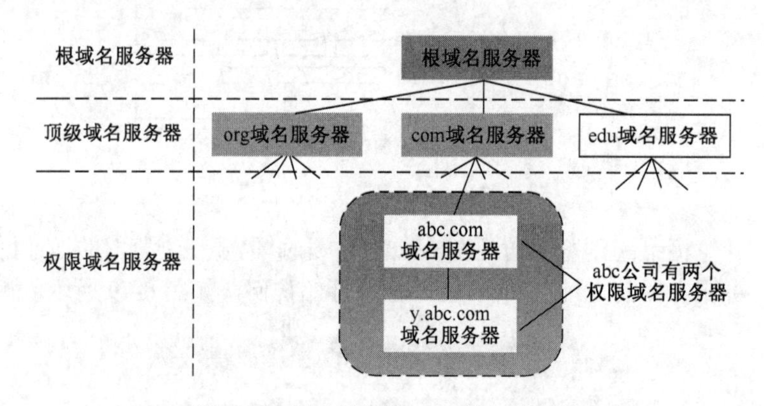

图 6-80　层次结构的 DNS 域名服务器

域名到 IP 地址的解析采用的是客户机/服务器方式，即客户机发出解析请求（发出主机名），域名服务器收到请求后给予响应服务（返回该主机名对应的 IP 地址），整个解析过程通常是由多个域名服务器共同完成的。

域名到 IP 地址的解析过程要点如下：当用户计算机中的某个应用程序需要把主机名解析为 IP 地址时（该程序叫调用解析程序）把待解析的域名放在 DNS 请求报文中发送给本地域名服务器，本地域名服务器在查找域名后把对应的 IP 地址放在回答报文中返回。应用程序获得目的主机的 IP 地址后即可进行通信。

若本地域名服务器不能回答用户的解析请求（即它也不知道此域名对应的 IP 地址是什么），则此域名服务器就成为域名系统 DNS 的一个客户，并向其他域名服务器发出查询请求。这种过程直至找到能够回答该请求的域名服务器为止。如果最终解析失败，则用户无法访问相应的信息资源。

由上面的分析可知，本地域名服务器在域名解析过程中起着非常重要的作用。域名系统 DNS 使大多数的名字都在本地进行解析，仅少量解析需要在因特网上通信，因此 DNS 系统的效率很高。

用户主机在接入因特网时，需要在主机上配置本地域名服务器的有关信息。本地域名服务器的信息通常可由 ISP 处自动获得（并且自动完成配置），也可以由用户在图 6-81 所示的对话框中手工配置。

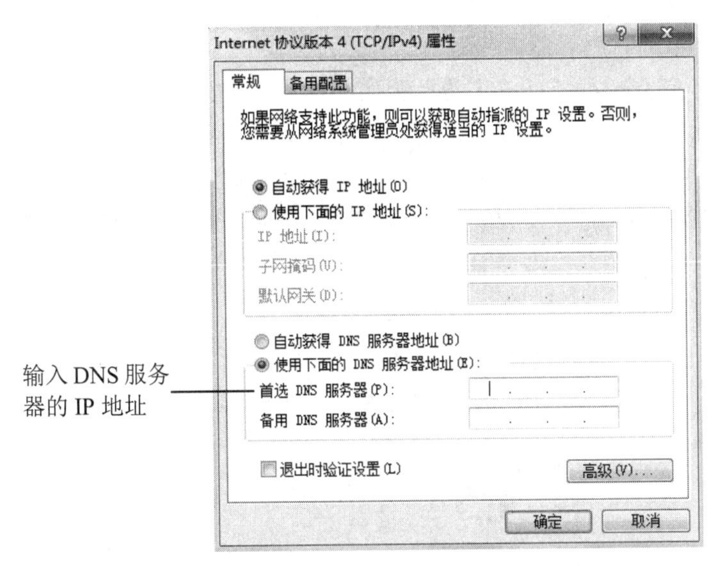

图 6-81　在计算机中设置 DNS 服务器地址

6.9.3　文件传输服务

网络用户一般不希望在远程联机的情况下浏览存放在服务器上的文件，而更愿意将这些文件取回到自己的计算机中，这样不但能节省时间和费用，还可以从容地阅读和处理这些取来的文件。因特网提供的文件传输服务正好能满足用户的这一需求。

1. 什么是文件传输服务

文件传输是指在计算机网络的主机之间传送文件，它是在网络通信协议 FTP（File Transfer Protocol）的支持下进行的，因此又被称为 FTP 服务。因特网上的两台计算机不论地理位置相距多远，只要两者都支持 FTP 协议，就能将一台计算机上的文件传送到另一台计算机。FTP 可以传送各种类型的文件，包括文本文件、二进制可执行文件、图像文件、声音文件、视频文件、数据压缩文件等。

FTP 服务采用客户机/服务器工作方式。用户计算机称为 FTP 客户机，远程提供文件下载服务的计算机称为 FTP 服务器。用户从 FTP 服务器上复制文件到自己的计算机的过程称为下载，将自己计算机上的文件复制到 FTP 服务器的过程称为上传。

普通的 FTP 服务要求用户在登录到 FTP 服务器时提供相应的用户名和口令，这里的用户名和口令可以从 FTP 服务的提供者处获得。一些信息服务机构为了方便用户获取其提供的文件资源，提供了一种称为匿名 FTP 的服务。用户在登录到这种 FTP 服务器时不需要获得专门的用户名和口令，而是使用公开的账号和口令登录。当然，匿名 FTP 服务会有较多限制，例如匿名用户只能从服务器下载文件，而不能在服务器上建立或修改文件。匿名 FTP 通常以 anonymous 作为用户名，以用户电子邮件地址作为口令。

2. 实现文件传输的方式

在实现文件传输时，需要使用 FTP 程序。目前，常用的 FTP 程序有两种类型：浏览器和 FTP 下载工具。

（1）通过浏览器登录 FTP 服务器。

在 Windows 系统中，浏览器都带有 FTP 程序模块，因此可以在浏览器窗口的地址栏中直接输入 ftp://，后面跟着输入 FTP 服务器的 IP 地址或域名，浏览器将自动调用 FTP 程序完成连接。假设一台 FTP 服务器的域名（网址）是 myftp.hactcm.edu.cn，用户要访问该服务器，可以在浏览器地址栏中输入 ftp://myftp.hactcm.edu.cn，浏览器会弹出登录窗口，要求用户输入用户名和密码，如图 6-82 所示。当连接成功后，浏览器窗口显示出该服务器上的文件夹和文件名列表。

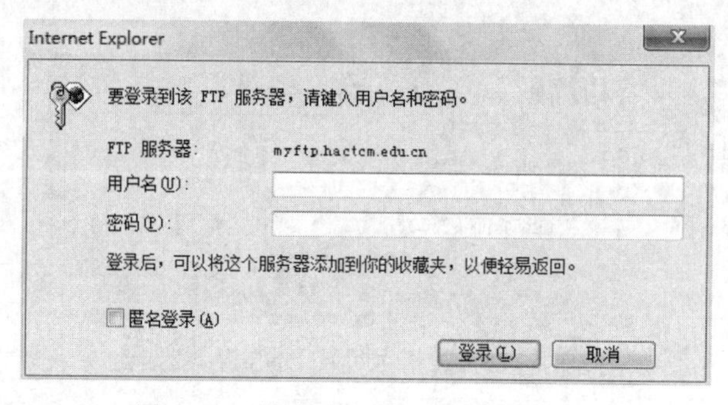

图 6-82 通过浏览器登录 FTP 服务器

（2）使用 FTP 下载工具软件。

为了提高从 FTP 服务器下载文件的速度，可以使用 FTP 下载工具软件。FTP 下载工具可以在网络连接意外中断后，通过断点续传功能继续进行剩余部分的传输。常用的 FTP 下载工具软件有 CuteFTP、FileZilla FTP 等，这些工具软件可以从互联网上获得。图 6-83 所示为 FileZilla FTP 软件的程序界面，它功能强大，支持断点续传、上传、文件拖放等。

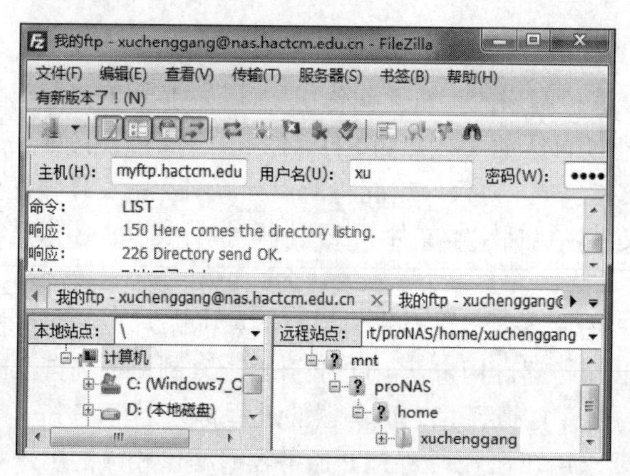

图 6-83 FileZilla FTP 工具软件的界面

6.9.4 电子邮件服务

电子邮件也称为 E-mail，它利用计算机的存储转发原理克服时间和地理上的差距，通过计算机和通信网络进行文字、声音、图像等信息的传递。它是因特网提供的一项基础服务。

1. 电子邮箱的地址

每个因特网用户经过注册申请都可以成为电子邮件系统的用户（如图 6-84 所示），并拥有一个属于自己的电子邮箱。网上的所有用户均可向邮箱中发送电子邮件，但只有邮箱的所有者才能检查、阅读和删除该邮箱中的邮件。

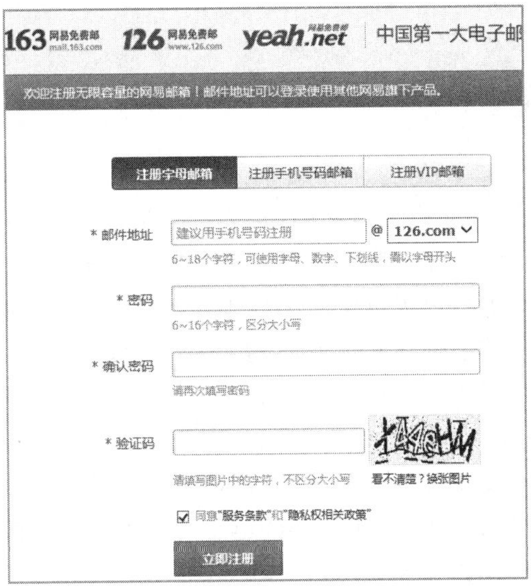

图 6-84　申请 126 电子邮箱

每个电子邮箱都有唯一的邮件地址，邮件地址的形式为：

邮箱名@邮箱所在的主机域名

例如 myemail@126.com 是一个邮件地址，它表示邮箱的名字是 myemail，邮箱所在的主机是 126.com

2. 电子邮件的格式

电子邮件与普通的邮件相似，它也有固定的格式。电子邮件由 3 部分组成，即信头、正文、附件，如图 6-85 所示。邮件信头由多项内容构成，其中一部分由邮件软件自动生成，如发件人的地址、邮件发送的日期和时间；另一部分由发件人输入产生，如收件人的地址、邮件的主题等。

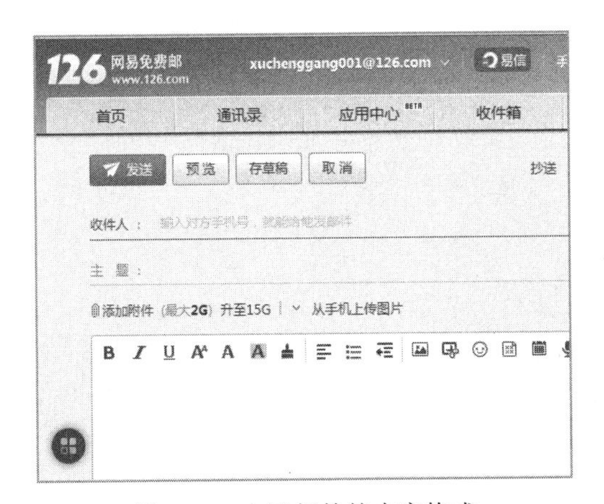

图 6-85　电子邮件的内容格式

在邮件的信头上最重要的就是收件人的地址。发送邮件的计算机使用邮件中“@”后面的部分来确定该电子邮件应该送达的计算机，而收到电子邮件的计算机则使用邮件地址中“@”前面的部分来选择相应的用户邮箱，并将电子邮件放进去。

电子邮件的正文就是信件的内容。电子邮件的附件中可以包含一组文件，如 Word 文档、照片文件等。

3. 电子邮件的发送过程

电子邮件系统采用“存储转发”方式为用户传递电子邮件。通过在一些因特网通信节点的计算机上运行相应的软件，可以使这些计算机充当“邮局”的角色，这些计算机通常被称为邮件服务器。用户使用的“电子邮箱”就是建立在邮件服务器上的。当用户希望通过因特网给某人发送信件时，他先要与为自己提供电子邮件服务的邮件服务器联系，即登录邮箱，然后编辑好邮件，接下来将要发送的信件与收件人的电子邮件地址送给邮件系统，即发出邮件。电子邮件系统会自动将用户的信件通过网络一站一站地送到目的地，也就是目的邮件服务器。整个过程对用户来讲是透明的。

如果传递过程失败（如收件人地址有误），系统会将原信退回并通知用户不能送达的原因。如果信件顺利到达目的邮件服务器，该服务器的电子邮件系统就会根据收件人地址将它放入收信人的电子邮箱中，等候收信人自行读取。

7 Web 技术

Web 技术的发展推动了互联网的迅速发展，也给社会经济及个人的工作、学习、生活带来了巨大的变化。不管是新闻、天气，还是文献等，我们都可以通过 Web 技术使其在互联网中达到共享。Web 技术使我们能够方便快捷地获取丰富的信息资源。本章主要介绍 Web 技术的相关概念、应用、发展趋势，以及互联网文化。

7.1 Web 的世界

7.1.1 认识 Web

1. 什么是 Web

Web 直译是蜘蛛网、网，现广泛译作网络、互联网等，表现为 3 种形式，即超文本（HyperText)、超媒体（HyperMedia)、超文本传输协议（HTTP)。

超文本是一种用户接口范式，用以显示文本及与文本相关的内容。超文本普遍以电子文档的方式存在，其中的文字包含有可以链接到其他字段或者文档的超文本链接，允许从当前阅读位置直接切换到超文本链接所指向的文字。超文本链接是一种全局性的信息结构，它将文档中的不同部分通过关键字建立链接，使信息得以用交互方式搜索。

超媒体是超文本和多媒体在信息浏览环境下的结合。用户不仅能从一个文本跳到另一个文本，而且可以激活一段声音、显示一个图形，甚至播放一段视频。

超文本传输协议即 Hypertext Transfer Protocol 是超文本在互联网上的传输协议。

Web 就是一种超文本信息系统，它的一个主要概念就是超文本链接。它使得文本不再像一本书一样是固定的、线性的，而是可以从一个位置跳到另外的位置，从而我们可以从中获取更多的信息。例如我们想要了解某一个主题的内容，只要在这个主题上点一下，就可以跳转到包含这一主题的文档上。这种多连接性我们把它称为 Web。

Web 又引申为“环球网”，而且在不同的领域，有不同的含义。就拿“环球网”的释义来说，对于普通的用户来说，Web 仅仅是一种环境——互联网的使用环境、氛围、内容等；而对于网站制作者、设计者来说，它是一系列技术的复合总称（包括网站的前台布局、后台程序、美工、数据库领域等技术概括性的总称）。

在网页设计中，我们把 Web 称为网页，是网站中的一页，通常是 HTML 格式（文件扩展名为.html、.htm、.asp、aspx、.php、.jsp 等）。网页要使用网页浏览器来阅读。

2. Web 起源

最早的网络构想可以追溯到遥远的 1980 年蒂姆 • 伯纳斯-李构建的 ENQUIRE 项目。这是一个类似维基百科的超文本在线编辑数据库。尽管这与我们现在使用的互联网大不相同，但是它们有许多相同的核心思想，甚至还包括一些伯纳斯-李的万维网之后的下一个项目语义网中的构想。

1989 年 3 月，伯纳斯-李撰写了《关于信息化管理的建议》一文，文中提及 ENQUIRE 并且描述了一个更加精巧的管理模型。1990 年 11 月 12 日他和罗伯特 • 卡里奥（Robert Cailliau）合作提出了一个更加正式的关于万维网的建议。在 1990 年 11 月 13 日他在一台 NeXT 工作站上写了第一个网页以实现他文中的想法。同年圣诞假期，伯纳斯-李制作了一个网络工作所必需的所有工具：第一个万维网浏览器（同时也是编辑器）和第一个网页服务器。

1991 年 8 月 6 日，伯纳斯-李在 alt.hypertext 新闻组上贴了万维网项目简介的文章，这一天也标志着因特网上万维网公共服务的首次亮相。

万维网中至关重要的概念超文本起源于 20 世纪 60 年代的几个项目。例如泰德 • 尼尔森（Ted Nelson）的仙那都项目（Project Xanadu）和道格拉斯 • 英格巴特（Douglas Engelbart）的 NLS。而这两个项目的灵感都是来源于万尼瓦尔 • 布什在其 1945 年的论文《和我们想得一样》中为微缩胶片设计的“记忆延伸”（memex）系统。

蒂姆 • 伯纳斯-李的另一个才华横溢的突破是将超文本嫁接到因特网上。在他的《编织网络》一书中，他解释说他曾一再向这两种技术的使用者们建议它们的结合是可行的，但是却没有任何人响应他的建议，他最后只好自己解决了这个计划。他发明了一个全球网络资源唯一认证的系统：统一资源标识符。

万维网和其他超文本系统有很多不同之处。

（1）万维网上需要单向链接而不是双向链接，这使得任何人可以在资源拥有者不作任何行动的情况下链接该资源。和早期的网络系统相比，这一点对于减少实现网络服务器和网络浏览器的困难至关重要，但它的副作用是产生了坏链的慢性问题。

（2）万维网不像某些应用软件如 HyperCard，它不是私有的，这使得服务器和客户端能够独立地发展和扩展，而不受许可限制。

1993 年 4 月 30 日，欧洲核子研究组织宣布万维网对任何人免费开放，两个月之后 Gopher 宣布不再免费，造成大量用户从 Gopher 转向万维网。

万维网联盟（World Wide Web Consortium，W3C）又称 W3C 理事会，1994 年 10 月在麻省理工学院计算机科学实验室成立，建立者是万维网的发明者蒂姆 • 伯纳斯-李。

3. Web 的特点

（1）Web 是图形化的和易于导航的。

Web 非常流行的一个重要的原因就是它可以在一页上同时显示色彩丰富的图形和文本。

在 Web 之前 Internet 上的信息只有文本形式。Web 可以提供将图形、音频、视频信息集合于一体的特性。同时，Web 是非常易于导航的，只需要从一个链接跳到另一个链接，就可以在各页各站点之间进行浏览。

（2）Web 与平台无关。

浏览 WWW 对系统平台没有任何限制。无论从 Windows 平台、UNIX 平台、Macintosh 平台还是别的什么平台我们都可以访问 WWW。对 WWW 的访问是通过一种叫做浏览器（Browser）的软件实现的，如 Netscape 的 Navigator、NCSA 的 Mosaic、Microsoft 的 Explorer 等。

（3）Web 是分布式的。

大量的图形、音频和视频信息会占用相当大的磁盘空间，我们甚至无法预知信息的多少。Web 支持把信息放在不同的站点上，只需要在浏览器中指明这个站点即可。Web 使在物理上并不一定在一个站点的信息在逻辑上一体化，从用户来看这些信息是一体的。

（4）Web 是动态的。

由于各信息站点都尽量保证信息的时间性，Web 站点上的信息是动态的、经常更新的。信息的提供者可以经常对站上的信息进行更新，例如某个协议的发展状况、公司的广告等。这一点是由信息的提供者保证的。

（5）Web 是交互的。

Web 的交互性首先表现在它的超链接上，用户的浏览顺序和所到站点完全由站点本身决定。另外通过 FORM 的形式可以从服务器方获得动态的信息。用户通过填写 FORM 可以向服务器提交请求，服务器可以根据用户的请求返回相应信息。

7.1.2 域名

1. 为什么需要域名

网络是基于 TCP/IP 协议进行通信和连接的，每一台主机都有一个唯一标识的固定 IP 地址，以区别网络上的成千上万个用户和计算机。IP 地址用二进制数来表示，每个 IP 地址长 32 比特，由 4 个小于 256 的数字组成，数字之间用点间隔，例如 211.69.32.50 表示一个 IP 地址。由于 IP 地址是一组数字，记住数字是非常困难的事情，这就像互相记住每一个同学的身份证号是几乎不可能的事情一样。因此人们发展出一种符号化的地址方案来代替数字型的 IP 地址，这个与 IP 地址相对应的字符型地址就被称为域名。

域名就是为 IP 地址起的姓名，是由一串用点分隔的名字组成的 Internet 上某一台计算机或计算机组的名称，用于在数据传输时标识计算机的电子方位。

例如河南中医学院网站的 IP 地址是 211.69.32.50，域名是 www.hactcm.edu.cn。

2. 域名的结构

域名由若干个从 a 到 z 的 26 个拉丁字母及 0～9 的 10 个阿拉伯数字及“-”、“.”符号构成并按一定的层次和逻辑排列。目前也有一些国家在开发其他语言的域名，如中文域名。一个完整的域名由两个或两个以上的部分组成，各部分之间用英文的句号“.”来分隔，最后一个“.”的右边部分称为顶级域名（也称为一级域名），最后一个“.”的左边部分称为二级域名，二级域名的左边部分称为三级域名，依此类推，每一级的域名控制它下一级域名的分配。

顶级域名又分为国家顶级域名和国际顶级域名。国家顶级域名，200 多个国家都按照 ISO3166 国家代码分配了顶级域名，例如中国是 cn，美国是 us，日本是 jp 等。国际顶级域名，例如表示工商企业的 com，表示网络提供商的 net，表示非盈利组织的 org 等。

二级域名是指顶级域名之下的域名。在国际顶级域名下，它是指域名注册人的网上名称，如 ibm、yahoo、microsoft 等；在国家顶级域名下，它是表示注册企业类别的符号，如 com、edu、gov、net 等。

中国在国际互联网络信息中心（Inter NIC）正式注册并运行的顶级域名是 cn，这也是中国的一级域名。在顶级域名之下，中国的二级域名又分为类别域名和行政区域名两类。类别域名共 6 个，包括用于科研机构的 ac、用于工商金融企业的 com、用于教育机构的 edu、用于政府部门的 gov、用于互联网络信息中心和运行中心的 net、用于非盈利组织的 org。而行政区域名有 34 个，分别对应于中国各省、自治区和直辖市。

三级域名用字母（A～Z、a～z、大小写等）、数字（0～9）和连接符（-）组成，各级域名之间用实点（.）连接，三级域名的长度不能超过 20 个字符。如无特殊原因，建议采用申请人的英文名（或者缩写）或者汉语拼音名（或者缩写）作为三级域名，以保持域名的清晰性和简洁性。

以一个常见的域名为例来说明，百度的域名 baidu.com 是由两部分组成的，标号“baidu”是二级域名，指域名注册人的网上名称；而最后的标号“com”则是一级域名，代表这是一个国际顶级域名，表示商业。

7.1.3 URL

1. 什么是 URL

统一资源定位符（Uniform Resource Locator，URL）也被称为网页地址，是互联网上标准资源的地址。它最初是由蒂姆·伯纳斯-李发明用来作为万维网的地址，现在它已经被万维网联盟编制为互联网标准 RFC1738 了。

2. URL 的结构

URL 的基本格式为：

协议名://主机名[:端口号]/[路径名/…/文件名]

URL 的各组成部分从左至右分别是 Internet 资源类型、服务器地址、端口号、路径及文件名。

（1）Internet 资源类型：也称为服务协议或者服务方式，例如 http://表示 WWW 服务器，ftp://表示 FTP 文件服务器，而 new://表示新闻组。

（2）服务器地址：是指存放资源的服务器所使用的域名或 IP 地址，如域名 www.hactcm.edu.cn 或者 IP 地址 211.69.32.50。

（3）端口号：是访问 Internet 上的一台计算机的某种资源时，受访问计算机与外界进行数据通讯交流的出口。

（4）路径名：指资源或者信息在服务器上存放的位置，通常由“目录/子目录/”这样的结构组成。在实际应用中，常以中文、英文或拼音形式对“目录”、“子目录”进行命名。

（5）文件名：指资源或者信息的文件名。对文件名的命名也可以采用中文、英文或拼音等形式。

一个标准的URL格式应该为“Internet资源类型+服务器地址+端口号+路径名+文件名”，但是通常情况下可以省略 Internet 资源类型和端口信息。例如 http://www.hactcm.edu.cn:80/cn/index.html是一个完整的URL。当在浏览器中输入www.hactcm.edu.cn进行网站访问时，浏览器会自动按照http://www.hactcm.edu.cn:80/的方式来访问。

7.1.4 HTTP

1. 什么是HTTP

超文本传输协议（Hypertext Transfer Protocol，HTTP）是通过因特网传送万维网文档的数据传送协议，它详细规定了浏览器和万维网服务器之间互相通信的规则。

HTTP 是互联网上应用最为广泛的一种网络协议。设计 HTTP 最初的目的是为了提供一种发布和接收HTML页面的方法。它的发展是万维网协会（World Wide Web Consortium）和Internet工作小组IETF（Internet Engineering Task Force）合作的结果，他们最终发布了一系列的RFC，其中最著名的是RFC 2616。RFC 2616定义了HTTP协议普遍使用的一个版本——HTTP 1.1。

我们访问网页所用的就是 HTTP 协议。例如访问一个网站，在浏览器中输入网址后，浏览器会自动地把网站前面添加“http://”，这说明访问该网址使用的是HTTP协议。

2. HTTP的工作过程

HTTP是一个应用层协议，由请求和响应构成，是一个标准的客户端服务器模型，其工作过程如下：

（1）客户机与服务器建立连接。例如单击某个超链接，HTTP就开始工作了。

（2）建立连接后，客户机发送一个请求给服务器，请求方式的格式为：请求方法、统一资源标识符（URL）、协议版本号，MIME信息包括请求修饰符、客户机信息和可能的内容。服务器接到请求后，给予相应的响应信息，其格式为一个状态行，包括信息的协议版本号、一个成功或错误的代码，MIME信息包括服务器信息、实体信息和可能的内容。

（3）客户端接收服务器所返回的信息通过浏览器显示在客户端，然后客户机与服务器断开连接。

如果在以上过程中的某一步出现错误，那么错误信息将返回到客户端，由显示屏输出。

这个过程就好像打电话订货一样，我们可以打电话给商家，告诉他我们需要什么规格的商品，然后商家再告诉我们什么商品有货，什么商品缺货。这些，我们是通过电话线用电话联系（HTTP通过TCP/IP），当然只要商家那边有传真，我们也可以通过传真联系。

3. 什么是HTTPS

HTTPS（Hyper Text Transfer Protocol over Secure Socket Layer）是以安全为目标的HTTP通道，简单地说是HTTP的安全版。即HTTP下加入安全套接层（SSL层），HTTPS的安全基础是SSL，用于在客户计算机和服务器之间交换信息。HTTPS:URL表明它使用了HTTP，但HTTPS存在不同于HTTP的默认端口及一个加密/身份验证层（在HTTP与TCP之间）。

它最初由网景公司进行研发，并内置于其浏览器 Navigator 中，提供了身份验证与加密通讯方法。现在它被广泛用于万维网上安全敏感的通讯，例如图 7-1 所示的支付宝页面和图 7-2 所示的个人网上银行登录页面。

图 7-1 支付宝页面

图 7-2 个人网上银行登录页面

7.1.5 网页与网站

1. 什么是网页

上网时，在你眼前出现在显示器上的这个“东西”就是一个网页。网页实际上是一个文件，存放在世界某个位置的某一台计算机中，而这台计算机必须是与互联网相连的。网页是由网址来识别与存取的，当在浏览器中输入网址后，经过一段复杂而又快速的程序，网页文件会被传送到用户的计算机，然后再通过浏览器解释网页的内容，最终网页展示到用户面前。因此网页是通过超文本标记语言 HTML 书写的一种纯文本文件。

2. 网页的构成

文字与图片是构成网页的两个最基本的元素。作为初学者，可以简单地把网页理解为：文字，就是网页的内容；图片，就是网页的美观。除此之外，网页的元素还包括动画、音乐、程序等。

在网页上右击并选择“查看源文件”命令，即可通过记事本看到网页的实际内容。可以看到，网页实际上只是一个纯文本文件。它通过各式各样的标记对页面上的文字、图片、表格、声音等元素进行描述（如字体、颜色、大小），浏览器则对这些标记进行解释并生成页面。

为什么在源文件上看不到任何图片？因为网页文件中存放的只是图片的链接位置，而图片文件与网页文件是互相独立存放的。网页上出现的动画、视频、音频等信息在源文件中看不到也是这个原因。

3. 静态网页与动态网页

在服务器端以.htm、.html、.shtml、.xml 文件存储，纯粹 HTML 格式的网页通常被称为“静态网页”。静态网页指没有后台数据库、不含程序和不可交互的网页。网页开发者制作的网页是什么，网站浏览者看到的就是什么，整个过程中不会有任何变化。

静态网页的“静态”指的是网页内容“固定不变”，而不是指网页是否有可以“动”的动画、视频。

动态网页是与静态网页相对应的，也就是说，网站 URL 的后缀不是.htm、.html、.shtml、.xml 等静态网页的常见形式，而是以.aspx、.asp、.jsp、.php、.perl、.cgi 等形式为后缀，并且在动态网页网址中有一个标志性的符号“？”。

动态网页与网页上的各种动画、滚动字幕等视觉上的“动态效果”没有直接关系，动态网页可以是纯文字内容，也可以是包含各种动画的内容，这些只是网页具体内容的表现形式，无论网页是否具有表现层面的动态效果，只要结合了 HTML 以外的高级程序设计语言和数据库技术进行的网页编程技术生成的网页都称为动态网页。

从网站浏览者的角度来看，无论是动态网页还是静态网页，都可以展示基本的文字和图片信息，但从网站开发、管理、维护的角度来看就有很大的差别。

4. 什么是网站

网站是指在因特网上，根据一定的规则，使用 HTML 等工具制作的用于展示特定内容的相关网页的集合。简单地说，网站是一种通讯工具，人们可以通过网站发布公开资讯，或者提供网络服务。另外，通过浏览器访问网站，人们可以获取所需的资讯或者享受网络服务。

实质上，网站是一个逻辑上的概念，是由一系列的内容组合而成的。网站包含的内容有：网站的域名、提供网站服务的服务器或者网站空间、网页、网页内容所涉及的图片视频等文件、网页之间的关系。

5. 网页与网站的关系

网站是有域名、网站存放空间的内容的集合。网站所包含的内容有网页、程序、图片、视频、音频等和内容之间的链接关系。一个网站可能有很多网页，也可能只有一个网页。网页是网站内容的重要组成部分。

通俗地说，网站就是有门牌（域名）的房子，网页就是房子里边的人，房子里有没有人或者有很多人都还叫房子，你在人家房子里搭建一个房间，不管里面家具如何齐全，住了多少人，都不能把那个房子叫房子。

7.1.6 浏览器

1. 浏览器有什么用

浏览器是指可以显示网页服务器或文件系统的 HTML 文件内容，并让用户与这些文件互动的一种软件。浏览器是应用软件的一种，它的作用在于帮助人们通过 Internet 实现网页浏览和信息访问。它可以向 Web 服务器发送各种请求，并对从服务器发来的超文本信息和各种多媒体数据格式进行解释、显示和播放。

2. 浏览器的结构

浏览器的主要功能是将用户访问的网页资源呈现出来，它需要从服务器请求资源，并将其显示在浏览器窗口中，资源的格式通常是 HTML，也包括 PDF、image 及其他格式。

浏览器的主要组件如图 7-3 所示。

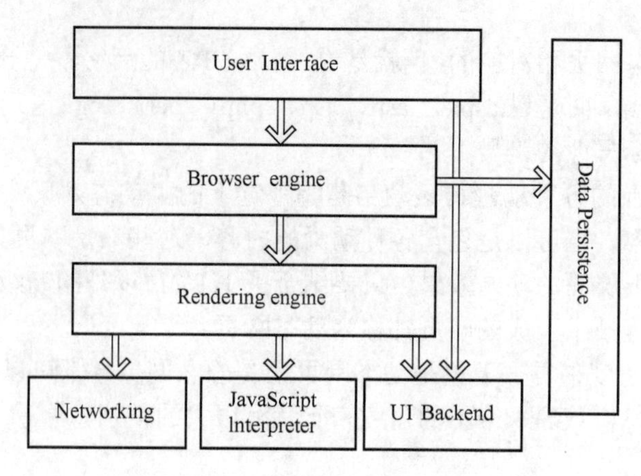

图 7-3 浏览器的主要组件

（1）用户界面（User Interface）：包括地址栏、后退/前进按钮、书签菜单等，也就是用户所看到的除了用来显示所请求页面的主窗口之外的其他部分。

（2）浏览器引擎（Browser engine）：用来查询及操作渲染引擎的接口。

（3）渲染引擎（Rendering engine）：用来显示请求的内容。例如，如果请求的内容是 HTML，它负责解析 HTML 和 CSS，并将解析后的结果显示出来。

（4）网络（Networking）：用来完成网络调用，例如 HTTP 请求，它具有平台无关的接口，可以在不同的平台上工作。

（5）UI 后端（UI Backend）：用于绘制类似组合选择框及对话框等基本部件，具有不特定于某个平台的通用接口，底层使用操作系统的用户接口。

（6）JavaScript 解释器（JavaScript Interpreter）：用于解析和执行 JavaScript 代码。

（7）数据存储（Data Persistence）：属于持久层，浏览器需要在硬盘中保存类似 cookie 的各种数据。HTML5 定义了 Web Database 技术，这是一种轻量级完整的客户端存储技术。

3．常用的浏览器软件

浏览器是供用户浏览网页的软件，目前常见的浏览器有：IE、Firefox、Safari、Opera、Google Chrome，图 7-4 所示是这几种浏览器的徽标。

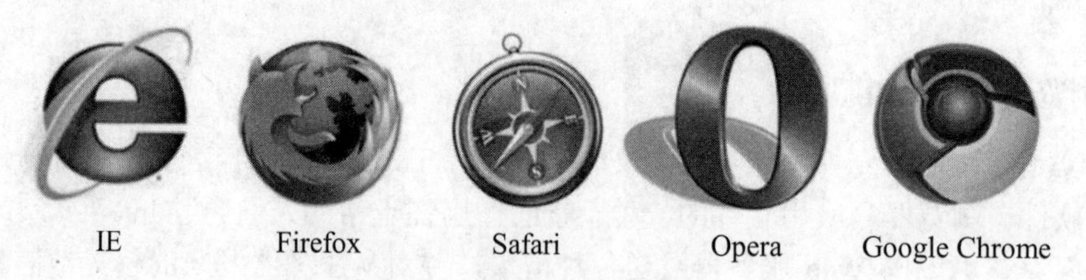

图 7-4 常见浏览器的徽标

Windows Internet Explorer 原称为 Microsoft Internet Explorer，简称 IE，是微软公司推出的一款网页浏览器，预装在 Windows 操作系统中，主要版本有 IE6、IE7、IE8、IE9、IE10、IE11。

Mozilla Firefox，中文名通常称为“火狐”，是一个开源网页浏览器，使用 Gecko 引擎。

Firefox 由 Mozilla 基金会与数百个志愿者所开发，原名 Phoenix（凤凰），之后改名 Mozilla Firebird（火鸟），再改为现在的名字。由于是开源的，Firefox 浏览器集成了很多小插件，开源拓展很多功能，发布于 2002 年，也是世界上占有率较高的浏览器之一。它主要运行在 Windows、Linux、Mac、IOS、Android 平台中。

Sarari 最初是苹果计算机的 Mac OS X 操作系统中内置的浏览器，用来取代之前的 Internet Explorer for Mac，早期的 Safari 使用了 KDE 的 KHTML 作为浏览器的计算核心。目前 Safari 浏览器已经支持 Windows 操作系统，并使用了 WebKit 内核。它主要运行在 Mac、Windows、IOS 平台中。

Opera 起初是一款挪威 Opera Software ASA 公司制作的支持多页面标签式浏览的网络浏览器，该浏览器创始于 1995 年，由于新版本的 Opera 增加了大量网络功能，官方将 Opera 定义为一个网络套件。Opera 支持多种操作系统，如 Windows、Linux、Mac、FreeBSD、Solaris、BeOS、OS/2、QNX 等，此外 Opera 还有手机用的版本，在 2006 年更与 Nintendo 签下合约，提供 NDS 及 Wii 游乐器 Opera 浏览器软件，其支持多语言，包括简体中文和繁体中文。

Google Chrome，又称 Google 浏览器，是一个由 Google（谷歌）公司开发的开放源代码的网页浏览器。该浏览器是基于其他开源软件所撰写的，包括 WebKit 和 Mozilla，目标是提升稳定性、速度和安全性，并创造出简单且有效率的用户界面。软件的名称来自于称为 Chrome 的网络浏览器图形用户界面（GUI）。软件的 beta 测试版本在 2008 年 9 月 2 日发布，提供 50 种语言版本，为 Windows、Mac OS X、Linux、Android 和 IOS 版本提供下载。目前 Chrome 已成为全球使用最广泛的浏览器之一。

7.1.7 访问第一个网站

访问网站时，首先需要知道网站的 IP 地址或 URL，然后使用连接 Internet 的计算机，在浏览器地址栏中输入 IP 地址或 URL，最后按回车键即可看到需要访问的网页。

例如访问河南中医学院的网站，需要在浏览器地址栏中输入：http://www.hactcm.edu.cn 或 211.69.32.50，如图 7-5 所示，按回车键即可。河南中医学院域名中的 cn 代表中国，处于最右边，属于顶级域名；edu 代表教育，是二级域名；hactcm 是网络名称，是三级域名；www 是主机名，是四级域名。

图 7-5 浏览器地址栏

这里使用的是 IE 浏览器，它首先发送域名 www.hactcm.edu.cn 到 DNS 服务器，由 DNS 服务器返回网站的 IP 地址 211.69.32.50。接着浏览器再发送 HTTP 请求到 Web 服务器，请求的内容包括 IP 地址、域名、浏览器版本号、请求的信息等，Web 服务器接收到请求的内容，将结果返回给浏览器。然后结果经浏览器内核解释执行 HTML、CSS、JavaScript 语句等，最终将结果显示在终端屏幕上。

7.2 网页技术

7.2.1 静态网页技术

1. 认识 HTML

HTML 全称是 HyperText Markup Language，即超文本标记语言或超文本链接标识语言，是 Internet 上用于编写网页的主要语言。它是组合成一个文本文件的一系列标记标签。

它允许网页开发者建立文本、图片、视频等相结合的复杂页面。因为它缺少语言所应有的特征，它不是一种编程语言，而是一种标记语言。通过 HTTP 通信协议和浏览器的翻译，人们可以使用多种终端实现跨平台跨终端地浏览网页。

HTML 文件为纯文本的文件格式，可以用任何的文本编辑器或者使用 FrontPage、Dreamweaver 等网页制作工具来编辑。文件中的字体、段落、图片、表格和超链接都是以不同意义的标签来描述，以此来定义文件的结构以及文件之间的逻辑关联。简而言之，HTML 是以标签来描述文件中的文字、图片等信息。

HTML 最初由蒂姆·伯纳斯-李于 1989 年研制出来。伯纳斯-李使用标准通用标记语言（Standard Generalized Markup Language，SGML）作为 HTML 的开发模板。IETF 用简化的 SGML 语法进行进一步发展，使其成为国际标准，由万维网联盟（W3C）维护。HTML 的发展简史如下：

- HTML 1.0：1993 年 6 月，互联网工程工作小组（IETF）发布工作草案。
- HTML 2.0：1995 年 11 月发布。
- HTML 3.2：1996 年 1 月 W3C 推荐标准。
- HTML 4.0：1997 年 12 月 W3C 推荐标准。
- HTML 4.01：1999 年 12 月 W3C 推荐标准。
- XHTML 1.0：2000 年 1 月 W3C 推荐标准。
- HTML5.0：2008 年 8 月 W3C 发布工作草案。

2. HTML 文档的结构

HTML 文档本质上是一个纯文本文件。HTML 文档分为文档头和文档体两部分，如图 7-6 所示。

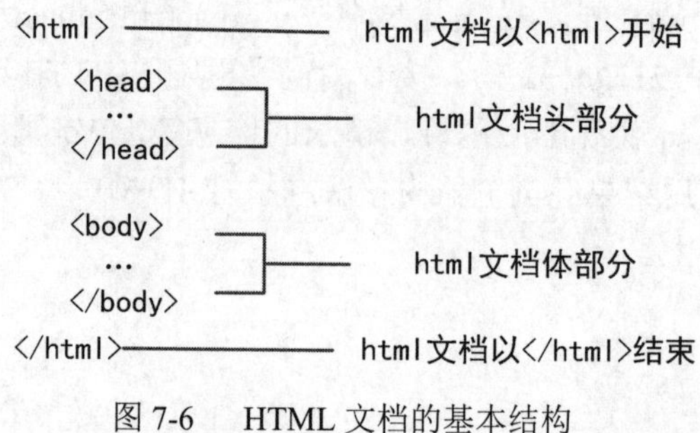

图 7-6 HTML 文档的基本结构

<html>…</html>：告诉浏览器HTML文档开始和结束的位置。HTML文档中所有的内容都应该在这两个标记之间，一个HTML文档总是以<html>开始，以</html>结束。

<head>…</head>：HTML文档的头部标记，头部主要提供文档的描述信息，head部分的所有内容都不会显示在浏览器窗口中，在其中可以放置页面的标题以及页面的类型、使用的字符集、链接的其他脚本或样式文件等内容。

<body>…</body>：用来指明文档的主体区域，网页所要显示的内容都放在这个标记内，其结束标记</body>指明主体区域的结束。

3．HTML基本语法

（1）标记。

标记（Tags）是HTML文档中一些有特定意义的符号，这些符号指明内容的含义或结构。标记由一对尖括号<>和标记名组成。标记分为“起始标记”和“结束标记”两种，二者的标记名称是相同的，只是结束标记多了一个斜杠“/”，例如<html>…</html>。

大多数标记都是成对出现的，称为配对标记。有些标记只有起始标记，这些标记称为单标记，如
表示换行。

（2）属性。

属性就是对象的基本信息（即对象的特征）。

HTML 标记带有许多属性，这些属性是用来描述标记的参数，标记和属性只能放在起始标记内，属性和属性之间用空格隔开，属性包括属性名和属性值，它们之间用“=”分开。例如<hr size="3" align="left" width="50%">，其中size属性定义水平线的粗细，属性值取整数，默认值为1；align属性表示水平线的对齐方式，可取left（左对齐，默认值）、center（居中）、right（右对齐）；width属性定义水平线的长度，可取相对值（由一对引号引起来的百分数表示相对于充满整个窗口的百分比），也可取绝对值（用整数表示的屏幕像素点的个数，如width=300），默认值是100%。

（3）编写HTML文件注意事项。

- 所有标记都要用尖括号（<>）括起来。这样，浏览器就可以知道尖括号内的标记是HTML标记。
- 对于成对出现的标记，最好同时输入起始标记或结束标记，以免忘记。
- 所有语句都可以循环嵌套，但要注意嵌套对称。例如<h3><center>…</center></h3>。
- HTML标记对大小写不敏感。例如将<head>写成<HEAD>或<Head>都可以。
- 任何空格或回车在代码中无效，插入空格或者回车有专有的标记，分别是 、
。因此，不同的标记间用回车键换行再编写是个不错的习惯。
- 标记中不要有空格，否则浏览器可能无法识别，比如不能将<title>写成<　title>。
- 标记中的属性，可以用引号引起来，也可以不引。

4．CSS基本概念

CSS（Cascading Style Sheet）即层叠样式表，简称样式表。要理解层叠样式表的概念就要先理解样式的概念。样式就是对网页中的元素（字段、段落、图像、列表等）属性的整体概括，即描述所有网页对象的显示形式（如文字的大小、字体、背景及图像的颜色、大小等都是样式）。层叠就是指当HTML文件引用多个CSS文件时，如果CSS文件之间所定义的样式发生了冲突，将依据层次的先后来处理其样式对内容的控制。

HTML 和 CSS 的关系就是“内容”和“形式”的关系，由 HTML 组织网页的结构和内容，而通过 CSS 来决定网页的表现形式。和 HTML 类似，CSS 也是由 W3C 组织负责制定和发布的。1997 年 W3C 颁布 HTML 4.0 标准时同时发布了 CSS 的第一个标准 CSS1。由于 CSS 使用简单、灵活，很快得到了很多公司的青睐和支持。接着 1998 年 5 月，发布了 CSS2 标准，使得 CSS 的影响力不断扩大。同时，W3Ccorestyles 和 CSS2 Validation Service 及 CSS Test Suite 宣布成立。目前有两个新版本正在处于工作状态，即 CSS2.1 版和 CSS3.0 版。

5. CSS 语法

CSS 的语法结构由 3 部分组成：选择器（Selector）、属性（Property）和值（value），使用方法为：

```
Selector{
    Property:value;
}
```

选择器是为了选中网页中的某个元素的，也就是告诉浏览器这段样式将应用到哪组元素。选择器可以是一个标记名，表示将网页中该标记的所有元素都选中，也就是定义了 CSS 规则的作用对象。选择器也可以是一个自定义的类名，表示将自定义的一类元素全部选中，为了对这一类元素进行标识，必须在这一类的每个元素的标记里添加一个 HTML 属性（class="类名"）；选择器还可以是一个自定义的 id 名，表示选中网页中某一个唯一的元素，同样该元素也必须在标记中添加一个 HTML 属性（id="id 名"）让 CSS 来识别。

属性是 CSS 样式控制的核心，对于每个 HTML 元素，CSS 都提供了丰富的样式属性，如颜色、大小、盒子、定位等。

值是属性的值，形式有两种：一种是指定范围的值（如 float 属性，只可以应用 left、right、none 三种值）；另一种为数值，需要带单位。

属性和值必须使用冒号隔开（注意 CSS 的属性和值的写法与 HTML 属性的区别）。属性和值可以设置多个，从而实现对同一标记声明多条样式风格。如果要设置多个属性和值，则每条声明之间要用分号隔开。

如果属性的某个值不是一个单词，则值要用引号引起来：p {font-family: "sans serif"}。

如果一个属性有多个值，则每个值之间要用空格隔开：a {margin:6px 4px 0px 2px}。

要为某个属性设置多个候选值，则每个值之间用逗号隔开：p {font-family: "Times New Roman", Times, serif}。

例如下面是一条样式规则。

```
h1{
    color:red;
    font-size:25px;
}
```

选择器就是一个标记选择器，它将网页中所有具有 h1 标记的元素全部选中。链接到此样式的所有 h1 标签的文本都将是红色并且是 25px 大小。

6. 在 HTML 中引入 CSS 的方法

HTML 与 CSS 是两个作用不同的语言，它们同时对一个网页产生作用，因此必须通过一些方法将 CSS 与 HTML 挂接在一起才能正常工作。HTML 中引入 CSS 的方法主要有行内式、嵌入式、导入式和链接式 4 种。

（1）行内式。

行内式即在标记的 style 属性中设定 CSS 样式，例如：

```
<td style="color:#FF0000;text-decoration:underline;" width="88%">
```

有时需要做测试或对个别元素设置 CSS 属性时可以使用这种方式，这种方式由于 CSS 规则就在标记内，其作用对象就是标记内的元素。这种方式本质上没有体现出 CSS 的优势，因此不推荐使用。

（2）嵌入式。

嵌入式将页面中各种元素的 CSS 样式设置集中写在<style>和</style>之间，<style>标记是专用于引入嵌入式 CSS 的一个 HTML 标记，它只能放置在文档头部，即下面这段代码只能放置在 HTML 文档的<head>和</head>之间。

```
<style type="text/css">
h1{
   color:red;
   font-size:25px;
}
</style>
```

对于单一的网页，这种方式很方便。但是对于一个包含很多页面的网站，如果每个页面都以嵌入式设置各自的样式，不仅麻烦、冗余代码多，而且网站每个页面的风格不好统一，这样就失去了 CSS 带来的巨大优点，因此一个网站通常都是编写一个独立的 CSS 样式表文件，再使用链接式或导入式引入到 HTML 文档中。

（3）链接式和导入式。

链接式和导入式的目的都是将一个独立的 CSS 文件引入到 HTML 文件，二者的区别不大。在学习 CSS 或制作单个网页时，为了方便可采取行内式或嵌入式方法，但若要制作网站则主要应采用链接式方法引入 CSS。

链接式和导入式最大的区别在于链接式使用 HTML 的标记引入外部 CSS 文件，而导入式是用 CSS 的规则引入外部 CSS 文件，因此它们的语法不通。

链接式是在网页文档头部通过 link 标记引入外部 CSS 文件，格式如下：

```
<link href="style.css" rel="stylesheet" type="text/css">
```

而使用导入式，则需要使用如下语句：

```
<style type="text/css">
    @import url("style.css");
</style>
```

此外，这两种方式的显示效果也略有不同。使用链接式时，会在装载页面主体部分之前装载 CSS 文件，这样显示出来的网页从一开始就是带有样式效果的；使用导入式时，要在整个页面装载完之后再装载 CSS 文件，如果页面文件比较大，则开始装载时会显示无样式的页面，从浏览者的感受来说，这是使用导入式的一个缺陷。

7. CSS 的特性

CSS 具有两个特性：层叠性和继承性。

（1）层叠性。

层叠可以简单地理解为“冲突”的解决方案。CSS 层叠性指的是当有多个选择器作用于同一元素时，CSS 怎样处理？

例如有如下代码：

```
<html>
<head>
<title>层叠特性</title>
<style type="text/css">
    p{
      color:green;
    }
    .red{
      color:red;
    }
    .purple{
      color:purple;
    }
    #line3{
      color:blue;
    }
</style>
</head>
<body>
<p >这是第 1 行文本</p>
<p class="red">这是第 2 行文本</p>
<p id="line3" class="red">这是第 3 行文本</p>
<p style="color:orange;" id="line3">这是第 4 行文本</p>
<p class="purple red">这是第 5 行文本</p>
</body>
</html>
```

代码中一共有 5 组标记定义的文本，并在 head 部分声明了 4 个选择器，声明为不同颜色。下面的任务是确定每一行文本的颜色。

第一行文本仅使用了标记选择器 p，因此显示 p 标记选择器定义的绿色。

第二行使用了类别样式，因此产生了冲突，由于类别选择器的优先级高于标记选择器，因此显示为类别选择器定义的红色。

第三行同时使用了类别选择器和 ID 选择器，这又产生了冲突。由于 ID 选择器的优先级高于类别选择器，因此显示为 ID 选择器中定义的蓝色。

第四行同时使用了行内样式和 ID 样式，由于行内样式的优先级高于 ID 样式，因此显示为行内样式定义的橙色。

第五行使用了两个类别选择器，由于类别选择器的优先级相同，此时以前者为准，显示为紫色。

因此，优先级的规则可以表述为：行内式>ID 样式>类样式>标记样式。

（2）继承性。

继承是 CSS 一个非常重要的特性。由于 HTML 标记是可以相互嵌套的，处于最上端的

<html>标记称为“根（root）”，它是所有标记的源头，往下层包含。在每一个分支中，称上层标记为其下层标记的“父”标记；相应地，下层标记称为上层标记的“子”标记。这样，各个标记之间具有“树”型关系。继承就是依赖于 HTML 中元素节点的父子级关系（元素的包含关系）的。它允许样式不仅可以应用于当前指定的元素，还可以应用到当前元素下的子元素（当然也包括“孙子”级以上的元素）中。

例如以下代码：

```
<div id="recolor">
当前元素的内容
<div>
子元素的内容
<div>
下一级子节点（孙子级节点）的内容
</div>
</div>
</div>
```

为其添加样式：

```
<style type="text/css">
    #recolor{
        color:red;
    }
</style>
```

这样页面中的所有文本的样式都被设置为红色了。当然，也不是所有的 CSS 样式都能够被继承。有些样式是不能被继承的，如 border、background 等。

8. 一个简单的静态网页

以一个简单的静态网页为例来说明静态网页的制作，如图 7-7 所示。

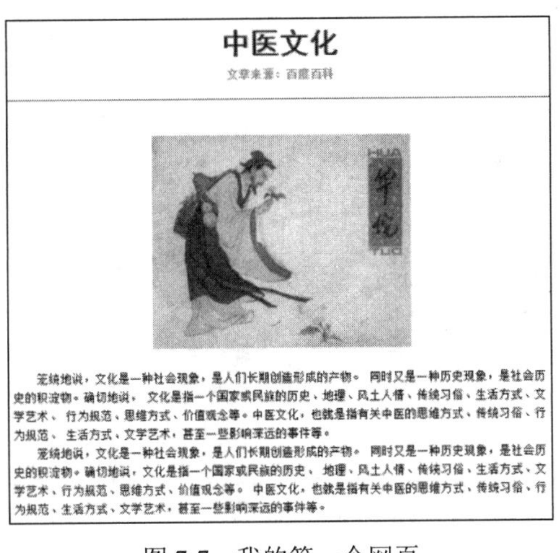

图 7-7　我的第一个网页

代码如下：

```
<!doctype html>
<html>
<head>
```

```
<meta charset="utf-8">
<title>我的第一个网页</title>
<style type="text/css">
body{font-family:宋体;
    font-size:13px;
    text-align:center;
}
h1{font-family:黑体;
    font-size:32px;
    color:#2B2B2B;
}
h4{color:#999999;
    font-size:宋体;
    margin-top:-15px;
}
img{
    margin-top:30px;
}
p{
    text-indent:2em;
    text-align:left;
    line-height:150%;
    width:600px;
    margin:0 auto;
}
.distance{
    margin-top:20px;
}
</style>
</head>
<body>
<h1>中医文化</h1>
<h4>文章来源：百度百科</h4>
<hr>
<img src="index.png">
<p class="distance">笼统地说，文化是一种社会现象，是人们长期创造形成的产物。同时又是一种历史现象，是社会历史的积淀物。确切地说，文化是指一个国家或民族的历史、地理、风土人情、传统习俗、生活方式、文学艺术、行为规范、思维方式、价值观念等。中医文化，也就是指有关中医的思维方式、传统习俗、行为规范、生活方式、文学艺术，甚至一些影响深远的事件等。</p>
<p>笼统地说，文化是一种社会现象，是人们长期创造形成的产物。同时又是一种历史现象，是社会历史的积淀物。确切地说，文化是指一个国家或民族的历史、地理、风土人情、传统习俗、生活方式、文学艺术、行为规范、思维方式、价值观念等。中医文化，也就是指有关中医的思维方式、传统习俗、行为规范、生活方式、文学艺术，甚至一些影响深远的事件等。</p>
</body>
</html>
```

创建一个记事本文件，然后录入上述代码，最后将扩展名改为 html，这样就完成了上述页面的制作。实例采用嵌入式将 HTML 与 CSS 语句相结合，即直接将 CSS 语句写入

<style>…</style>标记中。使用的选择器类型有标记选择器和类选择器。其中 body、h1、h4、img、p 为标记选择器，作用是将样式作用在被这些标记选中的元素上；.distance 为类选择器，作用是将样式作用在被这个类选中的元素上，代码中只有第一段话被选中。

根据选择器的定义，第一段文字既被 p 标记选择器选中，又被.distance 类选择器选中，基于 CSS 的层叠性，当这两种选择器规定的样式出现冲突时，类选择器的样式将被表现出来；如果不发生冲突，这两种样式都将被表现。根据类选择.distance 规定的 margin-top=20px，第一段文字上部距离图片为 20px。

7.2.2　动态网页技术

目前广泛使用的动态网页开发技术有 3 种：ASP.NET、JSP、PHP。

1. ASP.NET

ASP.NET 是一种服务器端脚本技术，可以使（嵌入网页中的）脚本由 Internet 服务器执行。ASP.NET 是微软公司的一项技术，是在 IIS 中运行的程序。

ASP.NET 文件类似于 HTML 文件，它可以包含 HTML、XML 和脚本，文件中的脚本在服务器上执行，文件后缀是.aspx。当浏览器请求 ASP.NET 文件时，IIS 会把该请求传递给服务器上的 ASP.NET 引擎。然后，ASP.NET 引擎会读取该文件，并执行文件中的脚本。最后，ASP.NET 文件会以纯 HTML 的形式返回浏览器。

2. JSP

JSP 全名为 Java Server Pages，中文名叫 Java 服务器页面，其根本是一个简化的 Servlet 设计，它是一种由 SUN 开发的类似 ASP 的服务器端技术。通过 JSP，可以把 Java 代码放入 HTML 页面来创建动态页面。在页面返回浏览器之前，代码同样会首先被服务器执行。由于 JSP 使用 Java，此技术不会受限于任何的服务器平台，也就是说 JSP 是跨平台的。

JSP 技术使用 Java 编程语言编写类 XML 的 tags 和 scriptlets 来封装产生动态网页的处理逻辑。网页还能通过 tags 和 scriptlets 访问存在于服务端的资源的应用逻辑。JSP 将网页逻辑与网页设计的显示分离，支持可重用的基于组件的设计，使基于 Web 的应用程序的开发变得迅速和容易。JSP 是一种动态页面技术，它的主要目的是将表示逻辑从 Servlet 中分离出来。

Java Servlet 是 JSP 的技术基础，而且大型的 Web 应用程序的开发需要 Java Servlet 和 JSP 配合才能完成。JSP 具备了 Java 技术的简单易用、完全的面向对象、具有平台无关性且安全可靠、主要面向因特网的所有特点。

3. PHP

PHP（Hypertext Preprocessor，中文名为超文本预处理器）是一种 HTML 内嵌式的语言，PHP 与微软的 ASP 相似，都是一种在服务器端执行的嵌入 HTML 文档的脚本语言，语言的风格类似于 C 语言，现在被很多的网站编程人员广泛运用。

PHP 是目前最热门的 Web 开发语言，它因简单高效、开源免费、跨平台等特性受到广大 Web 开发人员的欢迎，从 1994 年诞生至今已被 2000 多万个网站采用。PHP 独特的语法混合了 C、Java、Perl 以及 PHP 自创新的语法。

它可以比 ASP、CGI 或 Perl 更快速地执行动态网页。

7.2.3 开发一个网站的过程

网站建设的阶段有多种划分方式，不同的公司也有自己的管理方式和管理习惯。这里我们主要从网站设计、网页制作、用户体验的角度来介绍网站建设的阶段。

第一阶段：需求分析与产品定位

目的：了解网站的市场定位、产品定义、客户群体、运行方式等。

参与人员：需求方、网站设计人员、用户体验设计人员

实现方式：会议讨论

关键价值：定义用户群特征并明确最终用户群，明确网站的核心功能，确定网站的主要设计思路和开发框架。

常用工具：白板

第二阶段：用户研究

目的：收集相关资料，分析目标用户的使用特征、情感、习惯、心理、需求等，提出用户研究报告和可用性设计建议。

参与人员：网站设计人员、用户体验设计人员、程序开发人员

实现方式：线稿、黑白稿、原型图

关键价值：明确网站的技术可行性分析，确定网站的用户体验设计方案。

常用工具：白板、Word

第三阶段：架构设计

目的：完成界面交换与流程的设计，根据可用性分析结果制定交互方式、操作与跳转流程、结构、布局、信息和其他元素，制定网站的信息架构。

参与人员：需求方、网站设计人员、用户体验设计人员

实现方式：网站设计人员完成风格设计并出界面，和需求方确定定稿；用户体验设计人员对原型进行优化，整理出交互及用户体验方面的意见并反馈。

关键价值：按照原型的方式完成网站的交互设计，完成网站的设计定稿。

常用工具：白板、Word、Visio

第四阶段：原型设计

目的：根据进度与成本完成原型设计（交互界面、Flash、视频），完成程序原型的开发。

参与人员：网页设计人员、用户体验设计人员、程序开发人员

实现方式：制定程序开发规范、程序接口

关键价值：完成前台交互脚本、界面设计、后台程序的开发，提供 DEMO。DEMO 不一定需要有全部的功能，但要体现出设计对象的基本特性。

常用工具：Dreamweaver、Photoshop、Flash、程序开发工具

第五阶段：界面效果设计

目的：根据原型设计阶段的界面原型对界面原型进行视觉效果的处理。

参与人员：网页设计人员、用户体验人员、程序开发人员

实现方式：讨论，并进行界面细节的修订。

关键价值：该阶段确定整个界面的色调、风格，以及界面、窗口、图标、皮肤的表现形

式，对界面的细节进行提升。

常用工具：Dreamweaver、Photoshop、Flash、程序开发工具

第六阶段：程序与网站信息系统开发

目的：完成网站程序的开发，并和前台网站完成整合。

参与人员：程序开发人员

关键价值：完成程序的全部开发和集成，实现所有的设计。

常用工具：程序开发工具

第七阶段：测试

目的：进行确认测试、功能测试、性能测试、界面设计的一致性测试、文案内容测试，并完成测试报告的撰写与测试修订工作。

参与人员：测试人员、需求方

关键价值：完成测试工作，提高网站的可靠性。

常用工具：各种浏览器、压力测试工具

第八阶段：内部完成和邀请测试

目的：对完成的工作进行总结，并补充、修订文档。在实际环境上完成部署实施，开展邀请测试工作。

参与人员：需求方、运行人员

实现方式：部署实施项目，并开展邀请测试工作。

关键价值：部署实施测试，并开展邀请用户试用的工作，总结用户意见，进行修订。

第九阶段：产品上线

目的：完成网站项目的所有测试和修订，并正式部署实施，开展产品推广活动；收集产品正式上线后的用户意见，撰写网站项目的上线调查报告。

参与人员：需求方、销售人员

实现方式：收集用户使用的意见，撰写调查报告。

关键价值：对产品的市场反馈进行调查，完成调查报告。

第十阶段：网站项目验收与项目结项

目的：整理项目的所有材料，并进行归档；完成项目结项报告，并提交给需求方，项目完成。

参与人员：需求方、网站设计人员、用户体验设计人员、程序开发人员、销售人员

实现方式：总结并撰写文档，整理项目资料。

关键价值：项目总结和项目完结，档案归档，为后期相关项目提供理论支持和技术积累。

常用工具：Word

7.3 Web服务器

7.3.1 Web服务器的概念和作用

Web服务器也称为WWW（World Wide Web）服务器，主要功能是提供网上信息浏览服

务。WWW 是 Internet 的多媒体信息查询工具，是 Internet 上近年才发展起来的服务，也是发展最快和目前用得最广泛的服务。

7.3.2 访问一个网站的过程

1. 静态网页访问过程

通过浏览器地址栏输入域名，到网页在屏幕上显示，是非常快的，但是过程是怎样的呢？

网页的本质就是一个文件，这个文件存放在世界上某个地方的某一台计算机中，而且这台计算机必须要与互联网相连接。我们要想访问这个网页就需要一个地址（URL，统一资源定位符）来帮助我们识别与读取。

当在浏览器的地址栏中输入网页的地址后，首先要经过一段复杂而又快速的程序解析（DNS，Domain Name Service，域名解析系统）。计算机首先查找本机的缓存和 hosts 文件，如果有 Web 服务器的 IP 地址，那么直接访问 Web 服务器；如果没有，那么查找本机所配置的 DNS，向 DNS 服务器发送解析请求，服务器通过 DNS 解析后向客户机发送域名所对应的 IP 地址，客户机收到 IP 地址，解析结束。

接着浏览器向 Web 服务器请求网页。客户机向 Web 服务器发送 tcp 请求三次握手（首先客户端向 Web 服务器发送 syn 同步请求，然后服务器收到请求后向客户端发送 syn+ack 确认，然后客户端向服务器发送 ack 确认）后进行连接建立。建立连接后，Web 服务器对数据帧进行解封装，然后看里面的内容。当它看到数据的时候，包含要访问的端口号 80，然后知道有台客户机要请求看某个网页，然后 Web 服务器根据客户机的要求发送网页数据。走到网卡的时候，网卡将二进制转换成电信号，在介质中传输。

最后客户机浏览器接收到数据后，经浏览器内核将 HTML、CSS、JavaScript 语句进行解释，最后将网页呈现在我们的面前。具体如图 7-8 所示。

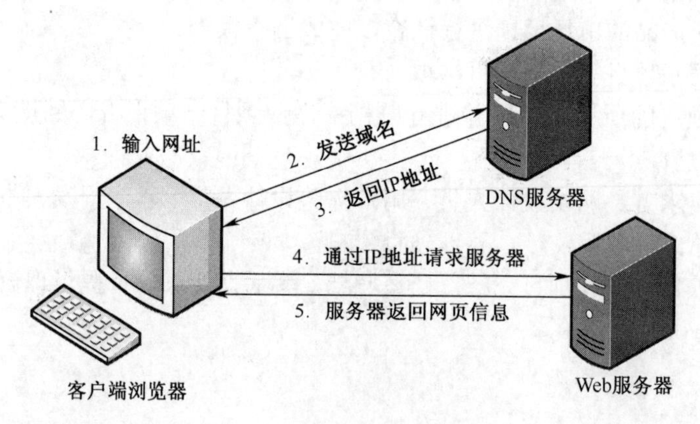

图 7-8 静态网页访问过程

2. 动态网页访问过程

动态网页访问过程如图 7-9 所示。与静态网页的访问过程类似，在浏览器中输入网址后，首先经过 DNS 解析，返回 Web 服务器的 IP 地址，然后浏览器请求 aspx、.asp、.jsp、.php、.perl、.cgi 等为后缀的文件，应用服务器（将应用程序安装在 Web 服务器上）解析文件，文件中通过对数据库连接的代码来连接数据库服务器上的数据库，并在程序中通过执行标准的 SQL 查询语句来获取数据库中的数据，再通过应用服务器将数据生成 HTML 静态代码，最后将静态代码返回至客户端浏览器，由浏览器解析生成网页。

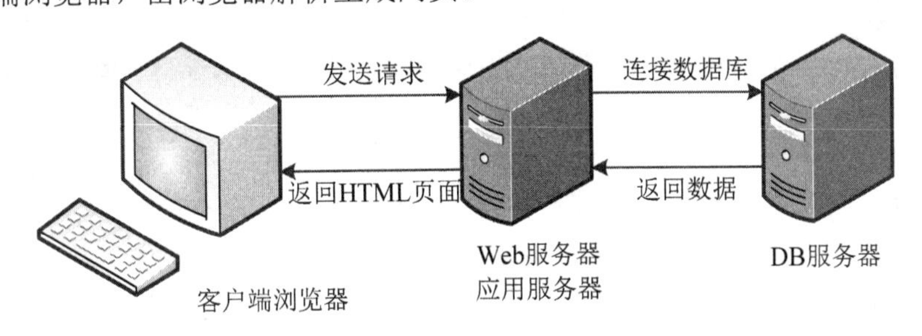

图 7-9　动态网页访问过程

7.3.3　常见 Web 服务器

Web 服务器的种类有很多，如 IIS、Apache、Tomcat、WebSphere、WebLogic 等，在选择使用 Web 服务器时应考虑的本身特性因素有：性能、安全性、日志和统计、虚拟主机、代理服务器、缓冲服务和集成应用程序等，下面主要介绍 IIS、Apache、Tomcat 三种常见的 Web 服务器。

1. IIS

IIS（Internet Information Services）是微软的 Web 服务器产品，它允许在公共 Intranet 或 Internet 上发布信息。IIS 是目前最流行的 Web 服务器产品之一，很多著名的网站都是建立在 IIS 的平台上。IIS 提供了一个图形界面的管理工具，称为 Internet 服务管理器，可用于监视配置和控制 Internet 服务。

IIS 是一种 Web 服务组件，其中包括 Web 服务器、FTP 服务器、NNTP 服务器和 SMTP 服务器，分别用于网页浏览、文件传输、新闻服务和邮件发送等方面，它使得在网络（包括互联网和局域网）上发布信息成了一件很容易的事。它提供 ISAPI（Intranet Server API）作为扩展 Web 服务器功能的编程接口，同时它还提供一个 Internet 数据库连接器，可以实现对数据库的查询和更新。

2. Apache

Apache是 Apache 软件基金会的一个开放源代码的网页服务器，可以在大多数计算机操作系统中运行，由于它的多平台和安全性而被广泛使用，是世界上最流行的 Web 服务器软件之一。它快速、可靠并且可通过简单的 API 扩展将 Perl/Python 等解释器编译到服务器中。它源于 NCSAhttpd 服务器，当NCSA WWW 服务器项目停止后，那些使用 NCSA WWW 服务器的人们开始交换他们用于此服务器的补丁程序，他们很快认识到成立管理这些补丁程序的论坛是必要的。就这样，诞生了 Apache Group，后来这个团体在 NCSA 的基础上创建了 Apache。Apache 取自 Apatchy Server 的读音，意思是充满补丁的服务器，由于它是开源软件，所以不断有人为它开发新的功能、新的特性，修改原来的缺陷。Apache 的特点是简单、速度快、性能稳定，并可做代理服务器来使用。

3. Tomcat

Tomcat 是一个免费的开放源代码的 Web 应用服务器，属于轻量级应用服务器，在中小型系统和并发访问用户不是很多的场合下被普遍使用，是开发和调试 JSP 程序的首选。Tomcat Server 是根据 Servlet 和 JSP 规范进行执行的，因此我们就可以说 Tomcat Server 也实行了 Apache-Jakarta 规范且比绝大多数商业应用软件服务器要好。

Tomcat是 Java Servlet 2.2 和 Java Server Pages 1.1 技术的标准实现，是基于 Apache 许可证下开发的自由软件。Tomcat 和 IIS 等 Web 服务器一样，具有处理 HTML 页面的功能，另外它还是一个 Servlet 和 JSP 容器，独立的 Servlet 容器是 Tomcat 的默认模式。由于 Tomcat 技术先进、性能稳定，而且免费，因而深受 Java 爱好者的喜爱并得到了部分软件开发商的认可，成为目前比较流行的 Web 应用服务器。

7.3.4 使用 IIS 服务器发布网站

网站制作完成后，须经过发布以后才能为用户提供 Web 服务。下面以 Windows Server 2008 系统为例来讲解 IIS 服务器发布网站的过程。

（1）安装 Windows Server 2008 的 IIS 组件。打开控制面板，找到“程序”，单击“打开或关闭 Windows 功能”，弹出如图 7-10 所示的界面。找到“Internet 信息服务”，按照图中所示打钩，然后单击“确定”按钮等待安装完成。

（2）打开 IIS 组件。安装完成后回到“控制面板”，找到“管理工具”，双击“Internet 信息服务（IIS）管理器”弹出 IIS 管理器界面，如图 7-11 所示。

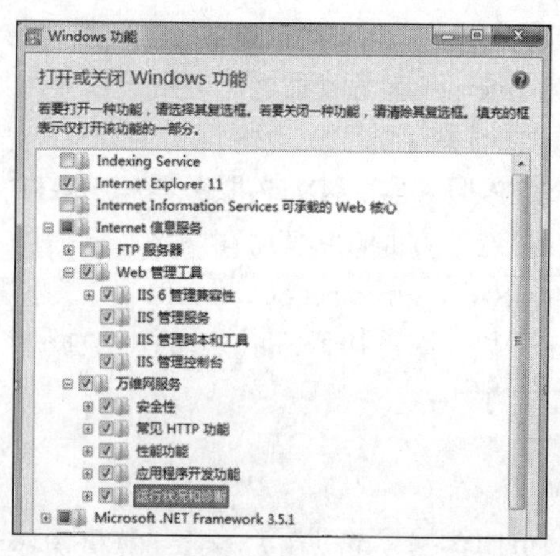

图 7-10 打开或关闭 Windows 功能

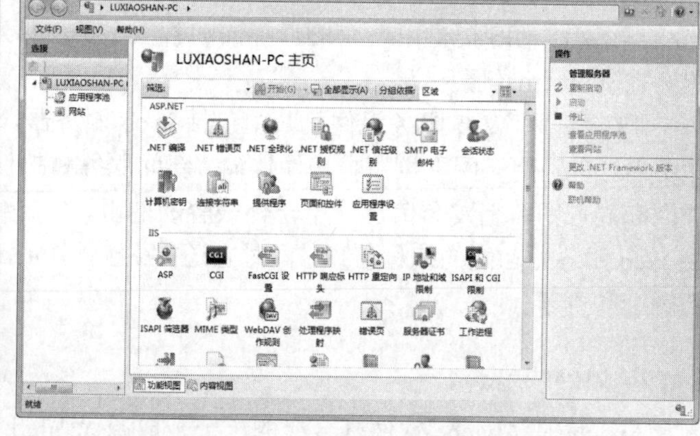

图 7-11 Internet 信息服务（IIS）管理器

（3）配置站点。单击左侧的“网站”展开网站列表。以默认站点为例，单击 Default Web Site，然后单击右侧的“高级设置”，弹出如图 7-12 所示的“高级设置”对话框，配置网站的物理路径。

（4）编辑站点。单击右侧的“绑定”，弹出如图 7-13 所示的对话框，即可配置网站的 IP 地址与端口号。

（5）访问网站。全部配置好之后，在浏览器地址栏中输入网站 IP 地址即能访问网站。如果该网站有申请的域名，那么直接输入域名也能访问到网站。

图 7-12　高级设置

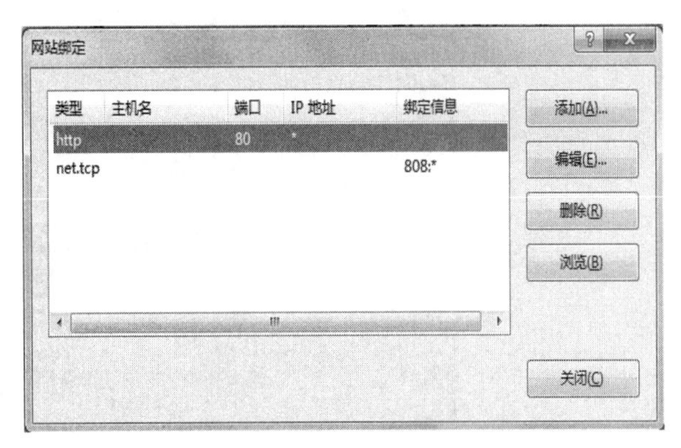

图 7-13　网站编辑

7.4　Web 应用

7.4.1　社交网络与微博

1. 什么是社交网络

社交网络（Social Network Service，SNS）即社交网络服务，是在互联网上与其他人相联系的一个平台。社交网络站点通常围绕用户的基本信息而运作，用户基本信息是指有关用户喜欢的事、不喜欢的事、兴趣、爱好、学校、职业或任何其他共同点的集合。通常，这些站点提供不同级别的隐私控制。社交网络的目标是通过一个或多个共同点将一些人相互联系起来而建立一个群组。一些社交网络站点按照特殊的兴趣来分组。通过这些站点可以围绕特定主题分享经验和知识，并建立友情。

2. 社交网络的使用

Facebook、Twitter、人人网都是比较有名的社交网络，下面以人人网为例来介绍社交网络的主要功能。打开浏览器，在地址栏中输入 http://www.renren.com/，进入人人网的登录界面。然后输入用户名、密码打开人人网功能页面，如图 7-14 所示。

该界面可以实现写日志、发照片；“新鲜事”可以查看关注的好友或事件的最新动态；“社团人”可以查看就读学校的社团；“公共主页”是资讯平台，可以关注明星、话题的最新信息；“小站”功能可以找到和自己兴趣相投的朋友。

3. 什么是微博

微博，微型博客（MicroBlog）的简称，即一句话博客，是一种通过关注机制分享简短实时信息的广播式的社交网络平台。微博是一个基于用户关系信息分享、传播和获取的平台。用户可以通过 Web、Wap 等各种客户端组建个人社区，以 140 字（包括标点符号）的文字更新信息，并实现即时分享。微博的关注解机制分为单向和双向两种。

图 7-14 人人网功能页面

4. 微博的使用

腾讯微博、新浪微博都是我们较为熟知的微博平台，下面以新浪微博为例来介绍微博的使用方法。打开浏览器，在地址栏中输入 http://weibo.com 进入登录页面，然后输入用户名和密码即可打开功能页面，如图 7-15 所示。通过右上角的 3 个按钮可以查看和自己相关的消息、设置微博、单击 N 键快速发表微博；通过“热门微博分类”能够查看自己感兴趣的微博；页面左边可以实现播放电影、视频，查看新闻等功能。

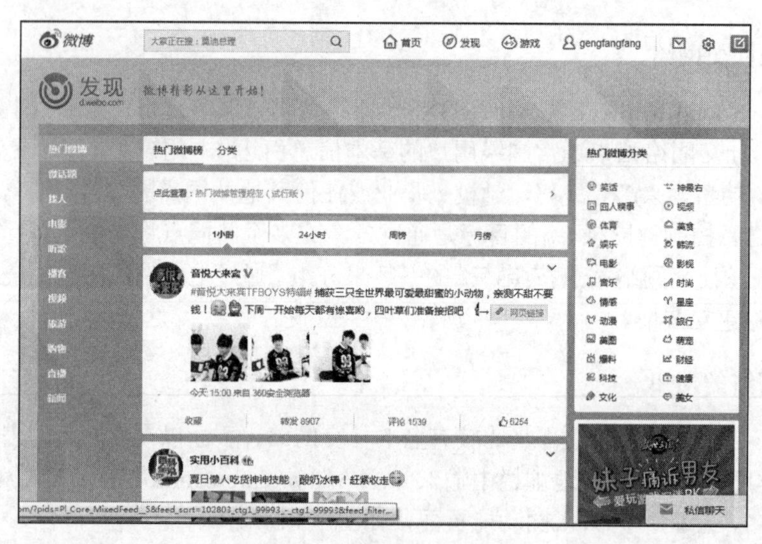

图 7-15 新浪微博功能页面

7.4.2 网络出行

1. 在线旅游

随着互联网的发展，通过网络方式查阅和预订旅游产品，并通过网络分享旅游或旅行经验，已经成为人们的生活习惯。航空公司、酒店、景区、租车公司、海内外旅游局等旅游服务供应商及搜索引擎、OTA、电信运营商、旅游资讯及社区网站等在线旅游服务平台开始兴起并迅速处于上升时期。携程网、去哪儿网、途牛网等新网站的出现正式标志着中国在线旅游产业新模式的出现。

2. 网上订票

利用互联网进行汽车票、火车票、飞机票等预订已经成为现代车票购买的主要方式。携程网、去哪儿网、12306等网站均能实现网上订票。下面以12306火车票预订为例来讲解车票预订的方法。打开浏览器，在地址栏中输入http://www.12306.cn，然后回车进入首页。点击“购票”，弹出如图7-16所示的页面，按照需求在相应的位置选择条件，完成后按照提示付款。

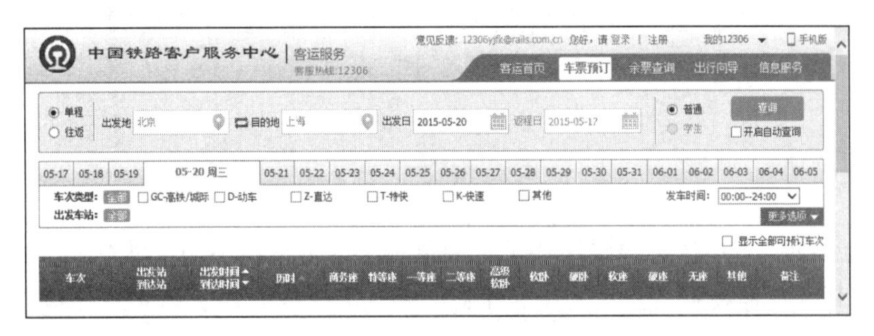

图7-16 火车票购票页面

3. 酒店预订

互联网预订酒店现已成为酒店预订的主要方式。携程网、去哪儿网、途牛网等均可实现酒店预订，下面以携程网为例来介绍酒店预订的方法。

打开浏览器，在地址栏中输入http://www.ctrip.com/，打开如图7-17所示的页面。在页面中根据需求填写信息即可搜索到相关的酒店，接下来按照提示预订酒店。

图7-17 携程网首页

4. 地图导航

使用地图导航成为网络出行中必不可少的工具之一。百度地图、谷歌地图等均为出行的好助手。下面以百度地图为例介绍网络出行工具的具体使用方法。打开浏览器，在地址栏中输入http://map.baidu.com/，打开地图导航首页。点击“线路”，弹出如图7-18所示的页面，依次填写需要的信息，即可显示出线路图。

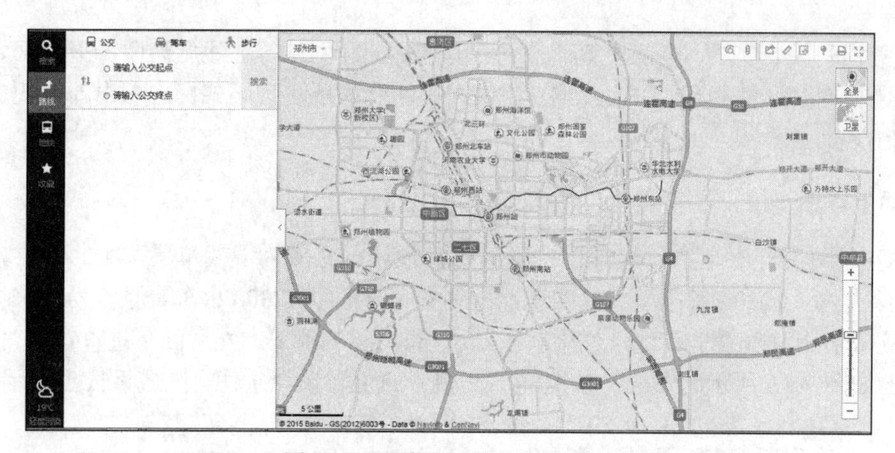

图 7-18 百度地图线路查找页面

7.4.3 影音生活

工作学习之余，在线休闲娱乐已成为人们日常生活不可缺少的一部分。因此，诸如百度音乐、虾米音乐、优酷视频、土豆视频、乐视、暴风影音等影音工具也频出不穷。

1. 在线音乐

利用互联网收听音乐已经成为我们娱乐休闲的一种方式，音乐网站层出不穷，下面以百度音乐为例学习使用互联网获得音频的方法。打开浏览器，在地址栏中输入 http://music.baidu.com/弹出百度音乐页面，在搜索框中输入“陈奕迅”打开如图 7-19 所示的页面。在该页面上，可以看到和歌手陈奕迅相关的歌曲，并且可以播放和下载。

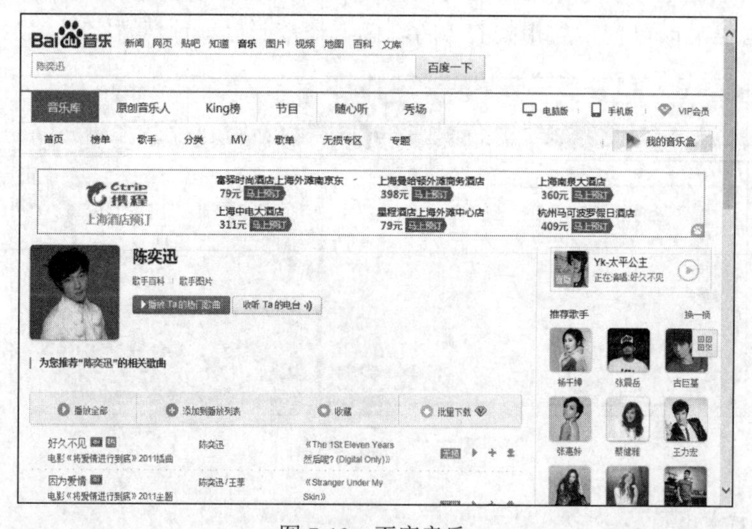

图 7-19 百度音乐

2. 在线影院

利用网络观看视频成为另外一种娱乐休闲方式。目前已经出现很多视频网站，下面以优酷视频为例介绍在线影院的使用方法。打开浏览器，在地址栏中输入 http://www.youku.com/，打开如图 7-20 所示的页面。点击页面中的“上传”即可上传自己的视频。通过单击一个视频，就可以打开视频播放页面。

图 7-20 优酷首页

7.4.4 电子商务

1. 什么是电子商务

电子商务是指以信息网络技术为手段，以商品交换为中心的商务活动。也可理解为在互联网（Internet）、企业内部网（Intranet）和增值网（VAN，Value Added Network）上以电子交易方式进行交易活动和相关服务的活动，是传统商业活动各环节的电子化、网络化、信息化。

2. 电子商务网站的模式

电子商务网站的模式按照交易对象的不同可分为企业与消费者之间的电子商务（Business to Consumer，B2C）、企业与企业之间的电子商务（Business to Business，B2B）、消费者与消费者之间的电子商务（Consumer to Consumer，C2C）。

B2C 就是企业通过网络销售产品或服务给个人消费者。企业厂商直接将产品或服务推上网络，并提供充足资讯与便利的接口吸引消费者选购，这也是目前一般最常见的作业方式，例如网络购物、证券公司网络下单作业、一般网站的资料查询作业等都是属于企业直接接触顾客的作业方式。B2C 代表商城有京东商城、当当网、搜房家居商城等。

B2B 是电子商务应用最多和最受企业重视的形式，企业可以使用 Internet 或其他网络对每笔交易寻找最佳合作伙伴，完成从定购到结算的全部交易行为。其代表是阿里巴巴电子商务模式。

C2C 就是通过为买卖双方提供一个在线交易平台，使卖方可以主动提供商品上网拍卖，而买方可以自行选择商品进行竞价。其代表是 eBay、taobao 电子商务模式。

3. 网络购物实践

互联网中的电子商务，如淘宝网、当当网、京东商城和糯米网等，它们也存在计算机客户端、网页版和移动终端，在此以淘宝网为例来讲解互联网购物的方法。

（1）登录。打开浏览器，在地址栏中输入 http://taobao.com/进入淘宝首页。然后单击“登录”按钮，输入用户名和密码，登录到淘宝功能页面，如图 7-21 所示。

图 7-21　淘宝功能页面

（2）搜索商品。例如“计算机文化基础”，在搜索框中输入内容，弹出如图 7-22 所示的页面。

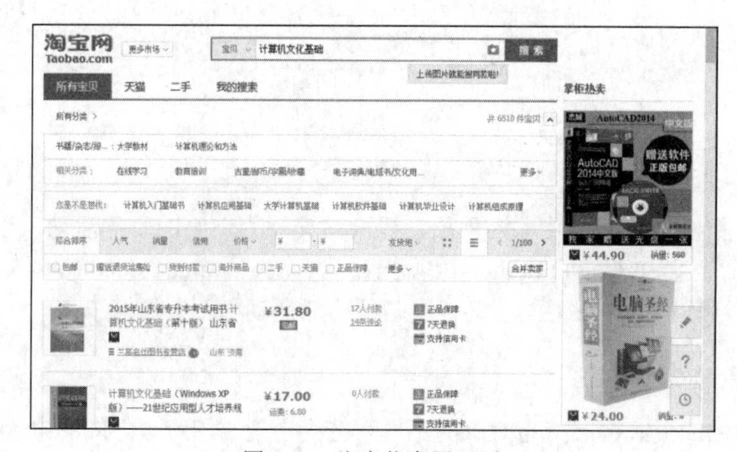

图 7-22　淘宝信息展示页

（3）购买。点击商品图片，进入商品信息的详细介绍页面。单击图中的“立刻购买”即可弹出如图 7-23 所示的页面，填写收货地址。如果单击“加入购物车”则可以选择完其他商品后一起结账。

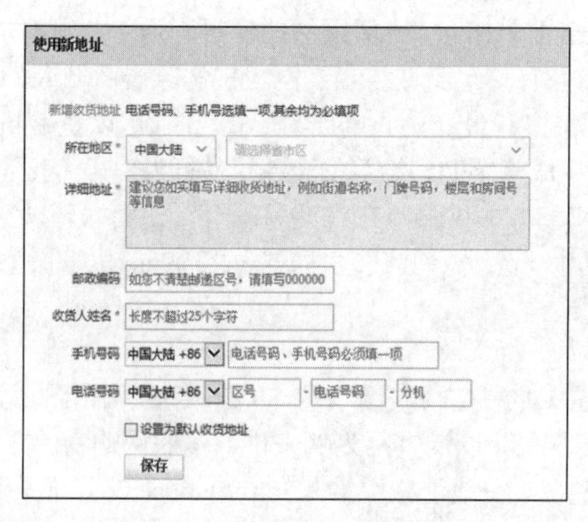

图 7-23　淘宝收货地址填写页面

（4）付款。单击“提交”按钮提交订单，即转向支付页面，对商品进行支付，完成购买。

7.4.5　搜索引擎

1. 什么是搜索引擎

搜索引擎（Search Engine）是指根据一定的策略、运用特定的计算机程序从互联网上搜集信息，在对信息进行组织和处理后，为用户提供检索服务，将与用户检索相关的信息展示给用户的系统。其存在形式类似于网站，如人们熟知的百度、谷歌等。

2. 关键词搜索

关键词就是输入到搜索框中的文字，关键词搜索就是借助一些词语进行的搜索。关键词搜索具有简单、便捷和搜索随意性大的优点，是最为常见的搜索方法。

关键词的内容可以是：人名、网站、新闻、小说、软件、游戏、星座、工作、购物、论文等，还可以是中文、英文、数字，或者中文、英文、数字的混合体。例如可以搜索“中国”“Windows”“2015”“Windows 中文版”等。在查找时，可以一次输入一个关键词，也可以输入两个、三个、四个关键词，甚至可以输入一句话。例如“河南中医”“如何使用搜索引擎”。

3. 查找信息

假设我们要了解关于研究生考试的信息，可用下面的方式进行查找。打开浏览器，在地址栏中输入 http://www.baidu.com/，打开如图 7-24 所示的页面。

图 7-24　百度首页

在搜索框中输入要查询的关键词“研究生考试”，然后单击“百度一下”按钮，那么所有包含关键词“研究生考试”的网页就被罗列出来，如图 7-25 所示，通过单击搜索结果的每一项标题来查看更详细的信息。

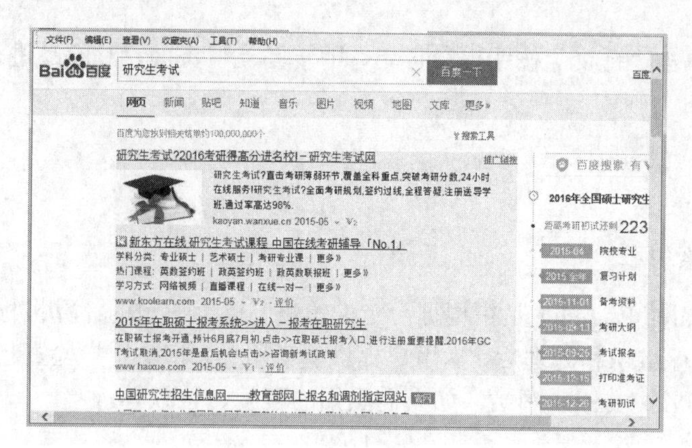

图 7-25　搜索结果页面

7.4.6　全文数据库的检索

1. 常见的全文数据库

全文数据库集文献检索与全文提供于一体。优点是免去了检索书目数据库后还得费力去获取原文的麻烦和提供全文字段检索，便于读者对文献的查询。

常见的全文数据库有 CNKI、万方、维普、中国博士学位论文全文数据库、中国优秀硕士学位论文全文数据库。下面以 CNKI 为例介绍全文数据库的使用方法。

2. 数据库的检索

中国知识基础设施工程（China National Knowledge Infrastructure，CNKI）是综合性的大型数据库，覆盖的学科范围包括：数理科学、化学化工和能源与材料、工业技术、农业、医药卫生、文史哲、经济政治与法律、教育与社会科学、电子技术与信息科学等。

可以通过 CNKI 的网址 http://www.cnki.net/或者通过高效图书馆的镜像网址登录 CNKI。中国期刊全文数据库主要提供初级检索、高级检索和专业检索 3 种检索方式。

（1）初级检索。

从 CNKI 首页进入中国期刊全文数据库检索系统后，系统默认的检索方式就是初级检索方式，页面左侧为导航区，用来帮助确定检索的专辑范围，具体使用方法如图 7-26 所示。

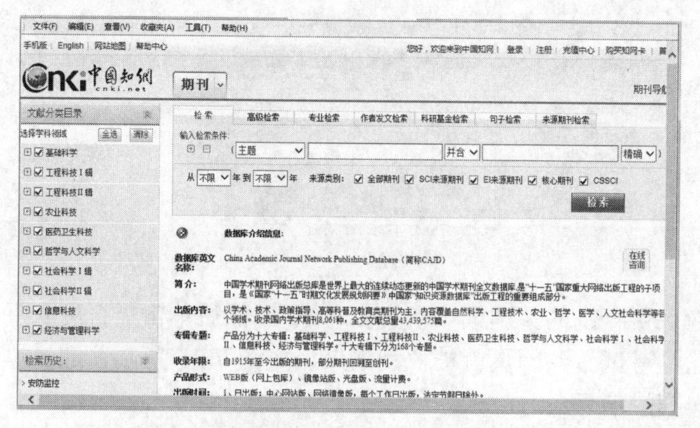

图 7-26　初级检索页面

（2）高级检索。

利用高级检索能进行快速有效的组合查询，查询结果冗余少，命中率高。

单击图 7-26 工具条中的“高级检索”进入高级检索页面，如图 7-27 所示。高级检索页面列出多个检索词输入框和多个检索项下拉列表，检索项之间可以进行 AND、OR、NOT 三种布尔逻辑组配，以实现复杂概念的检索，提高检索的效率。系统默认的逻辑关系是“并且”。高级检索同样可以进行检索的时间跨度、更新、范围、匹配和检索结果排序方式选择。

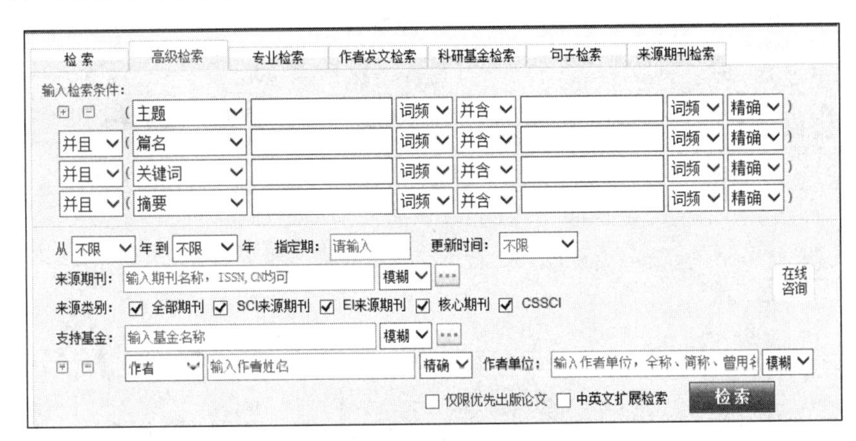

图 7-27 高级检索页面

（3）专业检索。

单击图 7-26 工具条中的“专业检索”进入专业检索页面。专业检索允许用户按照自己的需要组合逻辑表达式，进行更精确的检索。例如，若想检索篇名中包括“Web 标准”并且关键词为“互联网”的文献，可以在专业检索页面的检索框中直接输入“TI=Web 标准 and KY=互联网”。

（4）检索结果。

检索结果页面分为题录页面和详细信息页面。

检索结果首先以题录列表的形式显示出来，题录页面包含文献序号、篇名、作者、刊名和年/期，单击所选文献的篇名链接进入该篇文献的详细信息页面。

在详细信息页面中可以得到该篇名的文献的篇名、作者、作者单位、中英文摘要、文献出处链接、共引文献链接等详细信息，单击页面中的“下载阅读 CAJ 格式全文”或“下载阅读 PDF 格式全文”即可下载到 CAJ 格式和 PDF 格式的文章原文。

3．检索示例

通过中国期刊网期刊全文数据库检索 2009 年以来信息技术领域“信息检索”方面的所有论文，要求作者的单位是“河南中医学院”，检索的具体步骤如下：

（1）通过中国期刊网 http://www.cnki.net/或者高效图书馆的镜像网址登录 CNKI，再单击页面中的“高级检索”进入数据库高级检索页面。

（2）设定检索的条件。在“高级检索”页面第一个检索下拉列表中选择“主题”检索项，在检索词文本框中输入“信息检索”；在“作者单位”文本框中输入“河南中医学院”，两个检索项之间的逻辑组配关系是“并且”，检索的时间跨度为起始时间是 2009 年，具体如图 7-28 所示，然后单击“检索”按钮进入检索结果页面。

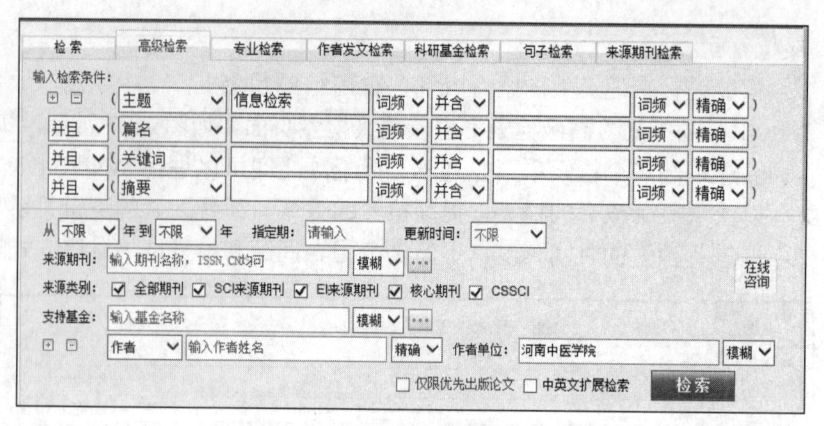

图 7-28　检索举例

7.4.7　数字图书馆

1．数字图书馆概述

数字图书馆是一门全新的科学技术，也是一项全新的社会事业。简言之，数字图书馆是一种拥有多种媒体内容的数字化信息资源，能够为用户提供方便、快捷、高水平的信息化服务机制。

数字图书馆不是图书馆实体，它对应于各种公共信息管理与传播的现实社会活动表现为种种新型信息资源组织和信息传播服务。它借鉴图书馆的资源组织模式、借助计算机网络通讯等高新技术，以普遍存取人类知识为目标，创造性地运用知识分类和精准检索手段有效地进行信息整序，使人们获取信息消费不受空间限制，很大程度上也不受时间限制。

数字图书馆从概念上讲可以理解为两个范畴：数字化图书馆和数字图书馆系统，涉及到两个工作内容：一是将纸质图书转化为电子版的数字图书；二是电子版图书的存储、交换、流通。国际上有许多组织为此做出了贡献，国内也有不少单位积极参与到数字图书馆的建设中来。

目前常见的数字图书馆有超星数字图书系统、书生之家数字图书馆、方正 Apabi 数字图书馆、中国数字图书馆、Safari 数字图书系统等。

2．数字图书馆的使用

下面以方正 Apabi 数字图书馆为例介绍数字图书馆的使用方法。在浏览器地址栏中输入 http://apabi.hfslib.com 进入 Apabi 数字图书馆首页，如图 7-29 所示。

（1）下载并安装 Apabi Reader。Apabi 的电子图书采用的是 CEB 格式，阅读软件是 Apabi Reader。单击首页中的“阅读器下载”，然后双击运行安装阅读器。

（2）登录。Apabi 数字图书馆需要登录之后才能进行查询，登录的方式有两种：一种是使用已有的用户名、密码；另一种是内部网读者可以凭“IP 用户”直接登录。

（3）检索资源。检索方式分为分类检索、简单检索和高级检索，如图 7-30 所示。

（4）电子图书详细信息。单击检索结果显示的书名或图书封面后，打开图书详细信息页面。在该页面中也可以实现图书的在线浏览和下载，如图 7-31 所示。

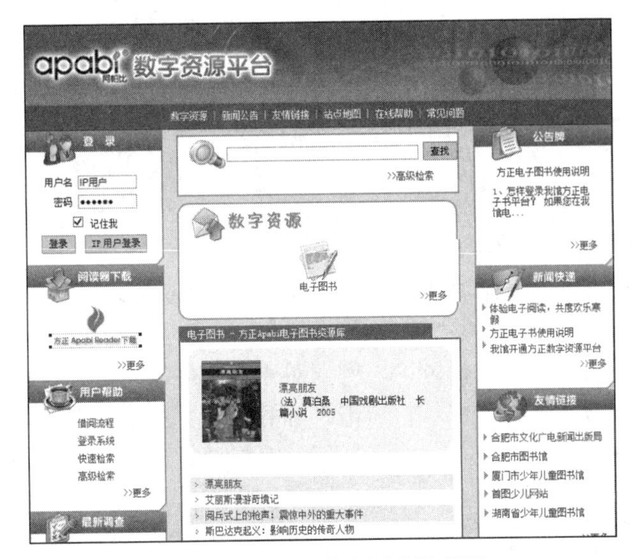

图 7-29 Apabi 数字图书馆首页

图 7-30 检索方式

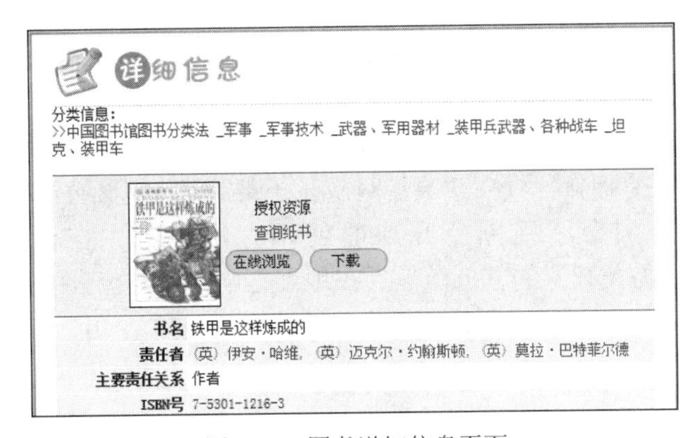

图 7-31 图书详细信息页面

7.4.8 专业技术论坛

1. 常见的技术论坛

在线学习、在线讨论成为我们学习的一种形态。通过专业技术论坛我们可以与来自不同地方的人员进行知识交流，增加自己的专业知识，丰富自己的见解，可以与专业技术人员结缘，从而拓宽学习道路。因此，互联网上也出现了在不同领域内的技术论坛。例如计算机技术论坛、IT 技术论坛、核医学专业网、中华医学会、丁香园等。

2. 丁香园

下面以丁香园为例说明技术论坛的使用方法。

（1）登录。打开浏览器，在地址栏中输入 http://www.dxy.cn/bbs/index.html/，打开论坛首页。在该页面我们可以进行注册和登录。

（2）查看感兴趣的话题并进行讨论。例如对“麻醉疼痛”这一话题感兴趣，则可以查看相关话题并进行讨论，如图 7-32 所示。点击“麻醉疼痛专业论坛版”即可查看相关的话题，还可以发表自己的观点。

临床医学讨论一区	
神经科学专业讨论版 Neurology, Neurosurgery...	612122/104 小剑鱼
心理学与精神病学专业讨论版 Psychology, Psychosomatic Medicine, Psychiatry, Behavior medicine	114910/16 li896939
麻醉疼痛专业讨论版 Anesthesiology, Pain...	576687/50 iamxuejingx

图 7-32　麻醉疼痛讨论区

7.4.9 视频公开课与 MOOC

1. 常见的视频公开课

视频公开课即网络公开课，是指由耶鲁、哈佛、麻省理工学院等美国知名高校发起的将课堂实录的课程放到互联网平台上，供求知者免费在线学习的一种学习方式的变革。它拓宽了我们的学习渠道，为我们提供丰富的优秀学习资源。通过登录网站即可查找到学习资源进行相关课程学习。

常见的视频公开课有搜狐视频公开课、网易公开课、新浪视频公开课等。

以网易公开课为例介绍视频公开课的使用方法。首先在浏览器地址栏中输入 open.163.com，进入网易公开课的首页。然后在地址栏中输入要检索的关键词“计算机”，单击“搜索”按钮，网页就展示出了与计算机相关的公开课视频，如图 7-33 所示。单击视频图标即可播放该视频。

2. 什么是 MOOC

MOOC 音译“慕课”，是大规模网络开放课程，它是为增强知识传播而由具有分享和协作精神的个人或组织发布的、散布于互联网上的开放课程。M 代表 Massive（大规模），与传统课程只有几十个或几百个学生不同，一门慕课课程能达到上万人；第二个字母 O 代表 Open（开放），以兴趣为向导，凡是想学习的都可以进来学，不分国籍，只需要一个邮箱就可以注册参与；第三个字母 O 代表 Online（在线），学习在网上完成，无须旅行，不受时空限制；第四个字母 C 代表 Course，即课程的意思。

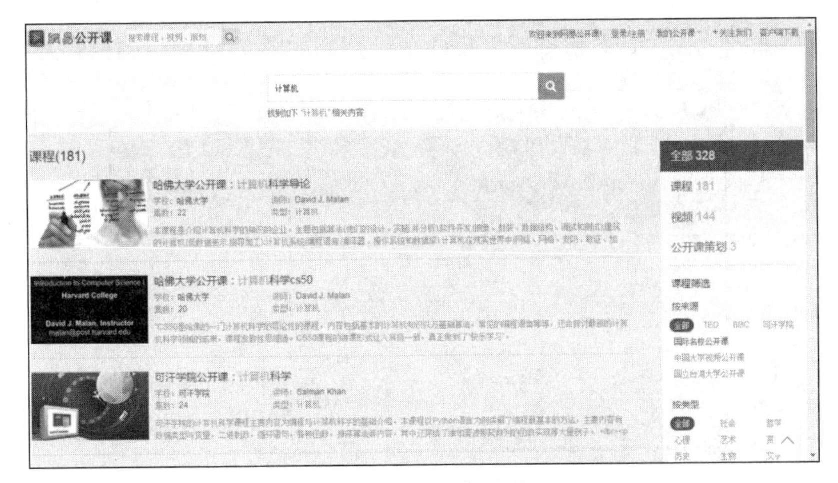

图 7-33　网易公开课检索界面

MOOC 具有固定的开课时间，有作业有考试，考试通过后会授予证书。它类似于一门课程，有师资、课程材料，也有开课时间和结课时间，但它并不是一个学校，也不仅仅是一门网络课程。它在发展数字技术的同时实现沟通和合作，让每个人都能体会到参与一种学习意义的学习过程。最重要的是，它是所有参与者的聚会，参与者可以在相关指导下围绕同一个话题展开合作和交流。

3．MOOC 的发展趋势

MOOC 在快速发展，其所带来的变化是信息技术诞生以来的重大变革之一，将深刻影响未来的高等教育。其未来发展大致有如下六大趋势：

（1）MOOC 规模将会进一步扩大，供应商也会继续增多。除了现在的三大供应商（勇敢之城、课程时代、教育平台）还在继续竭力扩展外，类似的机构也在迅猛发展，如可汗学院、点对点大学、人人学院等。

（2）新型 MOOC 将走向独立。MOOC 的雏形实际上是将传统的课堂教学用现代技术进行加工，再搬到网络上。但这样的 MOOC 已无法满足人们的需求，更加新颖的慕课正在出现。新型的慕课强调的是关联主义的教育理念。

（3）教师的教育理念与方法将产生巨变。由于课程是全程录像，也使教师能回头观察学生的学习情况，而不再像过去只能依靠测验、考试或论文考查学生。教师可以更清晰地认识自身的优缺点。换句话说，教师也可以成为观众——学生，有机会反省自己的教学及其效果，这对教师能力的提高同样具有积极作用。

（4）MOOC 的发展也将对学生如何学习、怎样有效学习产生重大影响。

（5）网络技术对教育的影响将会进一步加大，甚至会推动整个教育的巨大变革。

（6）MOOC 对高校的影响还将进一步加剧，且将对整个高等教育产生重要影响。

4．使用 MOOC 学习

目前有很多 MOOC 平台，如慕课网、中国大学 MOOC、MOOC 学院等。现以果壳网旗下慕课学习社区 MOOC 学院为例介绍 MOOC 的使用方法。

打开浏览器，在地址栏中输入 http://mooc.guokr.com/进入网站首页，在首页进行注册登录，接着在检索框中输入“大学计算机基础”后回车，打开如图 7-34 所示的搜索结果页面。

图 7-34　MOOC 学院搜索结果页面

再单击图中的“大学计算机基础”图标，此时打开关于“大学计算机基础”课程的简介页面，单击其中的“去上课”按钮，弹出如图 7-35 所示的页面，单击“开始学习”按钮即可进入课程学习。

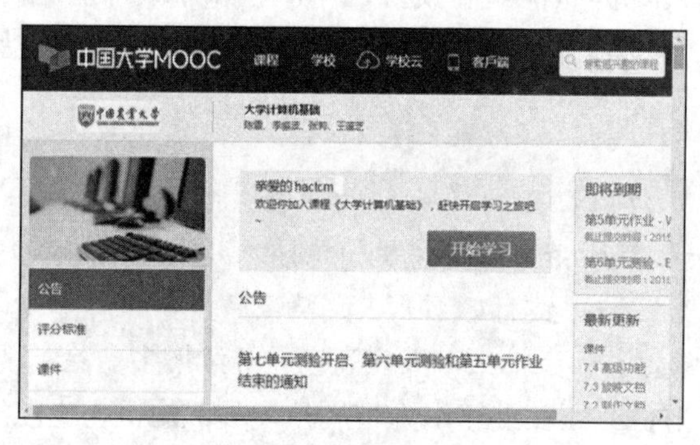

图 7-35　课程公告页面

7.5　Web 技术的发展趋势

7.5.1　移动应用

移动应用（Application，APP）也称“手机客户端”，是指智能手机的第三方应用程序。比较著名的应用商店有 Apple 的 iTunes 商店、Android 的 Android Market、诺基亚的 Ovi store，还有 Blackberry 用户的 BlackBerry App World，以及微软的应用商城。

苹果的 IOS 系统 APP 格式有 ipa、pxl、deb，Android 格式有 apk，诺基亚的 S60 系统格式有 sis、sisx、jar，微软的 Windows Phone 7、Windows Phone 8 系统格式为 xap，黑莓平台为 zip。

APP 的分类包括社交应用（微信、新浪微博、QQ 空间等）、地图导航（Google 地图、百度地图等）、网购支付（淘宝、京东商城、支付宝等）、通话通讯（飞信、阿里旺旺、QQ 等）、生活消费（去哪儿、携程无线、百度旅游等）、影音播放（酷狗音乐、优酷等）、图书阅读（Adobe

阅读器、手机阅读等)、浏览器（UC 浏览器、QQ 浏览器)、新闻资讯（搜狐新闻、网易新闻等)，例如图 7-36 和图 7-37 所示。

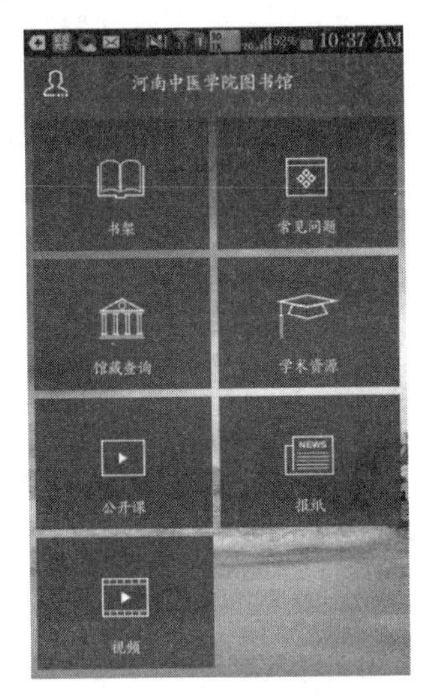

图 7-36　超星移动图书馆

图 7-37　360 视频

7.5.2　HTML5

HTML5 是万维网的核心语言、标准通用标记语言下的一个应用超文本标记语言的第五次重大修改，是用于取代 1999 年所制定的 HTML 4.01 和 XHTML 1.0 标准的 HTML 标准版本。2014 年 10 月 29 日，万维网联盟宣布该标准规范制定完成。广义论及 HTML5 时，实际指的是包括 HTML、CSS 和 JavaScript 在内的一套技术组合。它希望能够减少浏览器对于需要插件的丰富性网络应用服务（plug-in-based Rich Internet Application，RIA)，如 Adobe Flash、Microsoft Silverlight，与 Oracle JavaFX 的需求，并且提供更多能有效增强网络应用的标准集。

HTML5 增加了许多新的特性，如下：

（1）语义特性。HTML5 赋予网页更好的意义和结构。

（2）本地存储特性。HTML5 APP Cache 以及本地存储功能使得网页 APP 拥有更短的启动时间和更快的联网速度。

（3）设备兼容特性。HTML5 提供了前所未有的数据与应用接入开放接口。使外部应用可以直接与浏览器内部的数据相连，例如视频影音可以直接与 Microphones 及摄像头相连。

（4）连接特性。更有效的连接工作效率使得基于页面的实时聊天、更快速的网页游戏体验、更优化的在线交流得到了实现。HTML5 拥有更有效的服务器推送技术，Server-Sent Event 和 WebSockets 就是其中的两个特性，这两个特性能够帮助我们实现服务器将数据“推送”到客户端的功能。

（5）网页多媒体特性。支持网页端的 Audio、Video 等多媒体功能，与网站自带的 APPS、摄像头、影音功能相得益彰。

（6）三维、图形及特效特性。增加了 SVG、Canvas、WebGL 和 CSS3 的 3D 功能，使得浏览器能呈现出非凡的视觉效果。

（7）性能与集成特性。HTML5 通过 XMLHttpRequest2 等技术解决以前的跨域等问题，帮助 Web 应用和网站在多样化的环境中更快速地工作。

（8）CSS3 特性。在不牺牲性能和语义结构的前提下，CSS3 中提供了更多的风格和更强的效果。此外，较之以前的 Web 排版，Web 的开放字体格式（WOFF）也提供了更高的灵活性和控制性。

基于 HTML5 良好的特性，它支持 PC、平板、手机等不同终端的开发，如新浪微博、游戏、百度小说等，如图 7-38 和图 7-39 所示为新浪微博的手机版与 Web 版。

图 7-38　新浪微博手机版

图 7-39　新浪微博 Web 版

7.5.3 媒体互联网

媒体互联网是借助互联网这个信息传播平台，使图片、音乐、视频等多媒体信息等迅速传播的形式。

媒体互联网的特点有：

（1）迅捷性。互联网传播媒体的速度快，信息来源广泛，制作发布信息简便。

（2）多媒体化。互联网能够实现文字、图片、声音、图像等传播符号和手段的有机结合。

（3）交互性。互联网带来了较强的媒体传播互动性。

媒体互联网的应用主要包括图片类（百度图片、谷歌图片、站酷等）、音频类（虾米音乐、百度音乐等）和视频类（优酷视频、奇艺视频、我乐视频等）。

7.5.4 云服务

云服务是基于互联网的相关服务的增加、使用和交付模式，通常涉及通过互联网来提供动态易扩展且经常是虚拟化的资源。简单来说，云服务可以将企业所需的软硬件、资料都放到网络上，在任何时间、地点，使用不同的 IT 设备互相连接，实现数据存取、运算等目的。当前，常见的云服务有公共云（Public Cloud）和私有云（Private Cloud）两种。

公共云是最基础的服务，多个客户可共享一个服务提供商的系统资源，他们毋须架设任何设备及配备管理人员便可享有专业的 IT 服务，这对于一般创业者、中小企来说，无疑是一个降低成本的好方法。公共云还可细分为 3 个类别：SaaS（Software-as-a-Service，软件即服务）、PaaS（Platform-as-a-Service，平台即服务）、IaaS（Infrastructure-as-a-Service，基础设施即服务）。

私有云是为一个客户单独使用而构建的，因而提供对数据、安全性和服务质量的最有效控制。该公司拥有基础设施，并可以控制在此基础设施上部署应用程序的方式。私有云可部署在企业数据中心的防火墙内，也可以将它们部署在一个安全的主机托管场所，私有云的核心属性是专有资源。

例如 Gmail、Hotmail、网上相册都属于 SaaS 的一种，主要以单一网络软件为主导；至于 PaaS 则以服务形式提供应用开发、部署平台，加快用户自行编写 CRM（客户关系管理）、ERP（企业资源规划）等系统的时间，用户必须具备丰富的 IT 知识。IaaS 架构主要通过虚拟化技术与云服务结合，通常会以月费形式提供具有顶尖技术的软硬件及服务，例如服务器、存储系统、网络硬件、虚拟化软件等，直接提升整个 IT 系统的运作能力。

7.6　互联网文化与社会责任

7.6.1　什么是互联网文化

互联网文化是指以网络技术广泛应用为主要标志的信息文化，可以分为物质文化、精神文化和制度文化 3 个要素。

物质文化是指以计算机、网络、虚拟现实等构成的网络环境；精神文化主要包括网络内容及其影响下的人们的价值取向、思维方式等，其范围较为广泛；制度文化包括与网络有关的各种规章制度、组织方式等。

这些要素不是孤立存在，而是相互制约、相互影响、相互转换，显示出互联网文化的特殊规律和特征，具体可归纳为以下 3 个特点：

（1）跨文化内容的特点。

网络文化超越了主流文化和非主流文化的明显界限，显示着不同阶级文化、不同民族文化、不同地域文化的共生共存，存在着系统文化意识与混沌心理的相互渗透、文化精髓与文化糟粕的交织，东方文化与西方文化并存。

（2）跨地域传播的特点。

互联网的出现缩短了人们交往的时空，不管信息文化传播的远近和来自哪个国家，信息接收者都可以点击鼠标迅速浏览世界各地的新闻趣事和文化信息。

（3）跨身份交往的特点。

人们在网上的交往完全不同于常规的面对面的交往或是传统的电讯交往。人们的性别、年龄、身份已被淡化或被隐没。网上的交往可以忽略交往的真实主题，导致了交往的隐蔽性和神秘性。

7.6.2　互联网文化对社会的影响

在人类历史上，从来没有一项技术及其应用像互联网一样发展那么快，对人们的工作、生活、消费和交往方式影响那么大，并且随着高度信息化的网络社会的到来，人们在生产和生活方式、观念和意识等方面也必然会发生翻天覆地的变化。

对于互联网所创造和提供的这个全新环境，人们好像还没有做好充分的心理准备，因而对于它所带来的一系列社会问题，不少人或多或少地表现出了一些惊慌失措。

其实，任何事物都有它的两面性，互联网也是如此。对于它所带来的积极的、正面的影响，人们比较容易看到，宣传和肯定也比较充分，而它所产生的消极的、负面的影响却往往为社会所忽视。最起码，在各个单位和个人都忙于上网的今天，我们对互联网的消极作用和负面影响的研究和关注还是远远不够的，而如果忽视了这一点，又可能使社会及其成员付出沉重的代价。

毋庸置疑，互联网对社会道德的积极影响和正面作用是十分巨大的，如它带来了社会道德的开放性、多元化，促进了人和社会的自由全面发展以及从依赖型道德向自主型道德的转变等。然而，它的负面影响也是显而易见的，这主要表现在以下几个方面：

（1）在互联网给人们的工作、生活和社会交往带来极大便利的同时，也产生了许多不道德的行为。近年来，随着互联网在我国的飞速发展，人们也不断地看到并感受到了这些行为及其所带来的恶劣后果。与健康的社会文化相比，淫秽、色情、暴力等不良文化的传播速度更快，面也更广，在互联网上也是如此。虽然世界各国对垃圾文化的传播都有一定程度的限制，但要将这些东西如同犯罪行为一样从互联网上杜绝掉，还需要全人类漫长而艰苦的努力。

（2）互联网由于其自身的特点决定了它在加速各种文化的相互吸收和融合，促使各种文化在广泛传播中得到发展的同时，也正日益严重地面临着“文化侵略”的压力。对于多数落后的发展中国家来说，由于诸多条件的限制，只能无奈地成为网络时代文化的被动受体。而发达国家在通过网络连续不断地传播文化信息的同时，也将其意识形态、世界观和价值观、伦理道德观念等四处传播，对受众群体产生着潜移默化的影响。久而久之，这种影响便会产生不可忽视的作用，使人们对其逐渐产生亲近感和信任感，并最终走向认同和依赖，与此同时，却丢掉了对本民族文化与价值观的信任、依赖与自豪。对于一个民族和一个国家来说，这种倾向是非常危险的，因为长此以往，必然会使其丧失凝聚力，毁灭其意识形态、价值观和伦理道德体系，动摇其存在的基础。目前，这种现象和趋向已引起了各有关国家的重视，他们纷纷呼吁和强调要努力保持世界各民族多样化的文化和语言及其传统。

（3）合理的个人隐私作为人的基本权利之一应该得到充分的保障，然而这种权利在网络时代却遇到了前所未有的挑战。在传统社会中，个人的隐私比较容易保持。而在网络时代，人们的生活、娱乐、工作、交往等都会留下数字化的痕迹，并在网上有所反映。一方面，网络服务商为了计收入网费和信息使用费，需要对客户的行踪进行详细的记录，由于这种记录非常方便，因而可以达到十分细致的程度。另一方面，政府执法部门为了查找执法的证据，也有记录人们行为的需要。这就产生了个人隐私与社会服务和安全之间的矛盾和冲突：对个人而言，他的隐私权应该得到保障；对于社会而言，他又要对自己的行为及其所产生的后果负相应的责任，包括经济责任、法律责任和道德责任等，因而其行为又应该留下可资查证的原始记录。这个问题如果处理不好，就不仅会影响个人的权益和能力的充分发挥，而且会影响网络社会道德和法律约束机制的建立与完善。

（4）从社会心理学和道德心理学的角度看，互联网的发展在给人们的社会交往与交流提供巨大方便的同时，又在物理空间上进一步孤立了个人，限制和改变了人们的传统交往方式和情感方式，产生了诸如孤独、网癖、盲恋等一系列包括道德问题在内的社会问题。一般来说，人们在生活方式、交往方式、情感方式等方面的变化必然引起其心理、观念、情感等方面的变化，对于这些变化，如果不能适时地加以合理的引导，就会导致一系列不良的社会问题，从而给社会和个人都带来消极的影响，这是我们所决不能忽视的。

近年来，网络的迅猛发展影响着社会的经济生活，而且猛烈地冲击着传统的思想观念和思维方式，改变着人们的工作方式和生活方式。

网络不仅对人们的物质生活产生了巨大的作用，也对人们的精神生活带来了深远的影响。一般而言，网络对人们物质生活的影响都是正面的，网络极大地提高了人们的工作效率，促进了社会生产率的提高，但网络对人们精神生活的影响却要复杂得多，网络不仅对人们的精神生活带来了正面的影响，同时也带来了很多负面的影响。

对我们大学生而言，最熟悉的就是网络交往和网络游戏对我们的影响。

网络交往有相互之间发 Email、网络聊天（QQ、MSN、各类聊天室等）、BBS、讨论组等，除了 Email 一般是知道对方身份的以外，其他方式都具有匿名的特点。网络交往是社会上人际交往的延伸，由于网络空间的特点，它和社会上的人际交往有很大的区别，网络交往对网民的精神生活影响极大。

一方面，网络空间具有的虚拟性、开放性、自由性、隐蔽性、交互性、平等性和创新性为网民的交往提供了巨大的便利，丰富了人们的精神生活，增强了人们的自由、民主、平等、开放的意识。网络的迅速发展和广泛应用为个人自由民主的发展提供了新的手段和工具。网络交往消除了人与人之间的传统界线。

另一方面，网络空间具有上述特点也容易导致交往者行为的随意性和责任心的缺乏。此外，网络的虚拟性特点造成人际关系中诚信度的大大降低，导致传统的道德规范受到影响。

7.6.3 信息安全

1. 什么是信息安全

信息安全是指信息系统（包括硬件、软件、数据、人、物理环境及其基础设施）受到保护，不因偶然的或者恶意的原因而遭到破坏、更改、泄露，系统连续可靠正常地运行，信息服务不中断，最终实现业务连续性。信息安全主要包括以下 5 方面的内容，即需要保证信息的保密性、真实性、完整性、未授权拷贝和所寄生系统的安全性。其根本目的就是使内部信息不受内部、外部、自然等因素的威胁。为保障信息安全，要求有信息源认证、访问控制，不能有非法软件驻留，不能有未授权的操作等行为。

2. 信息安全的威胁

信息网络面临的安全威胁主要来自外部威胁、内部威胁、信息内容、网络本身脆弱性导致的威胁，以及其他方面的威胁。

外部威胁包括网络攻击、计算机病毒、信息战、信息网络恐怖、利用计算机实施盗窃和诈骗等违法犯罪活动的威胁等。

内部威胁包括内部人员恶意破坏、内部人员与外部勾结、管理人员滥用职权、执行人员操作不当、安全意识不强、内部管理疏漏、软硬件缺陷，以及雷击、火灾、水灾、地震等自然灾害构成的威胁等。

信息内容安全威胁包括淫秽、色情、赌博及有害信息、垃圾电子邮件等威胁。

信息网络自身脆弱性导致的威胁包括在信息输入、处理、传输、存储、输出过程中存在的信息容易被篡改、伪造、破坏、窃取、泄漏等不安全因素；在信息网络自身的操作系统、数据库以及通信协议等方面存在安全漏洞、隐蔽信道和后门等不安全因素。

其他方面威胁包括如磁盘高密度存储受到损坏造成大量信息的丢失、存储介质中的残留信息泄密、计算机设备工作时产生的辐射电磁波造成的信息泄密等。

3．如何远离安全隐患

世间的任何事物都存在对立的两方面。正如科学技术是一把双刃剑，给人类带来机遇与挑战一样，互联网也是一个矛盾的共存体，给人们带来信息化时代的便捷和无限资源的同时，另一方面又成了不法分子作案的途径和场所。钓鱼网站活跃异常、不明邮件层出不穷、木马病毒泛滥成灾、被动泄密威胁日盛，在这样的网络空间中，人们的网络信息安全随时受到威胁，安全感极度缺失。如何远离信息安全隐患成为人们必须要考虑的问题。我们从以下几点着手考虑：

（1）避免用U盘拷贝文件。

用U盘在计算机之间拷贝文件是感染并传播病毒的途径，也是造成病毒攻击、黑客入侵而导致信息外泄的一个原因。因此，为避免感染病毒，在单位内部尽量不用U盘在不同的计算机间来回拷贝文件，并做到定期查杀病毒。如果使用电子邮件发送文件，也要提高警惕，拒收不明邮件、不点击来路可疑的邮件。

（2）采用安全可靠的杀毒软件。

在互联网环境日益复杂、病毒特征出现颠覆性变化的今天，一些简单的杀毒软件已不能满足当下的需要，因此要慎重选择可靠的杀毒软件，采用具有主动防御功能的软件，使病毒查杀、预警效果上一个更高的级别。

（3）提高信息安全保护意识，养成良好的上网习惯。

一些病毒、黑客的入侵都是由于不谨慎的上网习惯给不法分子以可乘之机，如所有注册的网站都采用同一个账号密码，一旦黑客掌握其中的一个，也就获取了其他网站的准入权限，盗走账户资金、发表非法言论等都是安全意识薄弱惹的祸。远离网络信息安全隐患要提高信息安全保护意识，从养成良好的上网习惯开始，如不使用相同的密码、设置复杂密码、定期更换密码、空间照片加密、不点击不明网站等。

（4）使用加密软件给计算机文件加密。

做好上述信息安全保护工作并不意味着相安无事了，使用文件加密软件给计算机或服务器中的重要文件进行加密保护也是一种常见的信息安全措施。这是因为再强大的杀毒软件也有黑客突围的可能，再敏锐的预警系统也有黑客逃之夭夭的机会，一旦当些防线被攻破，存储在计算机中的文件信息就成了任人宰割的羔羊。因此，使用加密软件对文件信息本身进行加密处理是远离网络信息安全隐患的核心。那么什么样的加密软件才能提供强力的防护，守护好这最后的一道防线呢？由于信息现在处于的环境多样而复杂，利用的加密技术也必须跟着环境而改变，如今的信息加密需要一种灵活而高效的加密方式，而透明加密技术则不负众望，成为主流加密技术的首选。

7.6.4　国家的相关法律与制度

1．建立健全法律法规的必要性

我国高度重视互联网的发展，始终坚持依法管理互联网，致力于营造健康和谐的互联网环境，构建更加可信、更加有用、更加有益于经济社会发展的互联网。我国把发展互联网作为推进改革开放和现代化建设事业的重大机遇，先后制定了一系列政策，规划互联网发展，明确互联网的阶段性发展重点，推进社会信息化进程；为保障互联网的健康发展和有效运用，我国先后制定了一系列法律、法规，签署了一系列国际公约，对利用互联网进行的各种违法行为给予有力的打击，维护互联网发展安全。建立健全法律法规的必要性主要包括以下 3 个方面：

（1）有利于依法管理互联网。

1994 年至今，我国颁布了 30 余部与互联网相关的法律法规和部门规章，主要包括《中华人民共和国电子签名法》《中华人民共和国计算机信息系统安全保护条例》《中华人民共和国电信条例》《互联网 IP 地址备案管理办法》等。相关法律法规涉及互联网基础资源管理、信息传播规范、信息安全保障等方面，对基础电信业务经营者、互联网接入服务提供者、互联网信息服务提供者等行为主体的法律义务与责任作出了规定。同时在我国刑法、著作权法、未成年保护法、侵权责任法等法律中对互联网相关问题作出了规定。这 30 余部法律、法规及司法解释的出台为我国各部门依法行政、依法管理互联网提供了强有力的司法保障。

（2）有利于保护公民的合法权益。

中国政府大力倡导和积极推动互联网在中国的发展和广泛应用。随着互联网在中国的快速发展与普及，人们的生产、工作、学习和生活方式已经开始并将继续发生深刻的变化。截至 2014 年 12 月底，我国网民规模达 6.49 亿，全年共计新增网民 3117 万人。互联网侵权、人肉搜索、艳照门等事件给人们享受互联网带来便利的同时，也对互联网安全产生了很大的影响。而未成年人上网安全、知识产权保护、公民隐私等方面的侵权尤为突出，因此法治在保护公民上网安全中显得尤为重要。

（3）有利于维护国家安全。

随着互联网的深入发展，尤其是 20 世纪以来微博等聊天工具的运用给国家安全带来了不容忽视的负面影响。如何有效维护互联网安全是我国互联网发展的重要课题。为维护国家安全，我国《刑法》《治安管理处罚法》《计算机信息网络国际联网安全保护管理办法》等法律法规对此作出了规定。《电信条例》第六条规定，“电信网络和信息的安全受法律保护。任何组织或者个人不得利用电信网络从事危害国家安全、社会公共利益或者他人合法权益的活动”。同时一些间谍组织和个人经常利用黑客攻击、网络病毒等攻击我国的互联网，窃取国家秘密，危害国家安全。据国家不完全统计，2009 年中国被境外控制的计算机 IP 地址达 100 多万个；被黑客篡改的网站达 4.2 万个；被“飞客”蠕虫网络病毒感染的计算机每月达 1800 万台，约占全球感染主机数量的 30%。为此我国相继出台了《全国人民代表大会常务委员会关于维护互联网安全的决定》等法律规定；签订了《中国－东盟电信监管理事会关于网络安全问题的合作框架》和《上合组织成员国保障国际信息安全政府间合作协定》，共同打击网络间谍犯罪。

2. 我国已出台的相关法律法规

中国坚持依法管理、科学管理和有效管理互联网，努力完善法律规范、行政监管、行业自律、技术保障、公众监督和社会教育相结合的互联网管理体系。中国管理互联网的基本目标是，促进互联网的普遍、无障碍接入和持续健康发展，依法保障公民网上言论自由，规范互联网信息传播秩序，推动互联网积极有效应用，创造有利于公平竞争的市场环境，保障宪法和法律赋予的公民权益，保障网络信息安全和国家安全。

1994 年以来，中国颁布了一系列与互联网管理相关的法律法规，主要包括《全国人民代表大会常务委员会关于维护互联网安全的决定》《中华人民共和国电子签名法》《中华人民共和国电信条例》《互联网信息服务管理办法》《中华人民共和国计算机信息系统安全保护条例》《信息网络传播权保护条例》《计算机信息网络国际联网安全保护管理办法》《互联网新闻信息服务管理规定》《互联网电子公告服务管理规定》等。中国坚持审慎立法、科学立法，为互联网发展预留空间。相关法律法规涉及互联网基础资源管理、信息传播规范、信息安全保障等主要方面，对基础电信业务经营者、互联网接入服务提供者、互联网信息服务提供者、政府管理部门及互联网用户等行为主体的责任与义务作出了规定。法律保障公民的通信自由和通信秘密，同时规定，公民在行使自由和权利的时候，不得损害国家、社会、集体的利益和其他公民合法的自由和权利，任何组织或个人不得利用电信网络从事危害国家安全、社会公共利益或者他人合法权益的活动。

7.6.5 社会责任

随着互联网的飞速发展，Web 已经成为今天最为广泛的传播媒体和沟通方式，也是人们认识世界、参与社会活动的主流载体，Web 的内容已经对社会价值观有着至关重要的影响作用。

不管是产品宣传还是公众媒体，任何性质和形式的 Web 都必须承担起重要的社会价值导向意义。

（1）对社会负责。

Web 要有正确的社会价值观和价值导向，要宣传真、善、美的价值内涵。

（2）对客户负责。

Web 要准确、全面并真实地传播网站建设方的信息主体，例如一个企业网站要明确地传播企业信息、企业文化、产品信息、购买导向。

（3）对来访者负责。

网站访问者在访问网站时要能够有愉悦的体验，要能够准确、快捷地获取信息，并得到相应的成就感、满足感，必须充分地认识到网站来访者的多样性以及来访的不可控制性，做到保护少年儿童。

8 数据库系统

数据库技术是数据管理的主要技术，是计算机科学中的重要分支。近年来，信息资源已成为各个部门的重要财富和资源，各种领域对数据管理的需求越来越多，建立一个满足各级部门数据管理要求的信息系统也成为一个企业或组织生存和发展的重要条件。因此，作为信息系统核心和基础的数据库技术得到越来越广泛的应用。可以说，各行各业的信息系统都离不开数据库系统的支持，数据库已成为信息化社会的重要基础设施。

8.1 数据库系统的应用案例

20 世纪 90 年代初，我国已在银行、电力、邮电、铁路、医疗、气象、民航、情报、公安、国防军事、财税等多个领域装备了以数据库为基础的大型计算机系统，如医院信息系统、银行系统、超市管理系统、交通管理系统、公安系统等管理信息系统。在人们的工作和生活中，其实也有很多事情是与数据库技术的应用有关的。下面给出几个常见的数据库应用实例。

8.1.1 招生录取查询系统

近年来，很多高校为方便考生通过网络快速直接地了解高考录取信息，通常提供基于 Web 的招生录取查询系统（如图 8-1 和图 8-2 所示），考生只需通过浏览器输入相关网址，在网页中输入正确的准考证号、姓名即可查询录取结果。实际上，这就是数据库技术的一个应用。

对于招生录取查询系统的实现，技术人员通过数据库技术对考生信息、考试管理等相关数据进行收集、组织、存储、管理等，数据库中存储有每名学生的姓名、准考证号、科目、分数、院校等信息，当考生通过浏览器查询录取信息时，数据库系统就会提供符合查询条件的详细信息。招生录取查询系统的应用方便了广大考生及招生办公人员，大大提高了工作效率。

图 8-1 招生录取系统 1

图 8-2 招生录取系统 2

8.1.2 图书馆管理系统

当人们去图书馆借阅图书时，可以先通过图书馆提供的图书查询系统（如图 8-3 所示）查询图书情况，如可通过书名、作者、出版社等条件查询馆内图书的详细情况等。

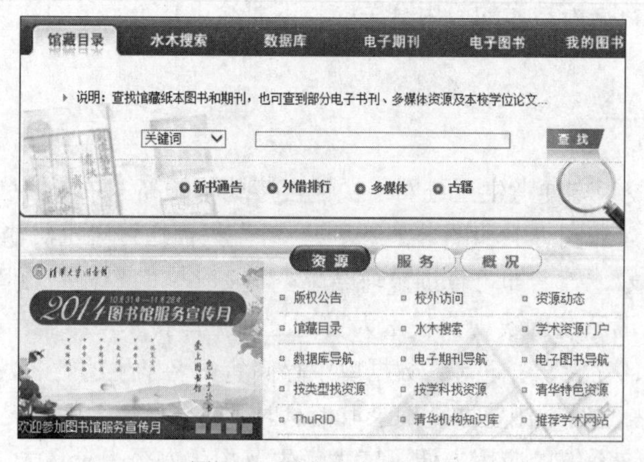

图 8-3 图书馆查询系统

当读者找到需要借阅的图书，并且书库还有可借数量时，便可以办理借阅手续。图书管理员使用条形码阅读器扫描读者需要借阅的每一本图书，显示屏上显示所借图书的名称、作者、出版社等信息，图书管理员在图书借阅系统中输入读者编号、图书编号、借书日期、数量等信息，然后保存即可完成图书的借阅，如图 8-4 所示。当读者还书时，图书管理员在相应的图书管理系统中记录还书的信息，如读者编号、图书编号、还书日期等，即可完成读者还书。

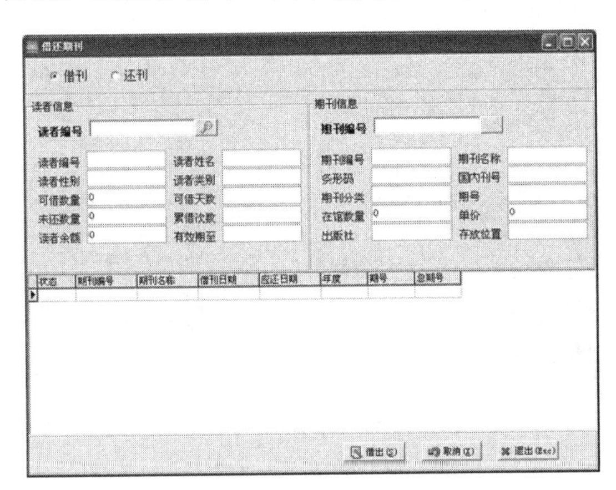

图 8-4　借还图书管理

在以上的图书馆管理环节中，读者进行的查询图书、借阅图书、还书都是数据库技术的应用。对于图书馆管理系统，技术人员首先对图书信息、读者信息、管理员信息等相关数据进行收集并存储在数据库中，当读者查询图书信息时，图书数据库系统就会提供符合查询条件的信息；当读者借阅图书时，图书数据库系统就会根据读者借阅图书信息增加借书记录；当读者归还图书时，图书数据库系统就会根据还书的信息比对数据库存储的记录，如书籍是否正确、有无超期等，然后提示管理员执行相关操作。

8.1.3　教务管理系统

在高等院校中，为了更好地实现教学管理，教务部门通常需要使用教务管理系统（如图 8-5 所示），主要包括排课、在线选课、成绩管理、网上评教、网上报名、考试安排等多个子系统，这些子系统均属于数据库技术的应用。

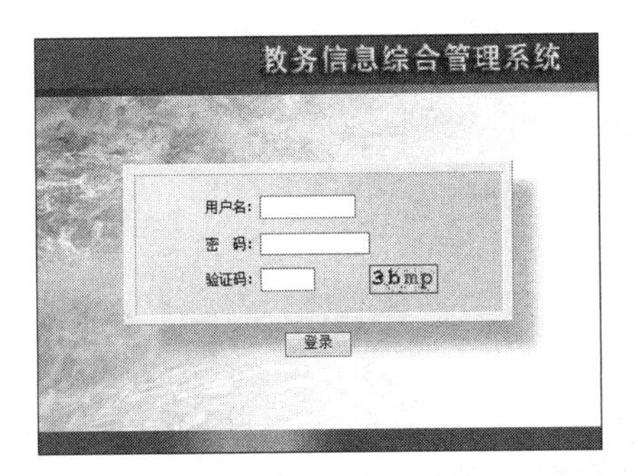

图 8-5　教务管理系统

以在线选课子系统为例，在每个学期末，教务管理系统都会提供给学生关于下学期可选修的限选课和任选课，学生可以根据课程名、院系名或教师姓名进行查询，一旦确定所选课程，便可以在线申请该课程的预选。同时，教务管理系统会通过一定的规则管理选课信息，如当一门课程的选课人数超过规定的上限时，系统便会拒绝其他学生再选本课程；如果一门课程的选课人数低于规定的下限时，该门课程可能不再开设，最后教务部门根据网上学生的选课情况（如图 8-6 所示），经汇总后将选课结果通知各个院系及任课教师。

一网上选课子系统选课概况

2014年秋季学期库中共有课程232门（任选），目前还有166门未满员。下面表格中“选取情况”为“已选人数/限额”。单击课程名称可查看该门课程详细信息。

课程名称	选取情况	课程名称	选取情况	课程名称	选取情况
性病的中西医诊疗（任选）	[满员]	循证医学（任选）	1/80	循证医学（任选）	0/120
循证医学（任选）	1/120	中医老年病学（任选）	0/80	中医老年病学（任选）	0/120
中医老年病学（任选）	0/120	古籍版本学（任选）	1/120	FLASH动画制作基础（任选）	[满员]
名老中医临证医案选讲（1）（任选）	[满员]	中医心理疗法（任选）	119/120	牙齿的美容与保健（任选）	[满员]
中医食疗学（任选）	[满员]	神经定位诊断学（任选）	0/120	服装与搭配艺术（任选）	[满员]
服装与搭配艺术（任选）	93/120	服装与搭配艺术（任选）	0/120	时尚色彩与造型（任选）	[满员]
积极心理学（任选）	[满员]	危重病医学（任选）	0/120	肥胖病学（任选）	[满员]
中外民俗与礼仪（任选）	1/120	超声诊断学（任选）	2/120	不孕不育与优生（任选）	2/80
骨质增生病的中西医诊疗（任选）	2/80	腰椎间盘突出症临床新疗法介绍（任选）	[满员]	女性养生与保健（任选）	167/360
膏药制作技术及临床应用（任选）	108/120	口腔预防保健（任选）	[满员]	口腔预防保健（任选）	0/120
创伤急救学（任选）	66/80	运动性损伤治疗学（任选）	7/80	骨科应用解剖和临床检查基本功（任选）	5/80
教你学会治疗常见颈肩腰腿痛病（任选）	[满员]	音乐剧赏析（任选）	[满员]	骨伤科常见疾病误诊分析及诊疗技术提高（任选）	0/120
中医风湿病学（任选）	36/80	名医源流典故（任选）	0/80	小针刀疗法（任选）	8/120
消化系统疾病的预防与食疗保健（任选）	[满员]	医院感染管理学与医务人员职业暴露防护（任选）	[满员]	医院感染管理学与医务人员职业暴露防护（任选）	1/120
中医男科学（任选）	68/80	高等数学（一）（任选）	1/120	高等数学（一）（任选）	0/120
高等数学（二）（任选）	0/120	高等数学（二）（任选）	0/120	基础有机化学（任选）	0/120
临床药学（任选）	2/120	中药鉴定学（任选）	2/120	社区医学（任选）	0/80
生物工程技术概论（任选）	0/120	生物药剂学（任选）	[满员]	中药制剂实验方法学（任选）	0/120
药物新剂型与新技术学（任选）	0/80	中药临床药剂学（任选）	[满员]	中药商品学（任选）	0/120
中医美容学（任选）	[满员]	药用植物学（任选）	0/120	实验动物学（任选）	[满员]

图 8-6 在线选课子系统

对于在线选课子系统，技术人员先对学生信息、教师信息、课程信息等相关数据进行收集并存储在数据库中，当学生查询课程时，数据库系统就会提供符合查询条件的信息；当最终确定学生选修某门课程时，数据库系统会增加该学生相关的选课记录。

8.1.4 医院信息系统

医院信息系统（Hospital Information System，HIS）是指利用计算机技术和通信技术等现代化手段，对医院及其所属各部门的人力、财力、物流进行综合管理，对在医疗活动各阶段产生的数据进行采集、存储、处理、提取、传输、汇总并加工生成各种信息，从而为医院的整体运行提供全面的、自动化的管理及各种服务的信息系统。

目前，很多城市的大中型医院基本上都具有医院信息系统（如图 8-7 所示），主要包括医生工作站、病案管理、挂号、住院病人管理、医嘱处理、药品库存管理等子系统，医院信息系统同样是数据库技术的一个典型应用。

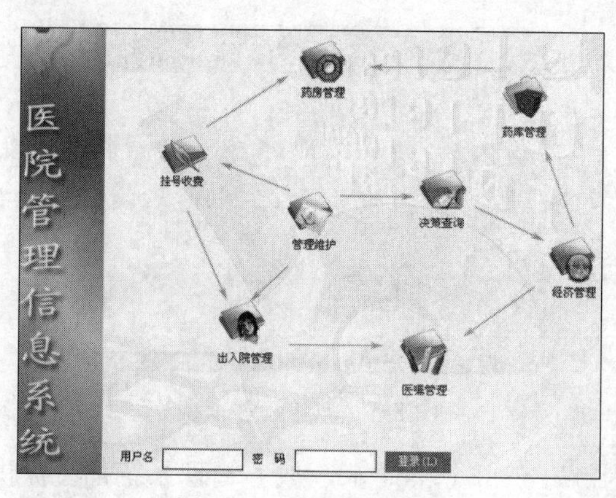

图 8-7 医院信息系统

在医生工作站（如图 8-8 所示）中，医生可通过计算机中的数据库系统对患者在医院的临床医疗信息进行管理，可将传统病历电子化。患者就诊时，医生可通过数据库系统直接获取患者的就诊卡号、姓名、性别、年龄等信息；医生开处方时，数据库系统会保存处方相关的详细内容。

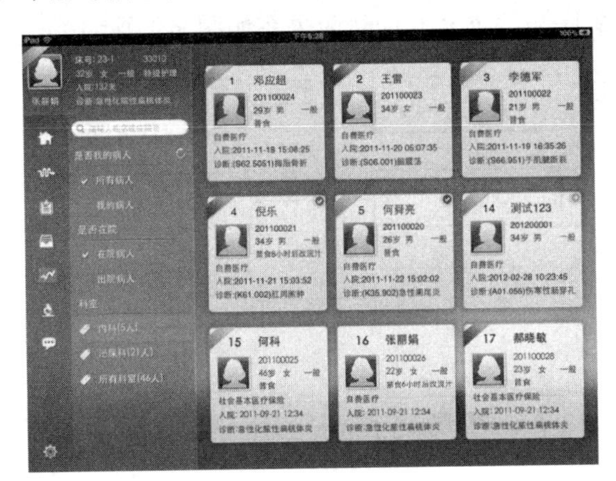

图 8-8 医生工作站

8.2 数据库技术的产生和发展

数据库技术产生于 20 世纪 60 年代，是应数据管理任务的需要而产生的。数据管理是对数据进行分类、组织、编码、存储、检索和维护，是数据处理的中心问题。数据的处理是对各种数据进行收集、存储、加工和传播的一系列活动的总和。随着计算机应用的不断发展，数据处理越来越占据主导地位，数据库技术的应用也越来越广泛。

从数据管理的角度看，数据库技术到目前共经历了人工管理阶段、文件系统阶段和数据库系统阶段。

8.2.1 人工管理阶段

20 世纪 50 年代中期以前，计算机主要用于科学计算。这个时期，从硬件看，没有磁盘等直接存取的存储设备；从软件看，没有操作系统和管理数据的软件，数据处理方式是批处理。

这个时期数据管理的特点是：

（1）数据不保存。该时期的计算机主要应用于科学计算，只是在计算某一课题时将数据输入，用完后就撤走。

（2）没有专门的软件管理数据。每个应用程序都要包括存储结构、存取方法、输入输出方式等内容。程序员需要通过应用程序设计、说明（定义）数据的每一项内容，程序员负担很重。

（3）数据不共享。一组数据只能对应一个程序，即使多个程序用到相同的数据，也必须各自定义、各自组织，数据无法共享、无法相互利用和互相参照，从而导致程序和程序之间有大量重复的数据。

（4）数据不具有独立性。数据的独立性包括数据库的逻辑结构和应用程序相互独立，也包括数据物理结构的变化不影响数据的逻辑结构。

在人工管理阶段，数据的逻辑结构和物理结构都不具有独立性，当数据的逻辑结构或物理结构发生变化后，必须对应用程序做相应的修改，从而给程序员设计和维护应用程序带来繁重的负担。

在人工管理阶段，程序与数据之间的对应关系如图 8-9 所示。

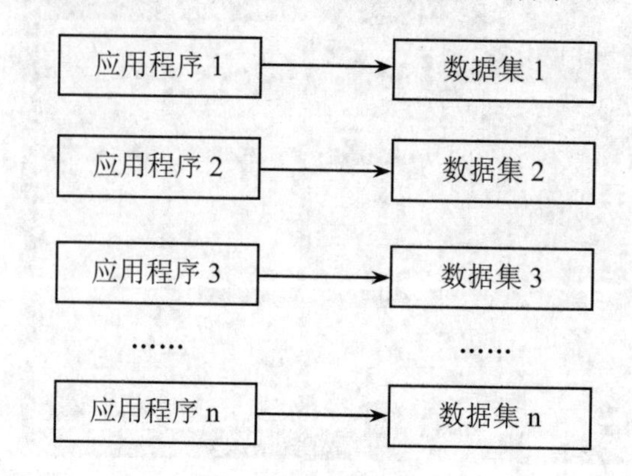

图 8-9 人工管理阶段应用程序与数据之间的对应关系

8.2.2 文件系统阶段

20 世纪 50 年代中期到 60 年代中期，从硬件看，已经有了磁盘等直接存取的存储设备；在软件方面，操作系统中已经有了专门用于管理数据的软件，称为文件系统。这个时期数据管理的特点是：

（1）数据可长期保存。由于计算机大量用于数据处理，经常对文件进行查询、修改、插入和删除等操作，所以数据需要长期保留，以便于反复操作。

（2）有专门的文件系统管理数据。操作系统提供了文件管理功能和访问文件的存取方法，程序和数据之间有了数据存取的接口，程序可以通过文件名和数据打交道，不必再寻找数据的物理存放位置。至此，数据有了物理结构和逻辑结构的区别，但此时程序和数据之间的独立性尚不充分，当不同程序需要使用部分相同的数据时需要建立各自的文件。

（3）数据可重复使用。

在文件系统阶段，应用程序与数据之间的对应关系如图 8-10 所示。

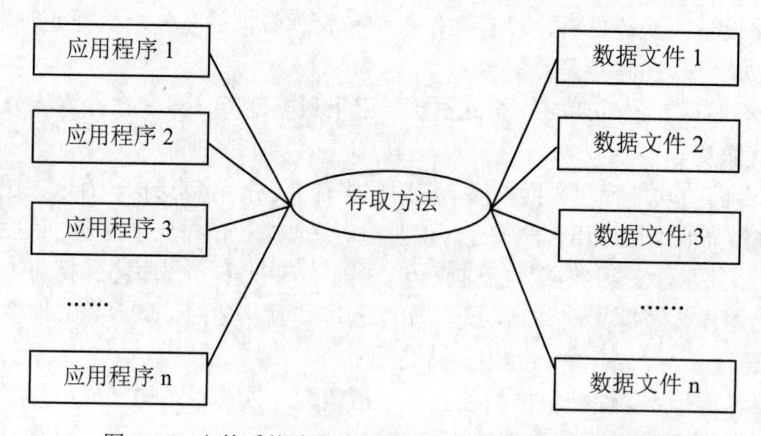

图 8-10 文件系统阶段应用程序与数据之间的对应关系

文件系统阶段是数据管理技术发展中的一个重要阶段。在这一阶段中，得到充分发展的各种数据结构和算法丰富了计算机科学，为数据管理技术的进一步发展打下了基础。

随着数据管理规模的扩大，数据量急剧增加，文件系统暴露出一些缺陷，主要有：

（1）数据冗余度。由于文件之间缺乏联系，造成每个应用程序都有对应的文件，有可能同样的数据在多个文件中重复存储，即数据的冗余度现象。

（2）数据不一致性。由于相同数据的重复存储和各自管理，在进行更新操作时，稍不谨慎，就有可能使同样的数据在不同的文件中不一样，即数据存在不一致性，给数据的修改和维护带来困难。

（3）数据联系弱。这是由文件之间相互独立、缺乏联系造成的。

由于这些原因，促使人们研究新的数据管理技术，这就使在 60 年代末产生了数据库技术。

8.2.3　数据库系统阶段

数据库系统阶段从 20 世纪 60 年代末期开始，计算机管理的数据对象规模越来越大，应用范围越来越广，数据量急剧增加，数据处理的速度和共享性的要求也越来越高。与此同时，磁盘技术也取得了重要发展，具有数百兆字节容量和快速存取的磁盘陆续进入市场，为数据库技术的发展提供了物质条件。随之，人们开发了一种新的、先进的数据管理方法：将数据存储在数据库中，由数据库管理软件对其进行统一管理，应用程序通过数据库管理软件来访问数据。在这一阶段中，数据库中的数据不再是面向某个应用或某个程序的，而是面向整个企业（组织）或整个应用的。

数据管理技术进入数据库系统阶段的标志是 20 世纪 60 年代末的三件大事：

（1）1968 年，IBM 公司推出层次模型的数据库管理系统 IMS（Information Management System）。

（2）1969 年，美国数据库系统语言协会 CODASYL（Conference on Data System Language）下属的数据库任务组 DBTG（DataBase Task Group）提出了 DBTG 报告，总结了当时各式各样的数据库，提出网状模型。

（3）1970 年，IBM 公司的 San Jose 研究实验室的研究员 Edgar F. Codd 发表了题为《大型共享数据库数据的关系模型》的论文，提出关系模型，开创了关系数据库方法和关系数据库理论，奠定了关系数据库的理论基础。

20 世纪 70 年代以来，数据库技术得到迅速发展，数据库系统克服了文件系统的缺陷，提供了对数据更高级更有效的管理。

概括起来，数据库系统阶段的特点主要有：

（1）数据结构化。实现了整体数据的结构化，这是数据库的主要特征之一，也是数据库系统与文件系统的本质区别。数据库中的数据不再仅仅针对一个应用，而是面向全组织，数据之间是具有联系的。

（2）较高的数据独立性。数据和程序彼此独立，数据存储结构的变化尽量不影响用户程序的使用。

（3）较低的冗余度。数据库系统中的重复数据被减少到最低程度，这样在有限的存储空间内可以存放更多的数据并减少存取时间。

（4）数据由数据库管理软件统一管理和控制。数据库管理软件提供了数据的安全性机制，以防止数据的丢失和被非法使用；具有数据的完整性，以保护数据的正确、有效和相容；具有数据的并发控制，避免并发程序之间的相互干扰；具有数据的恢复功能，在数据库被破坏或数据不可靠时，系统有能力把数据库恢复到最近某个时刻的正确状态。

在数据库系统阶段，应用程序与数据之间的对应关系如图 8-11 所示。

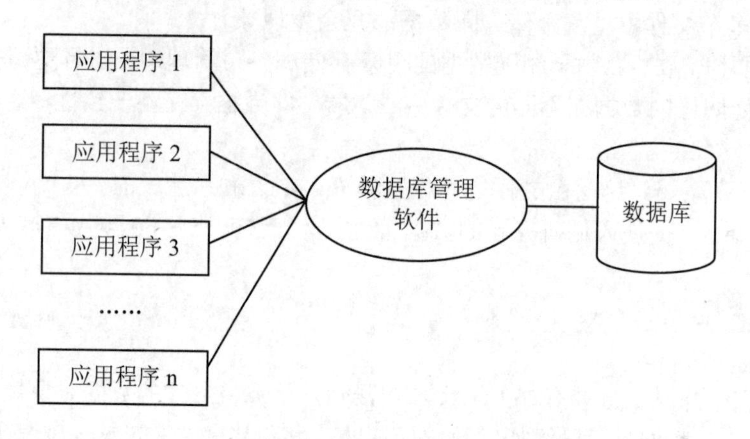

图 8-11 数据库系统阶段应用程序与数据之间的对应关系

数据库系统阶段，大量的理论成果和实践经验终于使关系数据库从实验室走向了社会，因此人们把 20 世纪 70 年代称为数据库时代。20 世纪 80 年代以来几乎所有新开发的系统均是关系型的，其中涌现出了许多性能优良的商品化关系数据库管理系统，如 DB2、Oracle、SQL Server、Informix、Sybase 等。这些商用数据库系统的应用使数据库技术日益广泛地应用到企业管理、情报检索、辅助决策等技术领域，成为实现和优化信息系统的基本技术。

8.3 基本概念

在学习数据库技术之前，先来了解一些基本概念，主要包括信息、数据、数据库、数据库管理系统、数据库系统等。

8.3.1 数据与信息

数据（Data）是数据库系统中存储和研究的基本对象。数据与信息是分不开的，它们既有联系又有区别。

在数据处理领域，一般把信息理解为关于现实世界事物存在方式或运动状态的反映。例如我们上课用的黑板，颜色是黑色，形状是矩形，尺寸是长 3m、高 1.2m，材料是木材，这些都是关于黑板的信息，是黑板存在状态的反映。

信息有许多重要的特征：信息来源于物质和能量，信息是可以感知的，信息是可以存储的，信息是可以加工、传递和再生的。这些特点，构成了信息的最重要的自然属性。作为信息的社会属性，信息已经成为社会上各行各业的重要资源之一。借助信息，人们才能有效地组织社会的各种活动。因此，信息是人类维持正常活动不可缺少的资源。

和信息同样广泛使用的另一个概念是“数据”。所谓数据，通常指用符号记录下来的、可以识别的信息。例如黑板的信息，用一组数据“黑色、矩形、3m、1.2m”表示。由于这些符号已经被人们赋予了特定的含义，即数据的语义，因此它们就具有传递信息的功能，从而为人们提供了不必直接观察和度量事物就可以获得有关信息的手段。

从广义上讲，数字只是数据的一种表现形式，数据还有很多其他的表现形式，如文本、图形、图像、音频、视频等，它们都可以经过数字化后存入计算机。

可以看出，信息和数据之间存着固有的联系。数据是信息的符号表示或称为载体；信息则是数据的内涵，是对数据语义的解释。数据表示了信息，而信息只有通过数据形式表示出来才能被人们理解和接受。

8.3.2　数据库

数据库（Database，DB），可以直观地理解为存放数据的仓库，只不过这个仓库是在计算机的存储器上，而且数据是按照一定的格式存放的，以便管理。因此数据库可定义为长期存储在计算机内、有组织的、可共享的数据集合。数据库中的数据按一定的数据模型进行组织和描述，具有较小的冗余度、较高的数据易扩展性和独立性，并可为多个用户所共享。

数据库文件中数据的增加、删除、修改和检索等操作均由数据管理软件进行统一的管理和控制。

8.3.3　数据库管理系统

数据库管理系统（Database Management System，DBMS）是一种操纵和管理数据库的系统软件，是数据库系统的核心，位于用户与操作系统之间。

DBMS 为用户或应用程序提供访问数据库的方法，包括数据库的建立、查询、更新，以及各种数据控制。它的主要功能有：

（1）数据定义功能。提供数据定义语言（Data Definition Language，DDL）供用户定义数据库的三级模式结构、两级映像、完整性约束和保密限制约束等。

（2）数据操纵功能。提供数据操纵语言（Data Manipulation Language，DML）供用户实现对数据的追加、删除、更新、查询等操作。

（3）数据库的运行和管理功能。提供对数据库的安全性、完整性、故障恢复和并发操作等方面的管理功能，保证了数据库系统的正常运行。

（4）数据库的建立和维护功能。提供数据库的数据载入、转换、转储、数据库的重组和重构、性能监控等功能。

DBMS 总是基于某种数据模型，可以分为层次型、网状型、关系型、面向对象型等。目前常见的关系型数据库管理系统主要有甲骨文公司的 Oracle 和 MySQL、微软公司的 SQL Server 和 Access、IBM 公司的 DB2、人大金仓公司的 KingBase、达梦公司的 DM。

8.3.4　数据库系统

数据库系统（Database System，DBS），是指计算机系统引入数据库后的系统组成，它不仅包括数据库本身，还应包括相应的硬件、软件和各类人员，一般由数据库、数据库管理系统

（及其开发工具）、应用系统、数据库管理员和用户构成。数据库系统的构成如图 8-12 所示。

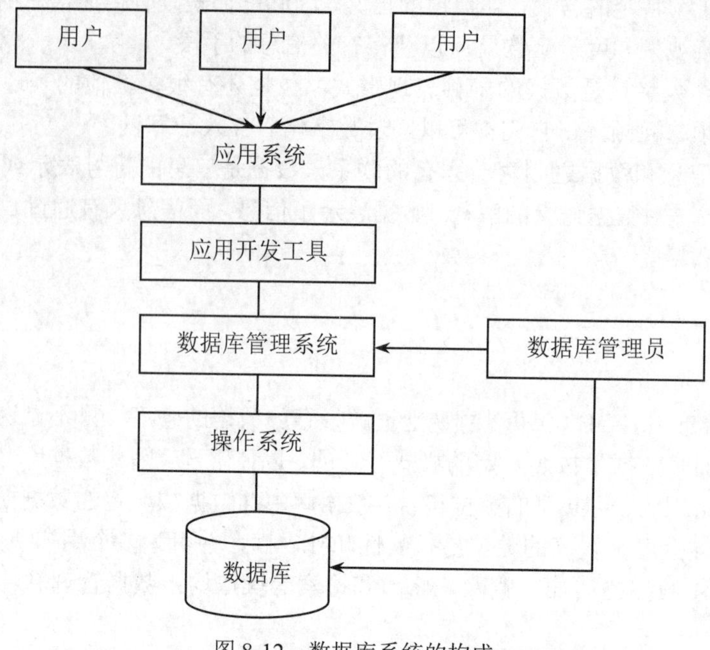

图 8-12 数据库系统的构成

8.4 数据模型（提高篇）

模型是对现实世界的抽象，如汽车模型、飞机模型、沙盘模型等。在数据库技术中，我们用模型的概念描述数据库的结构和语义，对现实世界进行抽象，把表示事物类型和事物间联系的模型称为“数据模型（Data Model）”。

数据模型是对现实世界数据特征的抽象。在数据库中用数据模型来抽象、表示和处理现实世界中的数据和信息。数据模型用于描述数据与数据之间的联系。

数据模型的种类很多，目前被广泛使用的可分为两种类型。一种是独立于计算机系统的数据模型，它完全不涉及信息在计算机系统中的表示，只是用来描述某个特定组织所关心的信息结构，这类模型称为“概念数据模型（Conceptual Data Model）”，简称概念模型，主要用来描述世界的概念化结构，它使数据库的设计人员在设计的初始阶段摆脱计算机系统及 DBMS 的具体技术问题，集中精力分析数据以及数据之间的联系等，与具体的 DBMS 无关。

另一种数据模型是面向数据库的逻辑结构的，是现实世界的第二层抽象。涉及到计算机系统和数据库管理系统，称为“逻辑数据模型（Logical Data Model）”。这类模型有严格的形式化定义，以便于在计算机系统中实现。概念数据模型是现实世界的第一层抽象，必须换成逻辑数据模型才能在 DBMS 中实现。

数据模型包括数据库数据的结构部分、数据库数据的操作部分和数据库数据的约束条件，即由数据结构、数据操作和完整性约束条件 3 部分组成。

（1）数据结构主要描述数据的类型、内容、性质以及数据间的联系等。

（2）数据操作主要指对数据库的检索、更新、删除、修改等操作。

（3）数据完整性约束给出数据及其联系所具有的制约和依赖规则。这些规则用于限定数据库的状态及状态的变化，以保证数据库中数据的正确、有效和安全。

8.4.1　概念数据模型

在学习概念数据模型之前，先来了解一些术语。

（1）实体（Enity）：客观存在，可以相互区别的事物称为实体。实体可以是具体的对象，如一名女学生、一辆汽车等，也可以是抽象的事件，如一次比赛、一次借书等。

（2）实体集（Enity Set）：性质相同的同类实体的集合，称为实体集。如所有的女同学、全国足球锦标赛的所有比赛等。

（3）属性（Attribute）：实体有很多特性，每一个特性称为属性。每个属性有一个值域，其类型可以是整数型、实数型、字符串型等。如学生有学号、姓名、年龄、性别等属性，相应值域为字符串、字符串、整数和字符串。

（4）键（Key）：能唯一标识每个实体的属性或属性集，称为实体的键。如学生的学号可以作为学生实体的键。

（5）联系（Relationship）：是实体间的相互关系，反映了实体集之间相互依存的状态，主要包括一对一联系（1:1）、一对多联系（1:N）和多对多联系（M:N）。

在应用中，通常采用实体联系模型（Enity Relationship Model，简称 E-R 模型）来表示概念模型。为了表示现实世界中事物及事物之间的关系，E-R 图主要包括 4 种图素（如图 8-13 所示）：矩形框表示实体类型，菱形框表示联系类型，椭圆形框表示实体类型和联系类型的属性，直线用来连接联系类型与其涉及的实体。

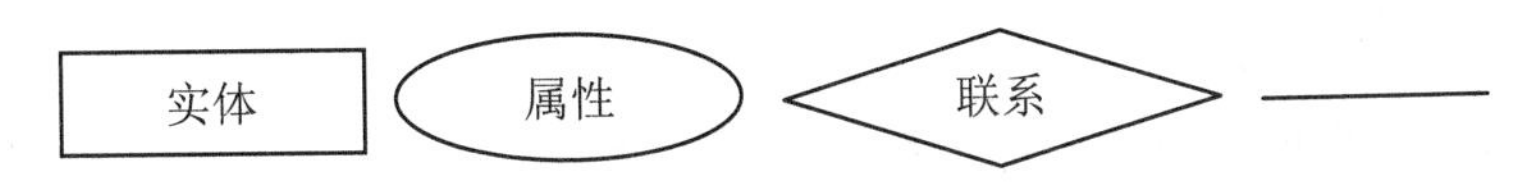

图 8-13　E-R 图的 4 种图素

例如，反映学生、课程、班级信息的 E-R 图如图 8-14 所示。

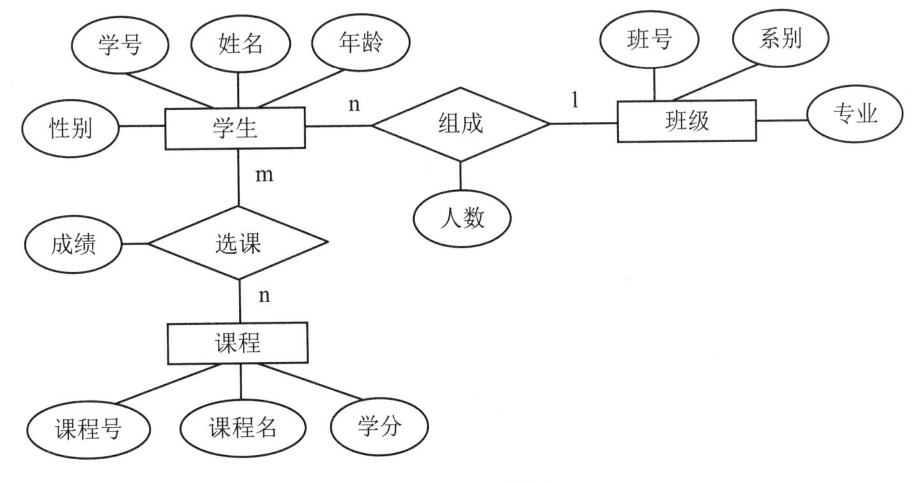

图 8-14　E-R 图实例 1

为某个工厂物资管理设计一个 E-R 模型图，如图 8-15 所示。

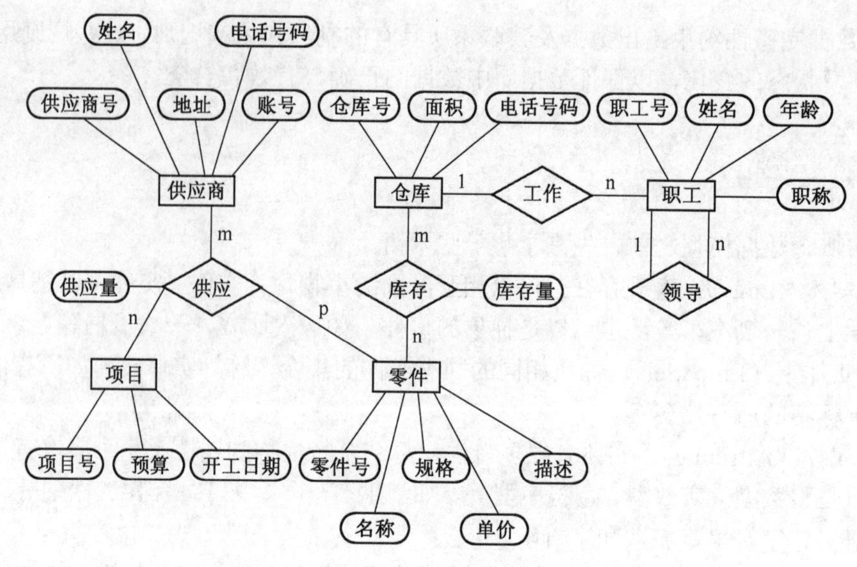

图 8-15　E-R 图实例 2

8.4.2　逻辑数据模型

逻辑数据模型，也称为逻辑模型，是用户从数据库中看到的数据模型，与所选的 DBMS 有关，反映数据的逻辑结构，如层次数据模型、网状数据模型、关系数据模型、面向对象数据模型等。

1. 层次数据模型

层次数据模型（Hierarchical Data Model）是一种用树型（层次）结构表示实体类型及实体间联系的数据模型。在这种结构中，每一个记录类型都用树的节点表示，记录类型之间的联系用节点之间的有向线段来表示。每一个双亲节点可以有多个子节点，但是每一个子节点只能有一个双亲节点。这种结构决定了采用层次模型的层次数据库系统只能处理一对多的实体联系。

图 8-16 所示是层次数据模型的一个例子，它表示一个学校由多个学院组成，一个院系由若干个班级和教研组组成，一个班级由若干个学生组成，一个教研组由若干个教师组成。

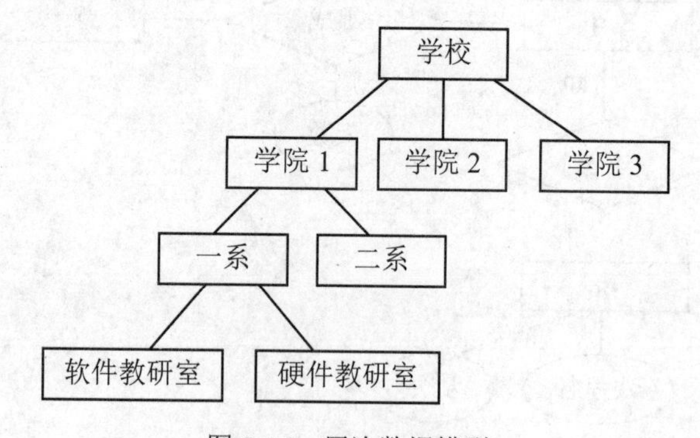

图 8-16　层次数据模型

层次数据模型的特点是记录之间的联系通过指针实现，查询效率高。

层次数据模型的缺点有：①只能表示 1:N 的联系，尽管有许多辅助手段实现 M:N 的联系，但比较复杂，不易掌握；②由于层次顺序的严格和复杂，致使数据的查询和更新操作很复杂，因此应用程序的编写也比较复杂。

2. 网状数据模型

网状数据模型（Network Data Model）是指用有向图（网络）结构表示实体类型及实体间联系的数据模型。在这种结构中，其主要特征有：①允许一个以上的节点无父节点；②一个节点可以有多于一个的父节点。

图 8-17 所示是工厂和生产零件的联系，是一个典型的网状数据模型。

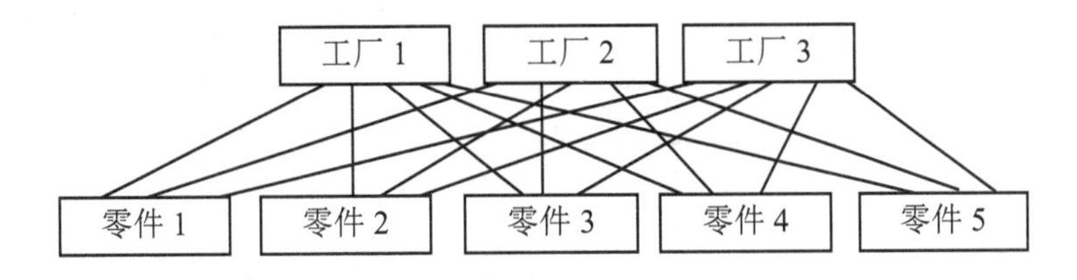

图 8-17　网状数据模型

网状数据模型的特点是记录之间的联系通过指针实现，M:N 联系也容易实现，查询效率较高。

网状数据模型的缺点是编写应用程序比较复杂，程序员必须熟悉数据库的逻辑结构，而且随着应用环境的扩大，数据库的结构也变得越来越复杂，不利于最终用户掌握。

3. 关系数据模型

关系数据模型（Relational Data Model）是目前使用最广泛的一种数据模型，其主要特征是用表格结构表达实体集，用外键表示实体间联系。在关系数据模型中，数据的逻辑结构是一张二维表，由行（记录）和列（属性或字段）组成。

关系模型是由若干个关系模式组成的集合，关系模式相当于记录类型，记录类型的实例称为关系，每个关系实际上是一张表格。

例如一个描述学生课程的关系模型，包括了一组关系模式：

S 模式(Sno,Sname,Ssex,Sdept)

C 模式(Cno,Cname,Ccredit,Cdept)

SC 模式(Sno,Cno,Grade)

图 8-18 所示是该组关系模式的具体实例。

与前两种数据模型相比，关系数据模型是用键而不是用指针导航数据，其表格简单，用户易懂，用户只需要用简单的查询语句就可以对数据库进行操作，并不涉及存储结构、访问技术等细节。

尽管关系与二维表格有相似之处，但它们又有区别。严格地说，关系是一种规范化了的二维表。在关系模型中，每个关系有如下特点：

（1）关系中每一个属性都是不可分解的，一个关系中不允许出现重复的属性。

（2）关系中不允许出现重复的记录。

（3）关系中不考虑元组之间的顺序。

（4）元组中属性也是无序的。

S 关系实例

Sno	Sname	Ssex	Sdept
2014001	陈博	男	计算机
2014002	李卓伟	男	通讯
2014003	郝宁	女	中医
2014004	邓晓	女	外语

C 关系实例

Cno	Cname	Ccredit	Cdept
2013091010	数据库原理	4	计算机
2013081121	大学英语	4	外语
2013091030	计算机文化	3	计算机
2013091056	中医养生		基础学院

Sc 关系实例

Sno	Cno	Grade
2014001	2009091010	86
2014002	2009091010	65
2014001	2009081121	90
2014002	2009081121	78
2014003	2009081121	56
2014002	2009091030	80
2014003	2009091030	70
2014004	2009091030	89

图 8-18 关系模式的具体实例

20 世纪 80 年代以来，计算机厂商新推出的数据库管理系统几乎都支持关系数据模型，非关系系统的产品也大都加上了关系接口。数据库领域当前的研究工作也都是以关系数据模型为基础。

8.5 常见的数据库管理系统

目前流行的数据库管理系统有很多，常见的关系型数据库管理系统主要有甲骨文公司的 Oracle 和 MySQL、微软公司的 SQL Server 和 Access、IBM 公司的 DB2、人大金仓公司的 KingBase、达梦公司的 DM。

8.5.1 Oracle

1. 初识 Oracle

Oracle 是当今最大的数据库公司 Oracle（甲骨文）公司的数据库产品。它是世界上第一个商品化的关系型数据库管理系统，是目前世界上使用最广泛的数据库管理系统，始终处于数据库领域的领先地位。

Oracle 采用标准的 SQL 语言（Structured Query Language，结构化查询语言），支持多种数据类型，提供面向对象的数据支持，具有第四代语言的开发工具，支持 UNIX、Linux、Windows 和 OS/2 等多种平台。

2. Oracle 的发展历史

Oracle 公司经过 30 多年的发展，成为了数据库及相关领域的领导者。

1978 年，Oracle 1 诞生，它是使用汇编语言在计算机上开发成功的。

Oracle 3 是使用 C 语言编写的，这种跨平台的代码移植能力使 Oracle 在竞争中取得较大的优势。

1989 年，Oracle 公司正式进入中国市场，成为第一家进入中国的世界软件巨头，并创建了 Oracle 中国公司。目前，Oracle 的大部分产品已实现了全面中文化。

1993 年，Oracle 公司推出了基于 UNIX 版本的 Oracle 7，使 Oracle 正式向 UNIX 操作系统进军，并为以后统治 UNIX 市场奠定了坚实的基础。

1997 年，Oracle 公司推出了基于 Java 语言的 Oracle 8，并在两年后推出了基于 Internet 平台的 Oracle 8i，“i”代表 Internet，这一版本中添加了大量为支持 Internet 而设计的特性，并且为数据库用户提供了全方位的 Java 支持。

2003 年，Oracle 公司又推出了代表数据库领域最新技术的网格数据库系统 Oracle 10g，其中的 g 代表网格（Grid）。所谓的“网格计算”，即可以把分布在世界各地的计算机连在一起，并且将计算机资源通过高速的互联网组成充分的资源集。这标志着 Oracle 数据库完成了从互联网“i”到网格“g”的演进。

2007 年，Oracle 宣布推出 Oracle 11g，它在原有的基础上增加 400 多项功能。Oracle 11g 是甲骨文公司 30 年来发布的最重要的数据库版本，根据用户的需求实现了信息生命周期管理，增强了 Oracle 数据库独特的数据库集群、数据中心自动化和工作量管理功能，使 Oracle 数据库变得更可靠、性能更好、更容易使用和更安全。

迄今为止，在甲骨文推出的产品中，Oracle 11g 是最具创新性和质量最高的软件。在数据关键及业务关键领域，Oracle 是首选的数据库产品。

8.5.2　Microsoft SQL Server

Microsoft SQL Server 是美国微软公司推出的关系型数据库管理系统，具有使用方便、可伸缩性好、与相关软件集成程度高等优点，可跨越从运行 Microsoft Windows NT 的膝上型电脑到运行大型多处理器的服务器等多种平台使用。

1. SQL Server 的发展历史

SQL Server 最初是由 Microsoft、Sybase 和 Ashton-Tate 三家公司共同开发的，于 1988 年推出了第一个 OS/2 版本。

1990 年，Ashton-Tate 公司宣布退出该产品的开发。

1992 年，SQL Server 移植到 Windows NT 系统，Microsoft 成了这个项目的主导者。

1994 年，Microsoft 与 Sybase 在 SQL Server 的开发上分道扬镳，Microsoft 专注于开发推广 SQL Server 的 Windows NT 版本，而 Sybase 较专注于 SQL Server 在 UNIX 操作系统上的应用。

SQL Server 6.0 是第一个完全由 Microsoft 公司开发的版本，1996 年微软公司发布 SQL Server 6.5 版本。

1998 年，微软公司推出有巨大变化的 SQL Server 7.0 版本，这一版本在数据存储和数据库引擎方面发生了根本性的变化。

2000 年，微软公司推出 SQL Server 2000，主要是在 7.0 版本上的增强，包括企业版、标准版、开发版、个人版 4 个版本。提供的管理工具有：企业管理器、查询分析器、服务管理器和联机丛书，在电子商务、数据仓库和数据库解决方案等应用中起着重要的作用，为企业的数据管理提供强大的支持。

2005 年，微软公司推出 SQL Server 2005，其中数据引擎是该企业数据管理解决方案的核心。此外 Microsoft SQL Server 2005 结合了分析、报表、集成和通知功能，并提供 5 个不同版本：企业版、标准版、工作组版、开发版、学习版，分别针对超大型企业、中小型企业、小型企业、开发人员及编程爱好者使用，无论是开发人员、数据库管理员、信息工作者还是决策者，Microsoft SQL Server 2005 都可以提供创新的解决方案，让人们从数据中更多地获益。

2008 年，微软公司推出 SQL Server 2008，它具有许多新的特性和关键的改进，如数据加密、密钥管理、审查机制、数据库镜像等方面，使得它成为至今为止的可信任的、高效的、智能的数据库管理系统。

2012 年，微软正式发布 SQL Server 2012 版，使数据库管理系统更加具备可伸缩性、更加可靠和具有前所未有的高性能。微软此次版本发布的口号是“大数据”来替代“云”的概念，微软对 SQL Server 2012 的定位是帮助企业处理每年大量的数据（Z 级别）增长。

SQL Server 以其强大的功能和优越的性能，正在得到越来越广泛的应用。

2. SQL Server 常用工具

SQL Server 为用户管理和系统管理提供了一组工具，主要有：

（1）服务管理器。

此管理工具在 SQL Server 服务器端存在，客户端没有，用来启动、暂停、继续和停止 SQL Server、SQL Server Agent 等服务。

（2）企业管理器。

SQL Server 企业管理器是一个具有图形界面的综合管理工具，是访问、配置和管理 SQL Server 数据库的集成化工具。通过企业管理器可以访问 SQL Server 数据库服务器提供的所有服务，因此也通常将其称为 SQL Server 的管理工具集。

其主要功能有：

- 管理 SQL Server 服务器、数据库，以及数据表、视图等数据库对象。
- 管理 SQL Server 登录和用户。
- 设置数据库对象访问许可。
- 管理数据库备份设备。
- 数据转换服务。
- 创建及管理数据库维护计划。
- 其他数据库管理相关工作。

（3）查询分析器。

查询分析器是一个图形化的数据库编程接口，是 SQL Server 客户端的重要组成部分。

在 SQL Server 查询分析器窗口中，可以使用 SQL 语句、T-SQL 语句、SQL Server 命令或存储过程对 SQL Server 数据库进行管理，如通过 SQL 语句进行数据库的创建和管理、数据表的创建和管理、录入数据表的数据等。

8.5.3 MySQL

近年来，开源数据库逐渐流行起来，由于具有免费使用、配置简单、稳定性好、性能优良等优点，开源数据库在中低端应用中占据了很大的市场份额，而 MySQL 正是开源数据库的杰出代表。随着 MySQL 数据库功能的日益完善和可靠性的不断提高，它已经成为互联网平台上应用广泛的数据库软件。

1. MySQL 的起源

MySQL 数据库隶属于 MySQL AB 公司，最初是由 David Axmark、Allan Larsson 和 Michael Widenius 三个人于 20 世纪 90 年代在瑞典开发的一个关系型数据库管理系统，最早起源于开源软件 mSQL，很多重要组件也直接来自其他第三方，如 BDB 存储引擎来自 Berkeley DB，Innodb 数据库存储引擎来自 Innobase OY 公司。

1996 年，MySQL 1.0 发布，同年 10 月，MySQL 3.11.1 正式发布。

2001 年，MySQL 引入 Innodb 数据库存储引擎，并于 2002 年正式宣布 MySQL 全面支持事务，满足 ACID 属性，并支持外键约束，使 MySQL 具备了支持关键应用的最基本的特性。

2003 年，MySQL 4.0 发布，开始支持集合操作 Union。

2004 年，MySQL 4.1 发布，增加了对子查询的支持。

2005 年，MySQL 5.0 发布，增加了对视图、存储过程、触发器及分布式事务等高级特性的支持。至此，MySQL 从功能上具备了支持企业级应用的主要特性。

MySQL 从无到有，到技术的不断更新、版本的不断升级，经历了一个漫长的过程，这个过程是实践的过程，是 MySQL 成长的过程。

在实际应用方面，LAMP（Linux+Apache+MySQL+Perl/PHP）也逐渐成为了 IT 业广泛使用的 Web 应用架构。

2. 下载 MySQL

用户可到官方网站（www.mysql.com）下载最新版本的 MySQL 数据库。按照用户群分类，MySQL 数据库目前分为社区版（Community Server）和企业版（Enterprise Server），它们最大的区别是：社区版是自由下载且完全免费的，但官方不提供任何技术支持，适用于大多数普通用户；企业版是收费的，不能在线下载，适合于对数据库的功能和可靠性要求较高的企业用户。

对于不同的操作系统平台，MySQL 提供了相应的版本，MySQL 版本更新很快，目前可下载的版本包括 5.0、5.1 和 6.0。

8.5.4 Microsoft Access

Microsoft Access 是由微软公司把数据库引擎的图形用户界面和软件开发工具结合在一起的一个数据库管理系统，是微软 Microsoft Office 系列程序之一，被称为桌面型数据库管理系统。

1. Microsoft Access 的用途

Microsoft Access 的最大特点就在于使用简便，在小型企业、公司部门等很多地方得到了广泛使用。

Access 的用途体现在以下两个方面：

（1）用来进行数据分析。Access 有强大的数据处理、统计分析能力，利用 Access 的查询功能可以方便地进行各类汇总、平均等统计，并可灵活设置统计的条件。比如在统计分析上万条记录、十几万条记录及以上的数据时速度快且操作方便，这一点是Excel无法与之相比的，Access提高了工作效率和工作能力。

（2）用来开发软件。Access用来开发软件，如生产管理、销售管理、库存管理等各类企业管理软件，其最大的优点是易学。非计算机专业的人员也能学会。低成本地满足了那些从事企业管理工作的人员的管理需要，通过软件来规范同事、下属的行为，推行其管理思想。Access实现了管理人员（非计算机专业毕业）开发出软件的“梦想”，从而转型为“懂管理+会编程”的复合型人才。

另外，在开发一些小型网站Web应用程序时，Access用来存储数据。

2. Microsoft Access的发展历史

Microsoft Access 1.0版在1992年11月发布，运行在操作系统Windows 3.0中。

1993年，微软公司发布Microsoft Access 2.0，运行在操作系统Windows 3.1x中，隶属于Office 4.3 pro套件专业版。

1995年末，微软公司发布Access 95，这是世界上第一个32位关系型数据库管理系统，使得Access的应用得到了普及和继续发展。

1997年，微软公司发布Microsoft Access 97，运行在操作系统Windows 9x中，隶属于Office 97，它的最大特点是在Access数据库中开始支持Web技术，这一技术上的发展开拓了Access数据库从桌面向网络的发展。

1999年，微软公司发布Microsoft Access 2000，运行在操作系统Windows 9x、Windows 2000中，隶属于Office 2000，这是微软强大的桌面数据库管理系统的第六代产品，也是32位Access的第三个版本。至此，Access在桌面关系型数据库领域的普及已经跃上了一个新台阶。

2003年，微软公司发布Microsoft Access 2003，隶属于Office 2003，增加了一些功能。

2007年，微软公司发布Microsoft Access 2007，运行在操作系统Windows XP SP2、Vista中，隶属于Office 2007。

2010年，微软公司发布Microsoft Access 2010，运行在操作系统Windows 7中，隶属于Office 2010。

2013年，微软公司发布Microsoft Access 2013，运行在操作系统Windows 7、Windows 8中，隶属于Office 2013。

3. Microsoft Access的优点

Microsoft Access的优点有：

（1）存储方式简单，易于维护管理。Access管理的对象有表、查询、窗体、报表、页、宏和模块，以上对象都存放在数据库文件（后缀为.mdb或.accdb）中，便于用户操作和管理。

（2）是一个面向对象的开发工具。Access利用面向对象的方式将数据库系统中的各种功能对象化，将数据库管理的各种功能封装在各类对象中，使得开发应用程序变得更为简便。

（3）界面友好、易操作。Access是一个可视化工具，风格与Windows一样，用户想要生成对象并应用，只要使用鼠标进行拖放即可，非常直观方便。系统还提供了表生成器、查询生成器、报表设计器，以及数据库向导、表向导、查询向导、窗体向导、报表向导等工具，使得操作简便，容易使用和掌握。

（4）集成环境，处理多种数据信息。Access 基于 Windows 操作系统下的集成开发环境，该环境集成了各种向导和生成器工具，极大地提高了开发人员的工作效率，使得建立数据库、创建表、设计用户界面、设计数据查询、报表打印等可以方便有序地进行。

（5）Access 支持 ODBC（开放数据库互连，Open Data Base Connectivity）。利用 Access 强大的 DDE（动态数据交换）和 OLE（对象的联接和嵌入）特性，可以在一个数据表中嵌入位图、声音、Excel 表格、Word 文档，还可以建立动态的数据库报表和窗体等。Access 还可以将程序应用于网络，并与网络上的动态数据相连接。利用数据访问页对象生成 HTML 文件，轻松构建 Internet/Intranet 的应用。

（6）支持广泛，易于扩展，弹性较大。能够通过链接表的方式来打开 Excel 文件、格式化文本文件等，这样就可以利用数据库的高效率来对其中的数据进行查询、处理。还可以通过将 Access 作为前台客户端，将 SQL Server 作为后台数据库的方式（如 ADP）开发大型数据库应用系统。

总之，Access 是一个既可以只用来存放数据的数据库，也可以作为一个客户端开发工具来进行数据库应用系统开发；既可以用来开发方便易用的小型软件，也可以用来开发大型的应用系统。

4. Microsoft Access 的缺点

Access 是 Microsoft 公司推出的一个小型数据库管理系统，既然是小型就有它的局限性，其缺点有：

（1）数据库过大时性能会变差。一般百 M 以上（纯数据，不包括窗体、报表等客户端对象）性能会变差。

（2）虽然理论上支持 255 个并发用户，但实际上根本支持不了那么多，如果以只读方式访问，大概在 100 个用户左右；如果是并发编辑，则大概在 10～20 个用户。

（3）记录数过多。单表记录数过百万性能就会变得较差，如果加上设计不良，这个限度还要降低。

（4）不能编译成可执行文件（.exe），必须要安装 Access 运行环境才能使用。

8.6 管理数据库

下面以关系型数据库管理系统 Microsoft Access 2010 为基础介绍管理数据库的相关操作。

8.6.1 创建数据库

1. 创建“体检信息管理”数据库

基本步骤：启动 Access，在初始的欢迎界面中选择“新建空白数据库”→“空白数据库”，则右侧会出现创建数据库的相关选项（如图 8-19 所示），输入文件名“体检信息管理”，并通过“浏览”按钮选择数据库文件的存储位置，然后单击“创建”按钮。

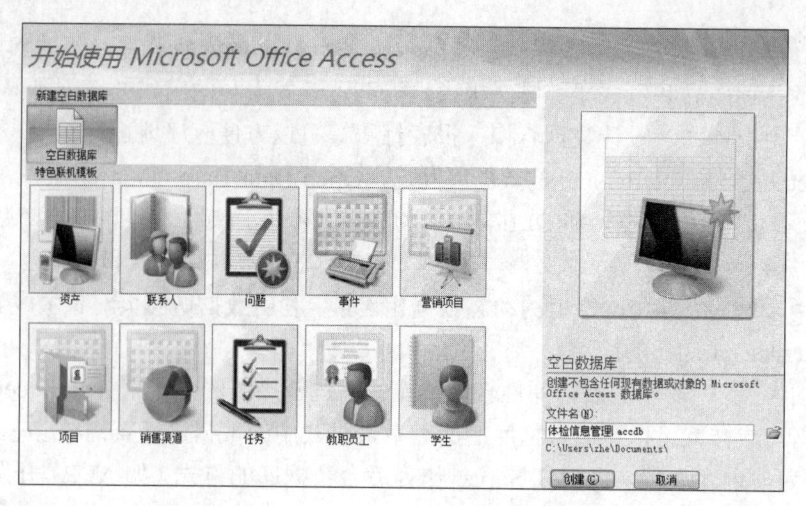

图 8-19 创建“体检信息管理”数据库

数据库文件创建完毕后，该文件即可一直保存在计算机硬盘内。以后如果需要对数据库内的数据进行修改或者相关管理时，只需到计算机硬盘中找到该文件，双击打开即可。

2. 利用向导创建“学生信息”数据库

基本步骤：启动 Access，在欢迎界面中选择“模板类别”→“本地模板”→“学生”，在右侧输入数据库文件名“学生”并选择数据库的存储位置（如图 8-20 所示），然后单击“创建”按钮。

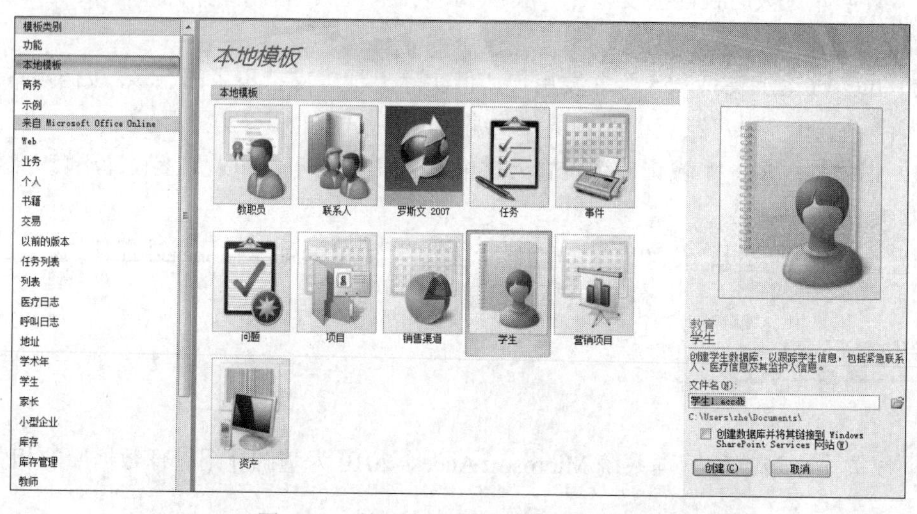

图 8-20 利用模板创建“学生”数据库

8.6.2 创建及管理数据表

“体检信息管理”数据库中包含 6 个数据表：体检人员基本信息表、体检项目表、体检费用表、外科体检结果表、内科体检结果表和检验科体检结果表，其中体检人员基本信息表数据如图 8-21 所示。

体检人员基本信息表

编号	姓名	性别	年龄	职业	所在单位	现住址	联系电话	身高	体重	血型
20090001	张秉宁	男	35	教师	郑州大学	大学路44号	13803711234	175	75	A
20090002	李菲	女	28	售货员	丹尼斯百货	紫金山路132号附7号	13903712587	160	50	AB
20090003	张鹏	男	68	退休人员	无	商城路52号	13523568794	170	60	O
20090004	赵鹏鹏	女	19	学生	河南大学	太康路25号附1号	15964587952	158	45	A
20090005	冯丹	女	34	自由职业人	无	黄河路67号附8号	13023568974	152	45	B
20090006	李晓红	女	28	教师	郑州工业贸易学校	健康路19号	15923568975	165	52	B
20090007	王宏	男	48	司机	郑州市志宏建设有限公司	文化路145号附5号	15746864626	179	70	AB
20090008	刘江东	男	29	公务员	河南省交通厅	中原西路84号	13823564985	175	74	O
20090009	汪丁丁	女	35	司机	郑州市监察局	嵩山北路78号附6号	13865646222	158	51	O
20090010	赵明利	男	31	教师	河南中医学院	金水路1号	13923477182	176	68	O
20090011	张飞鸥	女	67	退休人员	无	航海东路67号附1号	15846858658	168	62	A
20090012	钱菲菲	女	32	工人	郑州三全食品股份有限公	花园路33号附3号	15956745258	163	58	B
20090013	孙晓飞	男	72	退休人员	无	经三路74号	13856462689	174	65	B
20090014	付明	男	49	工人	郑州国棉三厂	棉纺路8号	13054879562	175	70	A
20090015	孟豆	男	18	学生	郑州大学	大学路89号	13148786287	176	72	AB

图 8-21 体检人员基本信息表

1. 通过表设计器创建体检人员基本信息表

基本步骤如下：

（1）打开“体检信息管理”数据库，选择“创建”→“表设计”命令，即可打开数据表设计器窗口。

（2）在表设计器中输入表的字段名称、数据类型，并进行字段大小、字段格式等选项的设置，如图 8-22 所示。

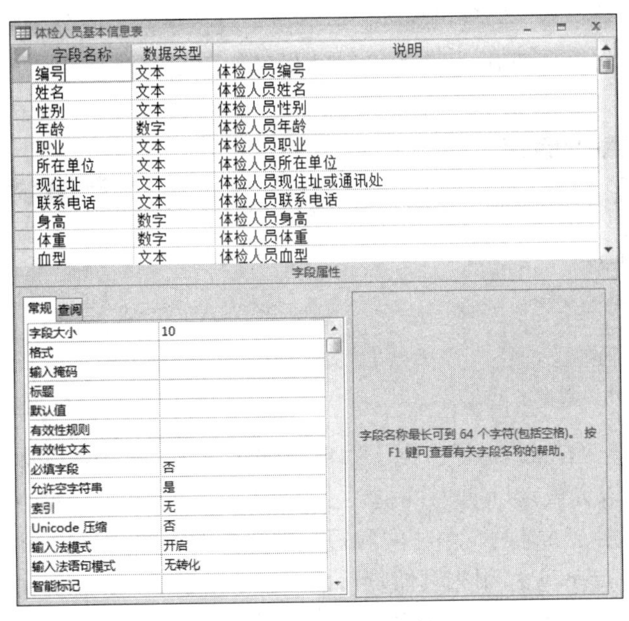

图 8-22 设置字段属性

（3）设置主键。为了能够唯一区别表中的记录，需要将某字段设置为数据表主键。这里设置字段“编号”为主键，方法为：右击字段“编号”，选择“主键”选项，如图 8-23 所示。设置成功后，可以看到字段“编号”左边有一个钥匙标识（如图 8-24 所示），即表示字段“编号”已经设置为该表的主键。

（4）保存数据表。单击“保存”按钮，输入文件名称并选择文件的存储位置，即可完成该数据表的创建。

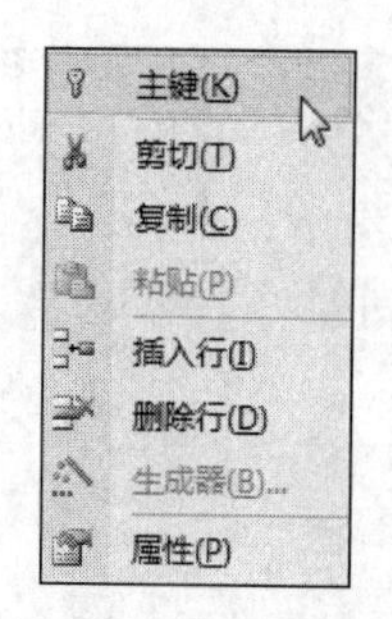

图 8-23 设置主键

字段名称	数据类型
编号	文本
姓名	文本
性别	文本
年龄	数字
职业	文本
所在单位	文本
现住址	文本
联系电话	文本
身高	数字
体重	数字

图 8-24 设置“编号”为主键

2. 数据类型

数据类型决定了在数据表中用户能保存在该字段中的值的种类。

创建数据表时，需要为每个字段中存储的数据内容指定字段名、字段类型。Access 数据库为字段提供了 10 种数据类型（如图 8-25 所示），这些类型及各自特征如下：

（1）文本型（Text）：用于存储文本或文本与数字相结合的字符数据。在 Access 中，最长可存储 255 个字节，默认值是 50 个字节。设置文本类型的字段大小时，可根据字段内容的最大长度来确定，如一个英文字母或阿拉伯数字的字节大小为 1 个字节，而一个汉字或全角状态的字母与数字的字节大小均为 2 个字节。

（2）数字型（Number）：用于存储进行数值计算的数据，如人员的身高和体重、学生的成绩等都可以设置为数字型，但货币除外。数字型字段按字段大小分字节、整型、长整型、单精度型、双精度型、同步复制 ID 和小数 7 种情形（如图 8-26 所示），分别占 1、2、4、4、8、16 和 12 个字节。

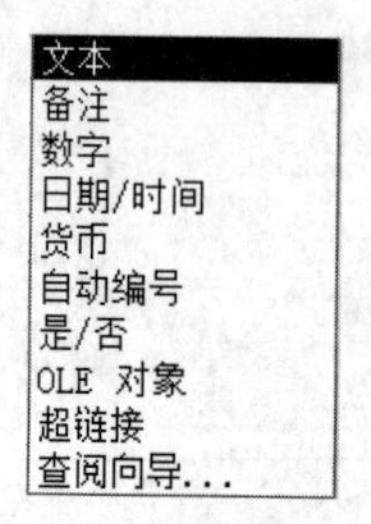

图 8-25 数据类型

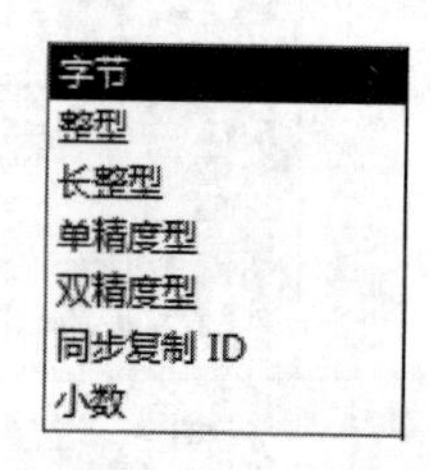

图 8-26 数字型

（3）日期/时间型（Date/Time）：用于存储日期和（或）时间值，如人员的出生日期、学生的入学日期等都可以设置为日期/时间型，占 8 个字节。日期/时间型主要包括常规日期、长日期、中日期、短日期、长时间、中时间和短时间等类型，如图 8-27 所示。

（4）货币型（Currency）：用来存储货币值，占 8 个字节，在计算中禁止四舍五入，主要包括常规数字、货币、欧元、固定、标准、百分比和科学记数等类型，如图 8-28 所示。

常规日期	2007-06-19 17:34:23
长日期	2007年6月19日
中日期	07-06-19
短日期	2007-06-19
长时间	17:34:23
中时间	5:34 下午
短时间	17:34

图 8-27 日期/时间型

常规数字	3456.789
货币	¥3,456.79
欧元	€3,456.79
固定	3456.79
标准	3,456.79
百分比	123.00%
科学记数	3.46E+03

图 8-28 货币型

（5）自动编号型（AutoNumber）：用于在添加记录时自动插入序号（每次递增 1 或随机数），默认是长整型，也可以改为同步复制 ID。自动编号不能修改数值。

（6）是/否型（Yes/No）：用于表示逻辑值（是/否、真/假），占 1 个字节。可以输入 T、F、True、False，表示为.T.、.F.、True、False。

（7）备注型（Memo）：用于长文本或长文本与数字（大于 255 个字符）的结合，最长为 65535 个字符。

（8）OLE 对象型（OLE Object）：用于使用 OLE 协议在其他程序中创建的 OLE 对象（如 Word 文档、Excel 电子表格、图片、声音等），最多存储 1GB（受磁盘空间限制）。

（9）超级链接型（Hyper Link）：用于存放超级链接地址，最多存储 64000 个字符。

（10）查阅向导型（Lockup Wizard）：让用户通过组合框或列表框选择来自其他表或值列表的值，实际的字段类型和长度取决于数据的来源。

3．主键

主键就是数据库中用来标识唯一实体的元素，在关系型数据库中，数据表中通常不允许出现内容完全相同的记录，这就要求表中至少有一个字段满足不同记录对应此字段的内容不同，比如一个学生表中有学号、年龄、性别等，其中学号就可以作为主键，而年龄和性别都不能确定唯一的成员，所以不能作为主键。

数据表中主键可以是一个字段，也可以是字段的组合，不过一个数据表中只能有一个主键。

另外，在 Access 数据库中，也可以对数据表进行其他多种操作，如修改表的结构、添加字段、修改字段类型、修改字段名、添加数据记录和删除数据记录，也可以对输入的数据内容进行复制、粘贴、查找、替换、排序等基础操作。

8.6.3　创建表之间的关系

在“体检信息管理”数据库中，除了体检人员基本信息表之外，还有体检项目表、体检费用表、外科体检结果表、内科体检结果表和检验科体检结果表等数据表，如何将体检人员基本信息表和他们的检查结果表连接起来呢？

Access 提供了一种建立表与表之间“关系”的方法，主要有一对一、一对多和多对多 3 种类型，可以在两个表之间直接建立“一对一”和“一对多”的关系，而“多对多”的关系则要通过“一对多”的关系来实现。

例如，建立“体检人员基本信息表”和“内科体检结果表”的关系。

基本步骤：

（1）新建“内科体检结果表”。打开体检信息管理数据库，选择“创建”→“表设计”命令，在表设计器中输入表的字段（如图 8-29 所示），保存为“内科体检结果表”。

（2）输入“内科体检结果表”数据并保存，如图 8-30 所示。

（3）建立两个表的关系。选择“数据库工具”→“关系”命令，打开“关系”窗口（如图 8-31 所示），将鼠标指针指向“内科体检结果”表中的“编号”字段，按住鼠标左键不松，拖动到“体检人员基本信息”表中的“编号”字段后松开鼠标，此时屏幕上弹出“编辑关系”对话框，如图 8-32 所示。

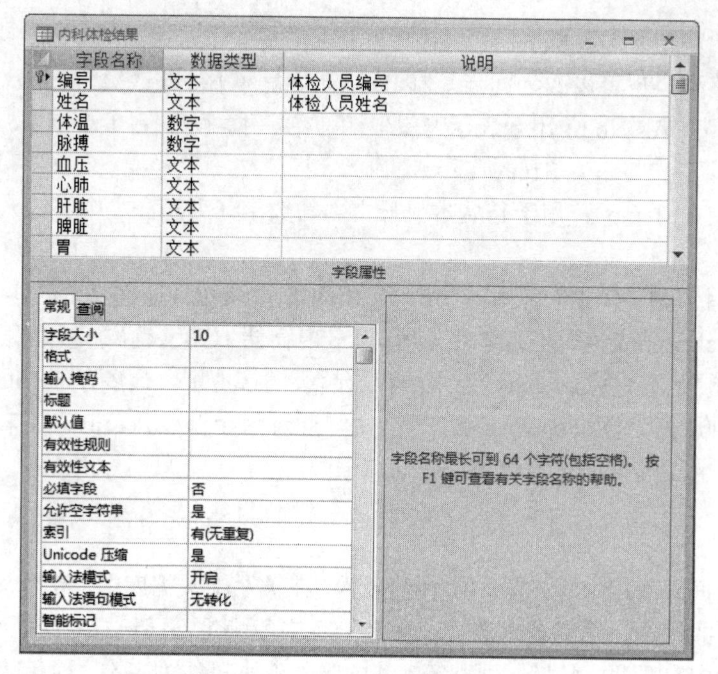

图 8-29 内科体检结果表设计

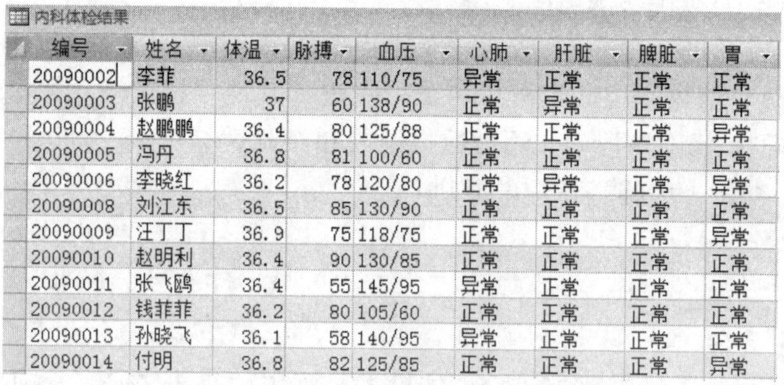

内科体检结果

编号	姓名	体温	脉搏	血压	心肺	肝脏	脾脏	胃
20090002	李菲	36.5	78	110/75	异常	正常	正常	正常
20090003	张鹏	37	60	138/90	正常	异常	正常	正常
20090004	赵鹏鹏	36.4	80	125/88	正常	正常	正常	异常
20090005	冯丹	36.8	81	100/60	正常	正常	正常	正常
20090006	李晓红	36.2	78	120/80	正常	异常	正常	异常
20090008	刘江东	36.5	85	130/90	正常	正常	正常	正常
20090009	汪丁丁	36.9	75	118/75	正常	正常	正常	异常
20090010	赵明利	36.4	90	130/85	正常	正常	正常	正常
20090011	张飞鸥	36.4	55	145/95	异常	正常	正常	正常
20090012	钱菲菲	36.2	80	105/60	正常	正常	正常	正常
20090013	孙晓飞	36.1	58	140/95	异常	正常	正常	正常
20090014	付明	36.8	82	125/85	正常	正常	正常	异常

图 8-30 内科体检结果表数据

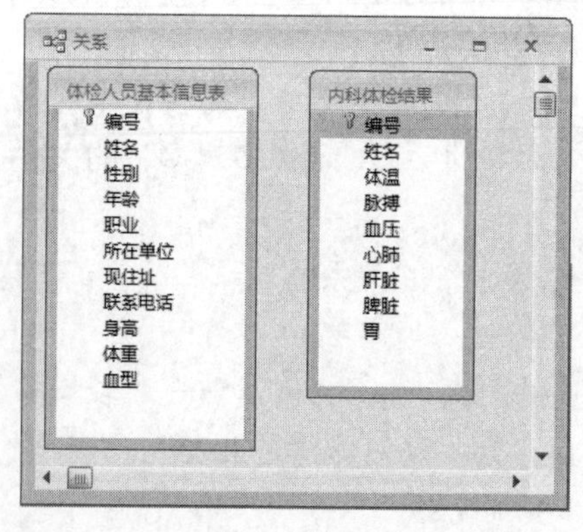

图 8-31 “关系”窗口

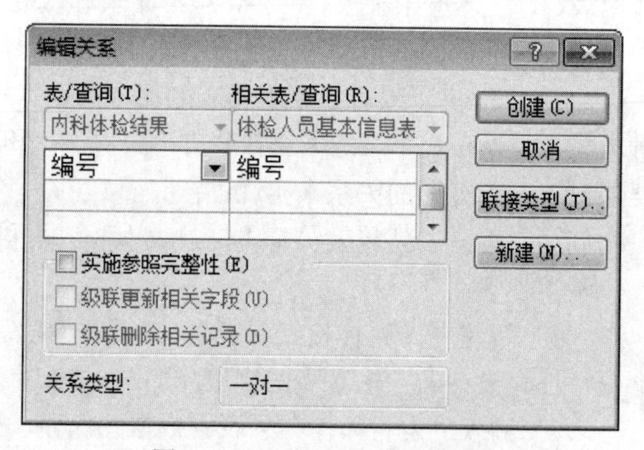

图 8-32 “编辑关系”对话框

（4）在其中单击“联接类型”按钮，选择“3 包括体检人员表中所有记录及内科联接字段相等的记录”，然后返回“编辑关系”对话框，单击“创建”按钮完成表之间关系的联接，结果如图 8-33 所示。

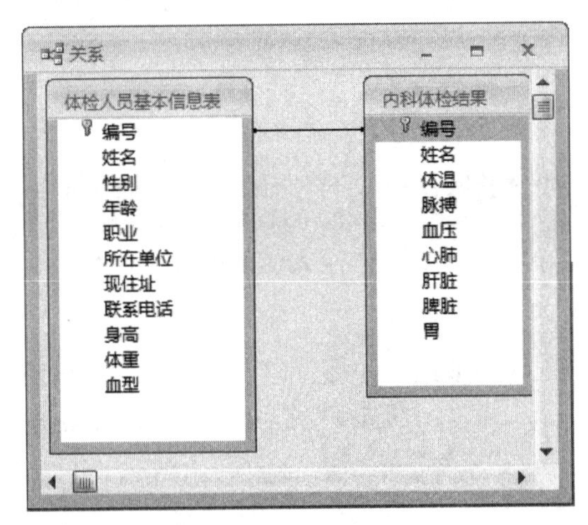

图 8-33　创建关系

（5）关闭“关系”窗口并保存对“关系布局”的修改，表之间的关系就创建好了。可以很方便地查看两个表的数据了，打开“体检人员基本信息”表，可以看到“编号”前多了田符号，单击此符号，则可以看到其关联表的数据，如图 8-34 和图 8-35 所示。

体检人员基本信息表

编号	姓名	性别	年龄	职业	所在单位	现住址	联系电话	身高
20090001	张秉宁	男	35	教师	郑州大学	大学路44号	13803711234	175
20090002	李菲	女	28	售货员	丹尼斯百货	紫金山路132号附'	13903712587	160

姓名	体温	脉搏	血压	心肺	肝脏	脾脏	胃	添加新字段
李菲	36.5	78	110/75	异常	正常	正常	正常	
*	0	0		正常	正常	正常	正常	

编号	姓名	性别	年龄	职业	所在单位	现住址	联系电话	身高
20090003	张鹏	男	68	退休人员	无	商城路52号	13523568794	170
20090004	赵鹏鹏	女	19	学生	河南大学	太康路25号附1号	15964587952	158
20090005	冯丹	女	34	自由职业人	无	黄河路67号附8号	13023568974	152
20090006	李晓红	女	28	教师	郑州工业贸易学校	健康路19号	15923568975	165
20090007	王宏	男	48	司机	郑州市志宏建设有限公	文化路145号附5号	15746864626	179
20090008	刘江东	男	29	公务员	河南省交通厅	中原西路84号	13823564985	175
20090009	汪丁丁	女	35	司机	郑州市监察局	嵩山北路78号附6	13865646222	158
20090010	赵明利	男	31	教师	河南中医学院	金水路1号	13923477182	176
20090011	张飞鸥	女	67	退休人员	无	航海东路67号附1	15846858658	168
20090012	钱菲菲	女	32	工人	郑州三全食品股份有限	花园路33号附3号	15956745258	163

图 8-34　建立关系后的“体检人员基本信息”表

内科体检结果

编号	姓名	体温	脉搏	血压	心肺	肝脏	脾脏
20090002	李菲	36.5	78	110/75	异常	正常	正常

姓名	性别	年龄	职业	所在单位	现住址	联系电话	身高
李菲	女	28	售货员	丹尼斯百货	紫金山路132号附'	13903712587	
*	男	0					

编号	姓名	体温	脉搏	血压	心肺	肝脏	脾脏
20090003	张鹏	37	60	138/90	正常	异常	正常
20090004	赵鹏鹏	36.4	80	125/88	正常	正常	正常
20090005	冯丹	36.8	81	100/60	正常	正常	正常
20090006	李晓红	36.2	78	120/80	正常	异常	正常
20090008	刘江东	36.5	85	130/90	正常	正常	正常
20090009	汪丁丁	36.9	75	118/75	正常	正常	正常
20090010	赵明利	36.4	90	130/85	正常	正常	正常
20090011	张飞鸥	36.4	55	145/95	异常	正常	正常
20090012	钱菲菲	36.2	80	105/60	正常	正常	正常
20090013	孙晓飞	36.1	58	140/95	异常	正常	正常

图 8-35　建立关系后的“内科体检结果”表

8.6.4 数据查询

在 Access 数据库中，创建数据查询有“查询向导”和“查询设计”两种方式。

1. 使用“简单查询向导”查询所有体检人员的编号、姓名、性别、年龄和职业

基本步骤如下：

（1）打开“体检信息管理”数据库，选择“创建”→“查询向导”命令，弹出“新建查询”对话框（如图 8-36 所示），在其中选择“简单查询向导”选项，单击“确定”按钮。

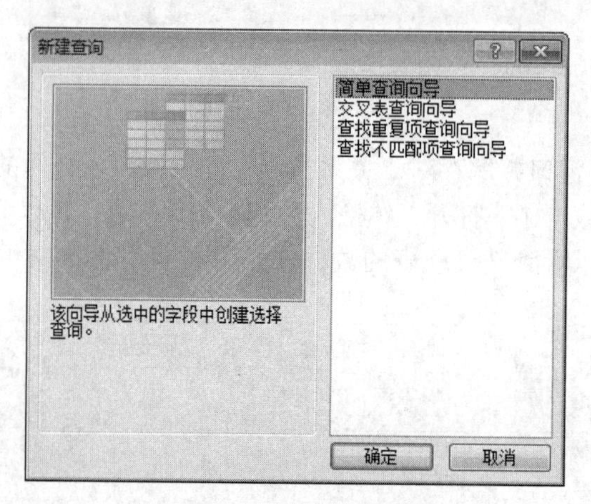

图 8-36 “新建查询”对话框

（2）弹出“简单查询向导”对话框，在其中选择“表：体检人员基本信息表”，并依次添加用于查询的字段（如图 8-37 所示），单击“下一步”按钮。

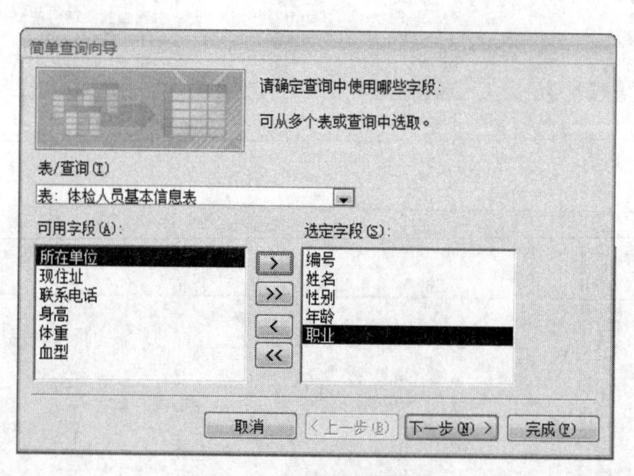

图 8-37 添加查询字段

（3）在接下来的话框中，选择查询方式为“明细”（如图 8-38 所示），单击“下一步”按钮。在弹出的对话框中输入查询的标题，如“体检人员简要查询”，选择“打开查询查看信息”单选项（如图 8-39 所示），单击“完成”按钮完成本次查询的创建。

（4）关闭“创建查询”相关界面，返回至数据库对象窗口，双击打开该查询，查询结果如图 8-40 所示。

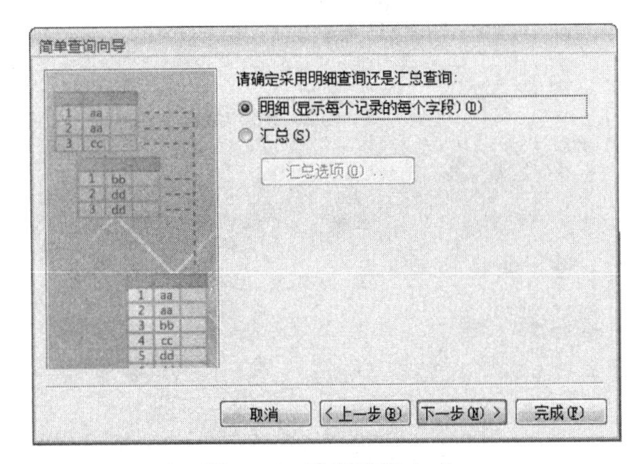

图 8-38　选择查询方式

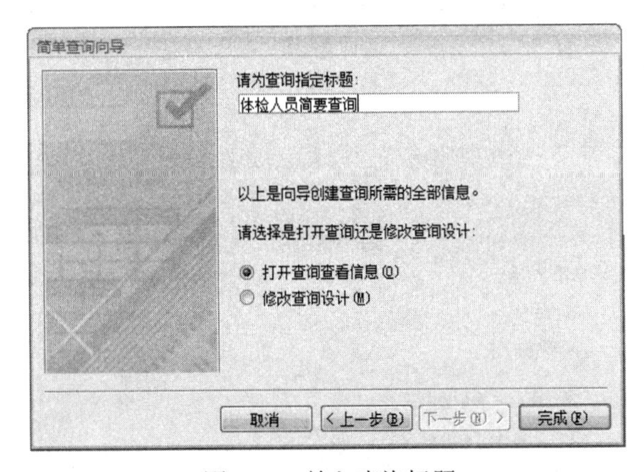

图 8-39　输入查询标题

体检人员简要查询

编号	姓名	性别	年龄	职业
20090001	张秉宁	男	35	教师
20090002	李菲	女	28	售货员
20090003	张鹏	男	68	退休人员
20090004	赵鹏鹏	女	19	学生
20090005	冯丹	女	34	自由职业人
20090006	李晓红	女	28	教师
20090007	王宏	男	48	司机
20090008	刘江东	男	29	公务员
20090009	汪丁丁	女	35	司机
20090010	赵明利	男	31	教师
20090011	张飞鸥	女	67	退休人员
20090012	钱菲菲	女	32	工人
20090013	孙晓飞	男	72	退休人员
20090014	付明	男	49	工人
20090015	孟豆	男	18	学生

图 8-40　查询结果

2．使用“交叉表查询向导”查询不同职业的体检总人数

基本步骤如下：

（1）打开“体检信息管理”数据库，选择“创建”→“查询向导”命令，弹出“新建查询”对话框，选择“交叉表查询向导”，单击“确定”按钮。

（2）选择数据表。在弹出的“交叉表查询向导”对话框中，选择“表：体检人员基本信息表”（如图 8-41 所示），单击“下一步”按钮。

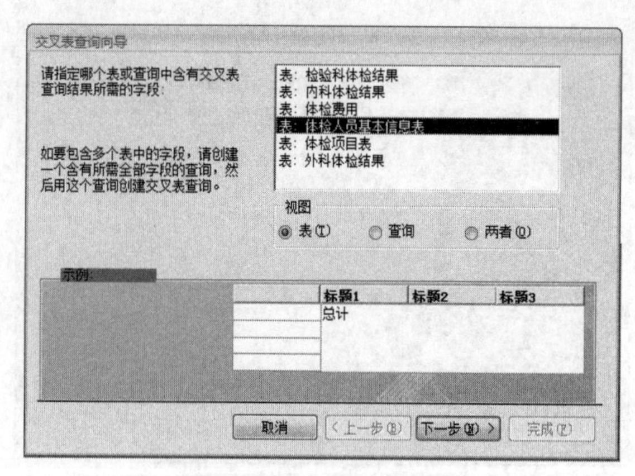

图 8-41 交叉表查询向导

（3）选定行标题字段。在弹出的对话框中选择字段“职业”（如图 8-42 所示），单击“下一步”按钮。

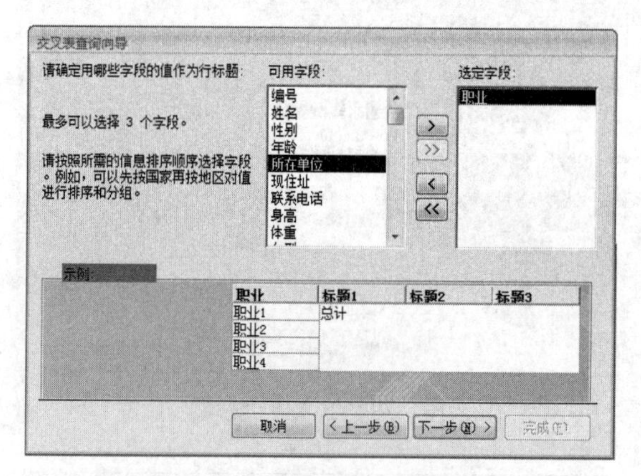

图 8-42 选择查询“行标题”

（4）选定列标题字段。在弹出的对话框中选择需要计算的字段“性别”（如图 8-43 所示），单击“下一步”按钮。

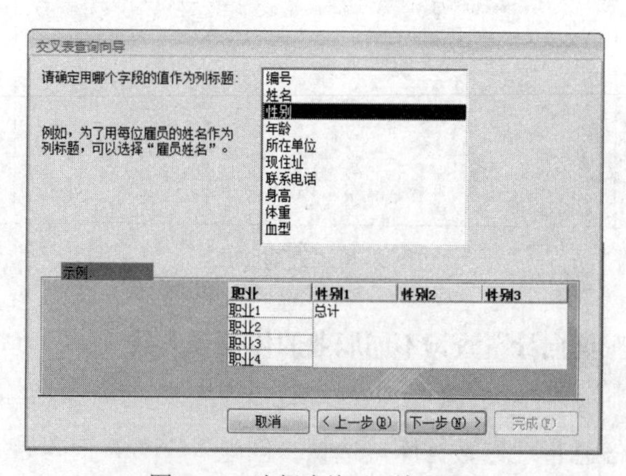

图 8-43 选择查询“列标题”

（5）选择计算函数。在弹出的对话框中选择计算的函数“计数”（如图 8-44 所示），单击“下一步”按钮。

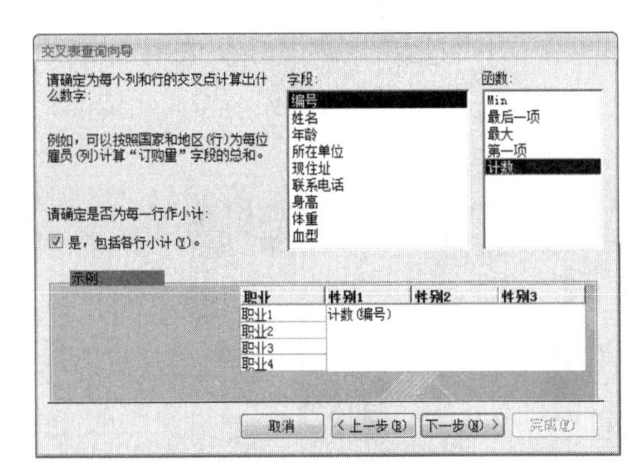

图 8-44　选择查询函数

（6）在弹出的对话框中输入查询的标题（如图 8-45 所示），单击“完成”按钮即可完成查询的创建，查询结果如图 8-46 所示。

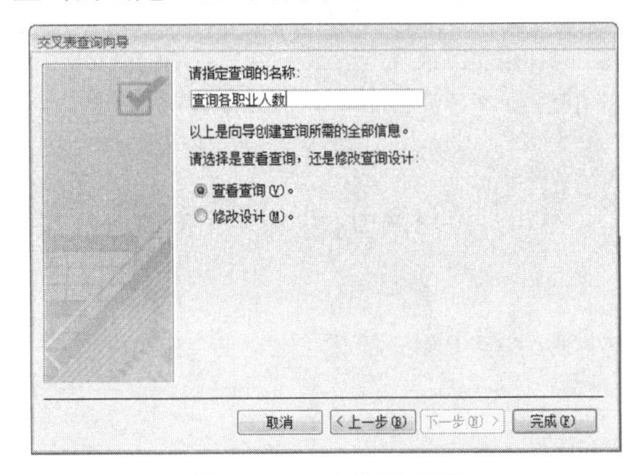

图 8-45　输入查询标题

查询各职业人数

职业	总计 编号	男	女
工人	2	1	1
公务员	1	1	
教师	3	2	1
售货员	1		1
司机	2	1	1
退休人员	3	2	1
学生	2	1	1
自由职业人	1		1

图 8-46　查询结果

3．使用“查询设计”查询教师职业的人员编号、姓名、性别和年龄

基本步骤如下：

（1）打开“体检信息管理”数据库，选择“创建”→“查询设计”命令，在弹出的“显示表”对话框中选择“体检人员基本信息表”（如图 8-47 所示），单击“添加”按钮即可将数据表添加至查询设计视图中，然后单击“关闭”按钮关闭“显示表”对话框。

图 8-47　“显示表”对话框

（2）在查询设计视图下方的栏目中依次选择字段“编号”“姓名”“性别”“年龄”和“职业”，设置字段“职业”为“不显示”，在字段“职业”的“条件”栏中输入“教师”，如图8-48所示。

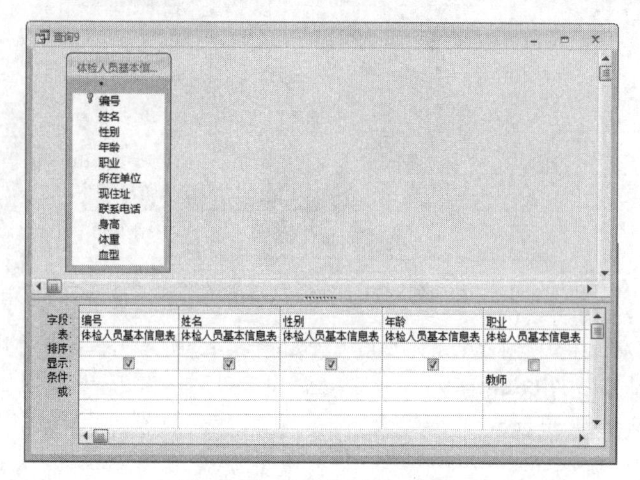

图 8-48 设置查询设计视图

（3）保存该查询。

（4）关闭查询界面后返回至数据库对象窗口，双击打开该查询，即可查看到所有符合教师职业条件人员的编号、姓名、性别和年龄。

4. 使用“查询设计”查询体检人员中每个职业的平均年龄

基本步骤如下：

（1）打开“体检信息管理”数据库，选择“创建”→“查询设计”命令，在弹出的“显示表”对话框中选择“体检人员基本信息表”，单击“添加”按钮即可将数据表添加至查询设计视图中。

（2）在查询设计视图中，选择“查询工具”→“设计”→“Σ（汇总）”命令，则查询设计界面即可增加一项“总计”栏目。

（3）在查询设计视图下方的栏目中选择字段“职业”，在“总计”栏中选择 Group by；选择字段“年龄”，在“总计”栏中选择“平均值”，如图8-49所示。

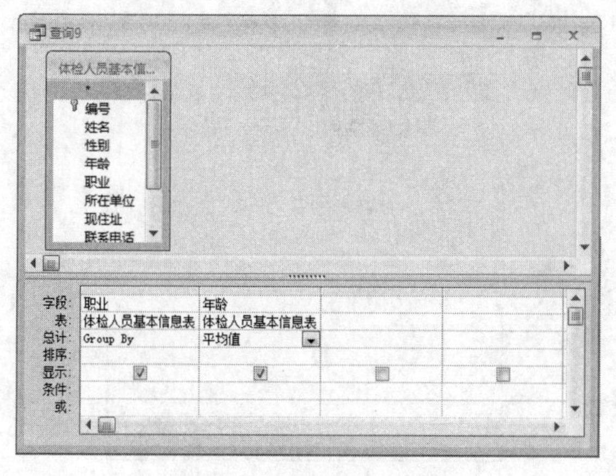

图 8-49 查询设计视图

（4）保存该查询。

（5）关闭查询界面，在数据库窗口中打开该查询，查询结果如图 8-50 所示。

查询9

职业	年龄之平均值
工人	40.5
公务员	29
教师	31.3333333333333
售货员	28
司机	41.5
退休人员	69
学生	18.5
自由职业人	34

图 8-50　查询结果

5．使用“SQL 语句”查询女教师的编号、姓名、性别和年龄

基本步骤如下：

（1）打开“体检信息管理”数据库，选择“创建”→“查询设计”命令，在弹出的“显示表”对话框中选择“体检人员基本信息表”，单击“添加”按钮即可将数据表添加至查询设计视图中。

（2）在查询设计视图中，选择“查询工具”→“视图”→“SQL 视图”命令（如图 8-51 所示），即可切换至 SQL 视图。

（3）在 SQL 视图中输入 SQL 语句（如图 8-52 所示），保存该查询。

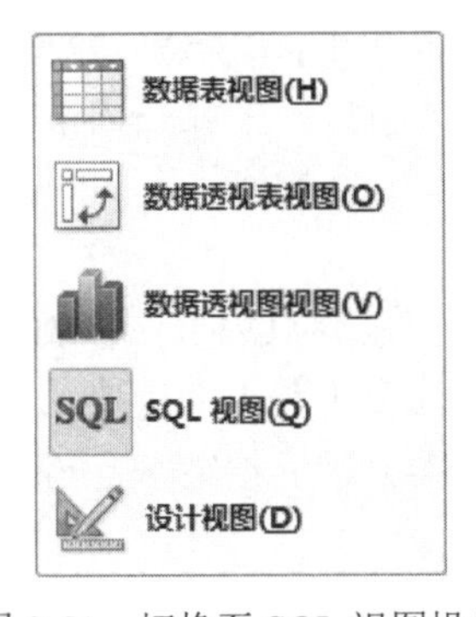

图 8-51　切换至 SQL 视图操作

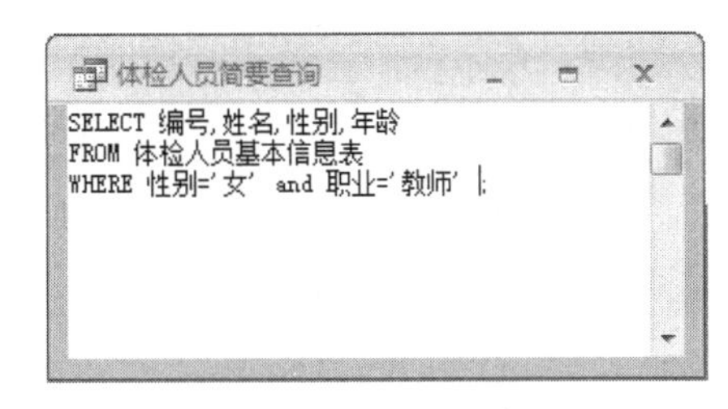

图 8-52　SQL 语句

（4）关闭查询界面，在数据库窗口中打开该查询，查询结果如图 8-53 所示。

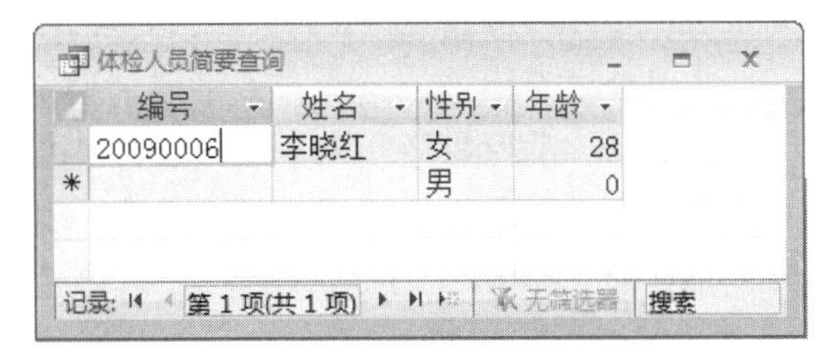
体检人员简要查询

	编号	姓名	性别	年龄
	20090006	李晓红	女	28
*			男	0

记录: 第 1 项(共 1 项)　无筛选器　搜索

图 8-53　查询结果

练一练：在“体检信息管理”数据库中创建以下查询：

① 查询男性退休人员的基本信息。

② 查询女性体检人员的平均年龄。
③ 查询 40 岁以上 O 型血的女性的联系电话，结果按照年龄升序排列。
④ 查询男性体检人员的内科各项检查结果。
⑤ 查询年龄在 50 岁以下人员血压和脉搏的检查结果。
同时使用 SQL 语句完成以上查询。

8.7 数据库领域的新技术（提高篇）

随着市场竞争的加剧和信息社会需求的发展，从大量数据中提取（检索、查询）制定市场策略的信息就显得越来越重要了。这种需求既要求联机服务，又涉及大量用于决策的数据，而传统的数据库系统已无法满足这种需求。因此，数据仓库、数据挖掘、大数据等新技术便应运而生。

8.7.1 数据仓库

1. 数据仓库的由来

随着数据库技术的广泛应用，企业的运营环境逐渐转化成以数据库为中心的运营环境。企业对数据的需求是多方面的，如市场部人员只关心企业的销售、市场策划方面的信息，而不注意企业研发、生产等环节，因此将销售、市场策划方面的信息抽取出来单独建立部门级的数据库很有必要，这样可以提高数据的访问效率；而专门制作公司财务报表的数据人员常常需要从财务部门的数据库中抽取数据，或者其他部门的人员也可能经常抽取常用的数据到本地有针对性地建立个人级数据库。

随着数据的逐层抽取，很可能会形成“蜘蛛网”现象，使数据的抽取和访问显得错综复杂。一个大型公司每天进行上万次的数据抽取很普通，这种演变不是人为造成的，而是自然演变的结果。错综复杂的抽取和访问将产生很多问题，诸如数据分析的结果缺乏可靠性、数据处理的效率很低、难以将数据转化成信息等。如果不在体系结构上进行调整，“蜘蛛网”问题将越来越严重。

要解决“蜘蛛网”问题，必须将用于事务处理的数据环境和用于数据分析的数据环境分离开。

数据处理分为操作型处理和分析型处理。操作型处理以传统的数据库为中心进行企业的日常业务处理，如电信部门的计费数据库用于记录客户的通信消费情况，银行的数据库用于记录客户的账号、密码、存入和支出等一系列业务行为。分析型处理以数据仓库为中心分析数据背后的关联和规律，为企业的决策提供可靠有效的依据，如通过对超市的近期数据进行分析可以发现近期畅销的产品，从而为市场的采购部门提供指导信息。

2. 数据仓库的特点

数据仓库（Data Warehouse）一词最早出现于 20 世纪 90 年代初，由 W.H.Inmon 提出，其描述为：数据仓库是为支持企业决策而特别设计和建立的数据集合。后来，他把数据仓库定义为“用于管理决策的面向主题、集成、稳定、随时间变化的数据集合”，他指出了数据仓库面向主题、集成、稳定、随时间变化这 4 个重要的特征。

（1）面向主题。

业务系统是以优化事务处理的方式构造数据结构的，对于某个主题的数据常常分布在不同的业务数据库中，这对决策支持是极为不利的，因为这意味着访问某个主题的数据实际上需要去访问多个分布在不同数据库中的数据集合。而数据仓库将这些数据集中在一个地方，在这种结构中，对应某个主题的全部数据被存放在同一张表中，这样决策者可以非常方便地在数据仓库中的一个位置检索到包含某个主题的所有数据。

（2）数据的集成性。

全面而正确的数据是有效地分析和决策的首要前提，相关数据收集得越完整，得到的结果就越可靠。

（3）数据的稳定性。

业务系统一般只需要当前数据，在数据库中也通常存储短期数据。但对于决策分析而言，历史数据是相当重要的，许多分析方法必须以大量的历史数据为依托。在数据仓库中，数据一旦被写入就不再变化了。例如在 3 月 25 日，011 客户的消费金额为 200 元，到 3 月 27 日，011 客户的消费金额是 300 元，这一信息在业务系统中被更新了，但是在数据仓库中，3 月 25 日的数据提取结果增加了记录 XXX，在 3 月 27 日继续增加一条新的记录 YYY，原先的记录不发生改变。

（4）随时间变化。

由于数据仓库中的数据只增不删，这使得数据仓库中的数据总是拥有时间维度。数据仓库实际上就是记录系统的各个瞬间，并通过将各个瞬间连接起来形成动画，从而在数据分析的时候再现系统运动的全过程。

3. 数据仓库的处理过程

数据仓库不是一个新的平台，是为了满足人们在高度数据积累的基础上进行数据库分析的需要而产生的，仍然建立在数据库管理系统的基础上。数据仓库是存储数据的一种组织形式。由于数据库和数据仓库应用的出发点不同，数据仓库将独立于业务数据库系统，但是数据仓库又与业务数据库系统息息相关。也就是说，数据仓库不是简单地对数据进行存储，而是对数据进行“再组织”。

数据在数据仓库中的处理过程主要有：

（1）数据提取（Data Extraction）。

从数据仓库的角度看，并不是业务数据库中的所有数据都是决策支持所必需的。通常，数据仓库按照分析的主题来组织数据，只需要提取出系统分析必需的那部分数据即可。

（2）数据清洗（Data Cleaning）。

所谓“清洗”就是将错误的、不一致的数据在进入数据仓库之前予以更正或删除，以免影响决策支持系统的正确性。

由于企业常为不同的应用对象建立不同的业务数据库，这些业务数据库中可能包括重复的信息，也可能存在数据不一致现象。对于决策支持系统来说，最重要的是决策的正确性，因此确保数据库中数据的准确性是极其重要的。从多个业务系统中获取数据时，必须对数据进行清洗，从而得到准确的数据。

（3）数据转化（Data Transformation）。

由于业务系统可能使用不同数据库厂商的产品，如 IBM DB2、Sybase、SQL Server 等，各种数据库产品提供的数据类型、测量单位可能不同，因此需要将不同格式的数据转换成统一的数据格式。

（4）数据存储（Data Repository）。

数据仓库存储用于存放数据仓库数据和元数据。数据的存储方式主要有 3 种：多维数据库、关系型数据库和前两种的结合。

8.7.2 数据挖掘

1. 数据挖掘的经典案例

"尿布与啤酒"的故事是关于数据挖掘技术最经典和流传最广的故事。

总部位于美国阿肯色州的世界著名商业零售连锁企业沃尔玛（WalMart）拥有世界上最大的数据仓库系统。为了能够准确了解顾客在其门店的购买习惯，沃尔玛对其顾客的购物行为进行购物篮分析，想知道顾客经常一起购买的商品有哪些。沃尔玛数据仓库里集中了各门店的详细原始交易数据。在这些原始交易数据的基础上，沃尔玛利用 NCR 数据挖掘工具对这些数据进行分析和挖掘。一个意外的发现是："跟尿布一起购买最多的商品竟是啤酒！"。

那么这个结果符合现实情况吗？是否是一个有用的知识？是否有利用价值？

于是，沃尔玛派出市场调查人员和分析师对这一数据挖掘结果进行调查分析。经过大量的实际调查和分析，揭示了一个隐藏在"尿布与啤酒"背后的美国人的一种行为模式：在美国，一些年轻的父亲下班后经常要到超市去买婴儿尿布，而他们中有 30%～40%的人同时也为自己买一些啤酒。产生这一现象的原因是：美国的太太们常叮嘱她们的丈夫下班后为小孩买尿布，而丈夫们在买尿布后又随手带回了他们喜欢的啤酒。

既然尿布与啤酒一起被购买的机会很多，于是沃尔玛就在其一个个门店将尿布与啤酒并排摆放在一起，结果是尿布与啤酒的销售量双增长。

按照常规思维，尿布与啤酒风马牛不相及，若不是借助数据挖掘技术对大量交易数据进行挖掘分析，沃尔玛是不可能发现数据内在这一有价值的规律的。

2. 认识数据挖掘

随着数据库/数据仓库技术的普遍运用，企业中积累的数据已经达到了 TB 量级，这些大量数据的背后隐藏了很多具有决策意义的信息，那么怎么得到这些"知识"呢？

数据挖掘（Data mining），又称数据库中的知识发现（Knowledge Discovery in Database，KDD），是指从大型数据库或数据仓库中提取隐含的、未知的、非平凡的、有潜在应用价值的信息或模式。从技术角度来看，它是从大量的、不完全的、有噪声的、模糊的、随机的实际应用数据中提取隐含在其中的、人们事先不知道但又是很有用的信息和知识的过程。

数据挖掘是数据库研究中一个很有应用价值的新领域，融合了数据库、人工智能、机器学习、统计学等多个领域的理论和技术。

3. 数据挖掘的功能

（1）分类。

分类（Classification）是数据挖掘中的一个重要课题。分类的目的是学会一个分类函数或分类模型（也常常称为分类器），该模型能把数据库中的数据项映射到给定类别中的某一个。分类可用于提取描述重要数据类的模型或预测未来的数据趋势。例如可以建立一个分类模型，对银行贷款应用的安全或风险进行分类；也可以建立预测模型，给定潜在顾客的收入和职业，预测他们在计算机设备上的花费。

按照分类技术的特点，分类方法可以分为决策树分类、K 最近邻法、支持向量机分类、向量空间模型法、贝叶斯分类、神经网络等方法。

（2）预测。

预测（Prediction）是对研究对象的未来状态或未知状态进行预计和推测。它根据历史资料和现状，根据主观经验和教训，通过分析，对一些不确定的或未知的事物做出定性或定量的描述，寻求事物的发展规律，为今后制定规划、决策和管理服务。

典型的预测方法主要有决策树方法、人工神经网络、支持向量机、正则化方法、近邻法、朴素贝叶斯（属于统计学习方法）等。

（3）关联规则分析。

数据关联是数据库中存在的一类重要的、可被发现的知识。若两个或多个变量的取值之间存在某种规律，就称为关联。关联规则（Association）就是描述一个事物中物品间同时出现的规律的知识模式。“啤酒和尿布的故事”就是数据挖掘中关联规则的典型案例。人们通过发现关联规则，可以从一件事情的发生来推测另外一件事情的发生，从而更好地了解和掌握事物的发展规律等，这就是寻找关联规则的基本意义。关联规则的实际应用包括：交叉销售、邮购目录的设计、商品摆放、流失客户分析、基于购买模式进行客户区隔等。

关联规则挖掘的主要算法有：Apriori 算法、基于划分的算法、FP-树频集算法等。

（4）聚类分析。

聚类（Clustering），是在事先不规定分组规则的情况下将数据按照其自身特征划分成不同的群组，要求在不同群组的数据之间相似度较低或差异明显，而每个群组内部的数据之间相似度较高。

可以看出，聚类的关键是如何度量对象间的相似性。较为常见的用于度量对象相似度的方法有划分方法、层次聚类法、基于密度的方法、基于网格的方法、基于模型的方法。

（5）概念描述。

概念描述又称数据总结，其目的是对数据进行浓缩，给出它的综合描述，或者将它与其他对象进行对比。最简单的概念描述就是利用统计学中的传统方法计算出数据库中各个数据项的总和、均值、方差等，或者利用 OLAP（On Line Analysis Processing，联机分析处理技术）实现数据的多维查询和计算，或者绘制直方图、折线图等统计图形。

（6）孤立点分析。

数据库中可能包含一些数据对象，它们与数据的一般行为或模式不一致。这些数据对象就是孤立点。许多数据挖掘算法试图使孤立点的影响最小化或者排除它们。但在一些应用中孤立点本身可能是非常重要的信息。例如在欺诈探测中，孤立点可能预示着欺诈行为。

4. 数据挖掘的基本步骤

从数据本身来考虑，数据挖掘通常需要有信息收集、数据集成、数据规约、数据清理、数据变换、数据挖掘实施过程、模式评估和知识表示 8 个步骤。

（1）信息收集：根据确定的数据分析对象抽象出在数据分析中所需要的特征信息，然后选择合适的信息收集方法将收集到的信息存入数据库。对于海量数据，选择一个合适的数据存储和管理的数据仓库是至关重要的。

（2）数据集成：把不同来源、格式、特点性质的数据在逻辑上或物理上有机地集中，从而为企业提供全面的数据共享。

（3）数据规约：执行多数的数据挖掘算法即使在少量数据上也需要很长的时间，而做商业运营数据挖掘时往往数据量非常大。数据规约技术可以用来得到数据集的规约表示，它小得多，但仍然接近于保持原数据的完整性，并且规约后执行数据挖掘的结果与规约前的执行结果相同或几乎相同。

（4）数据清理：在数据库中的数据有一些是不完整的（有些感兴趣的属性缺少属性值）、含噪声的（包含错误的属性值），并且是不一致的（同样的信息不同的表示方式），因此需要进行数据清理，将完整、正确、一致的数据信息存入数据仓库中，否则挖掘的结果会差强人意。

（5）数据变换：通过平滑聚集、数据概化、规范化等方式将数据转换成适用于数据挖掘的形式。对于有些实数型数据，通过概念分层和数据的离散化来转换也是重要的一步。

（6）数据挖掘实施过程：根据数据仓库中的数据信息，选择合适的分析工具，应用统计、事例推理、决策树、规则推理、模糊集、神经网络、遗传算法等方法处理信息，得出有用的分析信息。

（7）模式评估：从商业角度，由行业专家来验证数据挖掘结果的正确性。

（8）知识表示：将数据挖掘所得到的分析信息以可视化的方式呈现给用户，或作为新的知识存放在知识库中，供其他应用程序使用。

数据挖掘是一个反复循环的过程，每一个步骤如果没有达到预期目标，都需要回到前面的步骤，重新调整并执行。在数据挖掘中，至少 60%的费用可能花在信息收集阶段，而其中至少 60%以上的精力和时间花在了数据预处理过程中。

8.7.3 大数据技术

也许您刚访问了淘宝网，仍然回味着刚刚拍下的宝贝；也许您不经意打开新浪页面，突然发现它好像能猜透您的心思，不断推送您喜欢的商品。是不是有了些许当“上帝”的感觉？

大数据技术作为决策神器日益在社会治理和企业管理中起到不容忽视的作用，美国、欧盟都已经将大数据研究和使用列入国家发展的战略，类似谷歌、微软、百度、亚马逊等巨型企业也同样把大数据技术视为生命线以及未来发展的关键筹码，下面让我们共同来了解大数据技术。

1. 大数据时代

自互联网诞生以来，数据一直以惊人的速度增长。门户网站、搜索引擎、社交网站的先后问世引领着传统互联网数据不断膨胀。而从 2008 年开始，智能手机和平板电脑的快速普及又推动了移动互联网数据的迅猛增长。

除此之外，随着移动互联网、物联网和云计算的迅速发展，开启了移动云时代的序幕，大数据（Big Data）也越来越吸引人们的视线。与此同时，借助 Internet 的高速发展、数据库技术的成熟和普及、高内存高性能的存储设备和存储介质的出现，人类在日常学习、生活、工作中产生的数据量正以指数形式增长，呈现“爆炸”状态。“大数据问题”（Big Data Problem）就是在这样的背景下产生的，成为科研学术界和相关产业界的热门话题，并作为信息技术领域的重要前沿课题之一吸引着越来越多的科学家研究大数据带来的相关问题。

大数据时代已经来临，Big Data 是自 2011 年以来最时髦的 IT 词汇之一。随着互联网的高速发展，数据爆炸性增长，数据分析能力也在快速进步，六度分割理论、小世界理论、复杂系统理论的研究，Hadoop 等开源软件以及内存计算等的发展，让我们能以前所未有的洞察力去关注和发现新现象。

2. 大数据的基本特征

对于大数据，专家们提出“四 V”概念，即大量化（Volume）、多样化（Variety）、快速化（Velocity）和价值（Value），是大数据时代的显著特征，这些特征正在给现在的 IT 企业带来巨大挑战。

在大数据的“四 V”中，大量化（Volume）是显而易见的，高德纳（Gartner）公司研究认为，新产生的数据量每年正以至少 50%的速度增长，思科（Cisco）公司在一份报告中推测 2015 年仅移动数据量将会突破每月 6EB，等于 60 亿 GB 字节。

多样化（Variety）是指半结构化、非结构化数据的量和结构化数据一样在飞速增长，如全世界 40 亿手机用户已经将自己变成数据流的提供者。高德纳公司指出，到 2012 年非结构化数据在所有数据中的比例已经高达 85%，并且比结构化数据增长更快。

快速化（Velocity）主要指商业和各种相关领域处理的交易和数据正在以越来越高的速度和频率产生。以对处理速度要求较高的电子商务交易网站为例，淘宝网在 2012 年“双十一”单日促销中总销售额达到了 191 亿元。汹涌而入的消费者带来的是交易和支付数据的激增，相关数据的快速、准确处理直接影响到最终的销售规模。

价值（Value）是指数据运营和应用的重要性。

3. 大数据的关键技术

大数据技术，就是从各种类型的数据中快速获得有价值信息的技术。大数据领域已经涌现出了大量的新技术，它们成为大数据采集、存储、处理和呈现的有力武器。

大数据处理的关键技术一般包括：大数据采集技术、大数据预处理技术、大数据存储及管理技术、大数据分析及挖掘技术、大数据展现和应用（大数据检索、大数据可视化、大数据应用、大数据安全等）技术。

（1）大数据采集技术。

数据是指通过 RFID 射频数据、传感器数据、社交网络交互数据及移动互联网数据等方式获得的各种类型的结构化、半结构化（或称之为弱结构化）及非结构化的海量数据，是大数据知识服务模型的根本。大数据采集一般分为大数据智能感知层和基础支撑层。

（2）大数据预处理技术。

主要完成对已接收数据的辨析、抽取、清洗等操作。

（3）大数据存储及管理技术。

大数据存储及管理要用存储器把采集到的数据存储起来，建立相应的数据库，并进行管理和调用，是重点解决复杂结构化、半结构化和非结构化大数据管理与处理的技术。

（4）大数据分析及挖掘技术。

主要有改进已有数据挖掘和机器学习技术；开发数据网络挖掘、特异群组挖掘、图挖掘等新型数据挖掘技术；突破基于对象的数据连接、相似性连接等大数据融合技术；突破用户兴趣分析、网络行为分析、情感语义分析等面向领域的大数据挖掘技术。

（5）大数据展现和应用技术。

大数据技术能够将隐藏于海量数据中的信息和知识挖掘出来，为人类的社会经济活动提供依据，从而提高各个领域的运行效率，大大提高整个社会经济的集约化程度。

在我国，大数据将重点应用于以下三大领域：商业智能、政府决策、公共服务。例如商业智能技术、政府决策技术、电信数据信息处理与挖掘技术、电网数据信息处理与挖掘技术、气象信息分析技术、环境监测技术、警务云应用系统（道路监控、视频监控、网络监控、智能交通、反电信诈骗、指挥调度等公安信息系统）、大规模基因序列分析比对技术、Web 信息挖掘技术、多媒体数据并行化处理技术、影视制作渲染技术，以及其他各种行业的云计算和海量数据处理应用技术等。

9

多媒体技术

自 20 世纪 80 年代以来，随着电子技术和大规模集成电路技术的发展，计算机技术、通信技术和广播电视技术这三大原本各自独立并得到极大发展的领域，相互渗透相互融合，进而形成了一门崭新的技术即多媒体技术。今天随着互联网的飞速发展，多媒体已经成为信息技术领域最活跃的技术之一，其应用渗透到社会的各个领域，并获得了很好的发展前景，改变着人们传统的生活与工作方式。

9.1 多媒体技术基础知识

9.1.1 什么是多媒体

1. 媒体

通俗地讲，媒体是指信息传递和存储最基本的技术和手段，即信息的载体。一般来说，媒体有两层含义：一是指承载信息的实际载体，如纸张、磁带、磁盘、光盘和半导体存储器等；二是指表述信息的逻辑实体，如文字、图形、图像、音频、视频、动画等。多媒体技术中的媒体一般指的是后者，即计算机能处理的各种形式的信息。

按照国际电联（ITU）电信标准部（TSS）推出的标准，媒体被分为以下 6 类：

- 感觉媒体（Perception Medium）：指人们的感觉器官所能感觉到的信息的自然种类，如人类的各种语言、音乐，自然界的各种声音、图形、图像，计算机系统中的数据、文本等都属于感觉媒体。
- 表示媒体（Representation Medium）：是为了加工、处理和传输感觉媒体而人为研究、构造出来的一种媒体，用以定义信息的特性。表示媒体以语音编码、图像编码和文本编码等形式来描述。
- 显现媒体（Presentation Medium）：指感觉媒体与电信号间相互转换用的一类媒体，即显现信息或获取信息的物理设备。显现媒体有显示器、扬声器、打印机等输出类显现媒体，以及键盘、鼠标器、扫描仪、话筒和摄像机等输入类显现媒体。

- 存储媒体（Storage Medium）：指存储表示媒体数据（感觉媒体数字化后的代码）的物理设备，如光盘、磁盘、磁带等。
- 传输媒体（Transmission Medium）：指媒体传输用的一类物理载体，如同轴电缆、光缆、双绞线、无线电链路等。
- 交换媒体（Exchange Medium）：指在系统之间交换数据的手段与类型，它们可以是存储媒体、传输媒体或者是两者的某种结合。

2. 多媒体

多媒体（Multimedia）从字面上理解就是“多种媒体的综合”，是指能够同时获取、处理、编辑、存储和展示两个以上不同类型信息媒体的技术，这些信息媒体包括：文字、声音、音乐、图形、图像、动画、视频等。从这个意义中可以看到我们常说的多媒体最终被归结为一种技术，因此多媒体实际上就常常被当作多媒体技术的同义词。

3. 多媒体技术

多媒体的核心技术就是“怎样进行多种媒体综合的技术”。也就是说，多媒体技术就是一种能够对多种媒体信息进行综合处理的技术。再具体来讲，多媒体技术可以定义为：多媒体技术是能同时综合处理多种媒体信息——图形、图像、文字、声音和视频，在这些信息之间建立逻辑联系，使其集成为一个交互式系统的技术。简言之，多媒体技术就是用计算机实时地综合处理图、文、声、像等信息的技术。

9.1.2 多媒体有哪些特性

根据多媒体技术的定义，可以看出多媒体技术有以下几个关键特性，即信息载体的多样性、集成性、交互性和实时性等。这也是多媒体技术应用和研究中必须解决的主要问题。

1. 信息载体的多样性

人类对于信息的接收和产生主要在 5 个感觉空间内，即视觉、听觉、触觉、嗅觉和味觉，其中前三者占了 95%以上的信息量。借助于这些多感觉形式的信息交流，人类对于信息的处理可以说是得心应手。多媒体就是要把机器处理的信息多样化或多维化，通过对信息的捕捉、处理和再现，使之在信息交互的过程中具有更加广阔和更加自由的空间，满足人类感官方面全方位的多媒体信息需求。

2. 集成性

集成性是指可将多种不同的媒体信息，如文字、声音、图形、图像等，有机地进行同步组合，从而成为完整的多媒体信息，共同表达事物，做到图、文、声、像一体化，以便媒体的充分共享和操作使用。

3. 交互性

交互性是多媒体技术的关键特性，它为用户提供更加有效的控制和使用信息的手段，同时也为应用开辟了更为广阔的领域。交互可以增强对信息的注意力和理解，延长信息保留的时间，而且交互活动本身也作为一种媒体加入了信息传递和转换的过程，从而使用户获得更多的信息。

4．实时性

在多媒体系统中声音和活动的视频图像是和时间密切相关的，具有这种性质的媒体称为时基媒体。时基媒体具有很强的时间特性，甚至是强实时的，多媒体技术必然要支持对这些时基媒体的实时处理。例如，视频会议系统中传输的声音和图像都不允许停顿，否则传过去的声音和图像就没有意义了。

9.1.3　多媒体系统的组成

多媒体计算机（Multimedia Personal Computer，MPC）是能够综合处理文字、图形、图像、音频、动画、视频等多种媒体信息，并在它们之间建立逻辑关系，使之集成为一个交互式系统的计算机。多媒体计算机系统能把视、听和计算机交互式控制结合起来，对音频信号、视频信号的获取、生成、存储、处理、回收和传输综合数字化所组成的一个完整的计算机系统。

多媒体计算机系统是对基本计算机系统的软硬件功能的扩展，作为一个完整的多媒体计算机系统，它应该包括 5 个层次的结构，如图 9-1 所示。

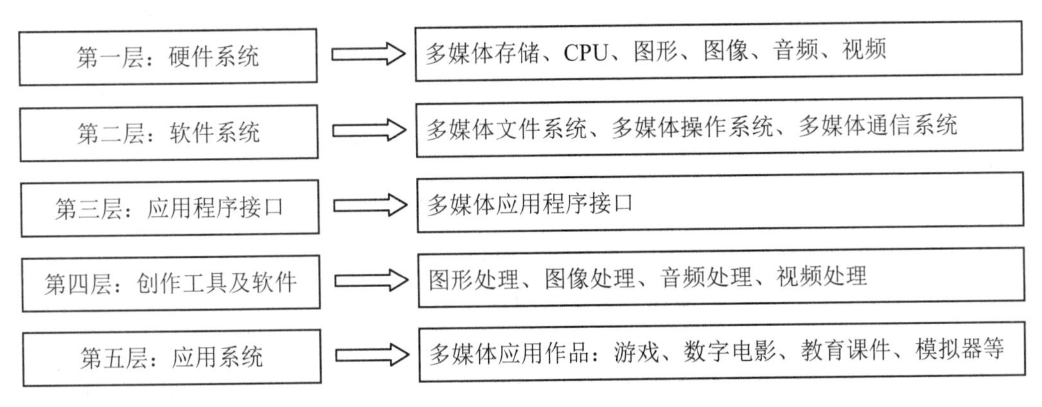

图 9-1　多媒体计算机系统

第一层：多媒体计算机硬件系统。主要任务是能够实时地综合处理文、图、声、像信息，实现全动态图像和立体声的处理，同时还需要对信息进行实时的压缩和解压缩。

第二层：多媒体计算机软件系统。主要包括多媒体操作系统、多媒体通信系统等部分，多媒体操作系统具有实时任务调度、多媒体数据转换和同步控制、对多媒体设备的驱动和控制以及图形用户界面管理等功能。为支持计算机文字、音频、视频等多媒体信息的处理，解决多媒体信息的时间同步问题，提供了多任务的环境。多媒体通信系统主要支持网络环境下多媒体信息的传输、交互和控制。

第三层：多媒体应用程序接口。为多媒体软件系统提供接口，以便程序员在高层通过软件调用系统功能，并能在应用程序中控制多媒体硬件设备。

第四层：多媒体创作工具及软件。该层在多媒体操作系统的支持下，利用图像编辑软件、音频处理软件、视频处理软件等来编辑和制作多媒体节目素材，其设计目标是缩短多媒体应用软件的制作开发周期，降低对制作人员技术方面的要求。

第五层：多媒体应用系统。该层直接面向用户，满足用户的各种需求服务。应用系统要求有较强的多媒体交互功能和良好的人机界面。

9.1.4 多媒体的关键技术

1. 数据压缩技术

在多媒体计算机系统中要表示、传输和处理大量的声音、图像甚至影像视频信息，其数据量之大是非常惊人的，例如高保真立体声音频信号的采样频率为44.1kHz、16位采样精度，一分钟存储量就达10.34MB。因此，在采用新技术提高CPU处理速度、增加存储容量和提高通信带宽的同时，还需要高效的数据压缩编解码技术。

数据的压缩实际上是一个编码过程，即把原始的数据进行编码压缩，数据的解压缩是数据压缩的逆过程，即把压缩的编码还原为原始数据，因此数据压缩方法也称为编码方法。压缩编码的方法非常多，在众多的压缩编码方法中，衡量一种压缩编码方法优劣的重要指标主要有：压缩比要高、压缩与解压缩速度要快、算法要简单、硬件实现要容易、解压缩质量要好等。

2. 数据存储技术

多媒体信息存储技术主要研究多媒体信息的逻辑组织、存储体的物理特性、逻辑组织到物理组织的映射关系、多媒体信息的访问方法、访问速度、存储可靠性等问题，具体技术包括磁盘存储技术、光盘存储技术、电子芯片存储、网络存储技术等。随着互联网的高速发展，在未来虚拟化存储、云存储和高速存储将全面革新现有的存储技术。

3. 多媒体网络通信技术

多媒体网络通信技术是指通过对多媒体信息和网络技术的研究，建立适合文本、图形、图像、声音、视频、动画等多媒体信息传输的信道、通信协议和交换方式及信息传输实时同步等问题的相关技术。现有通信网络大体上可分为4类：电信网络、计算机网络、有线电视网络和移动网络，多媒体网络通信技术的进一步发展将会加快四网融合的过程，形成快速、高效的多媒体信息综合网络，提供更为人性化的多媒体信息服务。

4. 虚拟现实技术

虚拟现实的定义可以归纳为：利用计算机技术生成的一个逼真的视觉、听觉、触觉及嗅觉等的感觉世界，用户可以用人的自然技能对这个生成的虚拟实体进行交互考察。这个定义有三层含义：首先，虚拟实体是用计算机来生成的一种模拟环境，“逼真”就是要达到三维视觉，甚至包括三维的听觉、触觉、嗅觉等；其次，用户可以通过人的自然技能与这个环境交互，这里的自然技能可以是人的头部转动、眼睛转动、手势或其他的身体动作；第三，虚拟现实往往要借助于一些三维传感设备来完成交互动作，常用的如头盔立体显示器、数据手套、数据服装、三维鼠标等。

9.1.5　多媒体技术的应用与发展

随着多媒体技术的深入发展，其应用也越来越广泛，将渗透到各个学科领域和国民经济的各个方面。

1. 分布式多媒体系统

分布式多媒体系统主要分为多媒体视频点播系统、分布式多媒体会议系统、多媒体监控及监测系统、远程教学系统、远程医疗系统等。

2. 电子出版物

电子出版物指以数字代码方式将图、文、声、像等信息存储在磁、光、电介质上，通过计算机或类似设备阅读使用，并可复制发行的大众传播媒体。最近几年，多媒体电子出版物发展十分迅速，人们可以方便地利用手机、计算机等设备浏览众多的名胜古迹、风土人情、生活百科、游戏竞技等知识内容。随着未来图书馆的数字化、虚拟化，实现无纸化指日可待。

3. 多媒体家电

最近几年，多媒体家电是多媒体技术的一个很大的应用领域。比如，数字电视现在已经成为市场的主流，它是将电视信号进行数字化采样，经过压缩后进行播放。它有两种类型：一种是投影数字电视，分辨率为 1920×1080；一种是大屏幕显像管数字电视，分辨率为 1280×720，并提供 16:9 的宽度。我国现在已有多套节目的数字电视通过卫星播送，但由于计算机和电视的扫描方式不同，电视机为提高速率采用隔行扫描，而计算机为了提高分辨率采用逐行扫描，如何统一还需要进一步探讨。

4. 多媒体数据库

随着数据库技术的提高，为了更方便地保存网络上流转的图像图形、音频视频等资料，人们开始利用多媒体数据库。多媒体数据库是在关系数据库和面向对象数据库的基础上实现的，可以采用超文本、超媒体等模式来描述多媒体文件，方便人们浏览、查询和检索相关的多媒体文件。多媒体数据库有非常广泛的应用领域，能给人们带来极大的方便，但目前的难点在于查询和检索，尤其是对图像、语言等内容的查询和检索。

5. 多媒体通信

随着路由器、交换机和服务器等诸多网络设备性能的提高，计算机硬件处理速度和容量大大增强，多媒体技术与网络技术的融合正在飞速发展和创新。比如，目前互联网中多媒体系统大部分已升级为基于云计算技术的多媒体系统，它比传统多媒体系统更具有高扩展、节约成本和方便测试升级等特点，并能够适应立体视频、错误恢复、可伸缩性等各种应用特性，使得多媒体视频能够更加流畅地展现在人们面前。

9.2 多媒体文本处理

9.2.1 文字素材

在现实生活中文本（包括文字和各种专用符号）是使用最多的一种信息存储和传递方式。用文本表达信息给人以充分的想象空间，比如在多媒体课件中，文字主要用于对知识的描述性表示，如阐述概念、定义、原理、问题，以及显示标题、菜单等内容。

多媒体素材中的文字实际上有两种：一种是文本文字；另一种是图形文字。它们的区别是：

- 产生文字的软件不同。文本文字多使用字处理软件（如记事本、Word、WPS 等），通过录入、编辑排版后生成，而图形文字多需要使用图形处理软件（如画笔、3ds max、Photoshop 等）来生成。
- 文件的格式不同。文本文字为文本文件格式，如 TXT、DOC、WPS 等，除包含所输入的文字以外，还包含排版信息，而图形文字为图像文件格式，如 BMP、C3D、JPG 等。它们都取决于所使用的软件和最终由用户所选择的存盘格式。图像格式所占的字节数一般要大于文本格式。
- 应用场合不同。文本文字多以文本文件形式（如帮助文件、说明文件等）出现在系统中，而图形文字可以制成图文并茂的艺术效果，成为图像的一部分，以提高多媒体作品的感染力。

9.2.2 文本的采集

1. 键盘输入

键盘是我们操作计算机时常用的标准输入设备，键盘不断向计算机存储器传输各种信号，计算机再根据这些信号执行相应的操作。

键盘内部有一块微处理器，它控制着键盘的全部工作，比如当一个键被按下时，微处理器便根据其位置将字符信号转换成二进制码传给主机和显示器。如果操作人员输入速度很快或 CPU 正在进行其他的工作，就先将键入的内容送往内存中的键盘缓冲区，等 CPU 空闲时再从缓冲区中取出暂存的指令分析并执行。

通过键盘可以直接输入英文信息，而输入中文时需要通过不同的输入编码来完成，常见的输入编码有“智能拼音”输入法、“五笔字型”输入法、“微软拼音”输入法及各种其他智能输入法。

2. OCR 技术

OCR（Optical Character Recognition，光学字符识别）是指电子设备（如扫描仪或数码相机）检查纸上打印的字符，通过检测暗、亮的模式确定其形状，然后用字符识别方法将形状翻译成计算机文字的过程，即对文本资料进行扫描，然后对图像文件进行分析处理，获取文字及版面信息的过程。如何除错和利用辅助信息提高识别正确率是 OCR 关键的研究内容。OCR 技术采集文本的主要步骤如下：

（1）通过电子设备获得高质量的源图片，这些图片可由扫描仪、照相机等获取。

（2）进行图像预处理工作。即在获得图片之后，通过软件进行图文转换，对图形进行二值化、噪声去除、倾斜矫正等处理工作。二值化是指将彩色图片转化为黑白图片的过程。由于原始图片大多是彩色的，而彩色图片所含的信息量较大，这样软件去识别图片上的文本信息时就会受到干扰。

（3）对文本进行特征提取，抽取之后再与文字数据库进行对比，找出相应的文本。

OCR 技术有很多成熟的处理软件可以使用，常见的 OCR 处理软件有汉王 OCR 软件、云脉科技 OCR 文字识别软件、上海全能王 OCR 处理软件等，这些 OCR 处理软件可对文档、名片、证件等信息进行智能识别，极大地提高了工作效率和质量。

下面就以汉王 OCR 软件为例来具体学习一下将文本图片转换成纯文本信息的过程。

（1）打开汉王 OCR 软件，界面如图 9-2 所示。

（2）选择“文件”→“打开图像”命令，找到需要转换的文本图片。

（3）选择“编辑”→“自动倾斜校正”命令，如果图片方向不对，则单击“旋转图像”进行调整。

（4）选择“识别”→“开始识别”命令，图像中的文字将被快速识别出来，如图 9-3 所示。

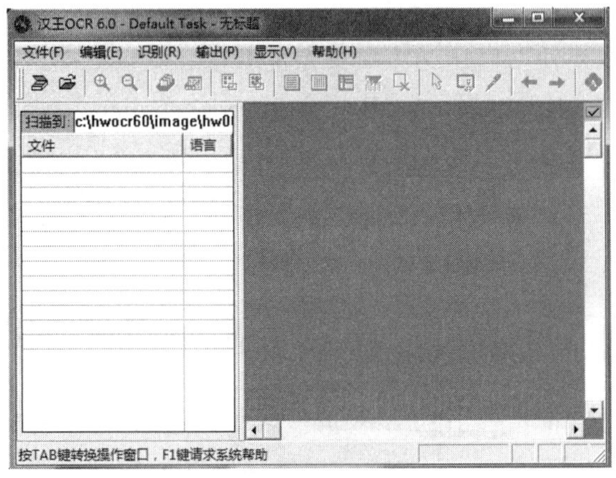

图 9-2　汉王 OCR 界面

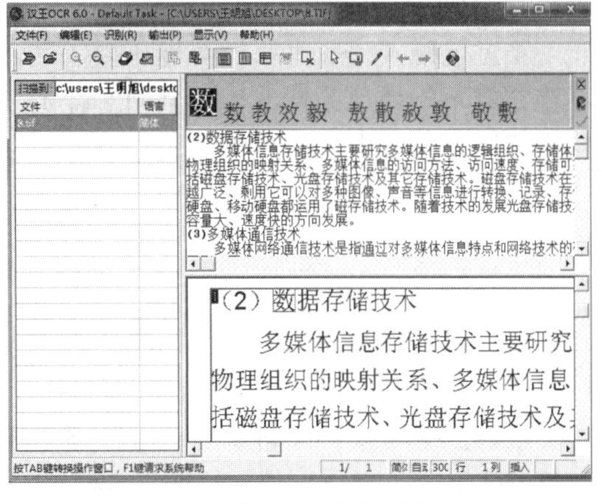

图 9-3　汉王 OCR 识别界面

（5）用鼠标左键单击不用的红色选择框，再用 Delete 键将其框删除。

（6）调整剩余有用选择框的大小，将文章全部纳入框内，再次开始识别。

（7）修改识别出的错误文字，如图 9-4 所示。识别结果正确与否主要看照片的清晰度和原稿质量。

（8）全部修改完成后，选择“输出”→“到指定格式文件”命令，在弹出的对话框中编辑文件名称后选择文件的存放位置，单击“保存”按钮。注意文件格式一定是 TXT 格式。

图 9-4　汉王 OCR 修改文字界面

（9）找到刚保存的文件，使用其他文档编辑软件可以进行再编辑和排版。

3. 手写输入

对于一些由于拼写习惯、方言口音、键盘熟练程度等原因无法熟练使用键盘输入的人群，可以选择手写输入系统。

手写输入系统会用到各种手写板。手写板主要分为 3 类：电阻式压力手写板、电磁式感应手写板和电容式触控手写板。目前电阻式压力手写板技术落后，几乎已经被市场淘汰。电容式触控手写板由于具有耐磨损、使用简便、敏感度高等优点，是目前的主流手写板。

（1）电阻式压力手写板。

电阻式压力手写板是由一层可变形的电阻薄膜和一层固定的电阻薄膜构成，中间由空气相隔离。其工作原理是：当用笔或手指接触手写板时，对上层电阻加压使之变形并与下层电阻接触，下层电阻薄膜就能感应出笔或手指的位置。

（2）电磁式感应手写板。

电磁式感应手写板是通过手写板下方的布线电路通电后，在一定空间范围内形成电磁场来感应带有线圈的笔尖的位置进行工作。使用者可以用它进行流畅的书写，手感也很好。

电磁式感应手写板分为“有压感”和“无压感”两种，其中有压感的手写板可以感应到手写笔在手写板上的力度，这种手写板对于美工人员来说是个很好的工具，可以直接用手写板来进行绘画，很方便。

不过电磁式感应手写板对电压要求高，如果使用电压达不到规定的要求，就会出现工作不稳定或不能使用的情况，而且相对耗电量大，不适宜在笔记本电脑上使用。另外，电磁式感应手写板的抗电磁干扰能力较差，并且手写笔笔尖是活动部件，使用寿命比较短。电磁式感应手写板虽然对手的压力感应有一定的辨别力，但必须用手写笔才能工作，不能用手指直接操作。

（3）电容式触控手写板。

电容式触控手写板的工作原理是通过人体的电容来感知手指的位置，即当使用者的手指接触到触控板的瞬间就在板的表面产生了一个电容。

在触控手写板表面附着有一种传感矩阵，这种传感矩阵与一块特殊芯片一起持续不断地跟踪着使用者手指电容的“轨迹”，经过内部一系列的处理，从而能够每时每刻精确定位手指的位置（X、Y 坐标），同时测量由于手指与板间距离形成的电容值的变化，确定 Z 坐标，最终完成 X、Y、Z 坐标值的确定。

与电阻式压力手写板和电磁式感应手写板相比，电容式触控手写板表现出了更加良好的性能。由于它轻触即能感应，使用方便，而且手指和笔与触控手写板的接触几乎没有磨损，性能稳定，经机械测试使用寿命长达 30 年。电容式触控手写板所用的电容笔无需电源供给，特别适合于便携式产品，所以目前流行的大屏智能手机的触摸屏、笔记本上的触控板大部分也是采用这种电容触控技术。

4. 语音输入技术

语音识别过程原理上是将语音提取特征参数（主要是音调、强度和反映发音器官共振特性的一些参数值），按参数转化为语音单元（音素或音节），再将语音单元按语言规则转为汉字。

语音识别之前，要用大量的语料（录音的数字语音）和语言文本进行训练，用来提取参数。最后得到的汉字会有很多错误，特别是同音不同字的错误，要进行纠错。

目前的系统除了发音要尽量标准外，环境也要安静，在噪声大的情况下性能会急剧下降，和人的识别语音的能力还有差距，人可以在很大噪声环境中捕捉语音，机器就没辙了。

在科幻电影里，我们经常会看到人类通过说话即可对计算机下达指令，事实上现在这类技术已经应用于许多高端行业中，只不过大多数人不经常接触到罢了。现在让我们使用安装了 Windows 7 系统的计算机来试一试系统本身自带的语音识别。

单击屏幕左下角的“开始”按钮，在“搜索”栏中输入汉字“语音”即可找到这个功能。第一次打开它的用户需要根据提示完成初始化，以后就可以即开即用了。特别有趣的是，Windows 7 的语音识别还有学习能力，你跟它相处的时间越长，它对你的理解能力就越好，甚至连口音、方言都能听懂，赶快去体验一下智能的 Windows 7 系统吧，语音识别安装界面如图 9-5 所示。

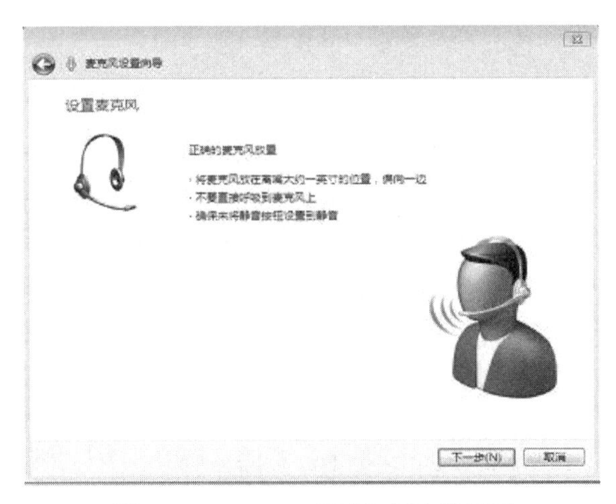

图 9-5　Windows 7 语音识别安装界面

9.2.3　文本的存储与压缩

文本压缩是根据一定的算法对大量的文本信息进行编码，以达到信息压缩存储的目的，被压缩的数据应该能够通过解码还原到压缩前的文本，避免信息的流失。

编码压缩之后再进行解压，如果原来的信息丢失，则称这种压缩算法为有损压缩；如果解压之后，获得的信息并未损失，则称这种压缩算法为无损压缩。文本的压缩算法主要有哈夫曼编码、算术编码等。

9.3　多媒体图像处理

9.3.1　图像与图形的区别

计算机的图像即数字化的图像包括两种：图像和图形，两者的不同如表 9-1 所示。

表 9-1　图形与图像之间的区别

项目	图形	图像
数据来源	主观世界，较难表示自然景象	客观世界，易于表示自然景象
数据量	小	大，需要压缩
三维景象	易于生成	较难表示
获取方式	利用 AutoCAD、CorelDraw、FreeHand、三维动画软件等绘图工具绘制，利用数字化硬件设备绘制	通过扫描仪、数码相机等数字化采集设备获得 通过网上下载、光盘库、素材库等方式获得 利用 Photoshop 等软件绘制
可操作度	可任意缩放、旋转，修改对象操作不引起失真	缩放、旋转等操作会引起失真
研究重点	将数据和几何模型变成可视的图形，这种图形可以是自然界根本不存在的，即人工创造的画面	将客观世界中存在的物体影像处理为新的数字化图像，关心数据压缩、特征识别的提取、三维重建等内容
用途	设计精细的线框图案和商标，以及适合于数学运算表示的美术作品、三维建模等，在网络、工程计算中被大量应用	用于表现自然景物、人物、动物和一切引起人类视觉感受的景物，特别适用于逼真的彩色照片等

图像又被称为位图（如图 9-6 所示），是直接量化的原始信号形式，是由像素点组成的。将这种图像放大到一定程度，就会看到一个个小方块，就是我们所说的像素，每个像素点由若干个二进制位进行描述。由于图像对每个像素点都要进行描述，所以数据量比较大，但表现力强、色彩丰富，通常用于表现自然景观、人物、动物、植物等一切自然的、细节的事物。

图形又称为矢量图（如图 9-7 所示），是由计算机运算而形成的抽象化结果，由具有方向和长度的矢量线段组成，其基本组成单元是锚点和路径。由于图形是使用坐标数据、运算关系及颜色描述数据，所以数据量较小，但在表现复杂图形时就要花费较长的时间，同时由于图形无论放大多少倍始终能表现光滑的边缘和清晰的质量，因此常用来表现曲线和简单的图案。

图 9-6　位图

图 9-7　矢量图

9.3.2　图像的基本属性

图像的基本属性包括像素、分辨率、色彩深度、图像容量、真/伪彩色等。

1. 像素

像素是构成图像的基本单位，以矩阵的方式排列。矩阵中的每个元素都是对应图像中的一个像素，存储这个像素的颜色信息，对于位图而言，当图像放大到一定程度时会出现色块。

2. 分辨率

分辨率是影响图像质量的重要参数，主要分为屏幕分辨率、图像分辨率、像素分辨率、扫描分辨率、打印分辨率等多种。

（1）屏幕分辨率。

屏幕分辨率又称为显示分辨率，是指计算机显示器屏幕显示图像的最大显示区域，即显示器上能够显示出的像素数目，由水平方向的像素总数和垂直方向的像素总数构成。一般采用640×480、800×600、1024×768、1280×1024、1600×1200等系列标准模式。例如，某显示器的水平方向为1024个像素，垂直方向为768个像素，则该显示器的显示分辨率为1024×768像素。在同样大小的显示器屏幕上，显示分辨率越高，像素的密度就越大，显示的图像也就越精细，但屏幕上的字就越小。

（2）图像分辨率。

图像分辨率指数字化图像的实际大小，以水平和垂直像素点表示。例如，一幅图像的分辨率为400×300像素，计算机的显示分辨率为800×600像素，则该图像在屏幕上只占据了1/4。图像的分辨率越高，所表示的像素就越多，所需要的存储空间也就越大。

（3）像素分辨率。

像素分辨率是指像素的宽高比，一般为1:1。在像素分辨率不同的机器间传输图像时会产生畸变，因此像素分辨率影响图像质量。

（4）扫描分辨率和打印分辨率。

扫描分辨率指扫描仪在扫描图像时每英寸所包含的点数，打印分辨率指图像打印时每英寸可识别的点数，两者均以dpi为衡量单位。扫描分辨率反映了扫描后的图像与原始图像之间的差异程度，分辨率越高，差异越小；打印分辨率反映了打印的图像与原数字图像之间的差异程度，打印分辨率越高，越接近原图像。两种分辨率的最高值分别受扫描仪和打印机设备的限制。

3. 色彩深度

色彩深度用来衡量每个像素存储时所占的二进制位数，又叫位深或像素深度。像素深度决定了图像的每个可能有的颜色数，或者确定灰度图像中每个像素点可能有的灰度等级数。色彩深度越高，可用的颜色也就越多。例如，一幅彩色图像的每个像素用R、G、B三个分量表示，若每个分量用8位，那么一个像素有24位，就是说像素的深度为24，每个像素可以是2^{24}=16777216种颜色中的一种。

由于显示器中每一个像素都由红、绿、蓝三种基本颜色组成，像素的亮度也由它们控制（比如3种颜色都为最大值时就呈现为白色），通常色深可以设为4bit、8bit、16bit、24bit。色深位数越高，颜色就越多，所显示的画面色彩就越逼真。但是颜色深度增加时，图片占的空间也越大，同时它也加大了图形加速卡所要处理的数据量。在用二进制数表示彩色图形时，除了R、G、B分量用固位数表示之外，往往还增加一位或几位作为属性位。例如RGB5:5:5表示一个图像时，用两个字节共16位表示，其中R、G、B各占5位，剩下一位作为属性。此时像素深度为16位，而图像深度为15位。

4. 图像容量

图像容量是指图像文件的数据量，也就是在存储器中所占的空间，其计量单位是字节（Byte）。图像的容量与很多因素有关，如色彩的数量、画面的大小、图像的格式等。图像的画面越大、色彩数量越多，图像的质量就越好，图像的容量也就越大，反之则越小。一幅未经压缩的图像，其数据量大小的计算公式为：

图像数据量大小 = 垂直像素总数×水平像素总数×色彩深度÷8

比如一幅 648×480 的 24 位 RGB 图像，其大小为 640×480×24÷8=921600 字节。

各种图像文件格式都有自己的图形压缩算法，有些可以把图像压缩到很小，比如一张 800×600ppi 的 PSD 格式的图片大约有 621KB，而同样尺寸同样内容的图像以 JPG 格式存储只需要 21KB。

计算机图像的容量是我们在设计时不得不考虑的问题。尤其在网页制作方面，图像的容量关系着下载的速度，图像越大，下载速度越慢。这时就要在不损失图像质量的前提下尽可能地减小图像容量，在保证质量和下载速度之间寻找一个较好的平衡。

9.3.3 图像的存储格式

图像文件格式是记录和存储影像信息的格式。在进行图像处理时，图像采用的保存格式与将来图像的用途有着紧密的联系，也决定了应该在文件中存放何种类型的信息、文件如何与各种应用软件兼容、文件如何与其他文件交换数据。下面是几种常见的图像文件格式。

- BMP：Windows 上应用最为广泛的一种图像文件格式。BMP 格式支持 RGB、索引颜色、灰度和位图颜色模式，但不支持 Alpha 通道。BMP 格式支持 1、4、24、32 位的 RGB 位图。采用 RLE 的无损压缩方式对图像质量不会产生影响。
- GIF：是网页图像中最常用的格式，是一种 LZW 压缩方式，将色彩定在 256 色以内。GIF 文件格式普遍用于显示索引颜色和图像，是在各种平台的各种图形处理软件中均可处理的一种图形格式。缺点是存储色彩最高只能达到 256 种。
- PSD：是 Adobe 公司的图形设计软件 Photoshop 的专用格式，与其他格式相比，它能更快速地打开和保存图像，还能自定义颜色数并加以存储，可以保存 Photoshop 的层、通道、路径等信息，是目前唯一能够支持全部图像色彩模式的格式。但体积庞大，很少有程序能够支持这种格式，所以在图像制作完成后通常需要转化为一些比较通用的图像格式（如 JPEG、PNG），以便于输出到其他软件中继续编辑。
- JPEG：是人们最常接触到的文件格式，也是目前所有格式中压缩率最高的格式。属于有损压缩，当对图像的精度要求不高而存储空间又有限时，JPEG 是一种理想的压缩方式。因为文件体积小，所以被广泛应用于网页图像的制作。
- PNG：是与平台无关的格式，是 20 世纪 90 年代中期开始开发的能存储 32 位信息的位图文件格式，图像质量优于 GIF，支持高级别无损耗压缩、Alpha 通道透明度、伽玛校正和纠错。但作为 Internet 文件格式，PNG 对多图像文件或动画文件不提供任何支持，并且较旧的浏览器和程序可能也不支持。
- EPS：是 Illustrator 和 Photoshop 之间可交换的文件格式，可在 Macintosh 和 PC 机上使用，Illustrator 软件制作出来的图像一般都存储为 EPS 格式。

- TIFF：是一种灵活的图像格式，可以在各种操作系统上被识别，常用于在应用程序之间和计算机平台之间交换文件。

9.3.4 图像的色彩表示

在图像处理软件中，需要将各种颜色数字化处理，以利于计算机组织和表示颜色，因此颜色模式是一个非常重要的概念，只有了解了不同颜色模式才能精确地描述、修改和处理色彩信息。

- RGB 颜色模式：基于可见光的发光原理而定，R（Red）代表红色，G（Green）代表绿色，B（Blue）代表蓝色，它们称为光的三基色或三原色。这种模式几乎包括了人类视力所能感知的所有颜色，是目前运用最广的颜色系统之一。
- CMYK 颜色模式：是一种专门针对印刷行业设定的颜色标准，采用的是相减混色原理。CMYK 即青色（Cyan）、洋红色（Magenta）和黄色（Yellow），这 3 种颜色的油墨相混合可以得到所需的各种颜色。由于油墨不可能是 100%的纯色，相互混合不可能得到纯黑，因此应用黑色（K）的专用油墨。CMYK 颜色模式的颜色种类没有 RGB 颜色模式多，当图像由 RGB 转换为 CMYK 后，颜色会有部分损失。
- 灰度颜色模式：此模式的图像是一幅没有彩色信息的黑白图像，在灰度模式中像素由 8 位的分辨率来记录，即每个像素点具有 256 个灰度级，0 表示黑色，255 表示白色，灰度颜色模式可以和彩色模式直接转换。
- 位图颜色模式：位图颜色模式其实就是黑白模式，它只能用黑色和白色来表示图像，只有灰度颜色模式可以转换为位图颜色模式，所以一般的彩色图像需要先转换为灰度颜色模式后再转换为位图颜色模式。
- 索引颜色模式：索引颜色模式采用一个颜色表存放并索引图像中的颜色，最多只能有 256 种颜色。索引颜色模式的图像占的存储空间较小，但图像质量不高，适用于多媒体动画和网页图像制作。
- Lab 颜色模式：Lab 颜色模式采用的是亮度和色度分离的颜色模型，用一个亮度分量 L（Lightness）以及两个颜色分量 a 和 b 来表示颜色。Lab 颜色模式理论上包括了人眼可以看见的所有色彩，而且这种颜色模形“不依赖于设备”，在任何显示器和打印机上其颜色值的表示都是一样的，所以当 RGB 和 CMYK 两种模式互换时都需要先转换为 Lab 颜色模式，这样才能减少转换过程中的损耗。
- HSB 颜色模式：HSB 颜色模式将色彩分解为色相、饱和度和亮度，其色相沿着 0°～360°的色环进行变换，只有在色彩编辑时才可以看到这种颜色模式。

9.3.5 图像的获取

从自然界中获取图像的方式多种多样，其中最常用的是扫描仪扫描、数码相机照相、数码摄像机摄像、手机摄像等。

1. 使用扫描仪扫描

多媒体应用中的许多图像来源于照片、艺术作品或印刷品，大都是通过彩色扫描仪将印刷图像及彩色照片数字化后输入到计算机中，转化为文件进行储存。

2．使用数码相机（摄像机、手机）拍摄图像

利用数码相机（摄像机、手机）将图像以文件等数字化的形式存储在数码相机（摄像机、手机）的存储器中，得到的图像文件可以方便地调入计算机中进行编辑和储存，这不仅省去了传统光学相机拍摄后耗时的冲洗和扫描过程，同时也减少了扫描过程中图像细节的损失。

3．使用视频采集卡捕获

使用摄像机拍摄图像，然后通过视频采集（捕获）卡将摄像机等视频源的视频信号进行单帧或动态捕获并储存。例如将摄像机与视频卡相连，可以拍摄现场的视频图像，得到连续的帧图像，如果需要静态图像，需要经过帧捕捉器把捕获的模拟信号转换成数字信号来得到点阵图。

4．通过解压卡捕获图像

通过 MPEG 解压卡播放 VCD 电影、卡拉 OK 等视频图像时，可以使用帧捕获功能从电影画面中获取所需的图像。

5．利用绘图软件创建、绘制生成图像

如果有一定的绘画水平，可以利用专业的绘图软件，如 Paint Brush、Painter、Photoshop、CorelDRAW 等绘制图形图像。这些软件中都提供了丰富的绘图工具和编辑功能，可以轻易地完成创作，然后存成合适的图像文件。

6．购置 CD-ROM 图像光盘、素材库

目前，光盘数字化图形图像素材库越来越多。这些素材库内容广泛、质量精美、分类详尽，包括点阵图、矢量图和三维图形，其质量、尺寸、分辨率、色彩数等非常便于选择和使用。

在制作多媒体教学软件时，图像素材可以从已经出版发行的各种数字音像作品中获取，也可以从动态的视频图像中获取静态图像，或者使用专门的软件抓取其中的一幅画面作为多媒体教学软件的图像素材。

7．通过 Internet 网络下载图像

Internet 上有各种各样的图形、图像，可以很方便地通过那些提供图库的站点获取素材，但应考虑图形、图像文件的大小。

9.3.6 图像的数字化处理

要在计算机中处理图像，必须先把各种真实的图像信息（照片、画报、图书、图纸等）通过数字化转变成计算机能够接受的显示和存储格式，然后再用计算机进行分析处理。图像的数字化过程主要分采样、量化和编码 3 个步骤。

1．采样

图像采样是将二维空间上连续的色彩信息转化为一系列有限的离散数值的过程，简单来讲，就是把图像在水平和垂直方向上等间距地分割成矩形网状结构，所形成的微小区域称为像素点。采样的实质是用多少点来描述一幅图像，结果用图像分辨率衡量。被分割的图像若水平方向有 a 个间隔，垂直方向上有 b 个间隔，则这幅图像被采样成的像素点数是 a×b 个，例如一幅 640×480 分辨率的图像，表示这幅图像是由 640×480=307200 个像素点组成的。

在进行采样时，它反映了采样点之间的间隔大小，采样频率越高，图像的质量越高，但要求的存储量也越大。在进行采样时，采样间隔的选取是很重要的，它决定了采样后的图像能真实反映原图像的程度。一般来说，原图像中的画面越复杂、色彩越丰富，则采样间隔应越小，被采集的样本也越多。

2. 量化

采样之后要把每个采样点的色彩信息用二进制表示出来，这个过程称为量化。

量化时表示量化颜色（或亮度）值所需的二进制位数称为量化字长。一般可用 8 位、16 位、24 位或更高的量化字长来表示图像的颜色。量化字长越大，越能真实地反映原有图像的颜色，但得到的数字图像的数据量也越大。

假设有一幅黑白灰度的照片，因为它在水平和垂直方向上的灰度变化都是连续的，都可认为有无数个像素，而且任一点上灰度的取值都是从黑到白可以有无限个可能值。通过沿水平和垂直方向的等间隔采样可将这幅模拟图像分解为近似的有限个像素，每个像素的取值代表该像素的灰度（亮度）。对灰度进行量化，使其取值变为有限个可能值。

经过这样采样和量化得到的一幅空间上表现为离散分布的有限个像素，灰度取值上表现为有限个离散的可能值的图像称为数字图像。只要水平和垂直方向的采样点数足够多，量化比特数足够大，数字图像的质量就毫不逊色于原始模拟图像。

3. 编码与压缩

数字化后得到的图像数据量十分巨大，必须采用编码技术来压缩其信息量。在一定意义上，这是实现数字图像存储、处理和传输的基础。目前，常见的图像编码技术有统计编码、预测编码、变化编码、分形编码、小波变换图像压缩编码等不同类型。当需要对所传输或存储的图像信息进行高比率压缩时，必须采取复杂的图像编码技术。

最常用的静止图像压缩标准是 JPEG 标准，该标准包括基于 DPCM 的近无损压缩编码和基于 DCT 和 Huffman 编码的有损压缩算法两个部分。前者几乎不会产生失真，但压缩比例小，后一种算法进行图像压缩信息虽有失真，但压缩比例可以很大。目前，按照这些标准做的硬件、软件产品和专用集成电路已经在市场上大量涌现（图像扫描仪、数码相机、数码摄录像机等），这对现代图像通信的迅速发展和开拓图像编码新的应用领域发挥了重要作用。

9.3.7　常见图像处理软件

1. Adobe Photoshop

美国 Adobe 公司的著名软件 Photoshop 无疑是图像处理领域中最出色、最常用的软件。它具有强大的图像处理功能，是大多数设计人员和计算机爱好者的首选。Photoshop 在照片修饰、印刷出版、网页图像处理、建筑装饰等各行各业有着广泛的应用。

2. CorelDRAW

在计算机图形绘制排版软件中，CorelDRAW 是我们首先考虑的产品，它是绘制矢量图的高手，功能强大且应用广泛，几乎涵盖了所有的计算机图形应用，在制作报版、宣传画册、广告 POP、绘制图标、商标等计算机图形设计领域占有重要的地位。

3. Painter

Painter 是数码素描与绘画工具的终极选择，是一款极其优秀的仿自然绘画软件，拥有全面和逼真的仿自然画笔。Painter 是 Meta Creations 公司进军二维图形软件市场的主力军，具备其他图形软件没有的功能，它包含各种各样的画笔，具有多种风格的绘画功能。

4. Adobe Illustrator

Adobe Illustrator 是真正在出版业中使用的标准矢量图绘制工具，由于早先作为苹果机上的专业绘图软件，一直没有广泛地流行，直到 7.0 PC 版的推出，才受到国内用户的关注。该软件为创作的线稿提供无与伦比的精度和控制，适合生产任何小型设计到大型的复杂项目，常用于各种专业的矢量图设计。

5. Photo Imapct

秉承 Ulead 公司一贯的风格，Ulead Photo Imapct 具有界面友好、操作简单实用等特点，当然它在图像处理和网页制作方面的能力也相当卓越，其中提供了大量的模板和组件，可以轻松地设计出相当专业的图像，适合于非专业的多媒体设计者。

9.3.8 实例：使用 Photoshop 进行图形设计

掌握了图像的特性和处理方法后，现在做一个太极图来学习如何使用 Photoshop 制作和处理图像。

（1）单击“新建”命令，在弹出的对话框中设宽度为 500 像素，高度为 400 像素，即建立了一个 500×400 像素的图片，一般单位为像素，也可以根据自己的喜好选择单位；分辨率设为 72 像素/英寸，这里是指打印分辨率，取默认值即可；颜色模式设为 RGB 颜色，8 位。但当需要的色彩深度很高时可以选择更大值，单击“确定”按钮，如图 9-8 所示。

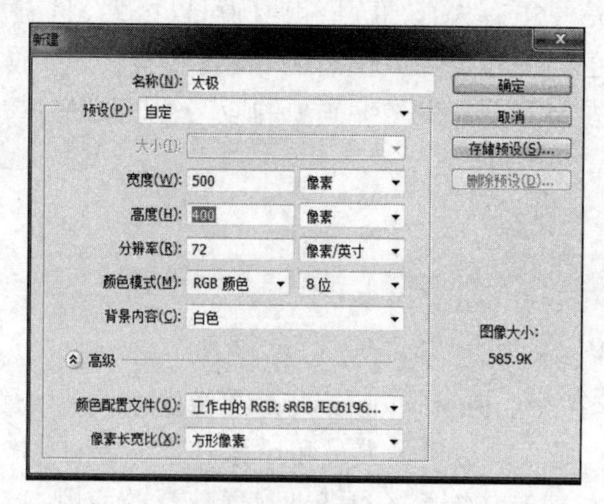

图 9-8　创建新文件

（2）选择“图层”→“新建图层”命令，或者单击“新建图层”图标（图标形状为右下角折角的长方形）。在工具箱中右击“矩形选框”工具，选择“椭圆选择工具”。选中刚才新建的空白图层，按住 Shift 键在图层上画一个适当的圆（虚线），选择“编辑”→“填充”命令。在“使用”选项中选择“颜色”工具，进入拾色器对话框，如图 9-9 所示，选择黑色，单击“确定”按钮。

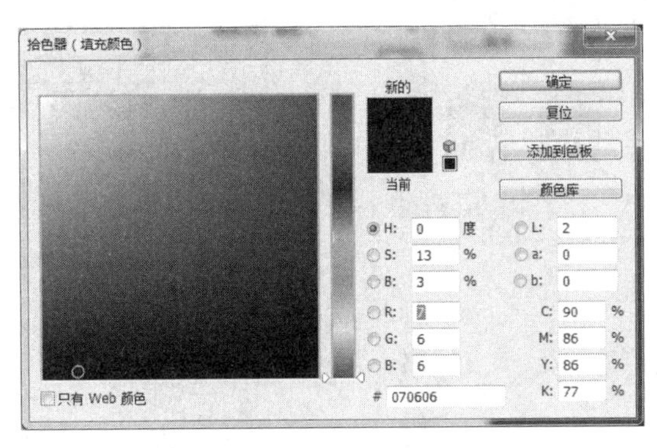

图 9-9　拾色器的设置

图 9-9 中有多种表示颜色的方法：两个彩色选色区：一个正方形选色区和一个长条选色区；H（色调）、S（饱和度）、B（亮度）。L（亮度分量）、a（颜色分量 1）、b（颜色分量 2）设置；R、G、B；C、M、Y、K；#十六进制颜色码。掌握任意一种颜色表示方法均可，当然最常用的还是 RGB 三原色表示，代码一般用十六进制颜色码，而对色彩敏感的直接在图上找颜色即可。

（3）在画的圆（虚线）里面右击并选择“变换选区”命令。在图形上部导航条的工具栏中，将 W、H 值都改为 50%，并将其移到顶端与黑色部分内相切，单击后面的对钩。

同样的方法再新建一个图层，填充为绿色。将虚线圆移到绿圆下方与其相切，再做一个红色的小圆，效果如图 9-10 所示。

（4）选择右侧工具箱中的“矩形选框”工具，选择“大圆”图层，沿着大圆的正中线可以使用网格作参考线（选择“视图”→“显示”→“网格”命令即可调入）。选区包含圆的一半，按 Delete 键删去选区中的半圆。选择黑色半圆图层，按住 Ctrl 键单击红色圆的图层图标，制作出小圆的选区，然后按 Delete 删掉。再删除下面红色小圆的图层。

（5）合并图中的两个图层，右击图层图标并选择“选择像素”命令，选中图层填充黑色。隐藏背景，复制图层并选择，填充白色。用 Ctrl+T 选中图层旋转 180 度并移动到与黑色互补成一个大圆。按住 Ctrl+Shift 键并分别单击两个图层图标。新建图层，描边黑色。做两个适当的小圆作为鱼眼，填充黑白色，移到适当位置，太极图就做好了。最后的效果如图 9-11 所示。

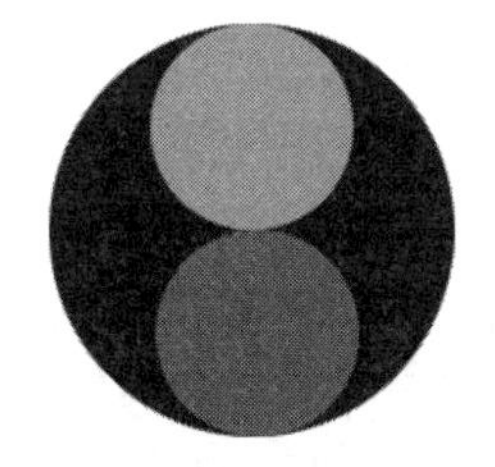

图 9-10　新建图层与填充

图 9-11　制作太极图形效果

（6）选择“文件”→“存储”命令，弹出“存储为”对话框，如图 9-12 所示。在“格式”

下拉列表框中可以选择保存为多种格式，如图 9-13 所示。这里选择 psd 文件格式并命名为“太极”，然后单击“保存”按钮。

图 9-12 “存储为”对话框

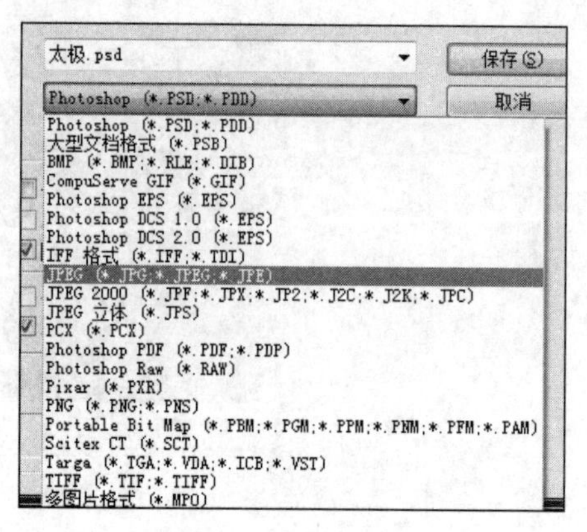

图 9-13 保存格式

如果需要再用 Photoshop 做修改，应存储为 PSD 格式；若只是想以一般图片打开，可以选择 JPEG 或 PNG 格式；图中色彩较少的文件用 JPEG 格式保存的文件小；色彩比较多且不能失真的用 PNG 格式，但是文件比较大；其他格式可根据自己的需求选择。

9.4 多媒体音频处理

9.4.1 什么是数字音频

1．声音

声音是因空气的振动而发出的，通常用模拟波的形式来表示。它有两个基本参数：振幅和频率。振幅反映声音的音量，频率反映声音的音调。频率在 20Hz～20kHz 的波称为音频波，频率小于 20Hz 的波称为次声波，频率大于 20kHz 的波称为超声波。

声音的质量是根据声音的频率范围来划分的，电话质量：200Hz～3.4kHz；调幅广播质量：50Hz～7kHz；调频广播质量：20Hz～15kHz；数字激光唱盘（CD-DA）质量：10Hz～20kHz。

2．音频的三要素

声音除了具有振幅和频率这两个物理属性外，还具有若干感知特性，它们是人对声音的主观反应。声音的感知特性主要有音调、响度和音色，称之为声音的三要素。

（1）音调：人耳对声音高低的感觉称为音调。决定音调的主要因素是声音的频率。

（2）响度：声音的响度就是对声音强弱的主观感知。声音的大小用声级表示，单位为 dB（分贝），人能感知的声音大小的范围一般为 0～120dB。

（3）音色：是人们区别具有相同响度和音调的两个声音的主观感觉，也称为音品。例如每个人讲话都有自己的音色；每种乐器都有自己的音色，即使它们演奏相同的曲调，人们还是能将其区分开来。

3．数字音频

在计算机内，所有的信息均以数字表示。各种命令是不同的数字，各种幅度的物理量也是不同的数字。用一系列数字来表示的声音信号称为数字音频。数字音频的特点是保真度好、动态范围大。

9.4.2　音频的数字化

模拟声音在时间上是连续的，而以数字表示的声音是一个数据序列，在时间上只能是断续的。计算机只能处理数字信号，要使计算机能处理音频信号，必须把模拟音频信号转换成用“0”、“1”表示的数字信号，这就是音频的数字化。

将模拟声音数字化最早采用脉冲编码调制（Pulse Code Modulation，PCM）技术，它几乎是所有数字音频格式的始祖。1939 年，法国工程师 Alec Reeves 发明了将连续的模拟信号变换为时间和幅度都离散的二进制码代表的脉冲编码调制信号的技术，并申请了专利。PCM 首先开始应用于电话系统，直到 1962 年美国 Bell 实验室才为 AT&T 制成了国际上第一套商用 PCM 电话系统，这标志着通信开始进入数字化。以后的计算机发展更促进了通信的数字化，并逐步与通信相结合。由于模拟声音信号非常复杂，PCM 需要通过采样、量化和编码 3 个步骤将连续变化的模拟信号转换为数字信号，其过程如图 9-14 所示。

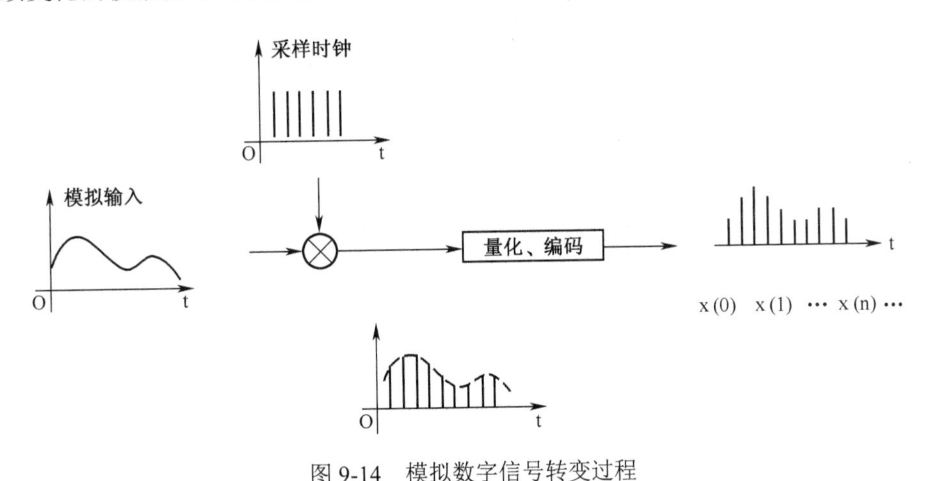

图 9-14　模拟数字信号转变过程

1．采样

音频是随时间变化的连续信号，要把它转换成数字信号，必须先按一定的时间间隔对连续变化的音频信号进行采样。一定的时间间隔 T 为采样周期，1/T 为采样频率 f_c。根据采样定理：采样频率 f_c 应大于等于声音最高频率 f_{max} 的两倍。

采样频率越高，在单位时间内计算机取得的声音数据就越多，声音波形表达得就越精确，而需要的存储空间也就越大。

2．量化

声音的量化是把声音的幅度划分成有限个量化阶距，把落入同一阶距内的样值归为一类，并指定同一个量化值。量化值通常用二进制表示。表达量化值的二进制位数称为采样数据的比特数。采样数据的比特数越多，声音的质量越高，所需的存储空间就越多；采样数据的比特数越少，声音的质量就越低，而所需的存储空间就越少。市场上销售的 16 位的声卡（量化值的范围为 0～65536）比 8 位的声卡（0～256）质量高。

声音的存储量可用下式表示：

$$v = \frac{f_c \times B \times S}{8}$$

式中 v 为存储量，f_c 为采样频率，B 为量化位数，S 为声道数。

3．编码

计算机系统的音频数据在存储和传输中必须进行压缩，但是压缩会造成音频质量的下降和计算量的增加。

音频的压缩方法有很多，音频的无损压缩包括不引入任何数据失真的各种编码，而音频的有损压缩包括波形编码、参数编码和同时利用这两种技术的混合编码。

波形编码方式要求重构的声音信号尽可能接近采样值。这种声音的编码信息是波形，编码率在 9.6kb/s～64kb/s 之间，属中频带编码，重构的声音质量较高。波形量化法易受量化噪音的影响，数据率不易降低。这种波形编码技术有 PCM（脉冲编码调制）、DPCM（差分脉冲编码调制）、ADPCM（自适应差分脉冲编码调制），以及属于频域编码的 APC（自适应预测编码）、SBC（子带编码）、ATC（自适应变换编码）。

参数编码以声音信号产生的模型为基础，将声音信号变换成模型后再进行编码。参数编码的参数有共振峰、线性预测（LPC）、同态等。这种编码方法的数据率低，但质量不易提高，编码率为 0.8kb/s～4.8kb/s，属窄带编码。

混合编码是把波形编码的高质量与参数编码的低数据率结合在一起的编码方式，可以在 4.8kb/s～9.6kb/s 的编码率下获得较高质量的声音。较成功的混合编码技术有：多脉冲线性预测编码、码本激励线性预测编码和规则脉冲激励 LPC 编码等。

9.4.3 数字音频的技术指标

通过上述的数字化过程，得到了存储在计算机中的数字音频。影响数字音频质量的主要因素有采样频率、量化位数和声道数。

1．采样频率

采样频率是指计算机每秒对声波幅度值样本采样的次数，是描述声音文件的音质、音调，衡量声卡、声音文件的质量标准，计量单位为 Hz（赫兹）。采样频率越高，即采样的间隔时间越短，则在单位时间内计算机得到的声音样本数据就越多，声音文件的数据量也就越大，声音的还原就越真实越自然。采样频率与声音频率之间有一定的关系，根据奈奎斯特理论，只有采样频率高于声音信号最高频率的两倍时才能把数字信号表示的声音还原成为原来的声音。

在计算机多媒体音频处理中，采样通常采用3种频率：11.025kHz、22.05kHz和44.1kHz。11.025kHz采样频率获得的是一种语音效果，称为电话音质，基本上能分辨出通话人的声音；22.05kHz获得的是音乐效果，称为广播音质；44.1kHz获得的是高保真效果，常见的CD唱盘采样频率就采用44.1kHz，音质比较好，通常称为CD音质。

2. 量化位数

采样得到的样本需要量化，所谓的量化位数也称“量化精度”，是描述每个采样点样本值的二进制位数。例如对一个声波进行 8 次采样，采样点对应的能量值分别为 A1～A8，如果只使用2位二进制值来表示这些数据，结果只能保留 A1～A8 中4个点的值而舍弃另外4个；如果使用3位二进制值来表示，则刚好记录下8个点的所有信息。这里的3位实际上就是量化位数。

3. 声道数

声音通道的个数称为声道数，是指一次采样所记录产生的声音波形个数。记录声音时，如果每次生成一个声波数据，则称为单声道；如果每次生成两个声波数据，则称为双声道（立体声）。随着声道数的增加，音频文件所占用的存储容量也成倍增加，同时声音质量也会提高。

9.4.4 音频的文件格式

在音乐存储和播放的过程中，音频的文件格式有许多种，而不同的文件格式有着各自的优缺点，根据存储和传输环境的不同，可以选择合适的音频文件格式对音频文件进行存储。

1. CD文件

CD文件是音质比较高的一种音频格式，其文件扩展名为.CDA。标准CD格式是44.1k的采样频率，88kb/s的传输速率，16位量化位数。CD格式的音乐近似是无损的，它的音质基本与原声相同，如果你是一位音乐发烧友的话，则CD格式的文件是你的首选。播放CD音乐时并不能直接把CD文件复制到硬盘上播放，播放时需要通过抓音轨软件进行格式转换，再进行播放。

2. Wave文件

Wave文件是微软开发的一种声音文件格式，其文件扩展名为.WAV。Wave格式支持各种音质等级所用的数据压缩算法，量化位数与采样频率较高，标准的Wave文件格式，采样频率、量化位数、传输速率与CD相同，是多媒体计算机上最为流行的声音文件格式。它所播放音乐的音质与CD很接近。但Wave文件所占用的磁盘空间太大，因此常用于短时间的录音。

3. AIFF文件

AIFF（Audio Interchange File Format，音频交换文件格式），其文件扩展名为.AIF/.AIFF，是苹果公司开发的一种声音文件格式。AIFF也是苹果电脑上的标准音频格式，这一格式的主要特点是格式本身与数据的意义无关。AIFF虽然是一种很优秀的文件格式，但由于它主要是针对苹果电脑的一种格式，所以并不是太流行。

4. Audio 文件

Audio 文件是 Sun 公司推出的一种压缩的数字声音格式，其文件扩展名为.AU，主要用于 UNIX 系统，由于早期Internet上的 Web 服务器主要是基于 UNIX 的，所以 AU 格式的文件在如今的 Internet 中也是常用的声音文件格式。

5. MPEG 文件

MPEG 是运动图像专家组（Moving Picture Experts Group）的简称，专门负责为 CD 建立视频和音频标准。MPEG 音频文件的压缩是一种有损压缩，根据压缩的质量和编码的复杂程度可分为 3 层，分别对应 MP1、MP2 和 MP3 这 3 种声音文件，其文件扩展名分别为.MP1、.MP2 和.MP3。其编码具有很高的压缩率，MP1 的压缩率为 4:1，MP2 的压缩率为 6:1～8:1，MP3 的压缩率为 10:1～12:1，即一分钟 CD 音质的音乐，未经压缩需要 10MB 存储空间，而经过 MP3 压缩编码后只有 1MB 左右，同时音质基本保持不失真，因此目前使用最多的是 MP3 文件格式。

6. Voice 文件

Voice 文件是新加坡多媒体公司 Creative Labs 开发的文件格式，其文件扩展名为.VO。Voice 文件用于保存 Creative Sound Blaster 系列声卡所采集的声音数据，被 Windows 平台和 DOS 平台所支持。

7. RealAudio 文件

RealAudio 文件是 Progressive Networks 公司开发的一种音频文件格式，主要用于在低速率的广域网上实时传输音频信息，其文件扩展名为.RA/.RM/.RAM。

8. Windows Media Audio 文件

Windows Media Audio 文件是微软公司推出的一种音频格式，特点是兼顾了保真度和网络传输需求，生成文件的大小只有 MP3 的一半，其文件扩展名为.WMA/.ASF/.ASX/.WAX。

9. MIDI 文件

MIDI 文件是国际 MIDI 协会开发的乐器数字接口文件，采用数字方式对乐器演奏出来的声音进行记录（每个音符记录为一个数字），其文件扩展名为.MID/.RMI/.CMI/.CMF。MIDI 文件并不是一段录制好的声音，而是记录声音的信息，然后再告诉声卡如何再现音乐的一组指令，这些指令包含使用 MIDI 设备的音色、声音的强弱、声音持续时间的长短等，计算机将这些指令发送给声卡，声卡按照指令将声音合成出来，其声音播放的音质更多地依赖于声卡等硬件设备的质量。

9.4.5 音频的获取

1. 录制采集声音

使用声卡录制、采集声音信息，如利用 Windows 的 Sound Recorder（录音程序）、专业录音软件（如 Wave Edit）或租用数字录音棚录制，最终将声音以文件的形式存储在计算机中。

2. 录制磁带音频

找一根正确的音频线，接录音机，连到计算机声卡的线路输入接口（LINE-IN），通过系统自带的录音软件或其他专业音频处理软件如 Wave Edit、Adobe Audition 等录制音频。

3. 提取视频文件中的音频

可以通过专用的视频或音频处理软件将音频单独提取出来，也可以使用格式转换软件直接转换成音频。比如，使用格式工厂可直接将视频中指定的背景声音转换成音频文件。

4. 采集 MIDI 音频

通过把专用的 MIDI 键盘或电子乐器的键盘连接到多媒体计算机的声卡上采集键盘演奏的 MIDI 信息，形成 MIDI 音乐文件；通过专用的 MIDI 音序器软件在多媒体计算机中创作 MIDI 音乐，目前 Cakewalk 是一种较流行的 MIDI 创作软件；也可以通过专门的软件把其他的声音文件（如 WAV 格式文件）转换为 MIDI 文件。

5. 下载网络中的音频

可以通过各种音频下载软件下载，如“酷我音乐盒”“酷狗”“QQ 音乐”等，这些软件都提供音乐搜索功能，在搜索到的音乐后面都有“下载”按钮，单击此按钮即可下载。

除此之外，可以利用现有的声音素材库或通过其他外部途径（如 CD、电视等）购买版权获得音频。

9.4.6 常用音频编辑工具

音频编辑工具用来录放、编辑、加工和分析声音文件。声音工具很多，使用得相当普遍，但它们的功能相差很大。

1. Cakewalk Pro Audio

早期 Cakewalk 是专门进行 MIDI 制作、处理的音序器软件，自 4.0 版本后，增加了对音频的处理功能。目前，它的最新版本是 Cakewalk SONAR，虽然 Cakewalk 在音频处理方面有些不尽人意之处，但它在 MIDI 制作、处理方面，功能超强，操作简便，具有无法比拟的绝对优势。Cakewalk Pro 的操作界面如图 9-15 所示。

2. Cool Edit Pro

Cool Edit Pro 是美国 Adobe Systems 公司开发的一款功能强大、效果出色的多轨录音和音频处理软件。它可以在普通声卡上同时处理多达 64 轨的音频信号，具有极其丰富的音频处理效果，并能进行实时预览和多轨音频的混缩合成，其操作界面如图 9-16 所示。

3. Sound Forge

Sound Forge 是一款音频录制、处理类软件，是 Sonic Foundry 公司的拳头产品，几乎成了 PC 机上单轨音频处理的代名词，功能强大。与 Cool Edit 不同的是，Sound Forge 只能针对单音频文件进行操作、处理，无法实现多轨音频的混缩。Sound Forge 的操作界面如图 9-17 所示。

图 9-15 Cakewalk 的操作界面

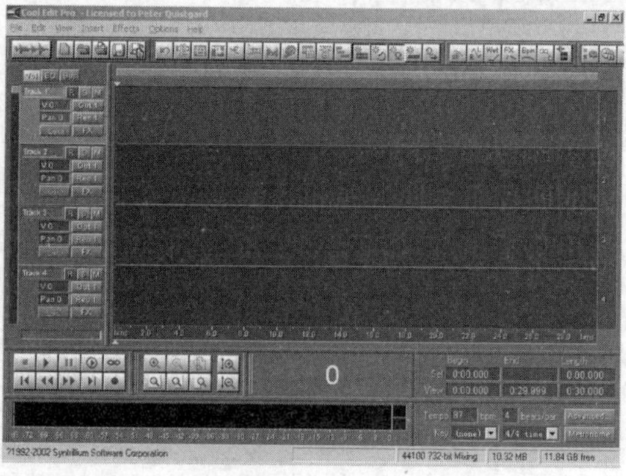

图 9-16 Cool Edit 的 操作界面

4. Logic Audio

Logic Audio 由 Emagic 公司出品，是当今专业音乐制作软件中最为成功的音序软件之一。它能够提供多项高级 MIDI 和音频的录制和编辑，甚至提供了专业品质的采样音源（EXS24）和模拟合成器（ESI），它的应用将使多媒体计算机成为一个专业级别的音频工作站。不过，它的操作非常复杂和繁琐。Logic Audio Platinum 的操作界面如图 9-18 所示。

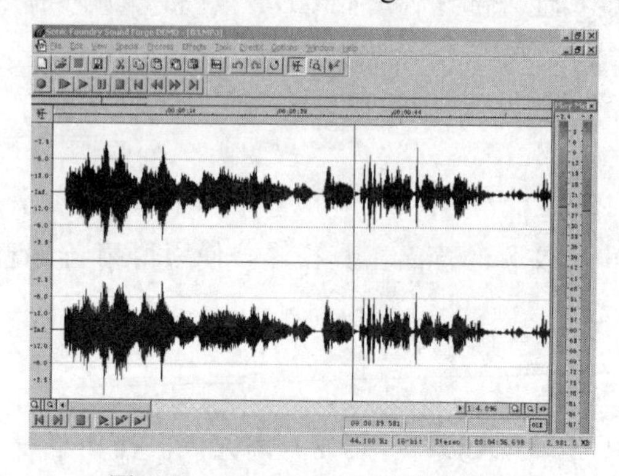

图 9-17 Sound Forge 的操作界面

图 9-18 Logic Audio Platinum 的操作界面

音乐制作、音频处理类软件还有很多，如自动伴奏（编曲）软件、音色采样软件、转换软件等，在此就不一一列举了。

9.4.7 实例：音频的采集、编辑和转换

了解了音频的各种特性和获取方法，我们现在使用音频处理软件 Cool Edit Pro 来对声音信息进行采集、编辑和转换。

1. 调试录制设备

单击“开始”→“控制面板”命令，再单击“音频设备管理”，单击“录制”选项卡，单击“麦克风”，在弹出的对话框中单击“级别”选项卡，在其中进行调节，如图 9-19 所示。

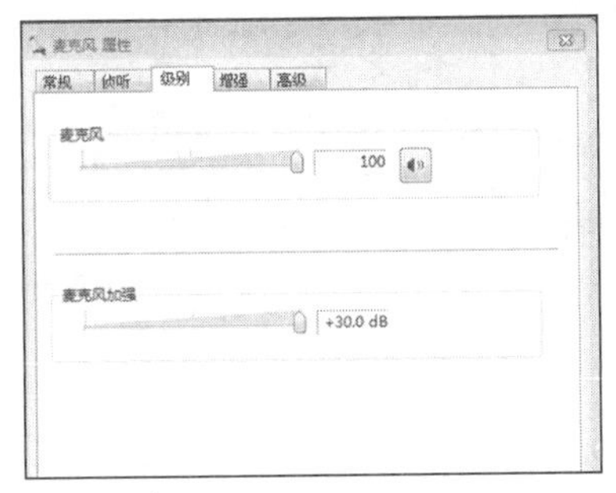

图 9-19　音频调节

2. 现场录制

（1）新建波形。

选择“查看”→“波形编辑”命令，再选择“文件”→“新建”命令，弹出“新建波形”对话框，如图 9-20 所示。在该对话框中一般将“采样率”设为 44100，“声道”为单声道，“采样精度”为 8 位，然后单击“确定”按钮。

（2）录制。

单击界面右下方的红色圆点即开始录音，对着话筒朗读或者唱一首歌，根据波形波动大小调整麦克风的音量，让波形都位于界面中的两条水平白线之间。

在界面中单击屏幕右下方的绿色按钮即结束录音，此时显示器上的录音为选定状态，且为白色高亮显示。单击界面中右下方的绿色按钮，即可试听刚才录制的音频。如果只想听其中的一段，可以在界面中的音频轨道编辑区通过鼠标选择一段，选择的部分为高亮状态，再次单击“播放”按钮，就可以重复播放。如果感觉不错，则可以保存下来以备后用；如果不满意，可以重新录制，直至满意为止，录制的过程界面如图 9-21 所示。

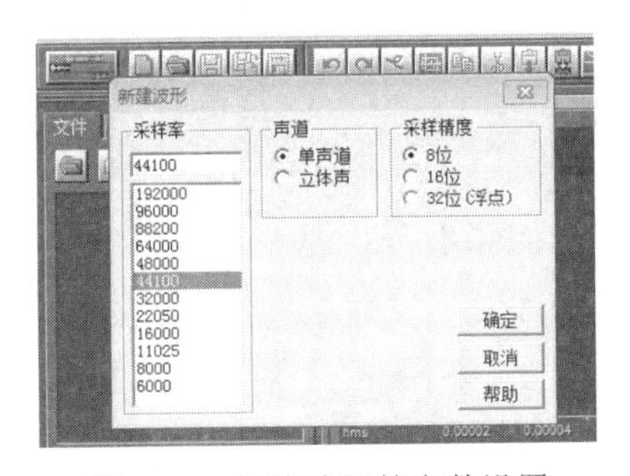

图 9-20　新建波形的参数设置

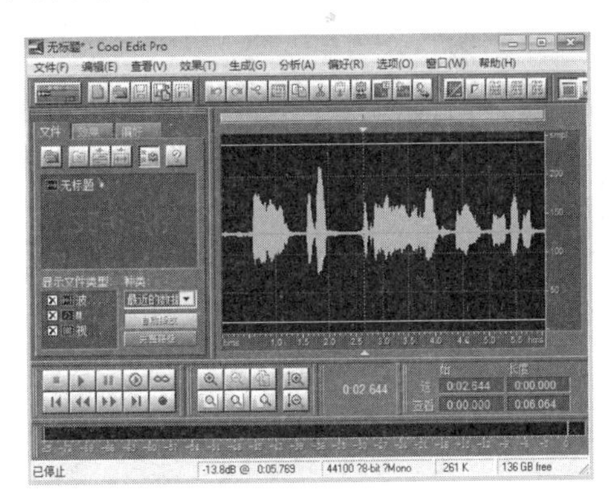

图 9-21　声音录制过程

（3）保存音频。

录音完成后可以保存，选择“文件”→“另存为”命令即可打开“保存”对话框，为音频取个名字，选择保存的格式为 wav 格式，选择好保存的位置，然后单击“确定”按钮。

3. 音效处理

在录制音频完成后，可以进行音频的效果处理了。选择“效果”→“滤波器”→“图形均衡器”命令，然后进行多次调节、试听，直到满意为止，其处理界面如图 9-22 所示。

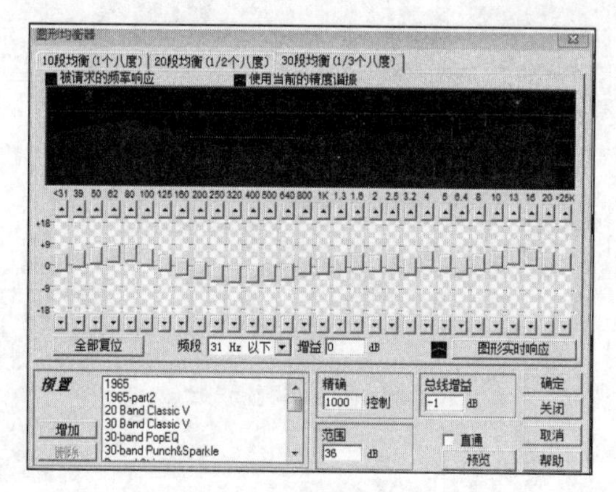

图 9-22 音频的效果处理

4. 导入背景音乐

利用 Cool Edit Pro 提供的音源导入方法在多轨界面里的音轨中直接插入音频作为背景音乐，操作如图 9-23 所示。

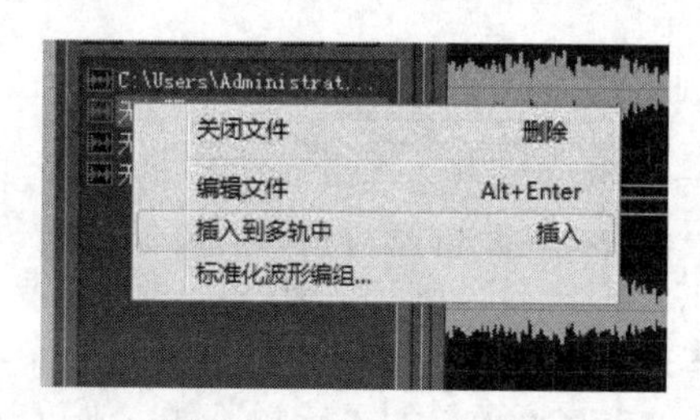

图 9-23 导入背景音乐

5. 音频编辑

由于背景音乐过长，应将其不需要的部分剪去，方法是：选中要剪切的部分，右击并选择“剪切”命令。同时，为了使合成音乐过渡更加自然，可以对背景音乐进行淡入淡出处理。

6. 音频合成

在多轨道界面中按 Ctrl 键，选中两段音频，选择“编辑”→“混缩到文件”→“全部波形”命令，如图 9-24 所示。

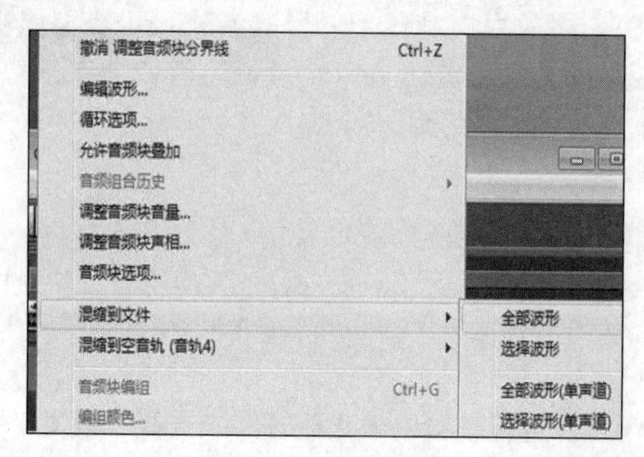

图 9-24 音频合成

9.5 多媒体视频处理

9.5.1 什么是视频

1. 视频定义

人类接收信息的 70%来自视觉，其中活动图像是信息量最丰富、直观、生动、具体的一种承载信息的媒体。视频就是内容随时间变化的一组动态图像。这些图像以一定的速率（计量单位为帧率 f/s，即每秒钟显示的帧数目）连续地投射在屏幕上，使观察者有图像连续运动的感觉。所以，视频又叫做序列图像、运动图像或活动图像。

2. 模拟视频

（1）模拟视频概念。

模拟视频是以连续的模拟信号方式存储、处理和传输的视频信息，所用的存储介质、处理设备及传输网络都是服务于模拟信号的。模拟视频技术广泛应用于广播式电视节目的制作、存储和传输等方面。

（2）模拟视频标准。

世界上常用的模拟广播电视标准有 3 个：NTSC、PAL 和 SECAM，不同标准在刷新速度、颜色编码系统、传送频率等指标上有所差异。

- NTSC 标准：是 1952 年美国国家电视标准委员会（National Television Standard Committee，NTSC）制定的一项标准。该标准将视频画面的帧分割成 525 条水平扫描线，采用隔行扫描技术对一个图像进行两遍扫描，每一遍扫描的时间为 1/60s，刷新频率为 60Hz。因此要构成一幅完整的视频画面，NTSC 标准的帧率为 30f/s。美国、加拿大、墨西哥、日本和其他许多国家都采用此标准。
- PAL 标准：PAL（Phase Alternate Line，逐行倒像）标准将视频帧分割成 625 条水平线，采用隔行扫描的方式第一遍扫描奇数行，第二遍扫描偶数行，扫描时间均为 1/50s，即刷新频率为 50Hz，每一遍扫描形成一部分视频图像。PAL 的标准帧率为 25f/s。PAL 标准主要用于欧洲大部分国家、澳大利亚、南非、中国和南美洲等。
- SECAM 标准：SECAM（Squential Color And Memory，顺序彩色与存储系统）标准也是将视频帧分割成 625 条水平线，采用隔行扫描的方式，帧率为 25f/s。该标准在基本技术和广播方法方面与 NTSC 和 PAL 有较大差异。

（3）模拟视频信号类型。

- RF 射频信号：当电磁波的频率低于 100kHz 时，电磁波容易被地表吸收，不能形成有效的传输；当频率高于 100kHz 时，电磁波能通过大气层反射回来，可以形成长距离传输，我们把远距离传播的高频电磁波称为射频信号，RF 接口及线缆接头如图 9-25 所示。
- 复合视频信号：是指电视信号中除了伴音信号外的图像信号，它将视频信号和音频分离传输，因而也就避免了 RF 信号中因为音/视频混合干扰而导致图像质量下降的问题，AV 接口有黄白红 3 个接头，黄色接头用来传输视频信号，白色和红色接头用来传送音频信号，白色为左声道，红色为右声道，如图 9-26 和图 9-27 所示。

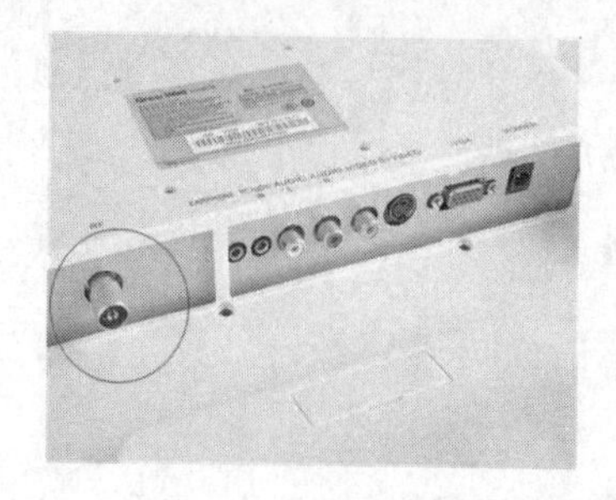

图 9-25　RF 接口及线缆接头

图 9-26　AV 接口的 3 个接头

图 9-27　AV 接头

- 分量视频信号：分量视频信号将亮度信号（c）、红色差信号（b）、蓝色差信号（r）分离开来传送，分量视频信号使用亮度和两个色差对视频信号进行传输从根本上解决了复合信号的干扰。
- 分离视频信号：是分量信号和复合信号的一种折衷方式，它将亮度与色差信号进行分离传送，未对两个色差信号进行分离传送。信号线的接头和接口如图 9-28 所示。

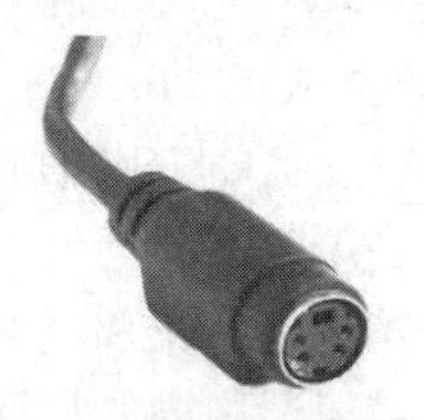

图 9-28　分离视频信号的接头和接口

3．数字视频

数字视频就是先用摄像机之类的视频捕捉设备将外界影像的颜色和亮度信息转变为电信号，再记录到存储介质（如摄像机的磁带）中，然后再通过传输线，利用模拟/数字转换器经过采样量化转变为数字的 0 或 1，存储到计算机中。简单地说，数字视频就是将模拟信号表示的视频信息用数字表示，从而能够在计算机中对其进行操作。

为了在计算机中存储视频信息，模拟视频信号必须通过视频捕捉卡等设备实现数字/模拟转换。这个转换过程就是我们所说的视频捕捉（或采集过程）。在电视机或计算机上观看数字视频，视频信号被转变为帧信息，并以每秒约 30 帧的速度投影到显示器上，使人眼认为它是连续不间断地运动着的。电影播放的帧率大约是每秒 24 帧。

4. 数字视频接口类型

（1）DVI接口：DVI全称为Digital Visual Interface，传输的数字信号信息不需要经过任何转换就会直接被传送到显示设备上，减少了模拟和数字繁琐的转换过程，节省了时间，因此它的速度更快，有效地消除了拖影现象，而且使用DVI进行数据传输，信号没有衰减，色彩更纯净、更逼真。目前常用的DVI接口有DVI-D和DVI-I两种类型，DVI-D接口只能接收数字信号（如图9-29所示），而DVI-I可同时兼容模拟和数字信号（如图9-30所示）。

图9-29 DVI-D接口

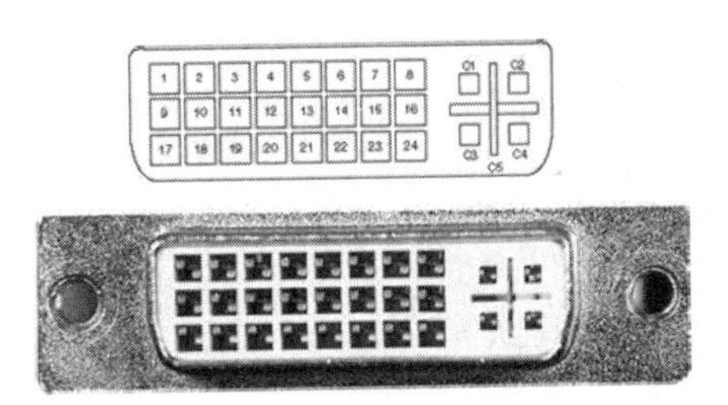

图9-30 DVI-I接口

（2）HDMI接口：HDMI高清晰度多媒体接口是一种全数字化的影音传输接口（如图9-31所示），可用于传送无压缩的音频信号和高分辨率视频信号，无需在信号传送前进行数/模或者模/数转换，可以保证高质量的影音信号传送，最大传输距离为15m。HDMI接口可提供高达5Gb/s的数据传输带宽。

图9-31 HDMI接口

9.5.2 视频的数字化

不论是PAL制还是NTSC制视频信号，通常它们都是模拟信号，各自用不同的电压值表示不同的信息。而计算机以数字方式处理信息，只认0和1。若要让这两者能够互相沟通，就必须实现模/数转换。

1. 视频采样

采样是指模拟信号向数字信号转化的过程中，先把复合视频信号中的亮度和色度分离，得到YUV或YIQ分量，然后对3个分量分别采样并进行数字化，最后再转换成RGB空间。通俗点讲，就是一个采样点里面包含了一组亮度样本（Y）和两组色差样本（Cr、Cb），无数个采样点组合起来就是我们所看到的最终图像。因此，每个采样点中亮度样本和色差样本的多少成了衡量视频画面精细度的关键，样本数值越高，画面的精度就越高。常见的有4:4:4、4:2:2、4:2:0，比例越高，色彩信息越多、越精细，文件体积越大。

2. 视频数字化标准

为了在 PAL、NTSC 和 SECAM 电视制式之间确定共同的数字化参数，国际无线电咨询委员会（International Radio Consultative Committee）制定了广播级质量的数字电视编码标准，称为 CCIR 601 标准。在该标准中，对采样频率、采样结构、色彩空间转换等都作了严格的规定，采样频率 fs=13.5MHz 时分辨率与帧率的不同如表 9-2 所示。

表 9-2 各种视频制式的分辨率和帧率

电视制式	分辨率	帧率
NTSC	640×480	30
PAL、SECAM	768×576	25

9.5.3 视频的压缩技术

数字视频之所以被广泛使用，一方面是由于非线性编辑具有神话般的魔力，它让人们相信自己在电视上看到的和听到的都是真实的。大家也许还记得在电影《阿甘正传》中，已故的三位美国总统竟与影片中的男主角一一握手，画面逼真，天衣无缝。另一个重要的方面就是数字视频压缩技术的突破。模拟的视频图像数字化后所产生的海量数据使传输、存储和处理都很困难，要解决这一问题，除了提高数据传输速率外，一个很重要的方法就是采用压缩编码，即对数字化视频图像进行压缩编码。没有压缩编码，数字视频及其非线性编辑几乎是不可能实现的。

模拟视频信号数字化后，数据量是相当大的。以 PALITUR601 标准来说，每一帧按 720×576 的图像尺寸进行采样，以 4:2:3 的采样格式、8 比特量化来计算，每秒图像的数据量约为 21.1MB。这么大的数据量，使得传输、存储和处理都很困难，以计算机所使用的硬盘为例，1GB 硬盘存储不到 50 秒的视频图像，这得需要多少 GB 的硬盘来存储视频数据呢？更为重要的是，目前可用的快速硬盘的速度离 21.1MB/s 还有一段相当大的距离，显然解决这一问题的出路只有采用压缩编码技术。

目前，常用的压缩编码技术是国际标准化组织推荐的 JPEG 压缩和 MPEG 压缩。

（1）JPEG 压缩：JPEG 是 Joint Photographic Experts Group（联合图像专家组）的缩写，是用于静态图像压缩的标准。JPEG 可按大约 20:1 的比率压缩图像，而不会导致引人注意的质量损失，用它重建后的图像能够较好地、较简洁地表现原始图像，对人眼来说它们几乎没有多大区别，是目前首推的静态图像压缩方法。

（2）M-JPEG 压缩：M-JPEG（Motion-JPEG）源于 JPEG 压缩技术，是一种简单的帧内 JPEG 压缩，压缩图像质量较好，但是由于压缩本身技术的限制，无法做到大比例压缩，录像时每小时约 1～2GB 空间，网络传输时需要 2M 带宽，所以无论是录像还是网络发送传输都将耗费大量的硬盘容量和带宽，不适合长时间连续录像的需求，不适用于视频图像网络传输，现在主要用于电视非线性编辑处理的视频卡。

（3）MPEG-1 压缩：MPEG 是 Motion Picture Experts Group（运动图像专家组）的缩写，是专门用来处理运动图像的标准。目前，市场上的 VCD 光盘就是 MPEG-1 的一个代表产品。

（4）MPEG-2 压缩：MPEG-2 作为 MPEG-1 的兼容扩展，是使图像能恢复到广播级质量的编码方法，它的典型产品是高清晰视频光盘DVD、高清晰数字电视HDTV等。

（5）MPEG-4压缩：是为移动通信设备在Internet上实时传输视音频信号而制定的低速率、高压缩比的视音频编码标准。MPEG-4 是根据图像的内容将其中的对象（物体、人物、背景）分离出来，分别进行帧内、帧间编码，大大提高了压缩比，MPEG-4支持MPEG-1、MPEG-2中的大多数功能。

（6）H.264压缩：是ITU-T的VCEG（视频编码专家组）和ISO/IEC的MPEG（活动图像编码专家组）的联合视频组（Joint Video Team，JVT）开发的一个新的数字视频编码标准，网络适应性强，能够很好地适应IP和无线网络的应用。若是从单个画面的清晰度比较，MPEG-4有优势；若从动作连贯性上的清晰度比较，H.264有优势。

9.5.4 视频文件格式

平时，存储不同媒体所用的压缩格式不同，形成了不同的数字视频文件格式，这些文件格式可大致分为两类：一类是影像格式，即适合本地播放的视频文件（普通视频文件）；另一类是流式文件格式，即适合远程播放的视频文件。下面介绍常见的数字视频格式。

1. AVI格式

AVI格式即音频视频交错格式。AVI格式允许视频和音频交织在一起同步播放，这是因为在 AVI 里音频和视频文件是分开存储的，因此可以把一个视频中的图像与另一个或几个 AVI格式视频文件中的声音或图像结合在一起，产生新的AVI视频文件。

AVI采用的是帧内压缩的方式，因此每一帧图像之间没有必然的关联，也因此使后期的画面剪辑可以精确到帧。此外，当设置 AVI 为不压缩时，采集到的原始视频图像质量高，色彩还原到位。所以，现在很多人都把这种格式的视频文件当作原始视频资料，方便后期的编辑和格式转换。

2. MOV格式

MOV起初是由苹果公司为其Mac操作系统开发的图像及视频处理软件格式，但随着个人计算机技术的飞速发展与普及，苹果公司不失时机地推出了QuickTime的Windows版本，亦即我们今天可以在数码相机、数码摄像机随机软件中看到的QuickTime For Windows播放软件。

3. MPEG格式

MPEG 有一个很庞大的家族，也是我们现在可以见到的最普通的视频文件格式之一，其中包括 MPEG-1、MPEG-2 和 MPEG-4。以 MPEG 为根基派生出的文件格式也很多，主要有MPA、MPE、MPG和MP2等。

MPEG-1 主要被应用于 VCD 的制作，几乎所有的 VCD 都是由它压缩而成的。我们可以打开任何一张存有文件的 VCD 光盘的根目录，可以发现有许多*.dat 格式的文件，这就是MPEG-1文件格式的标志。

MPEG-2主要应用于DVD的制作（带有*.vob格式的文件）。同时，也可以在HDTV（高清晰度电视播放）领域里见到它的踪迹。

4. RM格式

RM格式是Real Networks公司开发的常用流式视频文件格式。这类文件可以实现在网络上的即时播放，符合流文件的鲜明特点。Real Media是目前Internet上最流行的跨平台客户/服务器结构多媒体应用标准，它采用音频/视频流和同步回放技术实现了网上全带宽的多媒体回放。

5. ASF格式

ASF（Advanced Streaming Format，高级流格式）是一个在互联网上实时传播视频文件的技术标准，由微软公司研制开发，主要目的在于利用它高兼容性、高画质的优势替代Quick Time等格式标准。ASF也是利用了MPEG-4的压缩算法，所以压缩率和画面质量都是很不错的，足以媲美RM。

9.5.5 视频拍摄

1. 视频拍摄

视频的拍摄就是使用摄像机（视频拍摄设备）把光学图像信号转变为电信号，以便于存储或者传输。当我们拍摄一个物体时，此物体上反射的光被摄像机镜头收集，使其聚焦在摄像器件的受光面（如摄像管的靶面）上，再通过摄像器件把光信号转变为电信号，即得到了“视频信号”。光电信号很微弱，需要通过预放电路进行放大，再经过各种电路进行处理和调整，最后得到的标准信号可以送到录像机等记录媒介上记录下来，或通过传播系统传播或送到监视器上显示出来。

视频拍摄设备可以是平板电脑、手机、DV、数码相机等。平板电脑和手机拍摄的视频格式一般有MP4、3GP等，数码相机拍摄的视频格式大都是AVI、MPEG、WMV等。

2. 视频拍摄技巧

（1）保持画面稳定是拍摄的第一要素。

一般可用双手把持摄像机或者利用身边可支撑的物品来保持画面的稳定，如能用三角架则更好。如果不是画面表现的需要，应尽量避免边走边拍的方式，也要避免快速地来回摇摄，那样的画面会使人头昏眼花。

（2）合理地运用变焦。

滥用变焦功能是许多摄像新手常犯的毛病。推荐拍摄时多用固定镜头，通过角度或位置的不同对景物的大小及景深做变化。合理地运用变焦能使画面更生动，如特写一个烛光约3秒，然后慢慢地将镜头拉远，画面渐渐出现一个插满蜡烛的蛋糕。不需要旁白与说明，就可以从画面的变化中看出拍摄者所要表达的内容及含义，这就是所谓的“镜头语言”。

（3）合理地运用取景角度。

拍摄角度大致分为以下3种：

- 平摄：是最标准的拍摄方式，也是最稳定的构景，符合人们的视觉习惯，画面效果比较平和稳定。需要注意的是，当被摄物高低不同时，摄像机也必须调整自己的高度。如拍摄在地上玩耍的小孩时，就应该采用跪姿甚至趴在地上拍摄。

- 仰摄：通常用于想将大楼等建筑物拍得高大一些或者将人拍得威风一些的情况。
- 俯摄：通常用于表现人物视线周围的环境情况。需要注意的是，当表现人物时（小孩除外），尽量不要采用俯摄，那样的画面会有一种“藐视被摄人物”的效果。

（4）保持画面的构图平衡。

摄像实践表明，让重要的人物或景物处于画面的 1/3 处而不是在正中央，这样的画面比较符合人的视觉审美习惯。例如拍风景时，天空与地面的比例为 5:3 较为理想。视频拍摄中，运动中的物体不管多小都比静止的物体容易吸引眼睛的注意力，因此不要让不必要的会分散观众注意力的运动中的物体出现在画面背景上。拍摄人物时，在其前面或前进方向要留下足够的空间（称为“前视空间”），否则会造成一种局促感。

（5）正确地利用光线。

拍摄时，一定要确认被摄对象与阳光或灯光之间的位置关系，最基本的要求是“面向光源”。但也不能让光源正对人物面部或其他被摄对象，那样容易使被摄对象失去立体感而成为没有阴影的平面图像。遇到这种情况，可使光线略微倾斜来增加对比度和立体感。“逆光”不是理想的拍摄条件，此时可启用摄像机的“逆光补偿功能”来弥补光线的不足，使被摄对象变得亮一些。

（6）掌握移动拍摄技巧。

拍摄中，摇镜头是最常用的手法之一。当拍摄的场景过于宏大，用广角镜不能把整个画面完全拍摄下来时，就应该使用“摇摄”的拍摄方式。摇摄分上下摇摄和左右摇摄，不管采用哪一种摇摄方式，运镜要平稳，并且要掌握恰当的摇摄时间，一般以 10 秒左右为宜，过短播放时画面看起来像在飞，过长观看时又会觉得拖泥带水。根据拍摄的需要，有时要有适当的停顿，特别是在开始和结束时，如果没有停顿，会有一种突然出现和突然消失的感觉，停顿的时间一般以 3 秒左右为宜。

9.5.6　常用的视频编辑工具

1. Adobe Premiere

Adobe Premiere 是一个非常优秀的桌面视频编辑软件，如图 9-32 所示。它让你使用多轨的影像与声音的合成与剪辑来制作 AVI 和 MOV 等动态影像格式。现在被广泛地应用于电视台、广告制作、电影剪辑等领域，成为 PC 和 MAC 平台上应用最为广泛的视频编辑软件。

若将 Premiere 与 Adobe 公司的 Affter Effects 配合使用，可使二者发挥最大功能。After Effects 是 Premiere 的自然延伸，主要用于将静止的图像推向视频、声音综合编辑的新境界。它集创建、编辑、模拟、合成动画与视频于一体，综合了影像、声音、视频的文件格式，可以说在掌握了一定技能的情况下，想象的东西都能够实现。

2. Ulead Video Studio

Ulead Video Studio 就是我们常说的会声会影软件。它提供了人性化设计的操作方式，提供的影片向导使初学者入门非常容易，它还可以自动扫描 DV 影带并以场景缩图呈现。

会声会影的输出方式也多种多样，它可以输出传统的多媒体电影文件，如 AVI、FLC 动画、MPEG 电影文件，也可以将制作完成的视频嵌入贺卡，生成一个可执行文件.exe。通过内置的 Internet 发送功能可以将您的视频通过电子邮件发送出去或者自动将它作为网页发布。

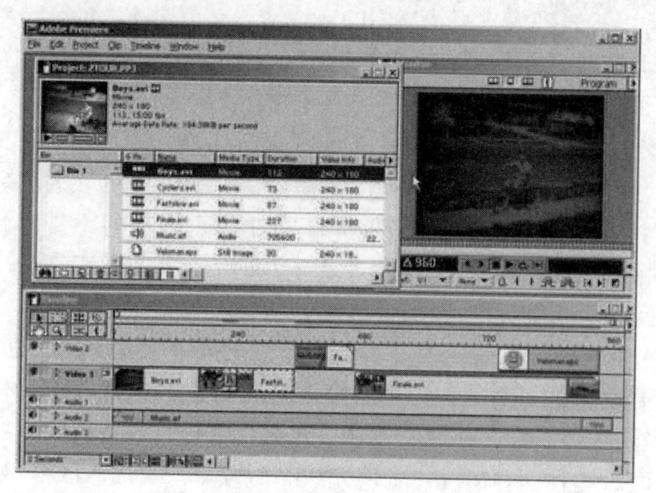

图 9-32 Adobe Premiere 运行界面

3. EDIUS

EDIUS 非线性编辑软件专为广播和后期制作环境而设计，特别针对新闻记者、无带化视频制播和存储。EDIUS 拥有完善的基于文件工作流程，提供了实时、多轨道、多格式混编、合成、色键、字幕和时间线输出功能，支持所有 DV、HDV 摄像机和录像机。

9.5.7 视频的编辑与处理

一般来说，通过计算机进行的后期制作包括把原始素材镜头编辑成影视节目所必需的全部工作过程，下面介绍具体步骤。

1. 策划剧本

确定作品的主题，即需要制作什么。比如，想为自己制作一个电子结婚纪念册，因此主题被确定为结婚纪念，这个主题应该突出喜庆的气氛，同时要把一些最具有纪念意义的内容保存在电子纪念册中。根据主题收集素材，包括录像、照片、声音、文本等，并加工成计算机可以接收的形式。

根据确定的主题、手头的素材，以及现有的硬件条件策划一个简单的“剧本”。写一个有关剧本中镜头排列及活动顺序的简要说明，或建立一系列的草图，称之为故事板，上面先标出影片的开始、应用的切换、特技效果、加入的声音及影片的结尾等，然后再决定要放进剧本的素材是一个影片片段、一个录音样品还是一张图像。接下来就可以着手用视频编辑软件开始具体的制作工作。

2. 整理素材

所谓素材指的是用户通过各种手段得到的未经过编辑的视频和音频文件，它们都是数字化的文件。这里的素材可以指：

- 从摄像机、录像机或其他可捕获数字视频的仪器上捕获到的视频文件。

- Adobe Premiere 或其他软件建立的 Video for Windows 或 QuickTime Video 文件。
- Adobe Photoshop 文件。
- Adobe Illustrator 文件。
- 数字音频、各种数字化的声音、电子合成音乐等。
- 各种动画文件（.fli、.flc）。
- 不同图像格式的文件，如 BMP、TIF、GIF 等。

3. 确定编辑点和镜头切换

编辑时，选择自己所要编辑的视频和音频文件，对它设置合适的编辑点（切入点和切出点），即可达到改变素材的时间长度和删除不必要素材的目的。镜头的切换是指把两个镜头衔接在一起的方法。在影视制作上，这既指胶片的实际物理接合（接片），又指人为创作的银幕效果。

4. 制作编辑点记录表

编辑点实际上是指磁带上和某一特定的帧画面相对应的显示数码。操纵录像机寻找帧画面时，数码计数器上会显示出一个相应变化的数字，一旦把该数字确定下来，它所对应的帧画面也就确定了，此时可以认为确定了一个编辑点。编辑点分为两个：切入点和切出点。

编辑素材后，编制一个编辑点的记录表（EDL），记录对素材进行的所有编辑。一方面有利于在合成视频和音频时使两种素材的片段对上号，使片段的声音和画面同步播放；另一方面作一个编辑点记录表，有助于识别和编排视频和音频的每个片段。

5. 把素材综合编辑

剪辑师将实拍到的分镜头按照导演的要求和影片的剧情需要组接剪辑，他要选准编辑点才能使影片在播放时不出现闪烁。在视频编辑软件的时间轴面板中，可以按照指定的播放次序将不同的素材组接成整个片段。

6. 添加字幕和图形

利用视频制作软件中的文字或图形工具，用户能为自己的影片创建和添加各种有特色的文字标题（仅限于二维）或几何图形，并对它实现各种效果，如滚动、阴影、渐变等。

7. 添加声音效果

这个步骤可以说是第 4 项工作的后续工作。在第 4 项工作中，不仅要进行视频的编辑，也要进行音频的编辑。一般来说先把视频剪接好，然后才进行音频的剪接。添加声音效果是影视制作不可缺少的工作。

9.6　动画

动画虽然说和视频一样都是运动的图像，但动画的来源不同，动画是经过创作而设计出来的一系列运动图像，而视频拍摄的是现实中的场景。

9.6.1 动画的原理

动画是由很多内容连续但各不相同的画面组成。动画利用了人类眼睛的“视觉滞留效应”。人在看物体时，画面在人脑中大约要停留 1/24 秒，如果每秒有 24 幅或更多画面进入人脑，那么人们在来不及忘记前一幅画面时就看到了后一幅，形成了连续的影像。这就是动画的形成原理。

9.6.2 动画的分类

从动画的性质上，动画可以分为两大类：帧动画和矢量动画。

帧动画是由一帧一帧内容不同但又相互联系的画面连续播放而形成动画的视觉效果。这种动画也是传统的动画表现方式，构成动画的基本单位是帧。我们创作帧动画时，就要将动画的每一帧描绘下来，然后将所有的帧排列并播放，工作量会很大。现在我们使用了计算机作为动画制作的工具，只要设置能表现动作特点的关键帧，中间的动画过程会由计算机计算得出。这种动画常用来创作传统的动画片、电影特技等。

矢量动画是经过计算机计算生成的动画，表现为变换的图形、线条和文字等，这种动画画面其实只有一帧，通常由编程或是矢量动画软件来完成，是纯粹的电脑动画形式。

从动画的表现形式上，动画又分为二维动画、三维动画和变形动画。

二维动画是指平面的动画表现形式，其运用传统动画的概念，通过平面上物体的运动或变形来实现动画的过程，具有强烈的表现力和灵活的表现手段。创作平面动画的软件有 Flash、GIF Animator 等。

三维动画是指模拟三维立体场景中的动画效果，虽然它也是由一帧帧的画面组成，但它表现了一个完整的立体世界。通过计算机可以塑造一个三维的模型和场景，而不需要为了表现立体效果而单独设置每一帧画面。创作三维动画的软件有 3ds max、Maya 等。

变形动画是通过计算机计算把一个物体从原来的形状改变成为另一种形状，在改变的过程中把变形的参考点和颜色有序地重新排列，形成了变形动画。这种动画的效果有时候是惊人的，适用于场景的转换、特技处理等影视动画制作中。常用的软件有 Morph 等。

9.6.3 动画文件格式

1. GIF 格式

GIF（Graphics Interchange Format，图形交换格式）是由 CompuServe 公司于 20 世纪 80 年代推出的一种高压缩比的彩色图像文件格式，这种格式的文件目前多用于网络传输，它可以指定透明的区域，以使图像与背景很好地融为一体。

GIF 图像可以随着它下载的过程，从模糊到清晰逐渐演变显示在屏幕上。动画 GIF 图像可使网页变得生动活泼，利用 GIF 动画程序把一系列不同的 GIF 图像集合在一个文件里，这种文件可以和普通 GIF 文件一样插入网页中。GIF 采用了无损压缩的方式，在不影响图像质量的情况下可生成很小的文件。该文件支持透明色，可使图像浮现在背景之上，缺点是只支持 256 色，不能用于存储真彩色图像。

2. FLIC 文件

早期版本的 FLIC 文件只支持 320×200 像素的分辨率，256 色颜色模式，文件的扩展名为.fli，新版本的文件格式支持的分辨率和颜色数都有所提高，动画文件的扩展名也改为.flc。在 Windows 中播放 FLIC 动画文件一般需要用到 Autodesk 公司提供的 MCI 驱动和相应的播放程序，这个程序不但能播放 FLIC 动画，还能加入各种声音，增强播放效果。由于 FLIC 文件本身并不能存储同步声音，因此不适合用来表达真实场景的运动图像，但由于它使用了无损压缩方法，画面效果十分清晰，因此人工或计算机生成的动画还在大量使用这种格式。

3. SWF 格式

SWF 格式的动画是矢量动画的一种，由 Macromedia 公司的 Flash 软件制作生成。SWF 格式的动画文件要使用 Flash Player 播放器播放。SWF 格式的最大特点是占用的存储空间较小，因此当一次引入大量的动画文件时不必担心使软件变得过于庞大。Flash 软件已经成为目前流行的二维动画制作软件。

4. FLV 格式

FLV 是随着 Flash MX 的推出发展而来的新的动画格式，由于它形成的文件极小、加载速度极快，使得网络观看成为可能。它的出现有效地解决了视频文件导入 Flash 后，使导出的 SWF 文件体积庞大，不能在网络上很好地使用等缺点。目前各在线视频网站均采用此格式，如新浪博客、优酷、土豆网等。

除此之外，动画文件也常以视频格式进行存储，如 AVI、MOV 等格式。以视频格式存储的动画文件其编辑和播放与其他视频文件没有区别，可以通过相应的视频编辑软件或播放软件进行相应的处理。常用动画制作软件和输出文件格式如表 9-3 所示。

表 9-3 常用动画制作软件和输出文件格式

动画软件	输出文件格式
Flash	.fla/.swf
CompuServe GIF89a	.gif
SuperCard 和 Director	.pics
3ds max	.max
Animator Pro	.flc/.fli
Director	.dir/dcr

参考文献

[1] 程万里．大学计算机基础．北京：中国铁道出版社，2008．

[2] 许成刚．大学信息技术基础．北京：中国水利水电出版社，2010．

[3] 刘腾红．多媒体技术及应用．北京：中国铁道出版社，2009．

[4] 胡远萍．计算机网络技术及应用．北京：高等教育出版社，2009．

[5] （美）June Jamrich Parsons，Dan Oja．计算机文化（原书第13版）．吕云翔，傅尔也译．北京：机械工业出版社，2011．

[6] 王爱民，郑霞．计算机网络技术基础及应用．北京：中国水利水电出版社，2009．

[7] 刘建平．医学网络使用技术教程．北京：中国铁道出版社，2007．

[8] 褚建立．中小型网络组建．北京：中国铁道出版社，2010．

[9] 龚沛曾，杨志强．大学计算机基础（第五版）．北京：高等教育出版社，2009．

[10] 谢希仁．计算机网络（第5版）．北京：电子工业出版社，2009．